# 地球物理测井学

## 第十二卷 测井地质应用

王贵文　黄玉越　王　松　等编著

石油工业出版社

## 内 容 提 要

本书系统梳理了测井资料在油气勘探过程中的地质应用,并列举了测井与地质综合研究并与人工智能相关方法理论相结合的实例。新增加近年来测井新方法、新技术在地质评价中的应用等新进展内容。

本书可作为地质与地球物理学专业的本科生及研究生的教材,也可供油田等生产单位生产人员和科研人员参考使用。

---

图书在版编目(CIP)数据

地球物理测井学. 第十二卷. 测井地质应用 / 王贵文等编著. -- 北京:石油工业出版社,2025.1
ISBN 978-7-5183-2894-9

Ⅰ. P631.8;P618.130.8

中国国家版本馆 CIP 数据核字第 2024RD2404 号

---

责任编辑:孙 宇 邹杨格
责任校对:郭京平
装帧设计:李 欣 周 彦

出版发行:石油工业出版社
　　　　　(北京安定门外安华里 2 区 1 号　100011)
　　　　　网　　址:www.petropub.com
　　　　　编辑部:(010)64222261　图书营销中心:(010)64523633
经　销:全国新华书店
印　刷:北京中石油彩色印刷有限责任公司

2025 年 1 月第 1 版　2025 年 1 月第 1 次印刷
787×1092 毫米　开本:1/16　印张:17.5
字数:415 千字

定价:140.00 元

(如出现印装质量问题,我社图书营销中心负责调换)
版权所有,翻印必究

# 《地球物理测井学》

# 编 委 会

**主　编：** 李　宁

**副主编：** 焦方正　何江川　江同文　卢　涛　李国欣　窦立荣
　　　　　雷　平　金明权　吴柏志

**委　员：** （按姓氏笔画排序）

　　　　王　兵　　王才志　　王克文　　王泽丹　　王贵文　　王雪松
　　　　石玉江　　田中元　　刘向君　　江如意　　汤　彬　　苏学斌
　　　　李　军　　李安宗　　李俊军　　杨立强　　肖立志　　肖承文
　　　　宋　永　　张　锋　　陈　宝　　陈　锋　　武宏亮　　范宜仁
　　　　尚　捷　　周　军　　庞奇伟　　胡启月　　胡英杰　　袁　超
　　　　高　杰　　郭海敏　　赫志兵　　谭茂金

# 《测井地质应用》

## 编写组

组　长：王贵文

副组长：黄玉越　王　松

成　员：（按姓氏笔画排序）

田银宏　白天宇　白梅梅　李　栋　李红斌　李诗倩

张　梅　范旗轩　庞小娇　赵　飞　赵　星　赵仪迪

徐敬领　谢伟彪　赖　锦

# 序

经过中国测井界学人的共同努力，总计14卷26个分册的《地球物理测井学》终于问世了！这不仅是对推动测井学科进步做出的重大贡献，更是对测井先哲未竟事业和治学精神的赓续与弘扬。

地球物理测井是石油工业十大学科之一，被誉为洞察地下油气藏的"眼睛"。地球物理测井诞生于1927年。1939年，翁文波院士在中国大陆首次成功测井，开创了我国的测井事业，成为中国测井第一人。但长期以来，由于地球物理测井一直被称为"测井技术"，应有的学术地位没有得到充分体现，因而大大影响了测井学科的高质量发展。令人尊敬的测井前辈谭廷栋先生是喊出"测井学"的第一人。谭先生一生投身测井，60岁后更是为测井学正名而大声疾呼。这里之所以用"正名"而不用"倡导"或其他，是因为谭先生从来就认为测井是一门"学"，而不只是一门"技术"。他多次提到，"Reservoir Geophysics"（矿场地球物理学）一词中有"学"，在20世纪50年代翻译时出了问题，才变成了现在这个"技术"的叫法。谭先生还多次由衷感激地提到中国石油勘探开发研究院秦同洛教授，说他在国家科委确定石油工业十大学科的会议上能仗义执言："如果集声电核于一身的测井都不是学，石油上还有哪个敢说自己是学？"测井入选石油工业十大学科后，谭先生更是逢人便说、遇会便讲此中原委，且声情并茂、手舞足蹈，令与会者为之动容。于是，在他的亲自带领下，经过测井界同仁一起努力，1998年第一部《测井学》终于问世了，这是测井发展史上的一个重要里程碑。从1939年到1998年，历经60年姗姗来迟的这部《测井学》了却了谭先生最大的一桩心愿。两年后，他安详地阖上了双眼……当时参加先生追悼会的超过了300人，除了在京院所和有关司局的领导外，各大油田测井公司的主要负责同志差不多都到了。大家共同追思这位杰出的地球物理测井学家。我代表谭先生培养的所有硕士、博士毕业生题挽联一副："测井学先哲英灵永存，悼我师晚辈再写春秋。"

作为翁文波院士和谭廷栋先生的学生，我不仅忠实地继承了导师的遗志，尽全力推动测井学的发展，而且还努力从中国测井行业战略发展的高度出发，大力倡导"学科大发展，方有大作为"的理念。我认为，只有从国家、人民群众和专业人士这三个层面的需求出发撰写出版三类图书，即大百科全书、科普图书和专业著作，才能全方位确立、展现并提升测井学科的学术地位。于是，我从 2015 年起，用 6 年时间牵头遴选编撰测井条目，使地球物理测井第一次以一个完整学科定位写入《中国大百科全书》；从 2020 年起，我用 3 年时间组织编写出版了大型科普丛书《走进石油（第二版）》之测井分册《洞察地下油气藏：石油地球物理测井》，同时走进中国科技馆大讲堂，以《万米特深地球物理测井：一项极具挑战的"反向探月"工程》为题，向全国观众普及测井知识；从 2021 年起，我领衔担任主编，带领全国测井界知名专家学者精心编著这部《地球物理测井学》，旨在进一步提升测井学科的影响力。

令人骄傲和兴奋的是，在中国石油、中国石化、中国海油、延长石油、相关高校和科研院所各路专家学者的通力合作下，《地球物理测井学》如期面世了！这套书系统阐述了 90 多年来测井学科发展的理论技术成果，系统总结了各类测井方法在油气勘探开发实践中的应用效果。正如中国石油勘探开发研究院窦立荣院长所说："此次李宁院士领衔主编的《地球物理测井学》不仅保留和传承了 1998 年版《测井学》专著的经典内容，更重要的是立足当前非常规油气和深地深海等复杂油气藏测井理论技术挑战，融入了 30 年来我国测井领域取得的最新理论技术成果和海外推广应用的成功案例，必将为推动我国测井学科发展、技术进步和行业壮大产生重大而深远的影响。"

这套书的第一大特点是论述系统全面、内容丰富详实，涵盖了从测井解释、测井软件、测井装备、电法测井、声波测井、核测井、核磁共振测井、工程测井、油气井射孔、生产测井、测井岩石物理、测井地质应用、测井人工智能到测井简史等测井学科的各个分支。正因如此，我国测井界百余位知名教授、长江学者和现场技术专家都参与其中。著作内容的系统、全面还体现在首次将测井简史作为测井学不可或缺的一部分，分两册单独成卷。我国自主研制的渗透率测井仪原型机于 2024 年 3 月 3 日在华北油田任 91 井测试成功，即将在深地塔科 1 井实施世界首次万米特深井渗透率测井作业，一举实现从 0 到 1 的重大技术突破，为百年地球物理测井史再添辉煌一笔。

这套书的第二大特点是突出学术性，尤其强调对学科基础理论的阐述，特别是首次引入了中国学者导出的理论公式和提出的方法原理，不但丰富发展了测井基本理论，而且有助于推动建立中国在国际地球物理学界的地位和声望。例如，一直以来石油院校教材中测井饱和度计算的经典内容是美国学者阿奇提出的经验公式，以及翻译照搬苏联教材中的分层各向均匀体积模型，而在这套书中介绍的饱和度一般形式（通解方程），则是由中国学者针对复杂岩性给出的非均质各向异性模型导出，并详细证明了以往教材中的那些公式都是一般形式在给定条件下的特例（均为通解方程的特解）；又如，过去测井数据处理的主要方法和工业软件都是国外引进的，而现在《测井软件》一卷的核心内容则是中国学者提出的广义测井曲线理论和中国科研团队研发的目前装机量最大、年处理井数最多的大型国产测井工业处理软件 CIFLog。

这套书的第三大特点是首次把每一测井分支领域的理论方法、技术系列和现场应用以卷为单位有机统一起来。根据统一的顶层设计，每卷的第一分册论述该卷所涉及的测井细分领域的理论基础，用作高校教材，其读者主要是在校大学生和研究生等；第二分册论述该细分领域的技术方法，其读者主要是工程师和做毕业论文的研究生及博士后研究人员等；第三或第四分册提供该细分领域理论技术的典型应用实例，其读者主要是现场工程技术人员和现场实习的高校毕业生等。以第一卷《测井解释》为例，它的第一至第四分册分别为《测井解释：理论方法》《测井解释：储层评价》《测井解释：国内实例》《测井解释：国外实例》。作为一个分支领域的理论基础，每卷的第一分册相对独立和完备，应在较长时间内保持稳定；而它之后的各分册则应经常再版更新，及时补充最新的技术进展和最新的现场应用成果。

这套书的第四大特点是首创用微信扫描书中测井图件的二维码，就能在 CIFLog 测井软件中立即打开这幅测井图件并对其进行修改和二次处理。通过这一功能，学生可以看到处理相应井的方法、公式和参数，观摩学习并掌握要领；老师可以更方便地备课；现场工程技术人员可以参考所用方法，方便改写添加自己的处理公式和参数，从而大大缩短调整处理方案的时间，节省精力。同时，利用 CIFLog 智能助手，可以通过输入一段描述文字，快速推荐书中的相关案例图件。

总之，《地球物理测井学》定位明确，编写起点高，是目前国内地球物理测井领域最具理论性、系统性、创新性和权威性的一部著作。即便从国际测井发展史上来看，能集中如此多的行业专家学者精心编著这样大体量的学科专著也是绝无仅有的。2024 年，这套书入选国家出版基金资助项目，这在中国测井界也是第一次。衷心希望广大读者能够从中获益。

最后，特别感谢中国石油天然气集团有限公司原副总经理焦方正教授、中国石油科技管理部两任总经理匡立春教授和江同文教授在这套书出版立项过程中给予的鼎力支持。特别感谢中国石油勘探开发研究院各位领导、专家给予的全力协助与配合。

中国工程院院士

2024 年 12 月　于北京海淀

# 《地球物理测井学》分卷册目录

| 卷次 | 分册名 | 卷次 | 分册名 |
| --- | --- | --- | --- |
| 第一卷 | 测井解释：理论方法 | 第六卷 | 核测井（上册） |
| | 测井解释：储层评价 | | 核测井（下册） |
| | 测井解释：国内实例 | 第七卷 | 核磁共振测井 |
| | 测井解释：国外实例 | 第八卷 | 工程测井 |
| 第二卷 | 测井软件（上册） | 第九卷 | 油气井射孔（上册） |
| | 测井软件（中册） | | 油气井射孔（下册） |
| | 测井软件（下册） | 第十卷 | 生产测井（上册） |
| 第三卷 | 测井装备（上册） | | 生产测井（下册） |
| | 测井装备（下册） | 第十一卷 | 测井岩石物理 |
| 第四卷 | 电法测井（上册） | 第十二卷 | 测井地质应用 |
| | 电法测井（下册） | 第十三卷 | 测井人工智能 |
| 第五卷 | 声波测井（上册） | 第十四卷 | 测井简史：国内油气 |
| | 声波测井（下册） | | 测井简史：固体矿产 |

# 前 言

地球物理测井是洞察地下油气藏的"眼睛",是准确发现油气层和精细描述油气藏必不可少的手段,可以为油气储量参数计算、开发方案制定与调整增产措施提供重要依据。将油气层"看准、看清、看全"是测井评价的核心任务。地球物理测井以岩石声、电、核等岩石物理属性为理论基础,在解决地质与工程问题过程中不可避免地在测井—地质转换关系建立上产生误区。测井地质应用综合研究实现了地球物理测井与地质学两个学科的相互交叉融合,不但注重测井技术的地球物理属性,而且深入融合地质学思维,摆脱了测井资料"一孔之见"的局限,大大扩展了测井资料的应用范围,可以更科学地综合运用各种测井信息来进行地层学、沉积学、构造地质学、石油地质综合研究中的各种地质目标解释和评价。开展测井地质应用综合研究,可挖掘测井曲线蕴含的地质属性信息,减少测井评价认识的多解性。同时,地质思维的融入可提升测井资料地质应用的精度与广度。

本书系统梳理了测井资料在油气勘探过程中的地质应用,并列举了测井与地质综合研究并与人工智能相关方法理论相结合的实例。本书共八章。第一章由王贵文、王松、赖锦编写,第二章由徐敬领、王贵文、黄玉越和李栋编写,第三章由王贵文、李栋、李红斌和白天宇编写,第四章由王贵文、李栋、李诗倩和赵仪迪编写,第五章由王松、谢伟彪、赵飞和白梅梅编写,第六章由王贵文、黄玉越、李栋和范旗轩编写,第七章由庞小娇、李栋和张梅编写,第八章由黄玉越、赖锦、王松、庞小娇、赵星和田银宏编写。

在本书编写过程中,得到中国石油大学(北京)朱筱敏教授等的大力支持和帮助,另外还得到肖承文、李军、武宏亮、司兆伟、信毅、祁新忠、石玉江、张晓明、赖强、张审琴、伍坤宇、李亚峰等专家学者的协助。在此一并表示感谢。

由于笔者水平有限,书中难免存在不足,敬请读者批评指正。

# 目 录

**第一章 绪论** ········································································· 1
  第一节 测井地质应用的发展历程与发展趋势 ······································ 1
  第二节 测井地质应用的研究方法、难题及未来展望 ······························ 6

**第二章 测井层序地层分析** ························································ 10
  第一节 层序的概念 ······························································ 10
  第二节 层序地层的界面特征及识别 ············································ 15
  第三节 测井层序地层分析的工作流程与分析方法 ······························ 18
  第四节 测井深时转换与天文年代标尺分析方法 ································ 35

**第三章 测井沉积学研究** ·························································· 46
  第一节 测井沉积学概念及解释模型 ············································ 46
  第二节 碎屑岩测井沉积微相研究 ··············································· 58
  第三节 碎屑岩测井沉积学应用实例 ············································ 66
  第四节 碳酸盐岩测井沉积微相研究 ············································ 81
  第五节 碳酸盐岩测井沉积学应用实例 ·········································· 91

**第四章 测井构造地质精细分析** ················································ 102
  第一节 测井构造研究的一般方法 ·············································· 102
  第二节 单斜构造倾角解释方法 ················································ 103
  第三节 褶皱构造倾角解释方法 ················································ 104
  第四节 断裂构造测井解释方法 ················································ 109
  第五节 不整合面的测井解释 ··················································· 116
  第六节 利用地层倾角和井壁成像研究地质构造实例 ························· 119

## 第五章　测井地应力评价 124

### 第一节　地应力及相关概念 124
### 第二节　测井地应力响应机理 126
### 第三节　现今地应力方向测井评价 128
### 第四节　现今地应力大小测井计算 139
### 第五节　地应力场研究及其与油气分布关系 149
### 第六节　地应力场应用实例 155

## 第六章　裂缝储层测井评价 158

### 第一节　裂缝分类及分析方法 158
### 第二节　裂缝发育的影响因素 165
### 第三节　裂缝储层分类 167
### 第四节　裂缝测井响应 168
### 第五节　裂缝有效性测井评价及参数计算 182
### 第六节　碳酸盐岩裂缝储层测井评价流程 191
### 第七节　碳酸盐岩裂缝储层测井评价实例 194

## 第七章　烃源岩测井评价 204

### 第一节　烃源岩地质分类及评价指标 204
### 第二节　烃源岩测井评价方法 210
### 第三节　人工智能在烃源岩评价中的应用 228

## 第八章　非常规油气测井评价 231

### 第一节　致密油气、页岩油气基本地质特征 232
### 第二节　致密油气、页岩油气测井评价思路 239
### 第三节　"七性关系"测井评价 240
### 第四节　"三品质"评价 255
### 第五节　"甜点"测井评价 257

## 参考文献 259

# 二维码目录

二维码使用说明

| | |
|---|---|
| 图 2-2-2 | 17 |
| 图 3-2-9 | 65 |
| 图 3-2-10 | 65 |
| 图 5-4-6 | 148 |
| 图 6-4-12 | 179 |
| 图 7-2-10 | 222 |
| 图 8-3-12 | 254 |

# 第一章 绪 论

测井（well logging/well logs），又称地球物理测井（geophysical well logs），是利用岩层的电化学特性、导电特性、声学特性、放射性等地球物理特性，测量地球物理参数的方法，以解决地质和工程问题的技术，属于应用地球物理分支学科之一。测井是洞察地下油气藏的"眼睛"，核心是识别发现储层，计算油气含量。

地质学（Geology）作为一级学科，是研究地球的物质组成、内部构造、外部特征、各层圈之间的相互作用和演变历史的知识体系，主要研究对象为地球的固体硬壳——岩石圈。地质学的产生源于人类社会对石油、煤炭、金属、非金属等矿产资源的需求，由地质学所指导的地质矿产资源勘探是人类社会生存与发展的根本源泉。地质学下又可细分为储层矿物学、岩石学、矿床学、地球化学、古生物学与地层学（含古人类学）、构造地质学和第四纪地质学。

近几十年来，测井评价技术受石油勘探开发需求和现代信息技术进步的影响，发展十分迅速。测井是准确发现油气层和精细描述油气藏必不可少的手段，可以为油气储量参数计算、开发方案制定与调整增产措施提供重要的依据。各种复杂的油气勘探开发对象的测井评价，离不开地质学理论的指导。地质学和地球物理测井学是两门自成体系相对独立的学科，都有着各自的基本理论和解决问题的方法。随着勘探难度的加大，石油勘探中遇到的地质问题越来越复杂。因此，需要通过地质、测井紧密结合，采取多学科综合研究来解决这些难题。

## 第一节 测井地质应用的发展历程与发展趋势

地球物理测井依托声、电、核等岩石物理参数探测地下，其最终目的是回答一连串地质与工程问题。在测井—地质转换的过程中，测井信息与地质信息往往彼此交织：同一套测井曲线既记录岩石物理响应，又隐藏地质线索，但却难以建立简单而精确的对应关系；对这些线索的挖掘高度依赖解释人员的经验，易落入"一孔之见"的局限。要充分释放测井价值，必须在尊重其物理本质的同时引入地质学思维，实现多学科深度耦合。若片面强调物理视角，研究容易停留在参数层面；若只谈地质概念却缺乏岩石物理约束，又如无源之水、无本之木。坚持"物理属性为基、地质推理为用"，系统探查测井曲线中蕴藏的地质特征，可减少测井评价认识的多解性，全面提升测井在油气勘探开发中的精度与广度。

### 一、测井地质应用的发展历程

测井资料的地质应用在我国主要经历了四个阶段的发展历程。

第一阶段为20世纪80年代国外著作的翻译与引入阶段。楚泽涵(1982)将声波时差测井资料用于地质问题研究，如估算地层压力、解释地质构造、评价古应力、评价泥岩的生油性能、断层的识别和评价等等。马正(1982)将自然电位测井用于解释沉积环境。邹有缘(1982)将测井用于地层学研究。欧阳健(1983)引入最优化测井数字处理方法用以提高对复杂岩性的计算精度。马正(1987)翻译国外学者的相关著作用以解决油气地下地质情况的问题。

第二阶段为20世纪90年代测井地质应用的多方位研究与探索阶段。经过10余年的发展，国内学者逐渐关注到地球物理测井资料在地质学科中的广泛应用。马正(1994)系统梳理和总结测井技术在沉积相和沉积环境分析中的应用，并出版专著《油气测井地质学》。90年代末期，涌现出一大批优秀的关于测井和地质相结合的成果，其中测井工作者主要尝试新型测井技术(成像测井、地层倾角测井等)的地质解释应用，如利用地层倾角测井识别古水流，利用成像测井解决沉积构造和裂缝的拾取等。地质工作者则深入挖掘隐藏在地球物理测井资料当中的测井信息，如利用测井资料结合人工神经网络的方法识别岩性、划分层序地层格架、计算地层压力等。

第三阶段为20世纪末到21世纪初以测井新技术为主导的测井地质学发展阶段。地层倾角测井、成像测井、元素俘获测井等新技术测井资料的出现为地质问题的解决提供了新的思路。地层倾角测井可直接获取地层的产状，成像测井更可以直观地获取岩石沉积构造和裂缝等特征，元素俘获测井可以获得地层的矿物组分等特征。新技术测井资料的出现开拓了地质学家获取地下地质信息新的思路。安丰全等(1994)开展了利用地层倾角数字处理技术对大庆地区沉积、构造、泥岩断裂带的划分等的研究。吴胜和等(1995)应用电法测井、高分辨率地层倾角测井、声波全波测井、补偿密度测井等，提出了一种裂缝型石灰岩储层的评价方法。吴时国等(2006)利用电阻率成像测井展开对济阳坳陷地应力场的研究。刘传平等(2006)利用元素俘获、电成像、核磁共振等测井技术实现了对火山岩测井岩性的识别。

第四个阶段为21世纪以来针对非常规油气的测井地质应用全新发展和研究阶段。进入21世纪，测井技术的发展以及日益复杂的地质问题出现使得测井和地质结合的工作日益受到重视，地质学家和测井分析家的交流与协作日益频繁，涌现一系列优秀成果，测井地质学学科逐渐成型并得以迅速发展，并在油气勘探开发的各个环节得到广泛应用。针对致密油气、页岩油气，众多专家学者通过常规测井结合新技术测井资料建立了"七性关系"(岩性、物性、电性、含油性、脆性、烃源岩特性和地应力各向异性)和"三品质"(储层品质、烃源岩品质和工程品质)的测井评价体系。

同时，近年来人工智能和大数据的融合为利用测井资料解决地质问题开拓了新的思路。人工智能技术经过数十年发展已相对成熟，已在测井行业获得广泛应用。

## 二、测井地质应用的发展趋势

目前，测井资料已经在岩石学、沉积学、地层学、构造地质学、油气储层评价、生油岩及油气盖层的评价等地质学领域中得到广泛应用。其中岩性分析、储层参数分析、断层分析都已经较为成熟并且开发出一些较实用的计算机辅助解释程序，如斯伦贝谢公司的Litho及Facilog程序、阿特拉斯公司的Stratadip程序、中国石油大学(北京）的 Calis 程序等。21 世纪以来，随着测井技术的发展和计算机的进步，国内外的测井地质学研究在以下方面取得了较明显的进展。同时由于人工智能方法和非常规油气的兴起更使得测井地质学非常规油气"三品质"评价和人工智能相互融合取得相关进展。

在过去几十年里，测井技术受非常规油气勘探开发需要所推动，并借助现代测井仪器的新成就，以及人工智能等方法的介入，发展十分迅速。可以预见，测井评价作为重要的技术手段将在未来为主力攻关对象的非常规油气测井评价与配套技术支撑体系当中发挥不可替代的作用。探寻正确的测井—地质转换关系，挖掘蕴含在测井曲线里面的地质属性信息，减少测井评价认识的多解性，可进一步提高测井信息的地质综合应用的效率。地质分析测试资料与地球物理测井资料相结合（大数据和人工智能融合），相互标定验证提高解释的精度，可避免测井陷入"一孔之见"的局限，使测井曲线本身内含的地质信号得到有效挖掘。

1. 识别岩石成分、结构和构造

继自然伽马测井和自然伽马能谱测井之后，元素俘获测井和元素扫描（litho scanner）测井可以通过探测地层中快中子在地层中与一些元素发生非弹性散射和热中子被俘获产生次生自然伽马射线谱，获得地层当中 Si、Ca、Fe、S、Ti、Cl、Cr、Gd 等 26 种不同元素的相对质量分数，应用氧化物闭合模型可得到地层黏土、碳酸盐岩、砂质（石英＋长石＋云母）、黄铁矿、菱铁矿、煤和膏盐岩等矿物含量，因而在岩石矿物组分获取方面优势明显。

岩石的结构指的是岩石组成的几何特征，如颗粒大小、形状、分选和排列等。传统上依靠自然电位测井和自然伽马测井的曲线特征来研究和估算碎屑岩的岩石颗粒大小，借助于测井资料计算的孔隙度来研究岩石颗粒的分选性，利用岩石电导率的各向异性研究岩石颗粒的排列方式。近年来，成像测井的发展使地质学家有可能用井壁测井成像图来估算复杂的砾岩、碳酸盐岩结构。

同时高分辨率成像测井能提供环井壁 360° 高分辨率的岩石物理二维图像信息，把地层岩性、裂缝、纹层等沉积构造等特征引起的电阻率的差异，转换到图像上的 RGB 颜色空间显示，对于点状地质体其纵向分辨率高达 0.2in（约 5mm）。而对于裂缝和层理等线状地质体，通过岩心刻度测井及成像测井图像精细处理解释（变窗长处理、垂直切片技术），其分辨率可达到毫米级，可实现毫米级纹层特征的拾取。

2. 相和相序的研究

相反映了沉积物沉积时的物理、化学、生物条件，相序反映沉积物沉积的时间和空间的变化。自 20 世纪 80 年代以来，许多人沿用了 Serra 提出的电相和电序列概念来研究沉积相和相序。其基本方法是通过测井曲线值和形状变化进行岩性分析、电相分析和电序列（曲线变化趋势）分析。使用的数学方法主要是数理统计、时间序列分析、谱分析、分形几何分析、马尔可夫（Markov）过程等。分析的准确性主要取决于用岩心、露头和测井资料的精度。

3. 成岩作用、成岩相研究

沉积岩是由沉积物被埋藏以后经过一系列物理、化学、生物的作用，即石化作用而生成的。这个生成过程称为成岩在用。主要的成岩作用有压实、胶结、重结晶、交代、水化等。成岩作用使沉积物在粒度、形状、表面结构、取向、矿物成分、孔隙度、渗透率诸方面发生变化，而这些变化在常规测井及成像测井资料上都能得到响应。

一般意义上说，成岩相即为成岩环境的物质表现，是沉积物在特定沉积和物理化学环境中，在成岩作用下，经历一定成岩阶段和序列的产物，包括岩石颗粒、胶结物、组构、孔洞缝等综合特征。成岩相是现今储层特征的直接反映，是表征储层性质、类型和质量优劣的成因性标志。总结出不同成岩相的测井响应特征以及建立相关的测井识别模式与准则，通过测井相分析确定取心井段以外的储层成岩相的类型，可实现成岩相约束下的储层预测。

4. 高分辨率层序地层学研究

测井资料直接响应的是岩石的物理参数，层序地层学研究的是沉积地层的时间格架。近年来，通过对准层序的响应研究，在将测井资料由岩性格架转变为时间地层格架方面有了很大的进步。其核心内容是层序界面的确定和旋回研究。通过这些研究将层理研究和层序研究结合了起来，并有可能发展成测井层序地层学。

5. 烃源岩的测井分析

测井储层评价的主要研究对象是砂岩，生油岩测井评价的主要研究对象是有机质含量较高的泥页岩。实践证明，富含有机质泥岩的电阻率比不含有机质泥岩的电阻率大数倍。通过对泥质岩石电导率、自然伽马能谱分析、声波时差纵横波速度差异的研究，可以有效地识别生油岩。针对源储一体的非常规油气，在烃源岩品质的连续识别与评价中，烃源岩地球化学参数的测井连续计算将扮演至关重要的作用。

6. 储层预测及油气区域研究

通过测井曲线的标准化刻度和井间对比，可以在油气区块上制作出各种各样的地球物理等值图，如自然伽马、电阻增大率、胶结指数、测井孔隙度、渗透率、泥质含量等的区域分布图，这类图与含油饱和度、沉积相等关系极为密切。依靠这类图的研究，可以得出油气储层在区块上的时空展布，为科学布井和开采提供依据。20世纪80年代以来，经过40多年的攻关研究，测井地质学研究取得了显著成效，并得到广泛应用，如油藏中饱和度分布规律的测井研究，测井预测油水界面，测井精细构造解释（包括高陡构造、逆冲断层、复杂小断块），测井沉积微相、古水流分析、裂缝性地层的裂缝分布规律研究，地层压力剖面解释、低电阻层机理与地质研究，现代地应力测井分析，地层压力剖面解释和预测等。此外，还有测井对泥岩生烃能力评价、测井层序地层学、垂直地震测井解释等。在测井与地震资料结合解释方面也取得了很多成果，测井约束条件下的地震反演、人工合成地震剖面已经在油藏描述中得到了广泛的应用。我国近年来开发出了一些已经得到广泛应用的测井、地质、地震联合解释软件平台，如GRIS-TATION、NEWS等。

7. 非常规油气储层"七性关系"和"三品质"测井评价

大庆油田在20世纪60年代率先提出了针对常规油气储层的以"四性关系"（岩性、物性、含油性和电性）为依托的地层评价方法。现如今致密油气、页岩油气等非常规油气在全球能源格局中扮演越来越重要的角色，但其一般无自然产能，需要经过压裂改造才能获得产量。相应地，测井解释评价技术也由原来的"四性关系"研究逐渐转向"七性关系"研究，即对非常规油气的烃源岩特性、脆性（可压裂性）和地应力各向异性研究提出了新的需求。因此以配套岩石物理实验为依托，刻度常规、成像和核磁共振等多尺度测井评价序列，进行非常规油气"七性关系"综合评价，才能更好地将测井资料运用至地质与工程"甜点"（"三品质"）的优选工作。

8. 人工智能与测井地质学相结合

近年来人工智能和大数据的融合为利用测井资料解决地质问题开拓了新的思路。人工智能技术经过数十年发展已相对成熟，已在测井行业获得广泛应用。最早肖义越（1984）将人工智能测井应用到测井相的划分与识别中。周成当（1993）总结了人工神经网络在地层参数的预测或估算及模式识别方面的应用。张吉昌等（2005）将人工智能应用到裂缝识别研究中，效果显著。

站在人工智能视角下，测井地质应用未来可期。近年来大数据与人工智能技术的快速发展将引发石油工业乃至全社会的颠覆性变革。目前，大数据、人工智能技术已在油气田勘探开发的多个环节发挥了重要作用。对于测井地质学以及地震解释相关的学科来说尤为如此。大数据智能分析等在测井曲线智能预测、自动岩性识别、储层物性参数预测、图像信息智能提取等几个方面取得了长足的进展。机器学习已成为地质大数据研究的前沿热点。

智能化成为测井技术的发展趋势，通过人工智能技术与测井地质学的有机整合，机器学习和深度学习等也可赋予测井仪器、测井解释软件自主分析处理能力，反过来又促进了测井技术的进步。同时人工智能作为一种改进计算机求解问题的方法，可以使测井地质解释人员摆脱大量的重复性工作。测井本身以海量数据（大数据）为特征，海量数据中包含了丰富的地质信息。因此，需引入大数据分析思想，借助机器学习和深度学习等人工智能算法，深入挖掘不同测井信息之间内在特征及关联性，并将其运用至油气勘探开发的各个环节。

通过文献梳理，目前人工智能技术在测井地质学领域的主要应用包括以下内容：

（1）测井曲线预测：①用已有的测井曲线来预测新的测井曲线，如利用孔隙度曲线预测渗透率及饱和度曲线；②构建缺失曲线井段的测井曲线，如基于长短期记忆神经网络（LSTM）来构建测井曲线的方法。

（2）岩性与孔洞缝的识别：将专家解释处理完的数据（经过岩心刻度）作为训练样本，利用机器学习算法构建基于测井曲线的智能化岩性和孔隙、洞穴和裂缝识别模型。

（3）自动地层对比：基于人工智能技术研发自动化地层对比工具，可有效提高工作效率和精度。

（4）储层参数的自动预测：早期的传统机器学习算法（如支持向量机、线性回归等）和后来的前馈神经网络（BP）、LSTM 等组合学习算法预测孔隙度、渗透率、饱和度等参数。

（5）测井知识库建立及沉积微相等自动判别技术：通过构建测井知识库，可基于机器学习中卷积神经网络构建测井相，并实现沉积微相和成像测井相自动识别。

（6）水力压裂等工程技术人工智能支持：建立大数据分析方法的人工智能系统，可最大限度地提高钻井、完井、增产等工程措施方面决策能力。

但需要说明的是，将人工智能方法融入利用测井资料解决地质问题的时候，不能脱离地质学和岩石物理学基本理论的指导，这样才能保证解释的过程能够融入地质思维。

## 第二节　测井地质应用的研究方法、难题及未来展望

随着勘探难度的加大，石油勘探中提出的地质问题越来越复杂，传统单学科方法难以解答不断出现的新型地质难题。测井地质学正是在该背景下应运而生，其以测井资料为纽带，将地质学、地球物理学乃至工程技术有机融合，为复杂油气藏的认知提供系统化解决方案。在油气勘探开发流程中，各学科分工明确、环环相扣：地质学锁定含油气远景与目标层系，物探描绘储层宏观几何形态并优化井位，钻井为取样和测试建立通道，而测井承担着识别发现储层，看准、看清、看全油气层的使命（李宁等，2021）。正因此，测井地质学贯穿勘探开发全周期：在勘探阶段，它是发现油气的"眼睛"；在开发阶段，它是增储稳产的"臂膀"；在工程层面，它又是多专业协作的"枢纽"（王贵文等，2000）。通过这座桥梁，数据、知识与决策得以高效流动，构成支撑现代油气工业的综合技术体系。

### 一、测井地质应用的研究方法

测井地质应用以地质学和地球物理测井理论为指导，通过提取和分析地质信息与测井信息，研究地质参数与地球物理参数之间的内在关联。运用正演和反演方法建立测井解释地质模型，从而解决具体的地质问题。

1. 测井地质应用研究的方法步骤

1）区域地质背景分析

深入了解研究区的地质背景是开展测井地质解释的基础。例如，在进行井旁构造解释和测井沉积学研究时，需要重点分析研究区的构造样式、沉积体系等地质特征。

2）野外露头观察和岩心实验

野外露头观察和岩心分析是获取第一手地质资料的重要途径。通过详细观察配合岩石物理实验，可以获取地层序列、岩性特征、矿物成分、沉积构造、储集条件等关键地质信息，为后续的测井解释提供可靠依据。

3）测井资料的预处理

在进行地质解释前，必须对测井资料进行系统的预处理，包括环境校正、标准化处理、曲线校深和归位等。通过建立统一的解释标准，确保从测井资料中提取的地质信息准确、可靠。

4）地质刻度测井

地质刻度测井是将岩心分析、实验测试等地质资料与测井曲线进行对比标定的过程。这是一个贯穿测井地质解释全过程的重要环节，通过不断匹配测井信息与地质参数，建立可靠的岩石物理关系，构建正演模型和反演模型，为精确的测井地质解释奠定基础。

5）测井资料处理和储层参数计算

该阶段主要进行储层参数的定量计算和解释。包括利用孔隙度测井曲线计算储层孔隙度、渗透率，应用阿尔奇公式计算含油气饱和度等，完成各类地质参数的综合处理与

解释。

6）测井资料的综合地质解释

基于岩石物理研究成果，遵循从单井到多井（单井测井解释、精细测井解释、多井测井解释）、从定性到定量的解释原则，结合地质模型和测井处理成果，采用人机交互或模型驱动的自动解释方法，完成各项地质评价目标的综合解释。

7）测井地质目标评价

根据不同的地质研究目标，选择相应的测井系列组合，开展专项评价工作。主要包括井旁构造解析、沉积微相识别、古水流方向恢复、裂缝识别与评价、地应力分析及烃源岩评价等。

2.测井地质学研究的分析方法

地球物理测井资料本质上是对井筒剖面岩层物理性质（如电阻率、放射性、声学特性等）的连续测量数据。这些数据仅间接反映岩石的地质特征，而地质信息往往具有复杂性和模糊性，难以直接量化。为实现从数值信息向地质认识的转化，测井地质研究采用了多种现代数学分析方法：

（1）模糊数学方法：处理地质概念的不确定性和模糊性；

（2）小波分析技术：识别测井曲线中的多尺度地质信息；

（3）分形几何理论：描述地质体的复杂性和自相似性；

（4）人工智能算法：包括神经网络、机器学习等智能识别技术；

（5）非线性分析方法：如混沌理论、随机过程分析等。

这些方法的综合应用，极大地提高了测井地质解释的准确性和可靠性。

## 二、测井地质应用的研究难题及未来展望

每当油气勘探开发中某一地质或工程参数发生质变而测井评价方法不变时，就会出现测井评价技术的明显不适应现象，如20世纪90年代以来面临的低孔低渗复杂储层、低电阻油层评价问题等。在能源需求仍在不断增长的今天，非常规油气（致密油气、页岩油气）的兴起对测井地质学提出了更高、更深层次的技术需求。现今测井评价技术正面临不适应勘探开发对象的艰难时期。致密油气、页岩油气评价提出的"七性关系"和"三品质"评价使测井评价技术面临多重挑战和全新探索。

非常规油气的测井评价同样也不能脱离测井地质综合研究的指导，因此加强更深层次的测井地质综合研究显得迫在眉睫，亟须将新的研究思路和方法应用至测井地质学综合研究当中，建立起配套的测井地质学的定性分析与定量评价方法。存在的问题即是未来发展的方向，可以预见，测井评价作为重要的技术手段将在非常规理论研究与配套技术支撑体系中发挥不可替代的作用。

1.当前测井地质应用的研究难题

把测井地质学成果定位在辅助信息、辅助工具这个层次，即辅助地质学家在由数据信息到知识和智慧（即决策）信息的生成过程中少走弯路，节省投入，达到事半功倍的效果。具体表现如下。

1）解的不确定性或多解性

测井源于解决地质问题，技术的进步与成熟，为解释人员解决地质问题提供了更便

捷的条件。但测井资料本身存在一定的多解性，不同的解释人员知识背景以及出发点不同，会导致解释的结果千差万别。

利用测井技术在井下检测到的岩石物理信息如导电性、放射性等，仅包含岩石的地学描述信息，而不能直接得出地学知识信息。例如：测量的地质对象由钻井取心观察是"灰色含泥细砂岩"。这个结论有四个信息需要量化约定才可能由测井数据集判定，即颜色、泥质成分及含量、碎屑颗粒的矿物成分（石英或长石）、砂的粒径。尤其是颜色，直到目前也无法通过测井曲线解释清楚。实际上，人们往往要求用测井数据集合去直接描述一个地质目标，也就是说在测井与地质两个集合之间寻找对应关系。由于测井数据集是确定的（而不是随机的）、全部可量化的（而不是描述的），维数是有限的（即仅有几种测井方法），测井数据集与地质描述结合之间就不是一一对应的，存在较大的不确定性。

2）解的区域性

沉积体与沉积环境密切相关，地质学对沉积体的描述大多是地区性的。而测井方法是固定的，电阻率曲线在不同井、不同层位、不同地区，即使是同一类岩石也不会具有相同的数量值。这就是为什么用同一种测井方法，如果不修改控制参数，在研究地学问题时在不同的地区会得到不同的结论。

3）负载能力有限性

一是测井资料本身受到井孔条件的限制，反映的只是井孔周围一定范围内的岩石物理属性特征；二是地球物理测井探测的是地层的电性、声学特性和核物理特性，加上探测环境和条件的影响，负载能力有限。因此，利用测井识别地质现象的能力是有限的，只有将其他不同尺度和分辨率的资料如地震、岩心及其配套的分析化验资料相互标定和匹配，才能提高解释的精度和广度。

地球物理测井对不同的地质对象的分辨率能力有限，如石英、白云石、方解石三种沉积岩主要矿物的声波时差（纵波）相对差值仅为10%左右，而测井仪器的误差为5%，井径和钻井液变化的影响可以达到50%以上。所以，利用测井识别地质现象的能力是很有限的，只有在数学约束、物理约束、地区约束条件都能满足的条件下才可以得出满意的解。

4）测井信息与地质信息不对应性

测井曲线是多成因的产物，岩石宏观地质背景与微观结构特征的综合表现结果有其特定的地球物理属性特征。纵向分辨率尺度上，常规测井如自然伽马分辨率介于0.6~1m级，高分辨率阵列感应测井可达到30cm级，成像测井在5mm级。而地质属性本身具备多尺度特征，地质分析化验数据分辨率可达微米级甚至纳米级（CT分析和扫描电镜等）。导致地质信息与岩石物理测井信息对应性较差，建立测井—地质转换关系时多尺度数据融合显得尤为重要。

2. 测井地质应用研究主要探索方向与未来展望

（1）测井地质应用的核心思路是探寻正确的测井—地质转换关系，亟须挖掘蕴含在测井曲线里面的地质属性信息，减少测井评价认识的多解性，并提高测井信息的地质综合应用。

（2）深入研究测井曲线的旋回特性，建立测井层序地层学分析体系，并以层序地层、旋回地层、地层模拟为基础，综合测井和地震勘探资料研究，使地震高分辨率上升到测井的量级，使测井在区域研究上有更大的用武之地。

（3）将测井地质结合方法理论体系进一步广泛运用至特殊储层以及非常规油气的解释评价工作中，如评价页岩油气储层的"七性关系"及其匹配关系，或者说是针对非常规油气储层评价的"新四性关系"（储集性、含油性、流动性和可压性）。

（4）实现地质分析测试资料及地球物理测井资料相结合（大数据和人工智能融合），相互标定验证提高解释的精度和广度，使测井曲线本身内含的地质信号得到有效挖掘。

测井地质综合评价过程中首先要强调测井技术的地球物理思维，同时要融入地质学的推理分析法，建立测井信息的地质转换分析模型。总之，测井技术与地质应用的和谐发展与联合攻关，是测井地质综合评价及应用研究繁荣发展的前提条件。反之，过分强调测井技术的地球物理思维，限制地质学的推理分析法融入（建立测井信息的地质转换分析模型），必然导致测井地质应用研究的故步自封、毫无活力。一是推广和深入研究先进适用的成熟技术，如将成像测井等进行页岩岩相的测井识别与评价，基于常规测井实现TOC测井定量计算；二是关注和积极推广前沿技术，保障技术的更替，如利用元素扫描测井（litho scanner）进行岩石矿物组分分析和TOC计算，利用二维核磁共振进行页岩油可动性和润湿性的解释与评价，利用高分辨率成像测井识别细粒沉积岩毫米级尺度纹层结构并在此约束下实现页岩油"甜点"评价；三是与测井地质学与人工智能大数据相融合，学科之间的交叉融合不是简单的联合或结合，而是在地质、油藏理论指导下，充分重视岩心分析化验和生产测试资料，并结合大数据和人工智能方法，形成科学、准确的测井地质学综合评价理论与技术体系。

# 第二章　测井层序地层分析

层序地层学（Sequence Stratigraphy）是研究旋回式的、成因上有联系的、以侵蚀面（或无沉积作用面）或者与其可以对比的整合面为界的年代地层格架，以及沉积层序内部地层、岩相分布模式的学科，是根据露头、钻测井和地震资料，结合有关沉积环境和岩相古地理解释，对地层层序格架进行地质综合解释的地层学分支学科。它是一种划分对比和分析沉积岩的新方法，当与生物地层学及构造沉降分析相结合时，可提供一种更为精确的以不整合面或与之可对比的整合面为边界的地质时代对比、岩相古地理再造和钻前预测生储盖地层的方法。

20世纪80—90年代，中国学者徐怀大等首次将层序地层学引入国内。2001年以后层序地层学全面用于岩性地层油气藏的勘探并取得好的效果。自此，层序地层学开始深入到油气勘探开发的各个阶段。从盆地分析到圈闭的成因解释，从油藏描述、数值模拟到后续动态模拟，从勘探开发各个阶段的软件开发到油藏管理，给沉积学和地层学研究带来了革命性的飞跃。层序地层学获得了突飞猛进的发展，从根本上改变了地层对比的观念和原则。层序地层学建立了一整套概念体系与技术支撑体系。其思想精华表现为综合利用露头、岩心、测井和地震资料进行地层空间构型分析与准层序叠置样式研究。

当前，层序地层学正朝着高分辨率方向发展，而地震资料的分辨率已不能满足实际需要。测井信息的分辨率远高于地震资料的分辨率。测井与地震、生物地层及同位素测年资料结合可以建立高分辨率的年代层序地层框架。

本章主要介绍层序地层的界面特征及识别、测井层序地层的工作流程与分析方法、测井深时转换与天文年代标尺分析方法等内容。

## 第一节　层序的概念

层序地层学所依托的理论基础包括：（1）海平面升降变化具有全球周期性，全球周期性海平面变化是形成以不整合为边界的沉积层序的根本原因，是建立全球地层对比的重要手段。在大多数情况下，一个沉积层序是在一个海平面变化周期内形成的，也就是说，不同级别的海平面相对变化周期对应于相应级别的沉积层序（表2-1-1）。（2）四个基本变量控制了地层单元几何形态和岩性，即海平面升降、气候、沉积物供给和构造沉降及其综合作用。

关于层序地层单元划分方案以及层序的分级，可以说是百家争鸣。根据Haq等（1987）和Van Wagoner等（1990）的观点，层序地层可划分出层序、准层序组、准层序、岩层组、岩层、纹层组和纹层等不同级别（图2-1-1）。较小级别的自旋回单元，如鲍马序列、河流沉积韵律层、决口扇沉积序列和各种层理等，沉积动力学主要根据环境能量变化，对其成因已经有了合理的解释；岩相古地理学通过建立相模式，描述了它们在空间上的分布特点。故较小级别的地层单元应属于沉积学的研究对象。较大级别的地层单元的成因（一级、二级海平面周期变化形成的一级和二级层序）根据地球动力学条件变化解释比较合理，这是构造地质学的研究任务。

表 2-1-1　全球海平面相对变化周期与层序级别（据朱筱敏，2000）

| 周期级别 | 持续时间（Ma） | 周期成因 |
|---|---|---|
| 一级 | >100 | 泛大陆的形成和解体 |
| 二级 | 10~100 | 全球板块运动和大洋中脊体积变化 |
| 三级 | 1~10 | 全球性大陆冰盖生长和消亡、洋中脊变迁、构造挤压作用和板内应力调整 |
| 四级 | 0.1~1 或 0.2~0.5 | 大陆冰盖生长和消亡，天文驱动力 |
| 五级 | 0.01~0.1 或 0.01~0.2 | 米兰科维奇冰川全球海平面变化旋回和天文驱动力 |

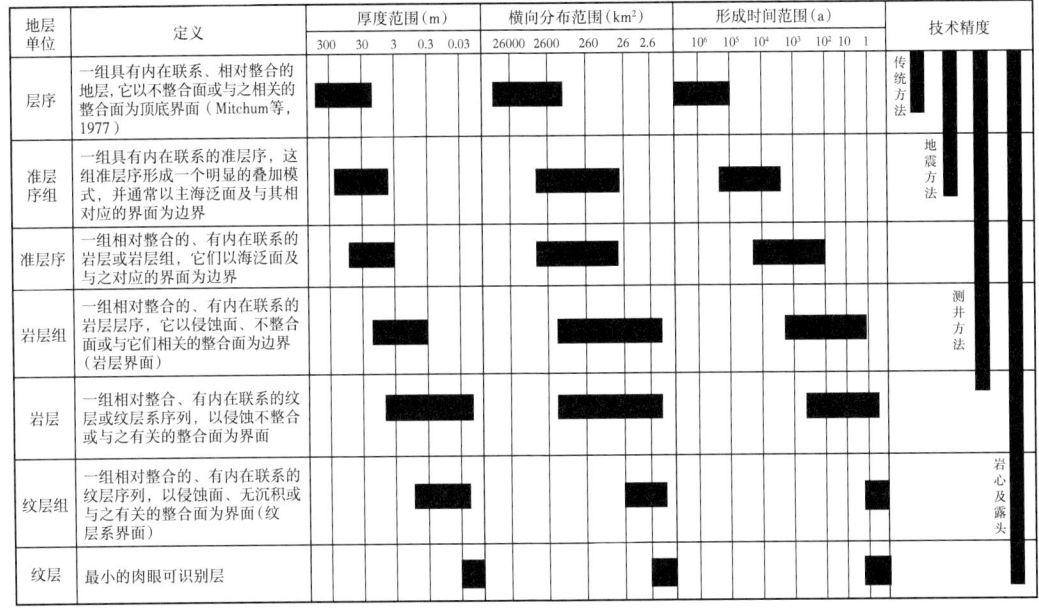

图 2-1-1　地层单位级序的定义和特征（据 Van Wagoner et al., 1990；朱筱敏，2000）

层序地层学研究的关键思路之一，就是根据沉积空间增加速度与沉积物供给速度的关系分析层序的基本特征，这一思路适合于分析研究中等级别的地层单元（三级层序），所以层序地层学的重点研究对象应当是层序、准层序组和准层序（也称为副层序组和副层序）等中等级别的异旋回单元。

# 一、准层序

1. 概念

准层序是层序地层分析中最基本的沉积单元，是一套以海水洪泛面或者与其可对比的界面为界的、相对整合的、彼此有成因联系的地层或地层组。准层序由层组、层、纹

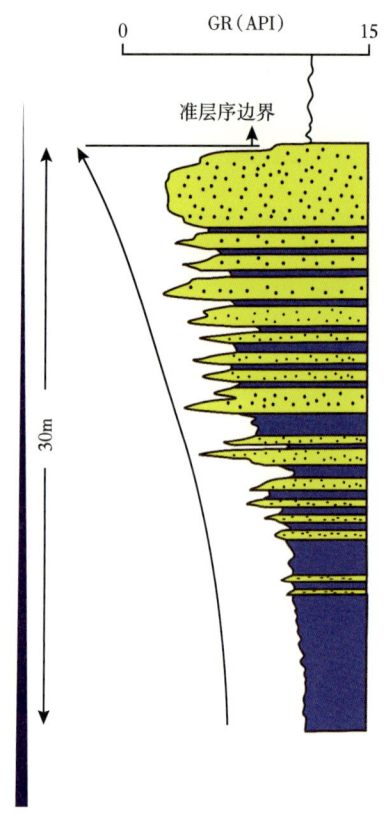

图 2-1-2 三角洲沉积环境中准层序边界特征（据朱筱敏，2000）

层组和纹层组成。陆相沉积的准层序是以沉积间断或小的湖侵面为界的一套地层组。持续地质时间几万年至几十万年，沉积厚度几米至几十米。

2. 特征

按层序地层学观点，准层序发育初期沉积空间突然增大，也就是说准层序边界是一个沉积空间突变面（即一个沉积间断面）。根据准层序的定义，准层序的边界是能够分隔新老地层的海泛面，这就意味着所有的准层序都必须是一个向上沉积水体不断变浅的序列，否则就不能根据海/湖泛面来划分确定准层序。所有的准层序都是向上变浅的沉积序列，大多数准层序都是向上粒度变粗的序列（图 2-1-2）。

准层序边界一般特征为地势起伏几十厘米至几米，界面之上富集碳酸盐矿物、磷灰石或海绿石，并且海泛面上下地层的岩性和沉积厚度也发生突然的变化（图 2-1-2）。在每个准层序内，岩层或层系向上变厚，砂泥比向上增大，颗粒向上变粗，纹层几何形状向上变陡（图 2-1-2）。

Walther 相序定律指出：只有那些成因相近且横向上紧密相邻而发育的相才能在垂向上依次叠覆出现而没有间断。反过来说，如果横向上不可能紧密相邻发育着的两种相，因环境快速变化而在纵向上叠覆出现，则这两种沉积物之间的接触面就是沉积间断面。实际上，在很多例子中，井距相隔数千米的各井之间湖相泥岩和海相泥岩是可对比的，这一现象也说明了这种研究思路的正确性。

如图 2-1-3 所示，准层序边界之上沉积空间突然增加 [$\Delta V_a$（沉积物的累计体积变化）≫ $\Delta V_{ss}$（沉积物在稳态条件下的体积变化）]，使 F1 相（如湖相泥岩）分布范围向源快速迁移越过 F2 相（如三角洲相）原先的分布范围，在近源部分直接覆盖在 F3 相（如河流相）之上，形成沉积间断。但是，在实际应用中单纯依据界面上下相类型判断接触关系能识别出的沉积间断是有限的，以沉积间断进行全井段准层序级划分几乎没有可能。所以，通常根据相序组合关系划分准层序，把纵向上沉积相演变趋势相同的多个砂岩和泥岩层的组合作为一套准层序，而准层序边界是相序演变趋势的不连续面。

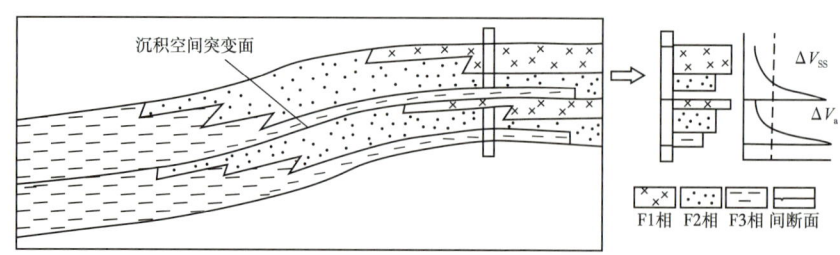

图 2-1-3 沉积相快速迁移与沉积空间突变面（据朱筱敏，2000）

大多数准层序是进积的，即时代越来越新的砂岩层组的远端是在越来越向盆地深处的方向沉积下来的。这种沉积形式造成了向上变浅的沉积相组合。也有一些准层序是加积或退积的，这与构造背景和沉积环境有关。

## 二、准层序组

1. 概念

准层序组是具有清晰叠加模式的一组有成因联系的准层序序列（Van Wagoner et al., 1990）。准层序组一般以明显的海水洪泛面或与其可对比的界面形成的。在一定的沉积条件下，准层序边界与准层序组边界可以和层序边界一致。准层序组边界往往是规模较大的海泛面，将不同叠置样式的准层序分隔开来。准层序组沉积厚度多为几十米至几百米，平面分布范围可达几千平方千米，持续地质时间为几万年至几十万年，可以通过露头、钻测井和岩心资料加以识别。

2. 类型

按准层序组中准层序的堆叠形式可以分为进积式、退积式和加积式三种准层序组，具体取决于沉积空间增长速度与沉积物供给速度的比值，如图 2-1-4 所示。在进积准层序组中，越向盆地方向前进，沉积下来的准层序的时代越新。沉积物供给速度大于沉积空间增长速度。在退积准层序组中，越向物源方向前进，沉积下来的准层序的时代越新，呈后退形式。虽然退积准层序组中每一个准层序都是进积的，但准层序组向上变深，呈"海进形式"。沉积物供给速度小于沉积空间增长速度。在加积准层序组中，准层序越向上，其时代越新，中间没有明显的侧向移动。沉积物供给速度接近于沉积空间增长速度（图 2-1-4）。

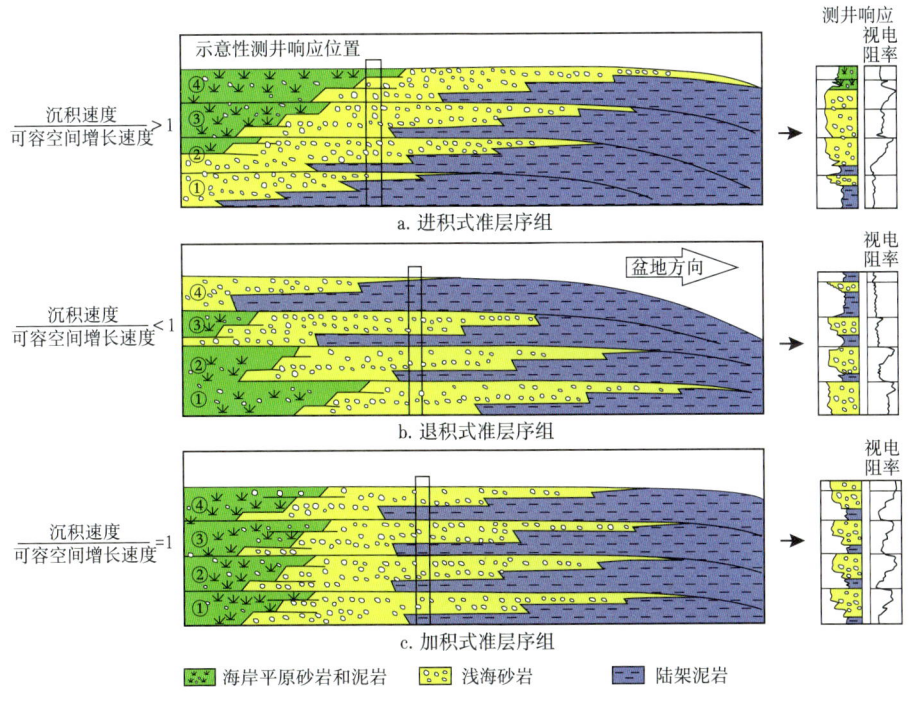

图 2-1-4　准层序组类型及准层序组叠置样式图（据朱筱敏，2000）

3. 特征

进积式准层序组是在沉积物沉积速率大于可容空间增长速率的情况下形成的，较年轻的准层序依次向盆地中央方向推进。时代越新的准层序所含的砂岩层，其沉积孔隙度越大、砂泥比越小、电阻率越大，浅海到海岸平原环境沉积的岩石所占比例越大。井剖面从时代最新的准层序可以全部由在海岸平原环境中沉积的岩石组成。此外，准层序组中时代较新的准层序的厚度一般比时代较老的准层序的厚度大（图2-1-4）。其中的每个准层序都是一个向上粒度变粗、水体变浅的沉积序列；对于整个进积式准层序组来说，自下而上，砂岩厚度不断增大，泥岩厚度不断减薄，砂泥比值加大，总体构成一个向上水体变浅的准层序堆砌样式。该沉积序列常响应于自然电位曲线的厚层高幅箱形组合、漏斗形特征（图2-1-4）。

在退积式准层序组中，与下伏准层序相比，时代越新的准层序所含的页岩或泥岩越多、孔隙度越小、电阻率越小，在较深海环境如下滨面、三角洲前缘或陆架上沉积的岩石所占比例越大。准层序组中时代最新的准层序通常全部由在陆架上沉积的岩石组成。此外，准层序组中时代较新的准层序的厚度多半比时代较老的准层序的厚度小（图2-1-4）。整个退积式准层序组垂向序列：自下而上，砂岩单层厚度减薄，泥岩厚度加大，砂泥比降低，沉积水体向上变深，整体构成水体向上变深的准层序堆砌样式。在自然电位曲线上，每个准层序均表现为漏斗形或漏斗形—箱形，但向上泥岩基线所占比重越来越大。

在加积式准层序组中，各层序组的沉积相、厚度和砂泥比没有太大变化，准层序组间测井曲线变化平稳（图2-1-4）。加积式准层序组是在沉积物沉积速率基本等于可容空间变化速率时形成的。每个准层序都是进积作用的产物，相邻的准层序之间没有明显的沉积岩相侧向移动。砂岩、泥岩沉积厚度和砂泥比几乎没有明显变化，整体构成每个准层序沉积水深基本不变的地层堆砌样式。故每个准层序的自然电位曲线形态具有良好的相似性。

### 三、层序和体系域

层序是层序地层学分析的基本地层单位。层序就是一套以不整合或与其可对比的整合为界的、相对整合的、彼此有成因联系的地层组合。不整合是地层序列中两套之间的一种不协调关系。不协调的接触关系意味着不整合之下的地层形成之后可能经历褶皱、断裂、上升和剥蚀等地质作用，而后又重新接受沉积，形成不整合面之上的地层。不整合代表地层记录的重要间断或缺失。

层序边界是由于海平面相对下降形成的。准层序和准层序组是层序的结构单元。经典的层序地层单元垂向上可以识别出3个体系域，分别是低位体系域（LST）、湖侵体系域（TST）和高位体系域（HST），如图2-1-5所示。每个完整的三级层序可由3种体系域所组成，而每个三级层序内又可包含多个四级层序。低位体系域对应发生于湖平面下降末期与上升早期，可容空间小，物源供给又相对充分，平面上水体迁移频繁，以进

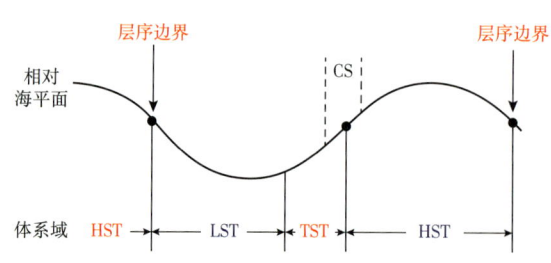

图2-1-5 海平面升降变化与体系域划分关系
（据朱筱敏，2000）

CS为凝缩层

积式准层序为主，易于优质储层发育。海（湖）侵体系域为介于初始湖泛面和最大湖泛面的湖盆扩张时期，进入湖侵体系域后，湖平面快速上升，其沉积物以泥页岩等细粒沉积物为主，以退积式准层序叠加样式为特征，易于形成烃源岩层。高位体系域指湖平面稳定之后的相对下降阶段，湖平面相对稳定，陆源供给增强，以加积式准层序组和进积式准层序组叠加样式为特征，易于发育有利储集体。

## 第二节 层序地层的界面特征及识别

层序地层分析的关键在于不同级别界面的识别，识别层序界面是建立层序地层格架的关键。层序界面可分为Ⅰ型层序界面和Ⅱ型层序界面。

Ⅰ型层序界面是在全球海平面下降速度大于沉积滨线坡折处沉降速度时形成的。Ⅰ型层序界面的识别标志包括：（1）广泛出露地表的陆上侵蚀不整合面；（2）层序界面上下地层颜色、岩性以及沉积相的垂向不连续或错位；（3）河流回春作用形成的深切谷；（4）相对海平面明显下降造成层序界面处的古生物化石断带；（5）层序界面上下体系域类型或准层序类型的突变，如层序界面之下为高位体系域，层序界面之上为海侵体系域；（6）地震反射终止关系的变化；（7）层序边界上下地层所含的地球化学微量元素类型和含量、古气候和水深等方面都有明显的变化；（8）在岩性和地层产状突变的层序界面处，测井曲线具有良好的层序界面响应，如电阻率曲线、自然伽马和自然电位曲线、地层倾角矢量模式图以及成像测井特征都会发生曲线形态、异常幅度、测量值等方面的明显变化（图2-2-1）（朱筱敏，2000）。

Ⅱ型层序界面是在全球海平面下降速度几乎等于或小于沉积滨线坡折处沉降速度时形成的。Ⅱ型层序界面的识别标志包括：（1）沉积滨线坡折带向陆一侧的、分布范围相对较小的陆上暴露及其不整合；（2）海岸上超向下迁移至沉积滨线坡折带向陆一侧并形成由进积到加积准层序构成的陆棚边缘体系域；（3）具有倾斜的斜坡沉积地层样式；（4）存在能够形成深切峡谷并向盆地输送沉积物的、足够大的河流体系；（5）具有足够大的可容空间将准层序组保存下来；（6）海平面下降幅度足以使低位体系域在陆棚坡折或在其外侧不远的地方发生沉积（朱筱敏，2000）。

利用测井信息能够识别具有等时地层格架特征的不整合面、海泛面与侵蚀面。层序界面类型十分复杂，在海相、陆相盆地中层序界面特征存在较大差异。海相盆地中层序边界主要是大面积暴露的陆棚、深切谷、侵蚀作用面及相带向盆地方向的大幅度迁移。海相盆地中凝缩层为最大海泛期形成的分布面积大、层位稳定的薄层泥岩及石灰岩等远洋沉积；而陆相盆地中凝缩层一般为厚层湖相暗色纯泥岩，且经常发育含煤沉积。也就是说，层序边界在地质和地球物理资料上有不同的响应，应进行综合分析（朱筱敏，2000）。

## 一、层序边界

在地震剖面上，层序边界表现为海岸上超点向下迁移和岩相向盆地方向的迁移。单井中层序边界的识别标志主要有侵蚀面、土壤层（根土层）、深切谷、补给水道和深水浊积等海底侵蚀。深切谷是层序边界在陆棚区的特征标志，在测井曲线上有明显响应，通常表现为突变的侵蚀基底和块状的自然电位形态。深切谷在连井剖面上可以更容易且准确地被识别。区域性不整合是层序边界的根本性质。从常规测井、成像测井甚至是高分辨率地层倾角测井上均可以直接识别不整合面（图 2-2-1），在大型层序界面（通常为不整合面）附近通常表现为常规测井曲线突变接触、成像测井相模式突变（图 2-2-2）。多井的地层倾角资料有助于判断广泛分布的不整合面的存在（图 2-2-1）。成像测井提供了更精确的不整合面分辨方法。层序边界通常也是岩性突变界面，界面两侧的岩性差异在大多数测井曲线上都有显著的响应。自然伽马、电阻率和三孔隙度曲线形态分析表明，大型层序界面（往往对应不整合面），如塔里木盆地白垩系与寒武系之间为一大型不整合面，往往对应一个稳定的突变界面（图 2-2-2）。

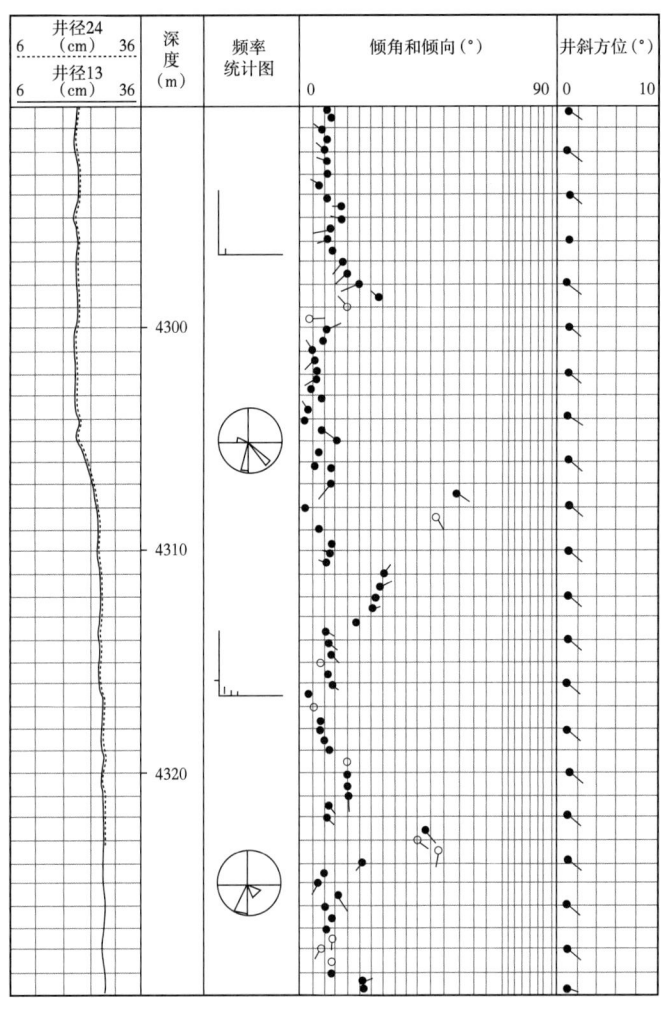

图 2-2-1 塔里木盆地塔中 10 井石炭系与志留系不整合接触地层倾角矢量图（据尹寿鹏和王贵文，1999）

## 二、准层序边界（海泛面、湖泛面）

准层序对应的海泛面、湖泛面作为准层序边界，可反映水深突然增加事件。如岩性突变，层厚突然增加或减少，可能的冲刷与侵蚀，层面附近出现丰富的海绿石、磷灰石、黄铁矿等自生矿物，生物扰动现象向下突然增加或减少等。准层序内的岩性与厚度变化在常规测井中都有显示，可以通过岩性测井与曲线形态分析来确定。如地球化学测井和成像测井能够识别海绿石和生物扰动的存在。不同的准层序组类型在测井曲线上的响应也有差异。进积式准层序组为一向上变粗的电相组合，加积式准层序组为一箱形电相组合，退积式准层序组为一向上变细的电相组合（图2-1-4）。

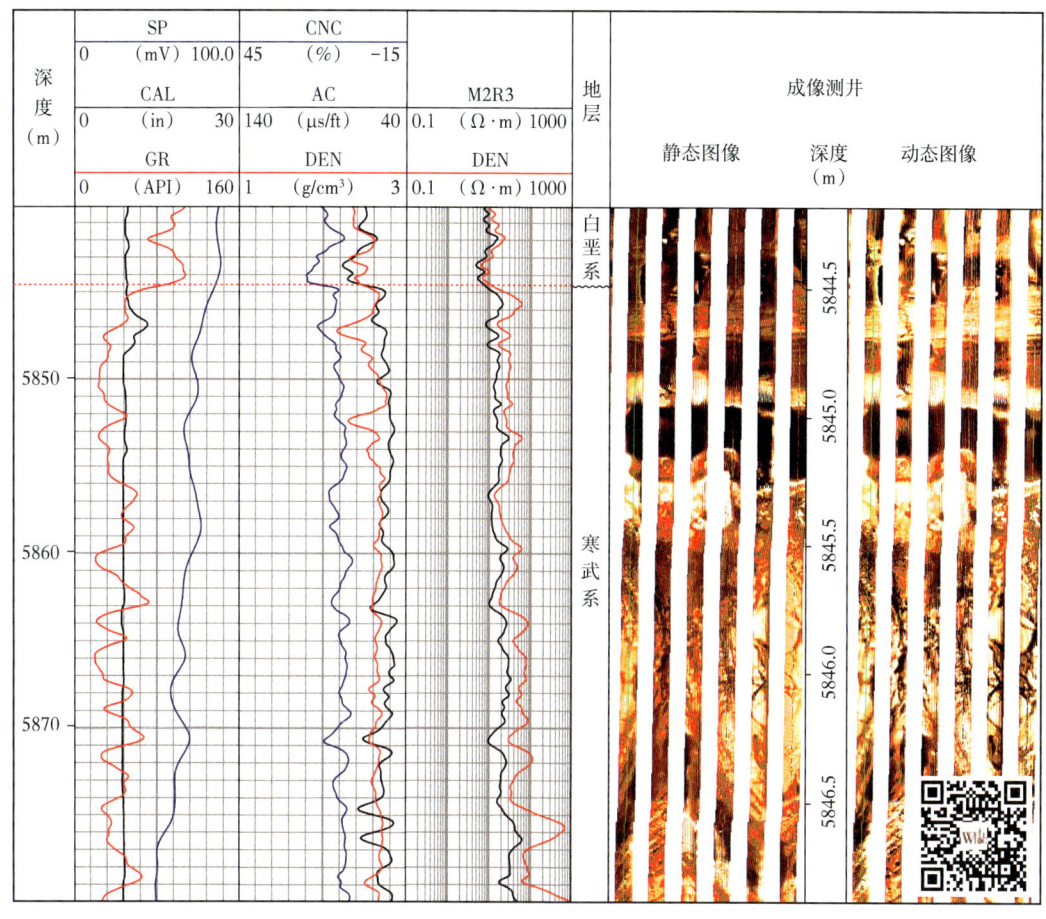

图2-2-2　塔里木盆地白垩系与寒武系不整合面测井响应特征（YH304-1H井）

## 三、凝缩层（最大海泛面、湖泛面）

海泛面、湖泛面是划分层序内部体系域的关键界面。海/湖泛面主要包括初次海/湖泛面和最大海/湖泛面，其中，最大海/湖泛面代表海洋/湖泊扩张范围最大、水体最深的时期。识别最大海/湖泛面最具特征的标志是凝缩层，是指沉积速率很慢的（1~10 mm/1000a）、厚度很薄的、富含有机质的、缺乏陆源物质的半深海（湖）和深海（湖）沉积物。凝缩层是在沉积速率远远小于相对海平面上升速率条件下形成的。极低的陆源沉积物供给速率导致形成了一些特殊岩石类型：薄层泥灰岩层组、薄层石灰岩层组、海绿石层组、磷酸盐岩、薄层粉砂质泥岩及"热"泥岩和富含有机质泥岩。凝缩层厚度往往只有数十厘米，通常靠高分辨率地球化学测井识别。凝缩层在常规测井上也有显著响应，表现为高自然伽马、低自然电位和高的铀含量特征。不同岩性的测井响应存在一定的差异。薄层钙质泥页岩或石灰岩在测井曲线上为低自然电位、高电阻率、高密度和高声速层，常呈尖峰状；较纯的海相泥岩、湖相泥岩则为低自然电位、低电阻率层。另外，由测井曲线形态分析表明，凝缩层位于向上变细的测井响应到向上变粗的测井响应的转折点处。鄂尔多斯盆地延长组 7 段最大湖泛面表现为高自然伽马、高电阻率等测井响应特征（图 2-2-3）。

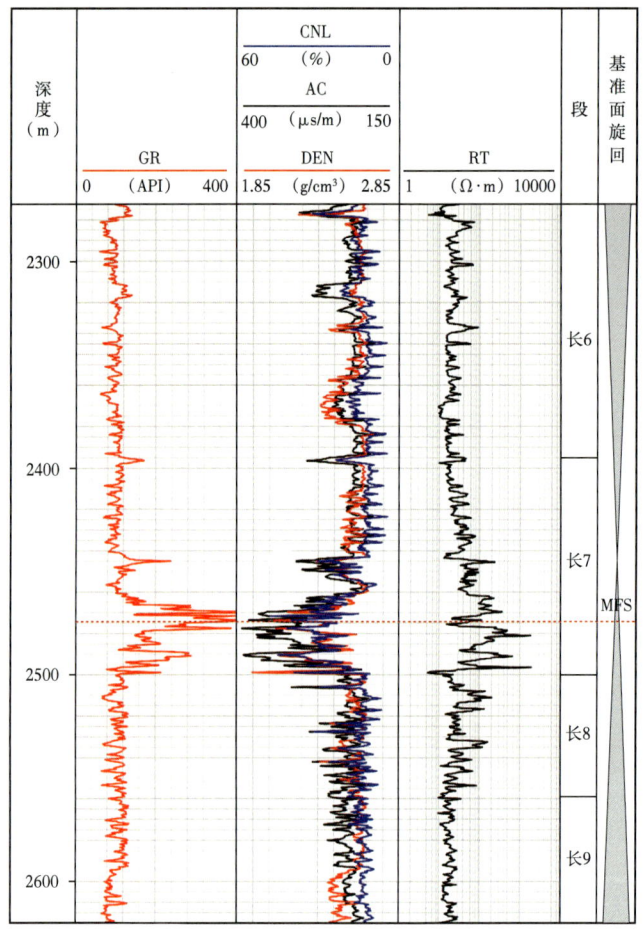

图 2-2-3  鄂尔多斯盆地延长组 7 段最大湖泛面（MFS）测井响应特征（H15 井）

## 第三节  测井层序地层分析的工作流程与分析方法

层序地层学历经 70 年的发展，形成了 Vail 经典层序地层学、Cross 高分辨率层序地层学、Galloway 成因层序地层学等多个学术流派，广泛地运用于油气等地质资源勘探与开发。近年来，随着油气藏勘探和开发程度的持续加深，米兰科维奇旋回地层、河流相层序格架、深水碎屑岩层序地层等研究蓬勃发展，形成体系，既是对不同层序地层学派的继承，还有针对性地围绕着实际需求形成创新。层序地层学研究手段趋于多样，在古生物研究、岩矿分析、地震资料解释、常规和特殊测井资料分析基础上引入小波变换、主微量元素和同位素分析、锆石定年、包裹体测试等技术方法，其中测井技术的运用尤为关键，能够很好地揭示地下储层岩性、岩相和沉积相的变化，满足不同层序地层学研究理论及其发展演化的需要。同时测井技术具有高精度、多维度的特点，且不受取样范围的限制，揭示的地质信息更为丰富。随着人工智能、大数据等技术的飞速发展，测井技术在层序地层学研究中的运用将愈发重要。

基于测井技术高精度、多维度揭示地层信息的独特优势，测井层序地层分析的核心目标在于建立高精度等时地层格架。其一般工作流程通常包括层序界面识别、湖泛面识别和体系域划分等核心环节，并整合测井曲线精细解释与先进数学算法（如小波变换）进行沉积旋回特征的提取与分析。

## 一、一般工作流程

研究表明，测井分析主要用于地震地层、生物地层所建立的等时地层格架内的准层序与体系域的识别。通过单井层序分析、界面特征提取和层序界面识别，然后在过井地震剖面上利用经岩心刻度的测井资料进一步识别准层序与体系。测井层序地层学分析流程如下。

*1. 建立测井—地震—生物等时地层格架*

层序地层分析是建立在等时地层格架基础上的。地震地层分析可以识别出具有等时界面意义的层序边界。海岸上超点向盆地方向转移的现象可以准确地识别层序边界。高分辨率测井资料可以在地震地层框架内进行准层序、准层序组（进积型、加积型、退积型）的划分与体系域的识别。根据古生物资料和其他年代测定方法，确定层序地层格架的年代，将岩石地层单元转换为时间地层单元。

以鄂尔多斯盆地上三叠统延长组为例，延长组蕴藏了丰富的石油资源，具有烃源岩发育、生储盖组合配套、勘探领域广和潜力大的特征。根据岩性及古生物组合、区域标志层、沉积旋回和油层纵向分布规律可将延长组自上而下分为5个岩性段和长1—长10共10个油层组，其中，长7油层组沉积期—长10油层组沉积期为湖盆形成至扩张的湖进期，在长7油层组沉积期达到最大湖泛面之后进入鼎盛时期，长2油层组沉积期—长6油层组沉积期为湖盆逐渐萎缩直至消亡期，至长1油层组沉积期为准平原沼泽化后结束了延长组的沉积历史。鄂尔多斯盆地上三叠统延长组总体构成了一个超长期基准面旋回层序（即二级层序或称构造层序）。根据野外露头、岩心、录井、测井和地震等资料运用高分辨率层序地层学理论和方法，一般是将延长组自下而上划分为SQ1—SQ5共5个三级层序。SQ1对应长10油层组，为湖盆初始扩张时期沉积。SQ2（长9油层组—长$8_2$油层），为湖盆初始扩张时期沉积。SQ3（长$8_1$油层—长7油层组），为湖盆逐渐鼎盛期沉积。SQ1—SQ3层序最大湖泛面（长$7_3$油层油页岩）构成超长期基准面旋回的基准面"上升不对称半旋回"结构，反映了湖盆由缓慢下降到快速下降，基准面持续上升、湖盆沉积范围持续扩张的沉积动力学过程。SQ4（长6油层组—长4+5油层组—长3油层组）为湖盆萎缩期沉积，SQ5（长2油层组—长1油层组）为湖盆退缩消亡期沉积。SQ3层序最大湖泛面至SQ5层序构成了超长期基准面旋回的基准面"下降不对称半旋回"结构，中间长4+5油层组湖侵期泥岩的发育说明湖平面变化有一定反复，但总体上湖盆水体是逐渐变浅的，反映了构造抬升导致湖盆开始填平补齐、基准面震荡性下降、湖盆沉积范围震荡性萎缩的沉积动力学过程（图2-3-1）。

*2. 识别层序边界*

层序边界在测井曲线上通常有明显的响应，一般表现为突变性界面。单井岩相分析中的岩性突变界面的标志。沉积倾向关键剖面上的多井对比显示的区域性稳定界面特征也是层序边界的必要条件。该界面应能够在全盆地内进行对比。高分辨率地层倾角测井、井下电视测井与微电阻率扫描成像测井方法能够有效地识别不整合的存在。侵蚀面在大多数测井曲线上都有较好的响应（图 2-2-2）。如图 2-2-3 所示，长 7 段与长 6 段分界面也为三级层序界面，2395m 深度段可以看到自然伽马和电阻率曲线的突变接触。

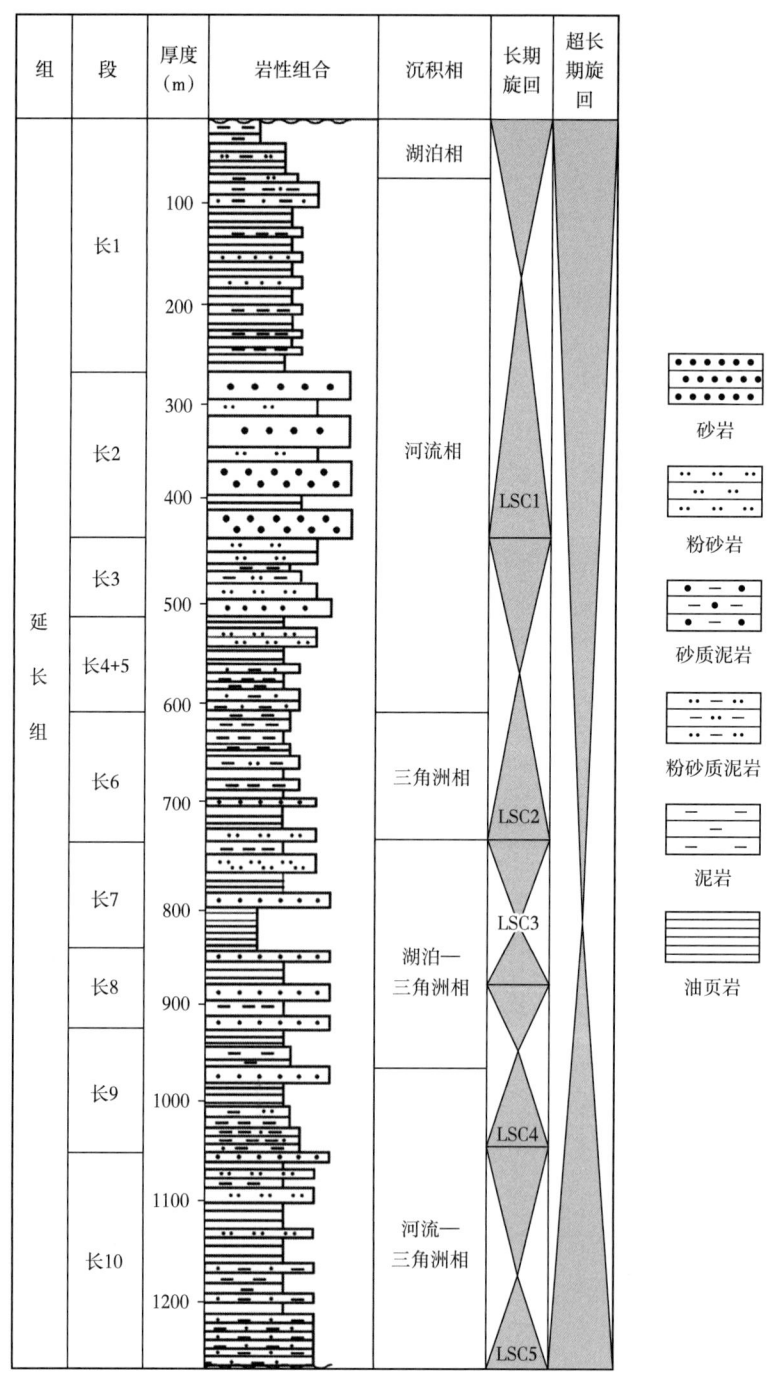

图 2-3-1　鄂尔多斯盆地上三叠统延长组层序地层格架（据 Qiu et al., 2014）

## 3. 识别湖泛面

鄂尔多斯盆地延长组最大湖泛面对应为长7段"张家滩页岩"（图2-3-2），代表了典型的湖泊相地层层序的最大洪泛面，其区域分布广泛稳定，表明当时湖进达到最大，测井曲线上表现高自然伽马、高电阻率。鄂尔多斯盆地延长组首次湖泛面对应为长9段"李家畔页岩"，较大的局域湖泛面，比长7段的张家滩页岩要薄，测井曲线上表现为高自然伽马、相对高电阻率。此外，长4+5段还发育一套比较细的泥岩或者粉砂质泥岩（图2-3-2）。H2井长2段和长1段缺失（图2-3-2）。

## 4. 划分体系域

在最大湖泛面和首次湖泛面识别的基础上，对于任意一个三级层序（长期基准面旋回），均可划分出典型的低位体系域、湖侵体系域和高位体系域。

低位体系域是在相对湖平面下降（湖平面下降速率大于沉积滨线坡折带构造沉降速率）以及其后的缓慢上升时期形成的。低位体系域底为层序界面，其顶为首次初始湖泛面。测井曲线形态以箱形为主（图2-3-3）。

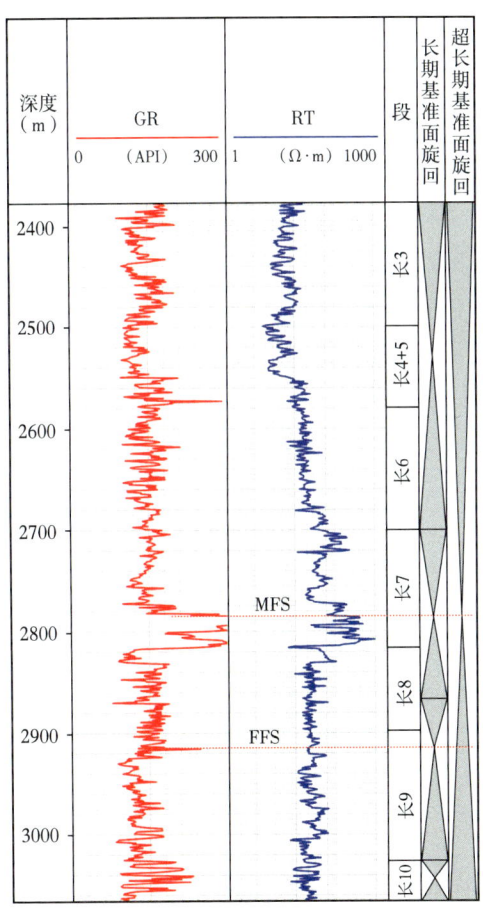

图2-3-2 鄂尔多斯盆地上三叠统延长组初始湖泛面和最大湖泛面测井识别（H2井）

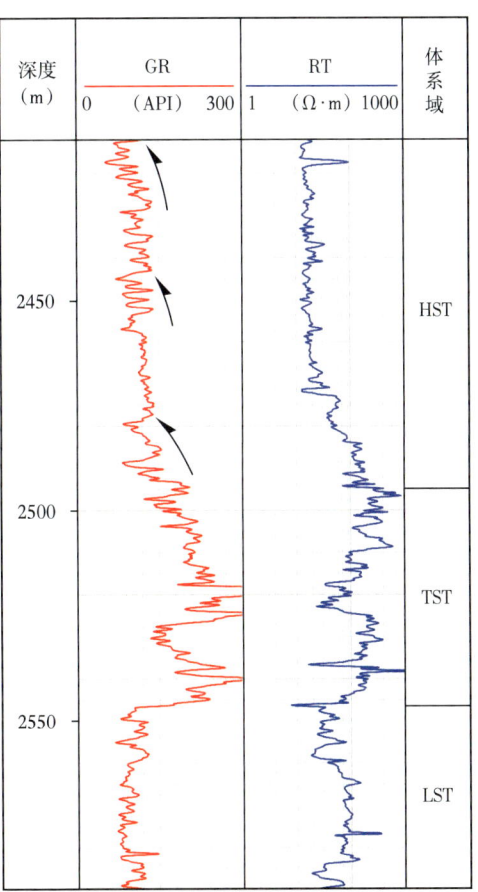

图2-3-3 鄂尔多斯盆地上三叠统延长组体系域划分（H115井）

湖侵体系域是在海平面快速上升期间，可容空间增长大于沉积物供给速率的情况下形成的。其底界为首次海泛面，顶界为最大海泛面。湖侵体系域较低位体系域和高位体系域具有更低的砂泥百分比值，因而可构成广泛分布的盖层和烃源岩层。测井曲线形态表现为漏斗形，代表水体向上逐渐变深（图2-3-3）。

高位体系域是在湖平面相对上升速率不断降低时形成的，下部以加积准层序的叠置样式向陆上超于层序边界之上。高位体系域的沉积类型中煤、越岸沉积、湖泊沉积减少，三角洲沉积和河道砂体发育连片，因而可构成广泛分布的储集体。测井曲线形态表现为钟形—箱形，代表水体相对稳定或向上逐渐变浅（图2-3-3）。

5. 建立层序地层格架

在识别湖泛面、层序界面的基础上，即可实现对延长组层序地层格架的建立。上三叠统延长组为鄂尔多斯盆地受晚三叠世印支运动影响进入内陆坳陷湖盆沉积之后的第一个沉积旋回，其沉积相的时空演化代表了一次大型内陆坳陷敞流湖泊沉积形成、扩张、萎缩和消亡的完整演化旋回过程。整个超长期基准面旋回层序的划分与鄂尔多斯盆地延长组大型内陆坳陷型湖盆沉积的发生、发展、衰退到消亡的全过程是相一致的（图2-3-4）。

6. 预测油气分布

层序地层不同单元的平面分布对盆地分析具有重要意义，可以根据层序地层体系域的分布特征，预测油气的垂向组合。特别是在湖泊相盆地中，确定与最大洪水面相伴随的湖相泥岩区域的连续性与各项生油指标，具有十分重要的意义。因为这些湖相泥岩是最主要的区域盖层与生油岩。另外，就是根据几何体系的分布，预测油气聚集带。根据解释的沉积体系预测油气圈闭类型。

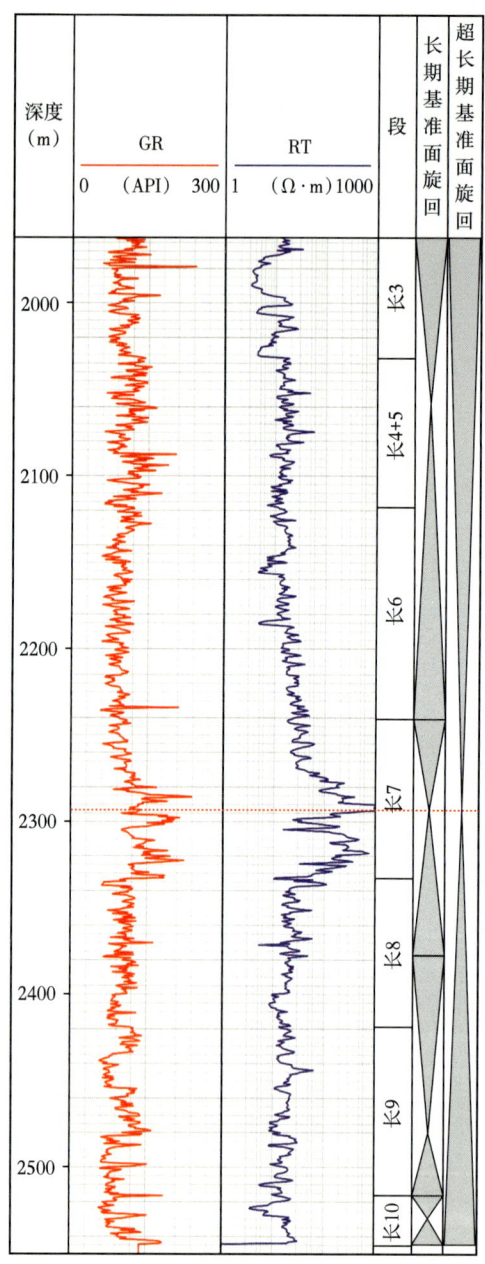

图2-3-4 鄂尔多斯盆地上三叠统延长组层序地层格架（H115井）

延长组层序地层格架划分表明，长8油层组紧邻长7段优质烃源岩、相对稳定的构造背景、纵向上相互叠置以及平面上连片分布的浅水三角洲砂体导致了长8油层组大规模连续型岩性圈闭油藏的形成。总体上，长8油层组岩性油藏具有含油面积大、分布范围广，平均单井油层厚度大的特征，与长4+5油层组、长6油层组共同构成了鄂尔多斯盆地延长组的主力产层（图2-3-4）。

## 二、单井尺度下的测井层序地层分析流程

### 1. 测井资料预处理

测井资料预处理包括曲线编辑、环境校正、深度校正、滤波及归一化等。环境校正是指对井眼条件、钻井液侵入及仪器偏心等非地质因素的校正。深度校正是为了保证每次下井所得到的资料深度取齐。选择一条特征明显的曲线,确定其他曲线的深度错动,并用深度校正程序完成校正,使各曲线反映的地层边界位置一致。

滤波是为了尽量消除曲线上的毛刺、噪声干扰及其他原因造成的曲线抖动和跳动,可利用小波变换方法来完成。

归一化是为了使各测井量的量纲统一起来。有时由于个别资料点的畸变(过大或过小),标准化后会使某些测井曲线的值趋于零,归一化所用的最大值和最小值是平均值分别加上和减去 2~3 倍方差。

### 2. 沉积旋回分析

沉积旋回是沉积地层成因的一种反映。地层中包含着多级次的旋回,从冲刷面到盆地范围内的不整合事实上都是大小不同的沉积间断点。因此若想对地层不同级次的旋回有清楚的认识,对层序的划分和分析是至关重要的。常规的测井旋回分析主要是靠研究人员对测井曲线形态、形状、幅度等变化趋势观察,定性分析旋回级次及嵌套,可选用马尔可夫链型和地层垒积方法分析地层沉积旋回。一般来说,马尔可夫链型分析适用于大级别的旋回分析,不考虑地层厚度的变化,只反映地层界面的转移趋势,属于半定量分析。地层垒积方法分析把不同岩性地层编号且考虑地层厚度,以垒积的地层层数为变量计算各岩性百分比、重心及重心两侧分布范围,分析沉积旋回。

### 3. 沉积间断点识别

除了上述旋回分析外,还可以利用地层累计倾角交会图、测井相态分维识别小的不整合面和沉积间断点。

## 三、测井曲线变化趋势的数学分析

在没有断层或倒转的层系中,任何测井曲线的深度轴都是地质时代的某种单调函数。多数测井曲线是地质变化的时间序列的自然表示。近几十年来,在研究利用测井曲线自动分层、井间对比及沉积周期的分析方面常常利用时间序列分析、傅里叶分析、频谱分析、小波分析等数学方法。

### 1. 测井数据的时间序列分析

1)测井曲线长期趋势的多项式分析

对于波动起伏的数据的时间序列常用时间的多项式拟合,以便把长期趋势和局部波动区分开来。假设把一条测井曲线(如自然伽马)看作代表岩性(GR 值)随地质时代(深度)的函数,就可以用一个多项式把这个复杂的函数拟合成一个单调函数。

一次多项式形式:

$$\hat{c} = a_0 + a_1 d \quad (2\text{-}3\text{-}1)$$

二次多项式形式:

$$\hat{c} = a_0 + a_1 d + a_2 d^2 \quad (2\text{-}3\text{-}2)$$

$n$ 次多项式形式：

$$\hat{c} = a_0 + a_1 d + \cdots + a_n d^n \qquad (2\text{-}3\text{-}3)$$

式中：$\hat{c}$ 为测井曲线趋势值；$d$ 为井深，m；$a_0, a_1, \cdots, a_n$ 为常数。

式（2-3-1）表示 $\hat{c}$ 与 $d$ 是线性关系。式（2-3-2）表示 $\hat{c}$ 与 $d$ 是抛物线关系，即存在一个极大值及一个极小值。式（2-3-3）将有 $n-1$ 个极值和 $n-2$ 个拐点，分别代表峰、谷和分界面。

拟合采用最小二乘法。对拟合函数进行微分运算，找出拐点也就等于找到了分界点。按拟合曲线的斜率变化划分地层的旋回类型。适用条件是没有断层的剖面部分。

对于一般沉积岩剖面的自然伽马和自然电位曲线的多项式拟合，以四次项为好，再高对分层及趋势分析意义不大。

2）短趋势的多项式滤波

短趋势的多项式滤波通常指的是均权的滑动平均计算。对地层学研究来说，一般采用 5ft[①] 的窗长对曲线求平均。这种方法可以滤除厚度为半个窗长的地层的影响，同时保留较大范围的那些变化特征。

2. 循环组分的傅里叶分析

在岩性纵向排列上出现旋回、韵律和重复层系的地方，测井曲线能反映出循环特征。循环组分的信号分析，一般是由傅里叶分析来解决，把"时间域"上的变化转化成"频率域"的频谱显示。这个数学处理过程，与三棱镜将白光分解成具有不同频率的各种颜色所组成的光谱相似。傅里叶分析的条件之一是，输入数据应该是稳定的（没有长期偏移或趋势）。数据拟合的总体四次多项式函数，代表长期的变化，而剩余部分保存了短期波动信息，并且是相当稳定的。

从原始数据中减去多项式趋势，便分离出与较短期的相变化有关的剩余变化。推测剩余部分的模式是否是随机的，或者是否可以用某种周期成分来表示，是很有意义的。随机性意味着单个地层代表偶然的局部相波动，这种局部波动总体上是从属于非正式分层划出的相带的主体变化。相反地，系统的周期性成分将意味沉积相控制因素的周期性机制。

将剩余变化进行傅里叶变换，可以做出以谐波频率为横坐标、以功率（幅度变化）为纵坐标的测井曲线功率谱图。

功率谱明显地表现出非正式地层分层中相单元交替变更的周期性结构。分层可能表示区域性相带的变动，这种变动是海平面升降或陆台沉降等某种过程的结果。内部循环模式的存在表明这些过程不是突变的事件，而是连续和波动的。根据这种解释，在区域上可以对比的单元是代表主要的海侵相或海退相，中间混杂一些小的相反的相，而整个过程具有明显的循环特征。

## 四、测井曲线马尔可夫周期分析

马尔可夫周期为地球轨道的岁差、地轴斜率及偏心率周期。岁差（近日点的变化）变化周期为 1.9 万年和 2.1 万年，地轴斜率（又称斜度，指黄赤交角）周期为 4.1 万年，

---

[①] 1ft=0.3048m。

偏心率（指地球轨道由近圆到椭圆再到近圆的变化）主要周期分别为41.3万年、12.5万年和9.5万年。

这些周期影响到气候，并通过气候影响到沉积物供应和沉积水体的大小（可容空间）（Vail et al., 1987），同时，以岩性、岩相、单层厚度、物性变化的方式记录在地层中。这些周期变化规律会相应地体现在地球物理测井中。设计一定的数据处理系统就可以提取这种周期信号。因此，可以说马尔可夫周期是一类记录在地层中的"时钟"，是一种地层剖面中的不变量。

通过适当的深度窗滤波，以及FFT功率谱或最大熵谱计算并分析谱峰形态与谱峰结构，就可得出沉积速率定性描述，并计算沉积速率。图2-3-5是根据Rilm曲线计算的最大熵谱结果，图2-3-6是据此计算的沉积速率。

经与钻井结果的岩性、岩相对比，沉积速率的计算已被证实是合理的，这就为研究沉积演化及地层模拟等提供了定量的依据。

另外，改变这种处理分析方法中的参数可分析出测井曲线中的其他周期变化规律。

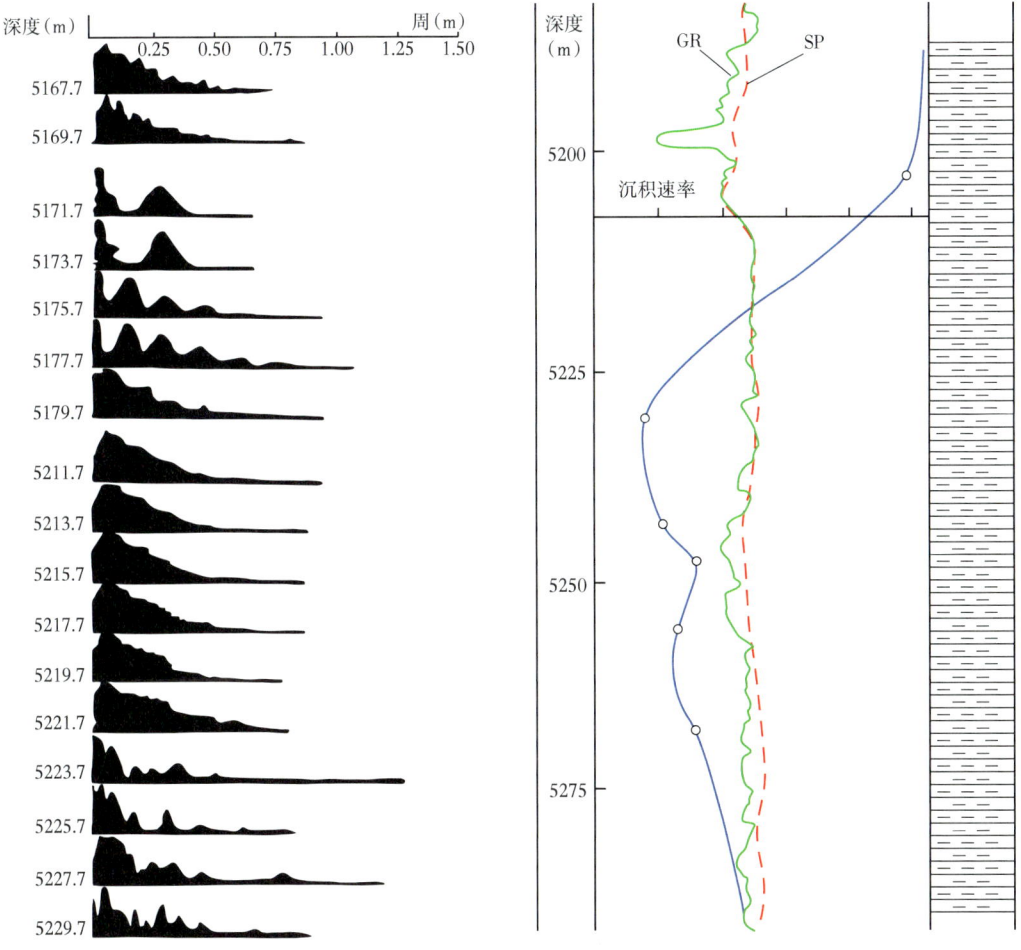

图2-3-5 新疆塔里木某井最大熵谱计算结果（据李庆谋，1996）

图2-3-6 新疆塔里木某井沉积速率计算结果（据李庆谋，1996）

图中黑色圆圈为实际计算点

## 五、测井曲线马尔可夫链旋回分析

任何一个地质过程都是十分复杂的,既受某些确定性的地质因素控制,也受某些随机性的地质因素支配。也就是说,复杂的地质过程都应当是确定性与随机性两种过程在时间、空间上不同层次的复合过程。马尔可夫链型模型作为一种随机模型,是研究地层沉积层序较好的方法。

1. 离散马尔可夫链和转移概率矩阵

设 $x=\{x_n, n=0, 1, \cdots\}$ 是定义在 $(\Omega, \Gamma, P)$ [样本空间,$\sigma$—代数(事件域),概率测度]上的离散参数的随机过程,其状态空间 $S$ 为可列集或有限集,如果 $x$ 具有马尔可夫性(无后性),即对任意的非负整数 $n$,及任意的状态 $i_0, i_1, \cdots, i_{n+1} \in S$,只要 $P(x_0=i_0, x_1=i_1, \cdots, x_n=i_n) > 0$,总有:

$$P(x_{n+1}=i_{n+1} | x_0=i_0, \cdots, x_n=i_n) = P(x_{n+1}=i_{n+1} | x_n=i_n) \quad (2-3-4)$$

式中:$x$ 为离散参数的随机过程;$x_n$ 为随机变量,$n=0, 1, \cdots$,为非负整数;$P$ 为条件概率;$i_0, i_1, \cdots, i_{n+1}$ 为任意状态。

若式(2-3-4)成立,则称 $x$ 为离散参数的马尔可夫链。

设 $x=\{x_n, n=0, 1, \cdots\}$ 是马尔可夫链,其状态空间 $S$ 不妨取为 $\{1, 2, \cdots\}$ 或 $\{1, 2, \cdots, N\}$,$x$ 在时刻 $n$ 处于 $i$ 状态的条件下,经过 $m$ 步转移,在时刻 $n+m$ 到达 $j$ 状态的条件概率 $P(x_{n+m}=j | x_n=i)$ 称为 $x$ 的 $m$ 步转移概率,记为 $P_{ij}(n, n+m)$ 或 $nP_{ij}^{(m)}$,以 $nP_{ij}^{(m)}(i, j \in S)$ 作为第 $i$ 行、第 $j$ 列的元素排成的矩阵 $nP^{(m)} = [nP_{ij}^{(m)}]$ 称为 $x$ 的 $m$ 步转移概率矩阵。

2. 遍历定理与极限概率

马尔可夫链的直观意义是:系统无论从哪个状态 $E_i$ 出发,当转移步数 $t$ 充分大后,到达状态 $E_j$ 的概率是一个不随时间变化的常数 $P_j$。也就是说,无论初始状态如何,经过若干步转移后,都将处于平衡状态。反过来,当 $t$ 充分大时,可用 $P_j$ 作为 $P_j^{(t)}$ 的接近值。这样,便可解决当 $t$ 很大时高阶转移概率计算问题。$P_j$ 称为马尔可夫链的极限概率。遍历性的中心问题是要确定在什么样的条件下,转移概率的极限才是存在的,极限概率是否构成一个概率分布,以及如何计算极限概率 $P_j$。遍历性定理是指对于有限状态的马尔可夫链,若存在一个正整数 $S$,使得 $P_{ij}^{(s)} > 0$ 对于任何 $i, j=1, 2, \cdots, m$ 都成立,那么:

$$\lim_{n \to \infty} P_{ij}^{(n)} = P_j \quad (2-3-5)$$

存在,并且与 $i$ 无关。

式(2-3-5)中的 $\{P_1, P_2, \cdots, P_m\}$ 是方程组:

$$P_j = \sum_{i=1}^{m} P_i P_{ij}^{(1)}, \quad j=1, 2, \cdots, m \quad (2-3-6)$$

在满足条件:

$$P_j > 0, \quad \sum_{j=1}^{m} P_j = 1 \quad (2-3-7)$$

时的唯一解。

3. 马尔可夫链型研究沉积旋回的方法及应用

1）直接利用矩阵 **P** 简化旋回模式

根据遍历性定理，由频数矩阵计算出剖面的极限概率，以最大概率为初始状态可获得剖面的主要旋回模式，同时也可得到剖面内各岩性的（层数）百分比。若在准层序内分别计算其极限概率，则可以在纵向分析准层序的沉积特征，进而作为确定准层序边界的依据之一。

如 TZ402 井 3229~3386m 井段岩性有石灰岩、煤岩、泥岩、砂质泥岩、泥质粉砂岩、粉砂岩、细砂岩和砂砾岩，各岩性对应的极限概率分别为 0.139、0.052、0.362、0.1068、0.0767、0.0789、0.1550、0.0295，可见此剖面岩性从泥岩、细砂岩、石灰岩、砂质泥岩、粉砂岩、泥质粉砂岩、煤岩到砂砾岩依次减少。另外，根据概率转移矩阵可得到该剖面的主要旋回模式为：砂岩 → 细砂岩 → 粉砂岩 → 泥岩。

2）利用熵图确定岩相序列的旋回类型

熵在数学中通常用作不确定性的度量。可引用熵来研究沉积旋回的类型，定义 $E_i^{\text{post}}$ 为后熵，$E_i^{\text{pre}}$ 为前熵，表示为

$$E_i^{\text{post}} = -\sum \boldsymbol{P}_{ij} \log_2 \boldsymbol{P}_{ij} \quad (2\text{-}3\text{-}8)$$

$$E_i^{\text{pre}} = -\sum \boldsymbol{P}_{ij} \log_2 \boldsymbol{q}_{ij} \quad (2\text{-}3\text{-}9)$$

其中： $\boldsymbol{Q}_2 = \{\boldsymbol{q}_{ij}\}$

式中：$i$ 为某一状态；$j$ 为 $i$ 确定的后继状态；$\boldsymbol{Q}_2$ 为向下转移概率矩阵。

$E_i^{\text{post}}$、$E_i^{\text{pre}}$ 的大小表示岩性 $i$ 后继和居前状态的不确定性。

当 $E_i^{\text{post}}=0$，状态 $i$ 具有确定的后继状态 $j$。这时必有一个 $\boldsymbol{P}_{ij}$ 为 1，而其他项为 0。当 $E_i^{\text{pre}}=0$，表示岩性的居前岩性是确定的。

若 $E_i^{\text{post}}$ 较小，说明岩性 $i$ 的继后岩性比较确定，对继后岩性有比较强的控制能力。若 $E_i^{\text{pre}}$ 较小，说明岩性 $i$ 的继前岩性比较确定，$E_i^{\text{pre}}$ 较多地受继前岩性的控制。

一般概率转移矩阵从左到右及从上到下，岩性代码所代表的岩性依次变粗，那么，该矩阵的上三角阵元素 up 表示在该地层中从下到上岩性由细变粗的概率。同理，下三角阵元素之和 down 表示从下到上岩性由粗变细的概率。

给定两个值 $\alpha$ 和 $\beta$：

（1）若 up/down $< \alpha$，则该地层呈正旋回。

（2）若 down/up $< \alpha$，则该地层呈反旋回。

（3）若 $\alpha \leq$ up/down $< 1$ 或 $\alpha \leq$ down/up $< 1$，同时 $|E_i^{\text{post}} - E_i^{\text{pre}}| \leq \beta$，则该层段为完全对称旋回；否则若 $|E_i^{\text{post}} - E_i^{\text{pre}}| > \beta$，则该层段为非完全对称旋回。

如 TZ402 井 3229~3386m 井段（取 $\alpha=0.5$，$\beta=0$），up=2.73，down=4.76，则 up/down= 0.574 > 0.5，且 $|E_i^{\text{post}} - E_i^{\text{pre}}| > \beta = 0$，所以该井段为一非完全对称旋回。

## 六、沉积层序的分形特征研究

沉积层序通常表现出分形特性，利用其分形维数能够确定岩性，以及分析地层沉积序列。

1. 分形概念的引入

简单地说，分形的特点是无特征尺度（即存在标度不变性），但有自相似性。Mandelbrot（1982）创立的分形几何理论为解释各种混乱复杂、不规则的自然现象以及解决相关的问题提供了新的思路和方法。分形几何学以自然界中常见的、不稳定的、不规则的和非线性的复杂现象或过程为研究对象，通过分形几何定量描述和分析自然界中这些没有特征长度而又具有自相似性的形状和现象的本质规律。这种在任意尺度下都具有自相似性和分数维度的复杂几何形态称为分形体，其主要特征有三个：一是自相似性，即局部形状以某种方式和整体形态相似，或系统内部的尺度相关性；二是无标度性，即分形几何形态没有任何特征长度；三是不规则性，分形几何图形处处不规则，具有不光滑、不可微分的形状，其复杂程度可以用分形维数来定量表征。

2. 分形维数的计算

1）根据测度关系的计算法

该方法基本原理是：改变观测的范围（一维尺度 $r$），测得某个量（如 $M$）随 $r$ 变化的关系 $M(r)$，若能满足：

$$M(r) \propto r^D \quad (2-3-10)$$

式中：$r$ 为一维尺度；$D$ 为维数。

认为 $M$ 分布的维数是 $D$。

以某些测井量为坐标，考察某一井段测井量构成的空间分布，认为点子或点分布状态（位置、稀疏程度等）反映了某些沉积特征。若以某点为中心、以度量 $r$ 为半径作球面，很明显在一定范围（标度区）内，球内的某个量 $M(r)$（密度或点数）随 $r$ 增大而增大。假定此时 $r$ 和 $M(r)$ 的关系满足式（2-3-10），则 $D$ 定义为该井段的测度分维。这种方法适合于多条测井曲线求分维。

2）时间序列的关联维计算

对单变量的时间（空间）序列，定义关联维来度量其吸引子结构。

3. 分数维数的应用

1）确定岩性

不同的岩石和岩石组合的成因不同，后期变化也有差别，因而岩层内部的结构不同，造成不同的分数维数，可以根据分数维数的分布范围定性确定岩石类型。一般来说，厚层砂岩 $D$ 为 1.5~1.8，砂岩、泥质砂岩层的 $D$ 为 2~3，石灰岩地层的分形维数范围为 1.3~2.2，若含有泥质分形维数值还会偏高一些。

表 2-3-1 中，关联维用 GR 计算，$A$ 表示无标度区直线段在标度函数轴的截距。应用中发现，对厚度较大的纯地层应用效果好，对有夹层和含泥质地层可能出现误判。实际上，很薄的地层不能用这种方法计算分形维数。

表 2-3-1 分形维数判断岩性实例

| 井段 | | $D$ | $A$ | 分形维数岩性 | ANN岩性[①] | 取心岩性[②] |
|---|---|---|---|---|---|---|
| 起始深度（m） | 终止深度（m） | | | | | |
| 3367.0 | 3372.5 | 1.741 | 3.556 | 砂岩 | 15 | 15 |
| 3372.5 | 3380.0 | 1.515 | 3.268 | 砂岩 | 15 | 7+15 |
| 3399.0 | 3415.0 | 2.662 | 5.632 | 泥岩 | 7 | 7 |
| 3427.0 | 3432.0 | 1.495 | 2.843 | 砂岩 | 15 | 15 |
| 3432.0 | 3442.0 | 2.101 | 3.655 | 泥质砂岩 | 14 | 1+14+15 |
| 3442.0 | 3449.0 | 1.243 | 3.587 | 砂岩 | 20 | 20 |
| 3590.0 | 3502.0 | 2.507 | 4.874 | 泥岩 | 7 | 7 |
| 3502.0 | 3518.0 | 1.018 | 3.802 | 砂岩 | 1 | 1 |

①人工神经网络（ANN）预测的岩性结果。
②1—石灰岩；7—泥岩；14—粉砂岩；15—砂岩；20—砂砾岩。

2）分析地层沉积序列

用测度分形维数来分析沉积序列。首先，对测井资料做敏感性分析，选择对沉积序列敏感的几条测井曲线。然后，采用滑动窗口（选择某一大小的窗长）的方法，计算窗口内的测度分形维数。从理论上讲，测度分形维数反映的是地层沉积时水动力条件和沉积环境等及其变化的急剧程度，当然也包括一些其他因素的影响，如所选曲线对沉积环境的敏感程度、构造背景及成岩后期地质作用等。对沉积环境变化小和相对深水稳定水动力条件，沉积地层相对均匀，相应的测井相对集中，测度分形维数有较小值。反之，当沉积环境变化大且水深相对应变浅，水动力条件多变沉积的地层，相应的测井相相对分散，此时有相对应较大的测度分形维数。根据准层序的概念，在海水洪泛面（或湖侵面）所界定的一套地层组内，进积准层序由下向上沉积环境逐渐变浅。笔者认为，这可与测度分形维数向上变大的周期相类比。对于退积准层序，则正好相反。通过分析对比连续滑动窗口计算的分形维数，可以进行沉积间断及准层序界面识别。

图 2-3-7 是用不同窗长计算的测度分形维数（TZ401 井）。从图中看到，3697m 是一异常点，在小窗长为"整体"极大，上下都相对平稳，说明可能是一较大的间断点。岩相分析结果表明，该界面之下为纯净砂岩（东河砂岩），界面之上为杂色含砾砂岩，粒度变粗，从前滨相突变为潮汐三角洲相，因此有人认为东河砂岩为一套层序，且把上部的杂色砂岩与东河砂岩分开。可见，测井曲线的测度分形维数可能反映地层的层序界面特征。

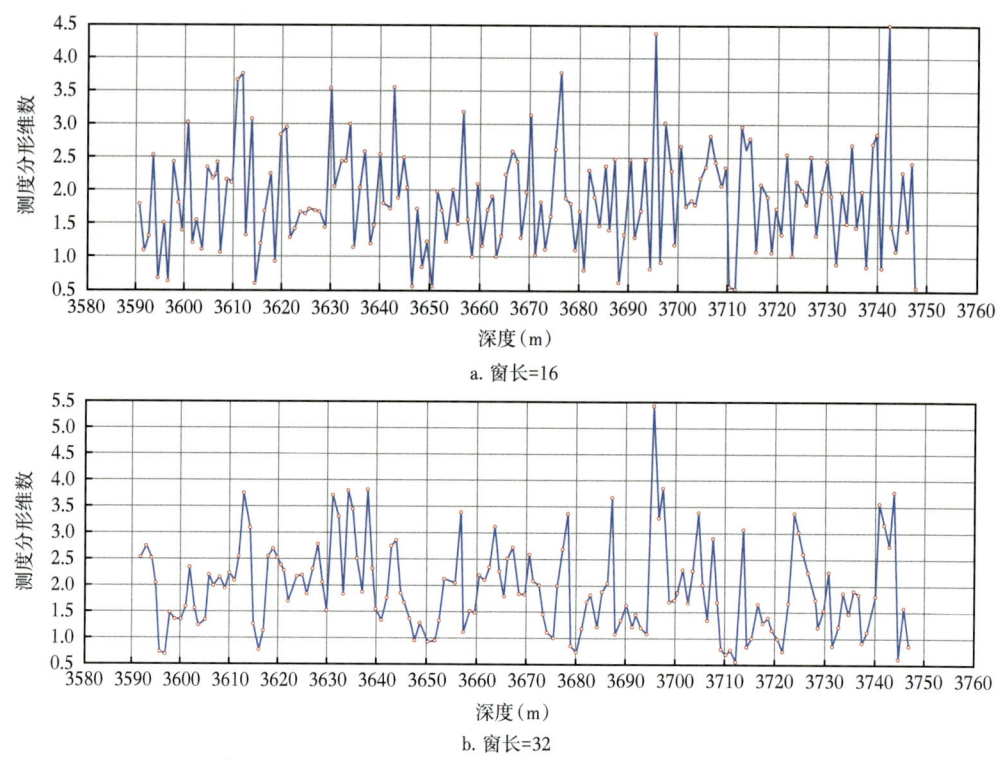

图 2-3-7 不同时窗时的测井曲线测度分形维数

## 七、基于小波时频分析的沉积旋回划分

### 1. 划分原理及地质基础

采用露头、岩心、测井、地震等资料来识别判定沉积层序旋回存在精度不高、人为性和多解性强等问题。地层中存在各种各样的周期，即沉积地层不仅具有成层性，还具有旋回性，每个地层单元都是由多个小的地层单元叠置而成，复杂的周期运动都是由多个不同周期的简单运动叠加而成。可通过傅里叶变换、短时傅里叶变换、周期图法、小波变换等算法把这些多期叠置的复杂地层分解成单个周期的单一地层，进而解决复杂叠置地层的分解问题。

Andreas 和 Franz（1996）借助小波变换的思想，提取测井信号中的不整合面信息，估测高频旋回，展开高分辨率层序地层研究，并以西部加拿大盆地的下白垩统剖面为研究实例，通过对其自然伽马曲线的小波分析，在小波尺度图上发现不同的沉积速率对应于不同的稳定状态或混乱状态的单元特征，认为这些特征可以作为层序地层单元的识别标志。经过几十年的发展，目前可利用基于地球物理测井方法最大熵谱分析、小波深频分析、分频三瞬属性分析等 6 种方法进行沉积层序旋回分析。

时频分析是在时频域上对沉积层物性特征进行研究。20 世纪 80 年代后期以来，由于信号分析技术（如傅里叶变换、小波变换）的发展，在地层旋回性分析中，从时间频率域研究旋回性的空间变化已成为地球物理软件，特别是地震处理解释软件的一项常规技术，并由一维、二维发展到三维。以小波分析数学理论为基础的时频分析方法，不但克服了传统傅里叶变换时频分辨率的限制,而且具有比傅里叶变换更强的特征提取功能,还可对特定频段和时段的信号进行高质量的时频分析。其原理在于,由于沉积构造运动的周期性,海(湖)平面会出现有规律的升降,造成地层沉积具有相应的旋回性。这种地质上的旋回性使测井信号或地震波场中波的频谱沿时间方向会出现一定的差异,这正符合小波时频分析方法研究信号的特点。通过小波时频分析,寻找测井信号中与沉积旋回相对应的时频变化规律,不仅可以用于分析沉积旋回体内部的物性变化,指导储层预测,还可以为沉积相分析提供一种软约束。所依托的地质基础包括:(1)地质层序体是由一组其岩层继承顺序是周期性的且有相关成因的整一地层组成;(2)层序体具有分级结构特征,分级不连续且相互包容,作为地质勘探目标的地质体,具有多尺度特征;(3)超薄储层是与地质层序一定发展阶段相对应的地层的一部分,自然具有多尺度特征;(4)层序地层学既为沉积系统和沉积相解释提供了框架,又是地震(测井)处理和解释技术开发的依据。

小波变换分析方法用于地层对比包含4项内容:(1)对测井资料预处理包括环境校正、标准化处理、奇异值校正等过程;(2)对测井资料进行小波岩层分频多尺度自动处理和高分辨率剖面重建两项处理得到不同尺度小波时频分析剖面;(3)根据不同时窗尺度大小的频率旋回响应特征进行各级地层划分和地层内的沙层组对比,以保证不同尺度频率旋回特征标定的砂层组和单砂层准确;(4)用测井沉积相的研究方法,依据地层的不同尺度频率响应特征进行地层对比,以保证单砂层平面追踪准确。其中(2)、(3)和(4)是相互结合和相互约束的,其研究过程是相互迭代的。

2. 小波分析方法研究沉积层序旋回的数学原理

设测井信号或其他信号为 $f(t)$,$f(t)$ 连续小波变换表达为

$$W_\psi^f(a,b)=\frac{1}{\sqrt{c_\psi}}\frac{1}{\sqrt{|a|}}\int\Psi\left(\frac{b-\tau}{a}\right)f(t)\mathrm{d}t \quad (2\text{-}3\text{-}11)$$

其中

$$c_\psi=2\pi\int\frac{|\bar{\psi}(\omega)|^2}{|\omega|}\mathrm{d}\omega \quad (2\text{-}3\text{-}12)$$

$$\bar{\psi}(\omega)=\frac{1}{\sqrt{2\pi}}\int\psi(t)\mathrm{e}^{-i\omega t}\mathrm{d}t \quad (2\text{-}3\text{-}13)$$

式中:$W_\psi^f(a,b)$ 为分析小波或连续小波,实际资料处理中相当于得出分解值或系数值;$a$ 为尺度;$b$ 为位置;$\tau$ 为平移点;$t$ 为信号因子;$c_\psi$ 为可容许性条件;$\psi(t)$ 为母小波;$\bar{\psi}(\omega)$ 为 $\psi(t)$ 的频谱,反映旋回的响应特征。以上参数都是无量纲标量。

由 $W_\psi^f(a,b)$ 和 $\psi(t)$ 求函数 $f(t)$ 的过程称为 $f(t)$ 的重建或小波反变换:

$$f(t)=\frac{1}{\sqrt{c_\psi}}\iint|a|^{-\frac{1}{2}}\psi\left(\frac{t-b}{a}\right)W_\psi^f(a,b)\frac{\mathrm{d}a\mathrm{d}b}{a^2} \quad (2\text{-}3\text{-}14)$$

式(2-3-14)中,$f(t)$ 和 $W_\psi^f(a,b)$ 应保证一定程度的能量守恒或者同构性。

该技术方法的主要功能:(1)提高分辨率,由响应特征反演沉积特性;(2)具有较强的抗干扰能力;(3)旋回界面显示较清晰,能清楚划分各级旋回及更高级旋回。

3. 不同旋回地质模型对应的测井响应小波分析沉积旋回模型库

沉积岩旋回的特点是在单一的层系体内,沉积岩物性的变化具有方向性和连续性,各种级次和规模的旋回都具有这种方向性。以沉积岩物性的变化特点为依据,将沉积旋回划分为正旋回(海进型)、反旋回(海退型)、正—反旋回(海进—海退型)和反—正旋回(海退—海进型)。这种分类方法是以沉积物粒度成分变化的方向性为基础的。一般来讲,细颗粒组成的地层较薄,粗颗粒组成的地层较厚。其依据是沉积分选理论,由于粗颗粒沉积速率快,在相同的时间内粗粒沉积层厚度大于细粒沉积层厚度。也就是说,地层厚度和颗粒粒度之间有一种同步的相关关系。可以用厚度递变方向不同的地质模型来模拟不同类型的沉积储层旋回,然后结合研究区地质特征获得有关的地层参数(速度、密度等),对这些参数进行处理,建立测井响应小波分析沉积旋回模型库,该模型库由小波分析沉积旋回模型组成,小波分析沉积旋回模型包括反射系数序列和深频分析特征两个主要参数。

(1)正旋回地质模型。该地质模型是由砂泥岩层组成,从深层向浅层,砂岩和泥岩层厚度和粒度都随着深度减小而减小,整个序列不等厚互层;从单层厚度和粒度分析,它代表了正韵律的沉积序列,是正旋回地质模型,反映了当时沉积动力条件是由强到弱、粒度由粗变细的退积型沉积序列。对该地质模型的参数进行数值模拟、处理分析,提取其深频响应特征模型是由低频能量团逐渐向高频迁移变化,如图2-3-8第4道、第5道所示。对正旋回地层对应的实际测井数据处理分析提取出的深频响应也具有低频向高频逐渐过渡的特征,如图2-3-8第6道所示。以上结果表明,正韵律旋回地层对应的频率能量团由低频向高频的迁移变化,即正旋回对应正韵律的频率响应特征。由于底部

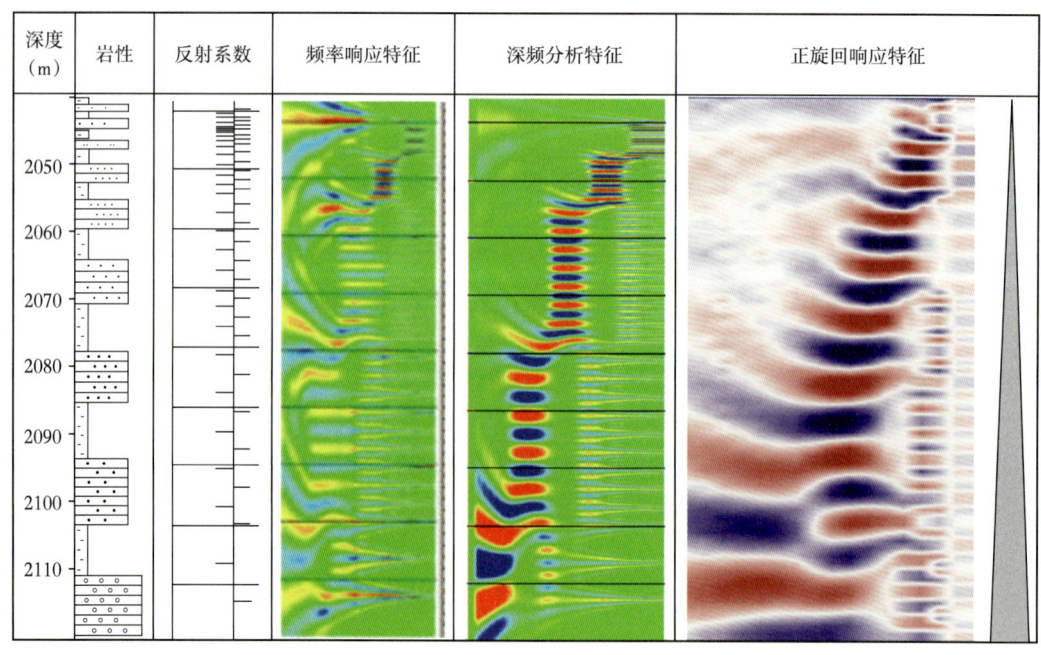

图2-3-8 正旋回地质模型及深频分析响应特征(据徐敬领等,2009)

厚层对应的调谐波长较长,其调谐频率为低频;上部薄层对应的调谐波长较短,其调谐频率为高频,这样在垂向上就形成了频率的韵律性。低频成分能识别较厚层,高频成分识别薄层,即不同频率识别不同的层序单元。

(2)反旋回地质模型。该地质模型是由砂泥岩不等厚互层组成,从深层向浅层,砂岩和泥岩层厚度和粒度都随着深度减小而增大。从单层厚度和粒度分析,它代表了反韵律的沉积序列,是反旋回地质模型,反映了当时沉积动力自下而上由弱到强、粒度由细变粗的进积型沉积序列。对该地质模型的参数进行数值模拟、处理分析处理,提取其深频响应特征模型从深层向浅层是由高频能量团逐渐向低频迁移变化,如图2-3-9第4道、第5道所示。与对反旋回地层的实际测井数据处理分析提取出的深频响应特征一致,如图2-3-9第6道所示。以上结果表明,反旋回对应的能量团是由高频向低频的迁移变化,即反旋回层序对应反韵律的频率响应特征。

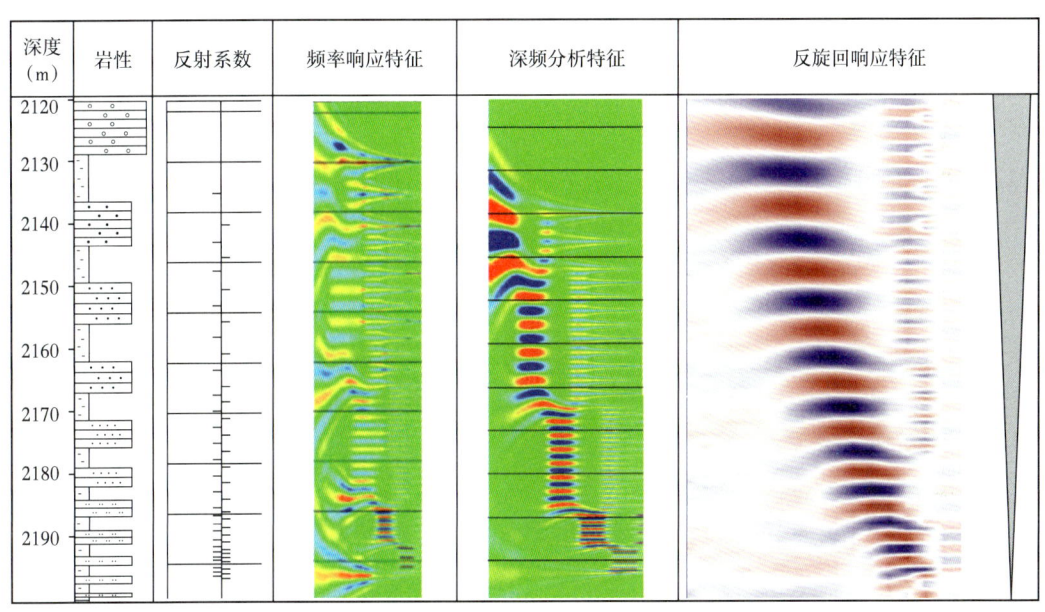

图2-3-9 反旋回地质模型及小波深频分析响应特征(据徐敬领等,2009)

(3)正—反旋回地质模型。该地质模型由砂泥岩不等厚互层组成,从浅层到深层,其厚度具有由厚到薄再到厚的变化特征。从单层厚度和粒度分析,它代表了正—反韵律的沉积序列,反映了当时沉积动力自下而上由强到弱再到强的变化、粒度由粗到细再到粗的退积—进积型组合沉积序列。对该地质模型的参数进行数值模拟、处理分析,提取其对应深频响应特征,如图2-3-10第4道、第5道所示。正—反旋回对应的响应特征为频率由低频变到高频,再由高频变到低频的频率变化序列,一个完整的正—反旋回组合,正好对应一个完整的频率变化旋回。通过对正—反旋回对应的实际测井数据处理分析提取其响应特征表现为由低频到高频再到低频逐渐过渡的特征,如图2-3-10第6道所示,中间高频部分是正—反旋回结合处,一般为最大洪泛面,是压缩薄层,相当于凝缩层,正好对应高频响应特征,即高频才能识别薄层。如图2-3-10所示,中间频率响应特征对应的小尖峰是上下地层不同的波阻抗的响应特征,正好对应上下小级别地层单元的界面。

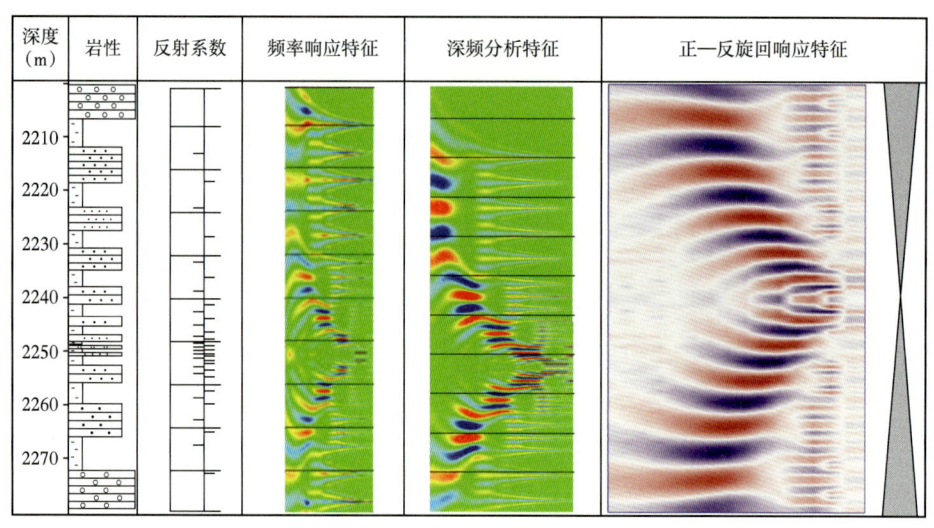

图 2-3-10 正—反旋回地质模型及深频分析响应特征（据徐敬领等，2009）

（4）反—正旋回地质模型。该模型由砂泥岩不等厚互层组成，从深层到浅层，其厚度具有由薄层到厚层再到薄层的变化趋势。反—正旋回韵律的变化反映了当时沉积动力自下而上由弱到强再到弱的变化、沉积物粒度由细到粗再到细的进积—退积型组合沉积序列。对该地质模型的参数进行数值模拟、处理分析，提取其深频响应特征模型为频率能量团由高频变到低频，再由低频变到高频的迁移变化，如图 2-3-11 第 4 道、第 5 道所示。一个完整的反—正旋回组合对应的频率迁移为高频到低频再到高频的变化，正好对应一个完整的反—正频率旋回的组合。通过对实际反—正旋回的测井数据处理分析，提取的响应特征也是由高频变到低频再逐渐到高频的迁移变化，如图 2-3-11 第 6 道所示。反—正旋回中间位置，砂层多且较厚，泥层少且薄，低频成分能识别，一般为层序界面。如图 2-3-11 所示，中间频率响应特征对应的小尖峰处是上下地层不同的波阻抗的响应特征，正好对应上下小级别地层单元的界面。

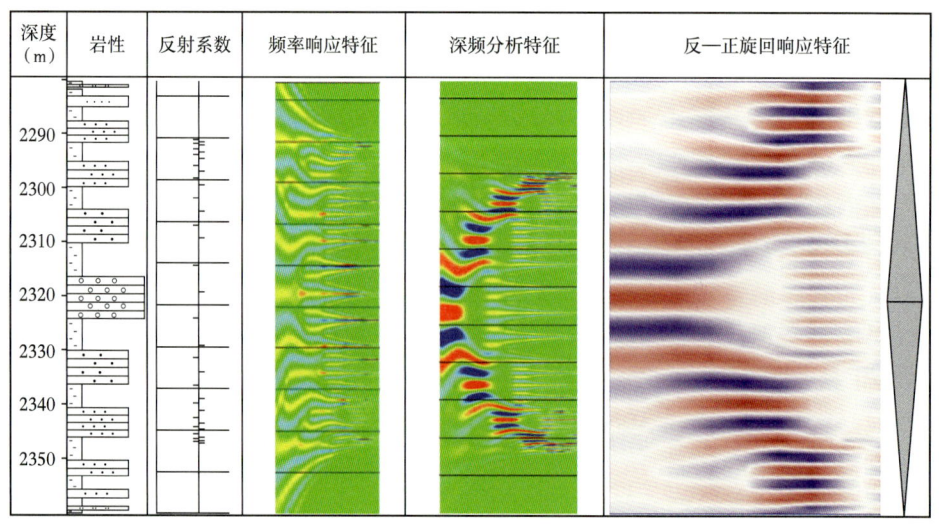

图 2-3-11 反—正旋回地质模型及小波深频分析响应特征（据徐敬领等，2009）

根据以上理论基础及模型库，应用小波深频分析方法及自主开发的相应程序处理软件，对鄂尔多斯盆地多口井地球物理测井资料进行处理分析。以该区某井为例，对综合柱状图和小波分析剖面成果图（图2-3-12）进行对比可看出：每一个地层界面和小波分析剖面成果图所显示的地层界面是完全吻合的。根据岩性剖面和几条测井曲线所划分出来的沉积旋回，可以划分到五级，而小波分析剖面成果图把地下所有的沉积旋回界面都能显现出来，即识别出更高频沉积旋回界面。

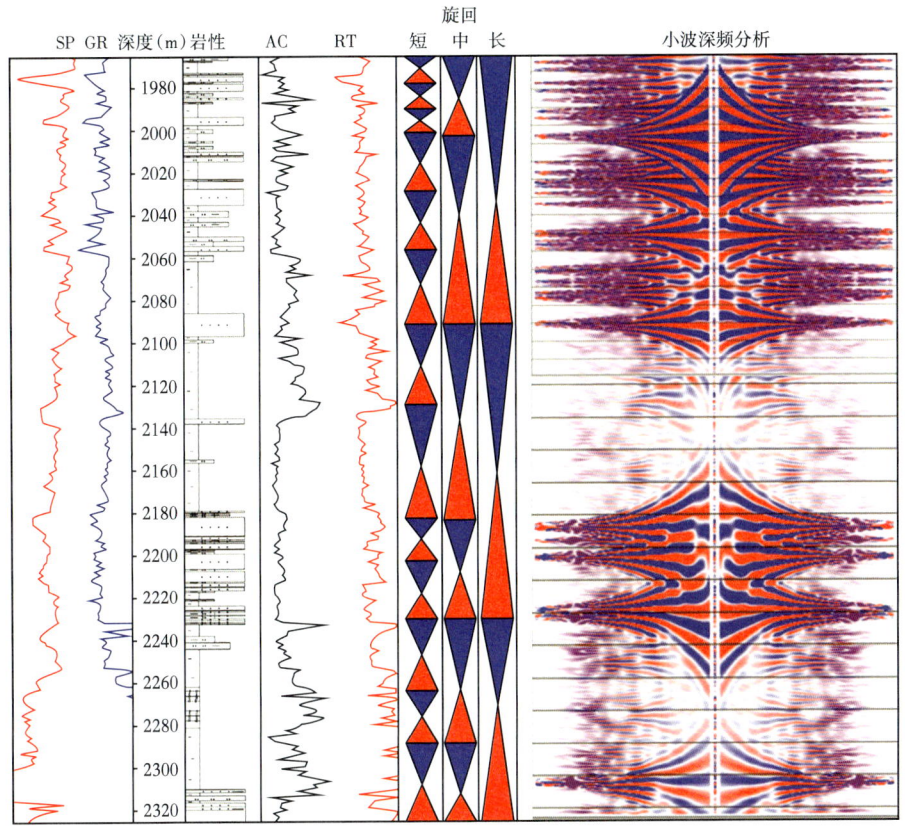

图2-3-12　鄂尔多斯盆地某井综合柱状图和小波分析剖面成果图（据徐敬领等，2009）

# 第四节　测井深时转换与天文年代标尺分析方法

为开展高精度层序地层分析，本节系统介绍了测井深时转换与天文年代标尺分析研究。基于米兰科维奇旋回数值模拟的频谱分析和小波深频分析方法可用于地层沉积速率计算，进而建立浮动天文年代标尺，可为深时地层划分、古环境演化及盆地动力学研究提供高精度年代学支撑。

## 一、深时转换频谱分析方法

1. 数值模拟频谱分析

在对预处理后的GR数据进行频谱分析之前，为了论证频谱分析识别米兰科维奇旋回的有效性，对米兰科维奇旋回做数值模拟研究。根据 Berger 法的研究结果得到：晚三叠世长、短偏心率周期为 404ka 和 123ka，地轴倾角长、短周期分别为 44.3ka 和 35.4ka，岁差长、短周期分别为 21.3ka 和 17.8ka，首先模拟出周期为六个天文周期的正弦单信号曲线（图 2-4-1）；然后将它们叠加，得到复合信号，该复合信号则可代表周期性沉积叠置地层的测量信号；最后对复合信号做傅里叶变换（FFT），如图 2-4-1 所示。

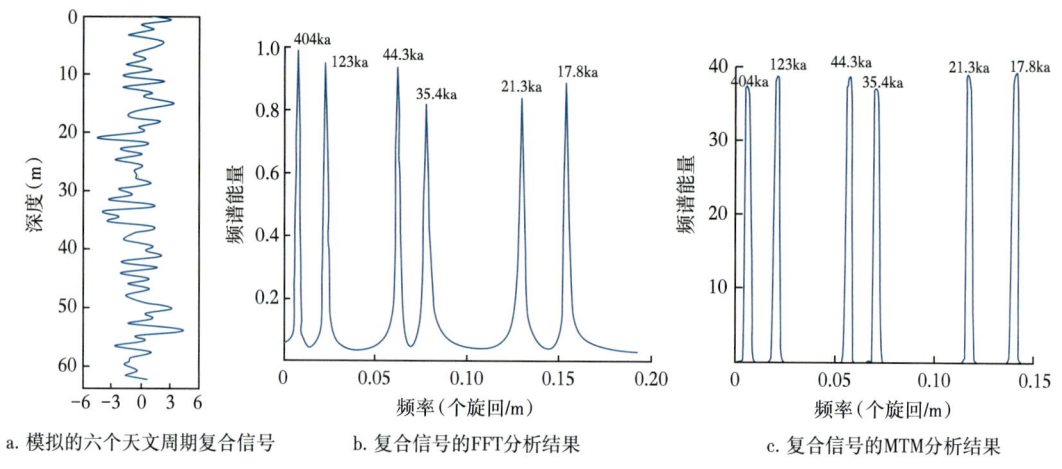

a. 模拟的六个天文周期复合信号　　b. 复合信号的FFT分析结果　　c. 复合信号的MTM分析结果

图 2-4-1　模拟的六个天文周期复合信号与频谱分析结果

分析图 2-4-1 中的复合信号曲线及 FFT 与 MTM 频谱结果得出：(1) 六个天文周期组合的复合信号比较复杂，无法直观看出其包含的周期性信息；(2) 通过对复合信号做 FFT 与 MTM 频谱分析，可以识别出复合信号所包含的有效频率信息，如 0.006 个旋回 /m、0.02 个旋回 /m、0.056 个旋回 /m、0.07 个旋回 /m、0.118 个旋回 /m 和 0.14 个旋回 /m，FFT 与 MTM 对复合信号的分析结果一致，特别是六个尖峰频率是一样的，没有差异；(3) FFT 频谱分析中的低频信号代表长周期沉积的时间，如频率值 0.006 个旋回 /m 对应长偏心率时间 404ka，高频信号代表短周期沉积的时间，如频率值 0.14 个旋回 /m 对应短岁差时间 17.8ka；(4) 该复合信号 FFT 频谱分析中含有六个主要频率信号，对应频率分别为 0.006 个旋回 /m、0.02 个旋回 /m、0.056 个旋回 /m、0.07 个旋回 /m、0.118 个旋回 /m 和 0.14 个旋回 /m，根据频率倒数乘以采样频率可得旋回厚度（或周期时间）的公式，计算其对应的旋回厚度比为 1∶0.3∶0.11∶0.086∶0.051∶0.043，这与六个天文周期的比值 1∶0.3∶0.11∶0.088∶0.053∶0.044 完全吻合。综上，通过对六个轨道周期的模拟与频谱分析，其结果不仅证明了 FFT 频谱分析米兰科维奇旋回的有效性与精确性，还为频谱分析识别划分地层旋回奠定了理论基础。

2. 基于实际测井数据的深时转换频谱分析方法

基于米兰科维奇旋回数值模拟的频谱分析结果，优选预处理后的鄂尔多斯盆地长 7 段 GR 数据作为研究对象，采样间隔为 0.125m，提取该段地层米兰科维奇旋回的频谱分析方法步骤为：(1) 对预处理后的数据进行快速傅里叶变换，得到频谱图，如图 2-4-2 所示；(2) 计算晚三叠世天文周期时间比为 404ka∶123ka∶44.3ka∶35.4ka∶21.3ka∶17.8ka，即天文周期比为 1∶0.3∶0.11∶0.088∶0.053∶0.044；(3) 计算图 2-4-2 中有效频率所对应周期的比值，再与步骤(2)中的天文周期比作对比，结合图 2-4-2 模拟信号得出的六个米兰科维奇旋回对应的频率值，直接可找出与其相近的五个有效频率：0.00605个旋回/m、0.02015个旋回/m、0.0564个旋回/m、0.0705个旋回/m和0.1128个旋回/m，分别命名为A、B、C、D、E 5个频率，且FFT频谱分析结果与MTM频谱分析结果一致；（4）通过周期旋回厚度或周期时间计算公式$d=(1/f)\times f_s$（$d$为厚度，m；$f$为采样频率；$f_s$为旋回频率，个旋回/m），$f_s$为8个旋回/m时，计算得到A、B、C、D、E频率的旋回厚度分别为20.68m、6.2m、2.2m、1.77m和1.11m，对应的旋回厚度比为1：0.3：0.11：0.086：0.054；（5）由于该段地层为深湖沉积环境，沉积稳定，其沉积物供给速率相对稳定，则识别出A频率的旋回厚度20.68m对应为404ka的长偏心率周期，B频率的旋回厚度6.2m对应为123ka的短偏心率周期，C频率的旋回厚度2.2m对应为44.3ka的地轴倾角长周期，D频率的旋回厚度1.77m对应为35.4ka的地轴倾角短周期，E频率的旋回厚度1.11m对应为21.3ka的长岁差周期；（6）根据上述米兰科维奇旋回的识别结果，即长7段包含的天文时间沉积周期，可用式（2-4-1）计算出B159井长7段平均沉积速率：

$$v_p = \left( \frac{d_A}{404} + \frac{d_B}{123} + \frac{d_C}{44.3} + \frac{d_D}{35.4} + \frac{d_E}{21.3} \right) / 5 \times 100 = 5.05 \quad (2\text{-}4\text{-}1)$$

式中：$v_p$为频谱分析计算的平均沉积速率，cm/ka；$d_A$、$d_B$、$d_C$、$d_D$、$d_E$分别为A、B、C、D、E频率的旋回厚度，m。

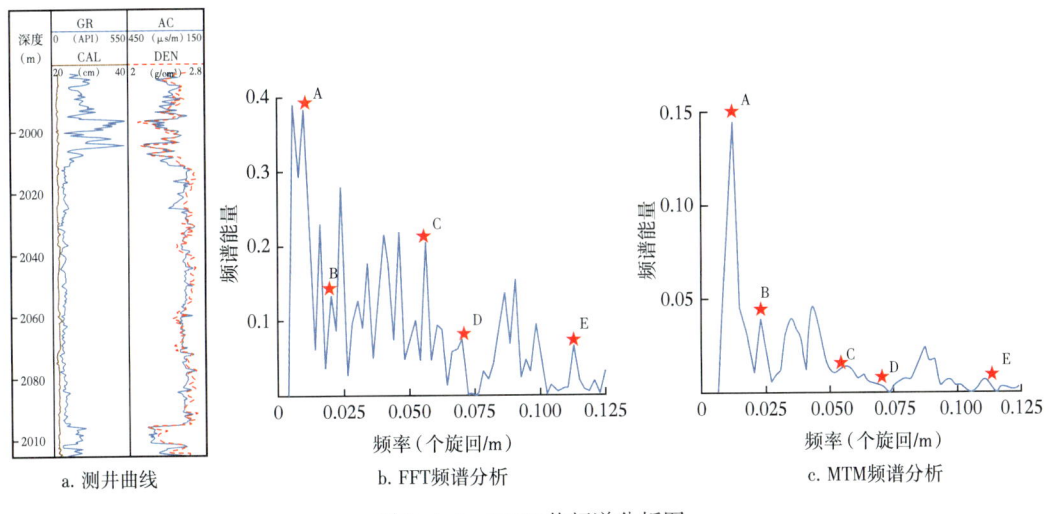

a. 测井曲线　　　　b. FFT频谱分析　　　　c. MTM频谱分析

图2-4-2　B159井频谱分析图

## 二、深时转换小波深频分析方法

### 1. 小波基的选取

地层沉积的过程是由多个单周期的沉积运动叠加而成，其中就包含由米兰科维奇旋回影响下的沉积运动。假设在地层沉积只受到米兰科维奇旋回控制的理想情况下，可以根据米兰科维奇旋回信号所含的各个周期信号构建模拟测井曲线。正弦函数具有很好的周期性，是模拟测井曲线的理想函数。选择1/10倍的长偏心率、短偏心率、短地轴倾角和短岁差周期作为单信号正弦函数的不同的周期，然后再将这四个单信号周期相叠加，模拟出包含四种周期旋回的模拟测井曲线：$y=\cos(2\pi/1.78x)+\cos(2\pi/3.54x)+$

cos（2π/12.3$x$）+cos（2π/40.4$x$）。

将构建的原始信号分别进行基于 Morlet 小波基、Mixihat 小波基、db25 小波基、bior2.4 小波基作小波深频变换（图 2-4-3），设置采样频率为 8 个旋回 /m，采样点数为 256 个，小波变换尺度 1024。利用模平均值的方法寻取每一种小波基对应的最佳尺度因子（图 2-4-4），

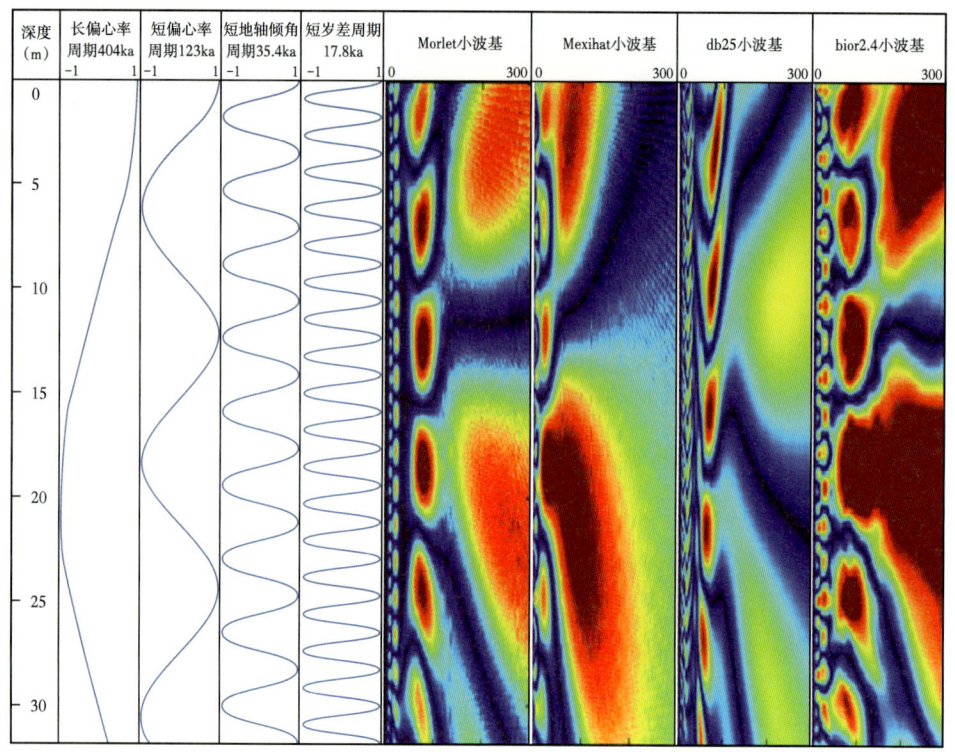

图 2-4-3　基于不同小波基的小波深频分析能量谱图

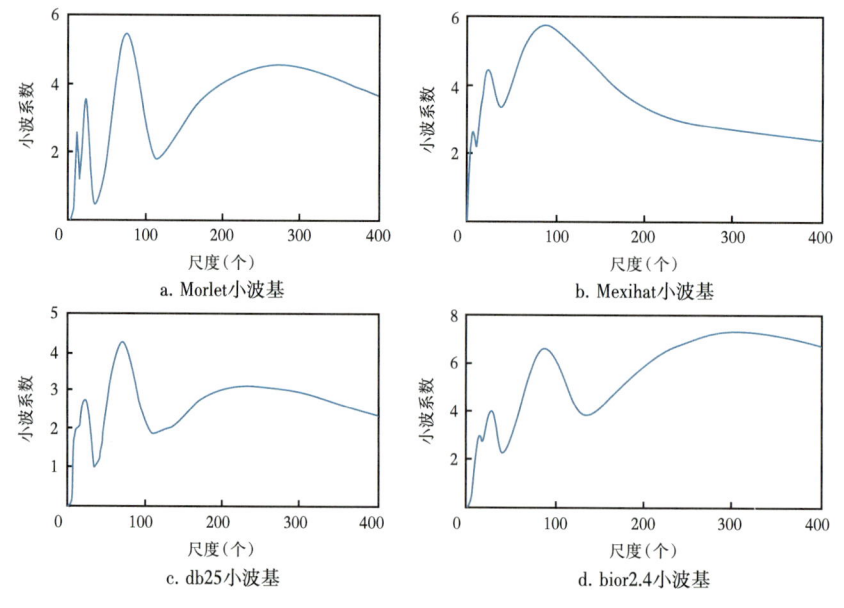

a. Morlet小波基　　　　　　　　　　　b. Mexihat小波基

c. db25小波基　　　　　　　　　　　d. bior2.4小波基

图 2-4-4　基于不同小波基的最佳尺度因子曲线

将找出的最优尺度换算成频率，即为原始测井信号包含的单信号频率。抽取这四个最优尺度对应的小波系数，将四组小波系数进行叠加，得到和原始信号具有相同维度的信号。最后对原始信号与叠加后的重构信号作相关度分析，得出相关系数。若相关系数的绝对值大，说明重构信号与原始信号正相关或者负相关度高，也就是基于这种小波基变换的效果好。

首先，综合图2-4-3和图2-4-4可知，Morlet小波基函数、db25小波基函数和bior2.4小波基函数都能识别出米兰科维奇旋回模拟信号中的四种频率成分，而Mexihat小波基函数只能识别出三种频率成分，并且通过图可以还看到Mexihat小波基所识别的能量团个数是有一定误差的。其次，将各小波基函数最优尺度对应的小波系数组进行叠加，得到重构信号，分析原始信号与重构信号的相关度，得出Morlet小波、db25小波和bior2.4小波的相关系数分别为0.91、0.81、0.92，db25小波相关性表现较差。最后，通过将Morlet小波和bior2.4小波的最优尺度与原始信号包含的频率作对比，发现前者的最优尺度（频率）与原始信号中的四个频率更为接近，而且bior2.4小波深频频谱图的能量团集中程度较差，不确定性较强。

综上所述，后续对测井曲线进行小波深频分析时，优选各方面表现最好的Morlet小波作为小波基函数。

2. 数值模拟小波深频分析

在优选Morlet小波作为小波基函数后，为了进一步论证小波深频分析识别米兰科维奇旋回的有效性，对米兰科维奇旋回做数值模拟研究：（1）与前述模拟原始信号的方式相同，先模拟部分天文周期（长偏心率、短偏心率、短地轴倾角和短岁差周期）的单信号曲线，然后将它们组合成一个复合信号 $y=\cos(2\pi/1.78x)+\cos(2\pi/3.54x)+\cos(2\pi/12.3x)+\cos(2\pi/40.4x)$（图2-4-5中的第2—6列），该复合信号可代表周期性沉积叠置地层的测量信号；（2）用Morlet小波作为小波基函数对复合信号做小波变换，得到小波深频能量谱图（图2-4-5中的最后一列）；（3）对不同尺度的小波系数做模平均值，构建不同尺度的小波系数模平均值曲线（图2-4-6）。

分析图2-4-5中模拟的复合信号曲线及小波深频分析结果可知：（1）六个天文周期组合的复合信号比较复杂，无法直观看出其包含的周期性信息。（2）小波深频能量谱图中横坐标为尺度，从左到右尺度逐渐增大，小尺度代表了短周期沉积时间的地层叠置，即短周期沉积地层叠置序列，对应能量团个数较多，大尺度代表长周期沉积时间的地层叠置，即长周期沉积地层叠置序列，对应能量团个数较少。（3）小波深频能量谱图纵坐标指示了能量团代表的沉积地层叠置旋回边界位置及叠置旋回个数信息。（4）小波深频能量谱图从左到右显示有四种尺度的能量团，分别对应四种天文周期的单信号信息，从左到右尺度逐渐增大，能量团也越大，每列能量团大小一样，对应尺度也一样。如短地轴倾角单频信号曲线的每个波峰和波谷对应着小波分析能量团（图2-4-3第9道）中从左数第二列每个能量团的中心，即波峰和波谷分别对应一个黄红色的能量团，因此两个相邻能量团中心的距离对应米兰科维奇周期的半旋回，三个能量团为米兰科维奇周期的一个完整周期旋回。（5）根据波峰、波谷与小波能量团的对应关系，统计小波深频能量谱图中能量团的个数，小波深频能量谱图中共包含0.5个长偏心率周期的旋回，2.5个短偏心率周期的旋回，8.5个短地轴倾角周期的旋回，17.5个短斜率周期的旋回，与模拟的各天文周期旋回信号的数量完全一致，说明小波深频分析不仅可以识别不同级次（尺度）的周期叠置旋回，还可以计算同一级次与不同级次（尺度）的周期旋回个数。

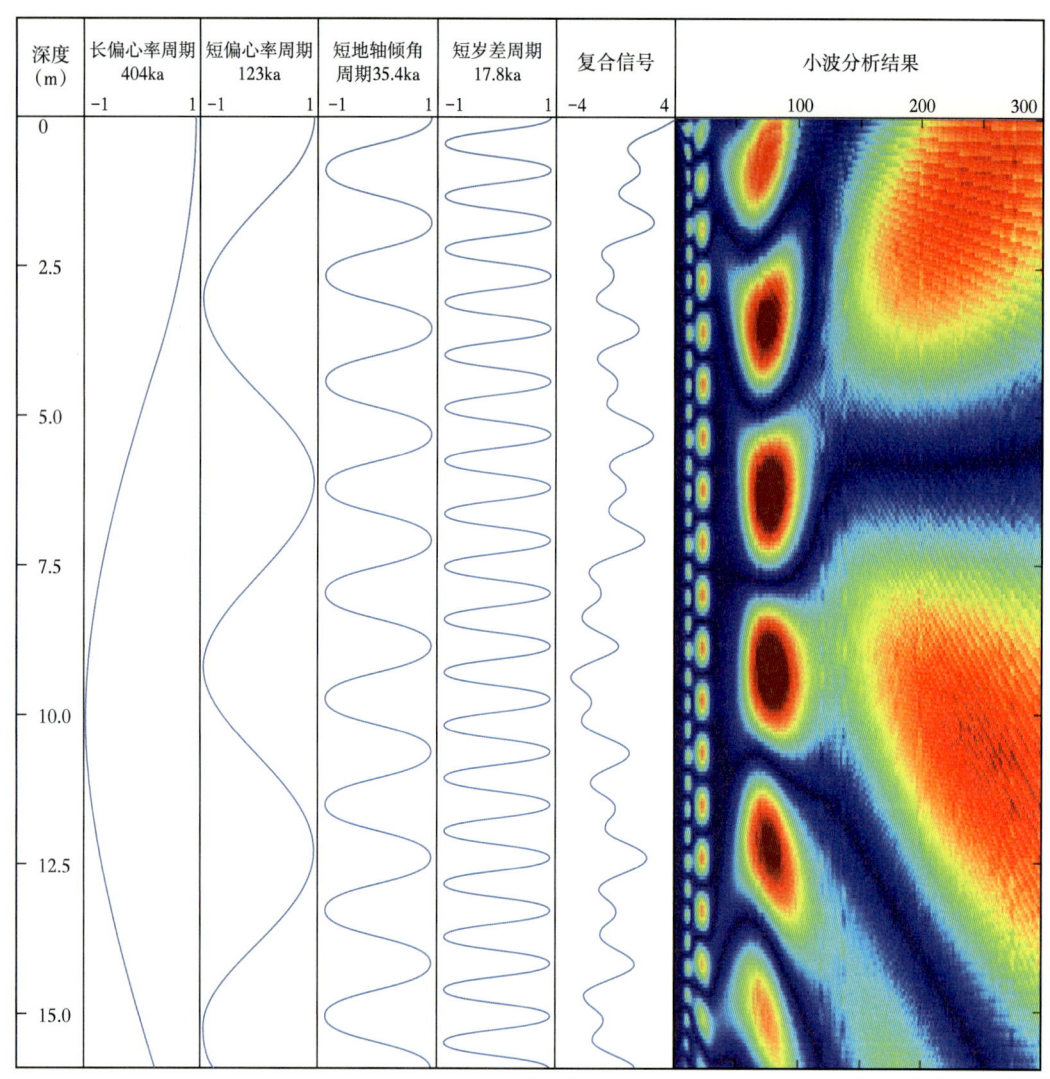

图 2-4-5　模拟的天文周期复合信号曲线及其小波深频分析能量谱图

图 2-4-6 为复合信号小波系数模平均值曲线，主要是建立尺度与周期旋回级次的关系。横坐标对应最优尺度为 134、40 和 15，比值为 1∶0.30∶0.11，与三种天文周期的比值 1∶0.30∶0.11 完全吻合，即对该模拟信号进行小波深频分析时，尺度为 134 的小波系数或小波能量谱团对应长偏心率周期，尺度为 40 的小波系数或小波能量谱团对应短偏心率周期，尺度为 15 的小波系数或小波能量谱团对应长地轴倾角周期，可通过其中某个尺度的小波系数或小波能量谱团识别对应的地层周期叠置旋回。

综上，通过对四个天文周期的模拟与小波深频分析，其结果不仅证明了小波深频分析米兰科维奇旋回的有效性与精确性，更为小波深频分析识别划分地层旋回奠定了理论基础。

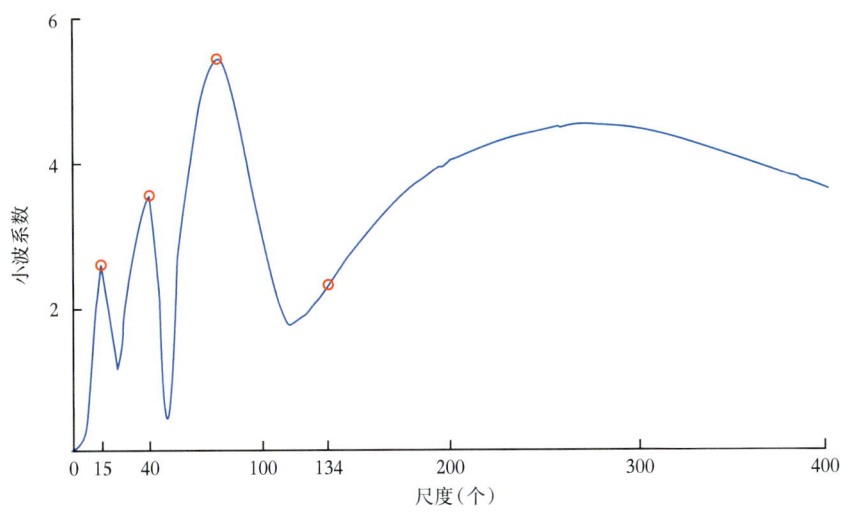

图 2-4-6 复合信号小波分析的最优尺度选择
红圈位置处是局部极大值，为最优尺度的备选点

3. 基于实际测井数据的米氏旋回小波深频分析方法

基于米兰科维奇旋回数值模拟的小波深频分析结果，优选预处理后的鄂尔多斯盆地长 7 段 GR 数据作为研究对象，采样间隔 $\Delta$ 为 0.125m，提取该井段地层米兰科维奇旋回的小波分析方法步骤为：(1) 根据 B159 井的分层数据，选用该井长 7 段的 GR 数据，如图 2-4-7 第 2 道所示；(2) 对该段 GR 数据进行预处理，然后选取 Morlet 小波（中心频率 $F_c$ 为 0.8125 个旋回 /m）作为小波基函数进行小波深频分析，得到小波深频能量谱图，并做镜像处理，如图 2-4-7 第 3 道所示；(3) 计算每个尺度下小波系数的模平均值，构建不同尺度的小波系数模平均值曲线，如图 2-4-7 第 4 道所示，局部极大值处为最优尺度；(4) 根据频谱分析法计算的长 7 段平均沉积速率 $v_p$=5.05cm/ka，得到尺度 $a=(F_c v_p t)/(100\Delta)$❶，将六种天文周期值代入即可计算相应尺度值，根据计算结果推测各个天文周期对应的最大尺度值不超过 134；(5) 根据图 2-4-7 第 4 道得到大小不超过 134 的四个最优尺度：12、15、40 和 134，再参考小波能量谱图筛选出符合天文周期比的尺度 134、40，其比值为 1∶0.3，因此推断尺度 134 和 40 分别对应长偏心率和短偏心率周期；(6) 通过尺度值即可根据式 (2-4-2) 至式 (2-4-4) 计算相应天文周期的频率 $f$、沉积厚度 $d$ 及沉积速率 $v$。

$$f = \frac{F_c}{a\Delta} \qquad (2\text{-}4\text{-}2)$$

$$d = \frac{1}{f} \qquad (2\text{-}4\text{-}3)$$

$$v = \frac{d}{t} \qquad (2\text{-}4\text{-}4)$$

---

❶ $F_c$ 为中心频率，个旋回 /m；$v_p$ 为平均沉积速率，cm/ka；$t$ 为沉积时间，ka；$\Delta$ 为采样间隔，m。

式中：$f$ 为该尺度下天文周期的频率，个旋回 /m；$d$ 为该尺度天文周期内的地层沉积厚度，m；$v$ 为该尺度天文周期内地层的沉积速率，cm/ka；$t$ 为沉积时间，ka。

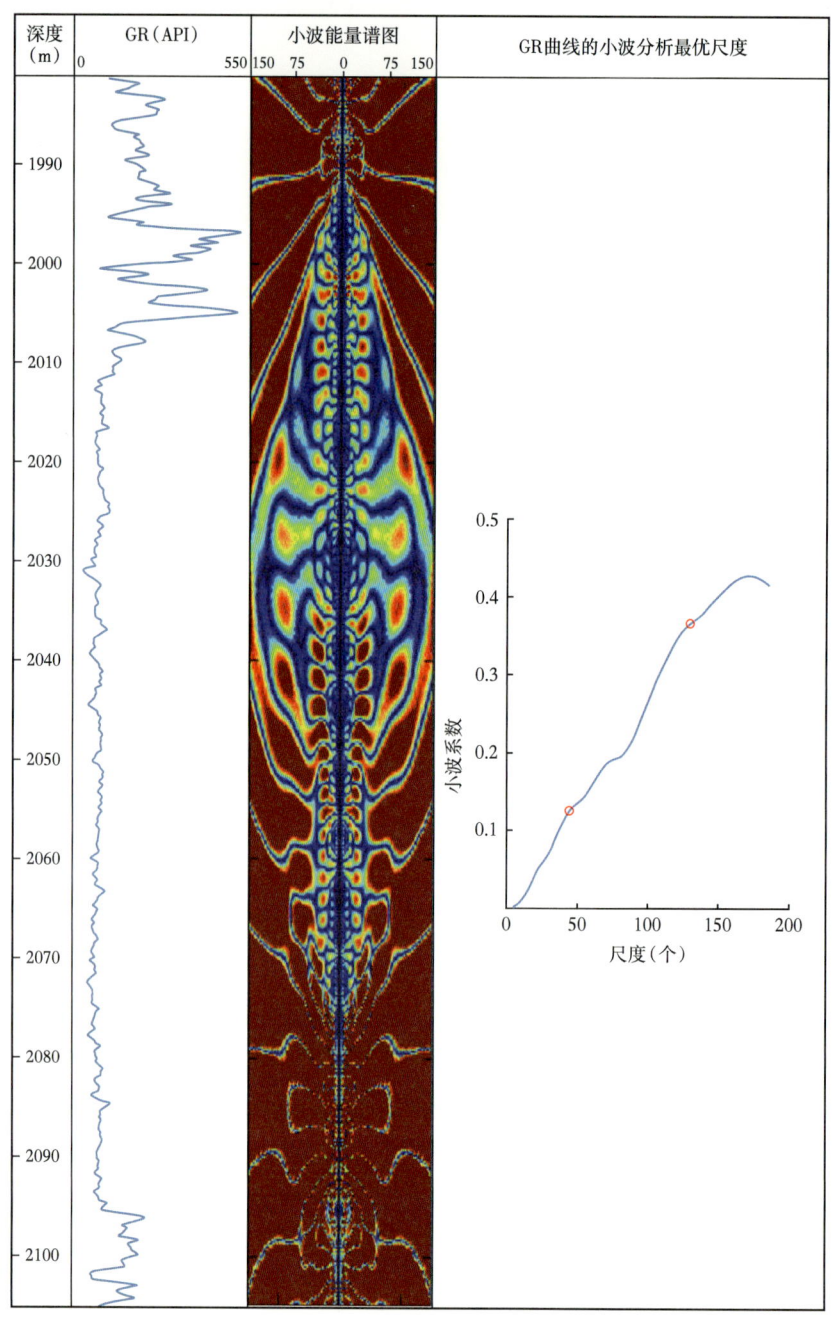

图 2-4-7　B159 井长 7 段 GR 曲线及其小波深频分析结果

最后，根据式（2-4-2）和式（2-4-3）得到该尺度天文周期内地层沉积厚度：$d=(a\Delta)/F_c$，计算出长偏心率和短偏心率周期的沉积厚度分别为 20.62m 和 6.2m。根据计算的沉积厚度及长偏心率和短偏心率的周期，可用式（2-4-5）计算出 B159 井长 7 段平均沉积速率为 5.07cm/ka。

$$v_p = \left( \frac{d_A}{404} + \frac{d_B}{123} \right) \Big/ 2 \times 100 = 5.07 \qquad (2\text{-}4\text{-}5)$$

式中：$v_p$ 为小波深度分析计算的平均沉积速率，cm/ka；$d_A$、$d_B$ 分别为长偏心率和短偏心率周期的沉积厚度，m。

## 三、建立浮动天文年代标尺

为了研究地层沉积、地质事件的持续时间，以及古气候、古环境与地质事件的关系，需要建立高精度且具有相对时间概念的浮动天文年代标尺（吴怀春等，2011）。三叠纪时期火星和地球轨道的谐振作用发生了变化，导致短偏心率周期产生一定的改变，而长偏心率周期在该地质历史时期则具有较强的稳定性。因此，研究对象为鄂尔多斯盆地三叠系长7段时，以长偏心率周期为主、其他天文周期为辅重构各尺度下的测井曲线，作为建立浮动天文年代标尺的依据。

三叠系长7段浮动天文年代标尺建立过程为：（1）根据B159井长7段的小波分析结果，得到反映米兰科维奇旋回周期的最优尺度为134和40，分别对应长偏心率周期和短偏心率周期；（2）提取出尺度134和40对应的小波系数，小波系数随深度的变化曲线即为该尺度下的重构测井曲线，曲线中两个相邻极大值点的距离表示该尺度旋回的一个周期；（3）编写算法剔除重构曲线中具有干扰性的无效极大值点，仅标记有效极大值点并计算旋回的个数，如图2-4-8所示；（4）Zhu等（2019）采用锆石U-Pb ID-TIMS测年技术获得长7段顶部烃源岩年龄为241.06Ma±0.12Ma到241.558Ma±0.093Ma，根据测得顶部岩石年龄和尺度134的长偏心率重构曲线得到的该地层沉积时间，可得出地层的时间序列，即地质历史时间，如图2-4-9第8道所示；（5）以尺度134的长偏心率重构曲线为依据，绘制长偏心率周期旋回的地层厚度及沉积速率随时间的变化曲线，如图2-4-9第9道所示，曲线上标注的数字为深度点，两个深度点的距离为一个长偏心率周期时间，曲线斜率为沉积速率；（6）综合测井曲线、小波深频色谱图（图2-4-9第5道）、不同尺度对应的重构曲线（图2-4-9第6道、第7道）、地层历史时间（图2-4-9第8道）、旋回地层厚度及沉积速率变化（图2-4-9第9道），得出综合分析图。

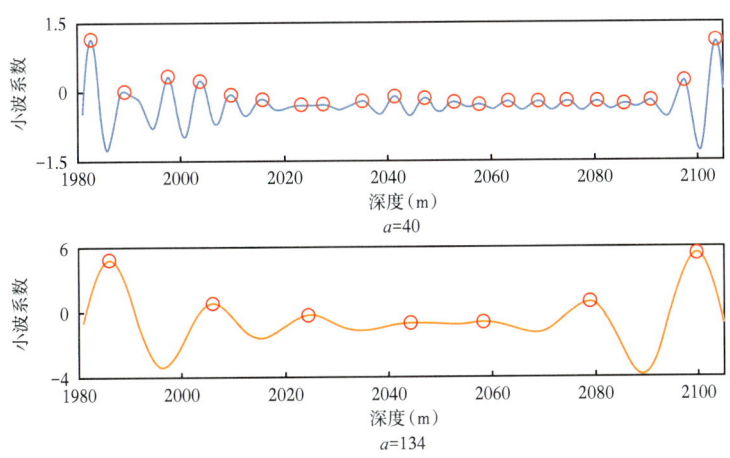

图2-4-8 小波深频分析重构米氏旋回曲线

红圈为有效极大值点，两个相邻红圈间距为一个周期

综上，通过小波深频分析，从 B159 井长 7 段 GR 数据中提取出 404ka 的长偏心率周期和 123ka 的短偏心率周期两条曲线，将这两条曲线作为调谐曲线建立了长 7 段的浮动天文年代标尺。

根据图 2-4-9 各道信息的对比，分析小波深频分析在建立浮动天文年代标尺的应用

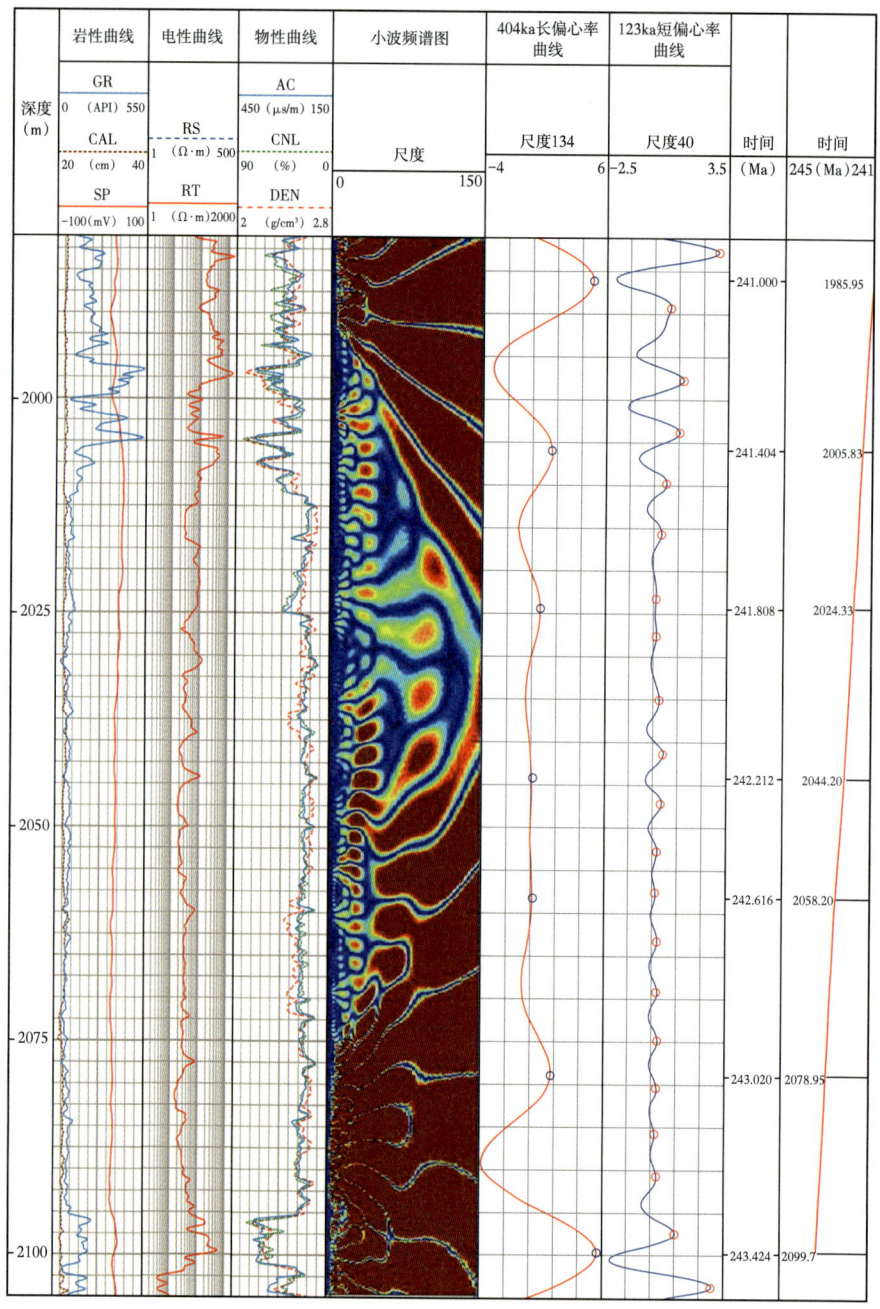

图 2-4-9　B159 井长 7 段浮动天文年代标尺

第 5 道为小波深频分析能量谱图；第 6 道为重构的尺度 143 对应长偏心率周期曲线；第 7 道为重构的尺度 40 对应短偏心率周期曲线；第 8 道为确定的年代；第 9 道黑色横杠为长偏心率旋回地层的深度点与年代点，红色斜线为沉积速率曲线，斜率越大，沉积速率越大

效果：（1）404ka 长偏心率曲线和 123ka 短偏心率曲线的波峰与波谷位置都与小波深频色谱图中的能量团有着很好的对应；（2）研究发现尺度与典型米兰科维奇周期（长偏心率、短偏心率）的关系，即尺度 134 和 40 分别对应长、短偏心率，根据这一关系与小波系数，计算出 B159 井长 7 段共记录了 6 个长偏心率旋回和 20 个短偏心率旋回；（3）鄂尔多斯盆地三叠系长 7 段长偏心率比较稳定（Laskar et al., 2004），以 404ka 长偏心率曲线为基准，计算出 B159 井长 7 段的沉积时限约为 6×404ka=2424ka，平均沉积速率 $v$=124m/2424ka=5.1cm/ka，这与频谱分析、小波分析计算结果十分吻合，并与 Zhu 等（2019）计算结果也完全吻合，论证了以长偏心率曲线精细标定地层相对时间的可靠性；（4）长 7 段短偏心率周期虽然不断变化，但长偏心率周期与短偏心率周期的旋回个数比为 20∶6=1∶0.3，与天文周期比完全吻合，说明短偏心率仍能够作为精细标定长 7 段相对时间的参考依据；（5）图 2-4-9 第 9 道黑色横杠除了代表深度点，同时也表示了叠置层的沉积时间点，其长短代表了地层的相对历史时间，其长度越短表示地层历史时间相对越新，深度由深到浅对应地层时间由老到新，相邻黑色横杠的垂直距离为旋回的沉积厚度，因此红色线条的斜率越大，相应层段的沉积速率越大；（6）将第 2 至第 4 道测井曲线与第 9 道沉积速率作对比，发现沉积速率低的旋回地层，对应测井响应特征为泥岩地层，沉积速率高的旋回地层，对应测井响应特征为砂岩地层，即泥岩层的沉积速率相对小，砂岩层的沉积速率相对大。

# 第三章　测井沉积学研究

沉积岩石学是研究沉积岩（包括沉积矿产）形成、沉积过程、沉积特征、沉积相类型和沉积时空分布规律的一门具有200余年研究历史的地质科学。沉积岩石学在全球化综合研究、源汇系统、沉积作用过程和沉积机理以及矿产开发应用等方面取得了一系列创新成果（朱筱敏等，2020）。

测井资料是研究地质情况的间接资料。应用沉积学理论可以将测井资料转变为多种地质模型，从而能利用建立的地质模型解释地质现象。受限于测井技术的发展，早期的测井沉积学研究侧重于常规测井资料，随着20世纪80年代以来地层倾角测井、成像测井、阵列声波时差测井和核磁共振测井等新技术测井资料在沉积学研究领域广泛地使用，提高了地质目标的分析精度和分辨能力。因此，测井沉积学研究与测井技术的发展密切相关。用测井资料结合沉积学理论进行地质工作研究是测井资料地质应用的一个新领域，它综合利用丰富的测井信息，在沉积学领域又开创了一个新的方向，丰富了沉积学的研究手段。本章主要介绍测井沉积学的概念、解释模型，以及在碎屑岩、碳酸盐岩中的应用等。

本章主要介绍测井沉积学的概念、解释模型，以及在碎屑岩、碳酸盐岩中的应用等。

## 第一节　测井沉积学概念及解释模型

测井沉积学是指沿用沉积学的研究成果，将测井资料用于沉积学的研究，进而描述油气储层岩性、沉积特征及沉积环境等方面的一门学科。测井沉积学概念的提出可追溯到陆凤根于1988年发表于《测井技术》上的两篇文章，即《测井沉积学基础》和《测井沉积学方法和应用概述》。1999年，尹寿鹏和王贵文系统总结了测井沉积学的概念、研究方法及内容，以及计算机技术和数学方法在测井沉积学解释中的应用等问题。本节主要介绍测井相分析及相关模型等内容。

### 一、测井相分析及地质解释模型的概念

1. 测井相的定义及内容

测井相（well log facies，也称electron-facies）是由斯伦贝谢公司测井分析家Serra于1979年提出来的，其目的在于利用测井资料（即数据集）来评价或解释沉积相。他认为，测井相是"表征地层特征，并且可以使该地层与其他地层区别开来的一组测井响应特征集"。事实上，这是一个$n$维数据向量空间，每一个向量代表一个深度采样点上的几种测井方法的测量值，如自然伽马（GR）、自然电位（SP）、井径（CAL）、声波时差（AC）、密度（DEN）、补偿中子（CNL）、微球形聚焦电阻率（RXO）、中感应电阻率（RIM）、深感应电阻率（RID）这样一个9维向量就是一个常用的测井测量向量，假设一个地层厚为2m，共有16个采样点，于是一个16×9的测井数据集就可以表征这一地层。当然，为了更清楚

地表征地层特征，也可能使用测井测量值计算机处理的结果，如孔隙度（$\phi$）、含水饱和度（$S_w$）、渗透率（$K$）、骨架参数（$V_{ma1}$、$V_{ma2}$、$V_{ma3}$）及泥质含量（$V_{sh}$）、粉砂指数 SI 等来表征。

2. 测井相标志与地质相标志的关系

测井相中数据向量的每一维都可称作一个测井相标志，而沉积相标志是确定沉积相中一个观察描述特征标志。这两种相标志之间不存在一一对应关系，尤其是类似古生物、地球化学指标等描述在测井资料中不可能确定，但在已知特定油气田地质背景时，可以经过统计、知识推理找到判断亚相、微相的组合对应关系，这种关系就是解释模型。这种关系一般表现为逻辑的，而不是数量的，当然更不会是解析的。

在若干地质沉积亚相、微相模型特征研究基础上，可以总结出确定某种沉积亚相、微相中最主要的依据是颜色、岩性、结构、沉积构造、粒度分析、古生物、地球化学以及垂向相序列等相标志。而在区域沉积背景，即相组、相确定的基础上，最基本的相标志是岩石组合（成分、结构）、沉积构造、粒度分析及垂向序列的特征，相标志在各种亚相、微相中差别明显。而测井资料中以常规组合测井曲线及处理成果、地层倾角测井曲线及其处理成果、成像测井图像为主，可以解释出其中主要的基本相标志：

（1）岩石组合（类型及结构）。

（2）沉积构造，如冲刷面、层理类型、纹层组系产状及其垂向变化。

（3）垂向序列变化关系（正粒序、反粒序、复合粒序、无粒序）。

（4）古水流。

3. 由测井相到沉积相的逻辑模型

图 3-1-1 是由测井数据生成的测井相过渡到具有明显地质含义的沉积相的映射关系，目前许多测井沉积学解释系统都是按此模型集成的。

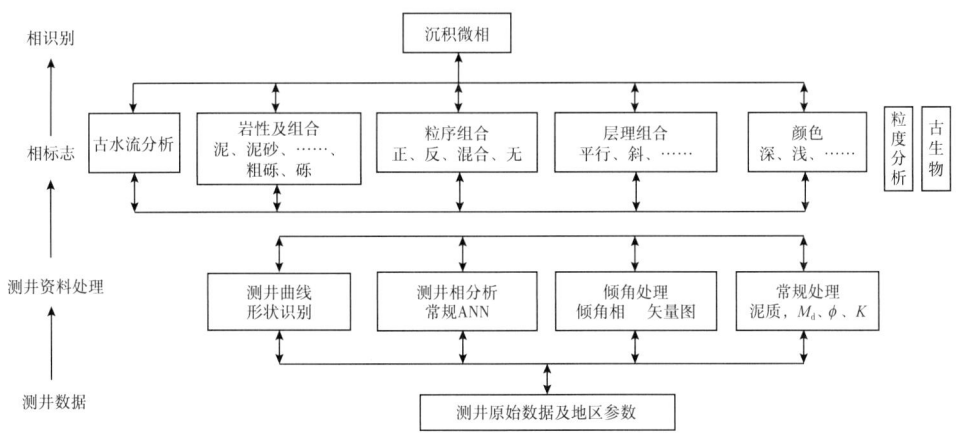

图 3-1-1　由测井相到沉积相的逻辑模型

## 二、岩石组合及层序的测井解释模型

1. 测井曲线的一般特征

1）常规组合测井曲线

（1）测井曲线幅度特征。

测井曲线幅度受地层的岩性、厚度和流体性质等因素控制，可以反映出沉积物的粒度、分选性及泥质含量等。一般颗粒粗、渗透性好的砂岩，具有高 SP 负异常、低 GR 特征；反之细粒沉积物，如泥岩、泥质粉砂岩等，具有低 SP 幅度、高 GR 特征。在实际应用过程中应针对不同地区的地质、地下流体性质等情况，在岩心观察基础上建立适应本地区的岩性与测井信息之间的联系（图 3-1-2）。

（2）测井曲线形态特征。

不同的沉积环境下，由于物源情况、水动力条件及水深不同，必然造成沉积物组合形式和层序特征（正旋回、反旋回、块状）的不同，反映在测井曲线上就是不同的测井曲线形态。图 3-1-2 是经常被采用的测井曲线形态特征与沉积物层序特征及沉积环境之间的关系图。在实际应用过程中，应根据地区情况，建立本地区图版，但图 3-1-2 仍具有一定的指导意义。

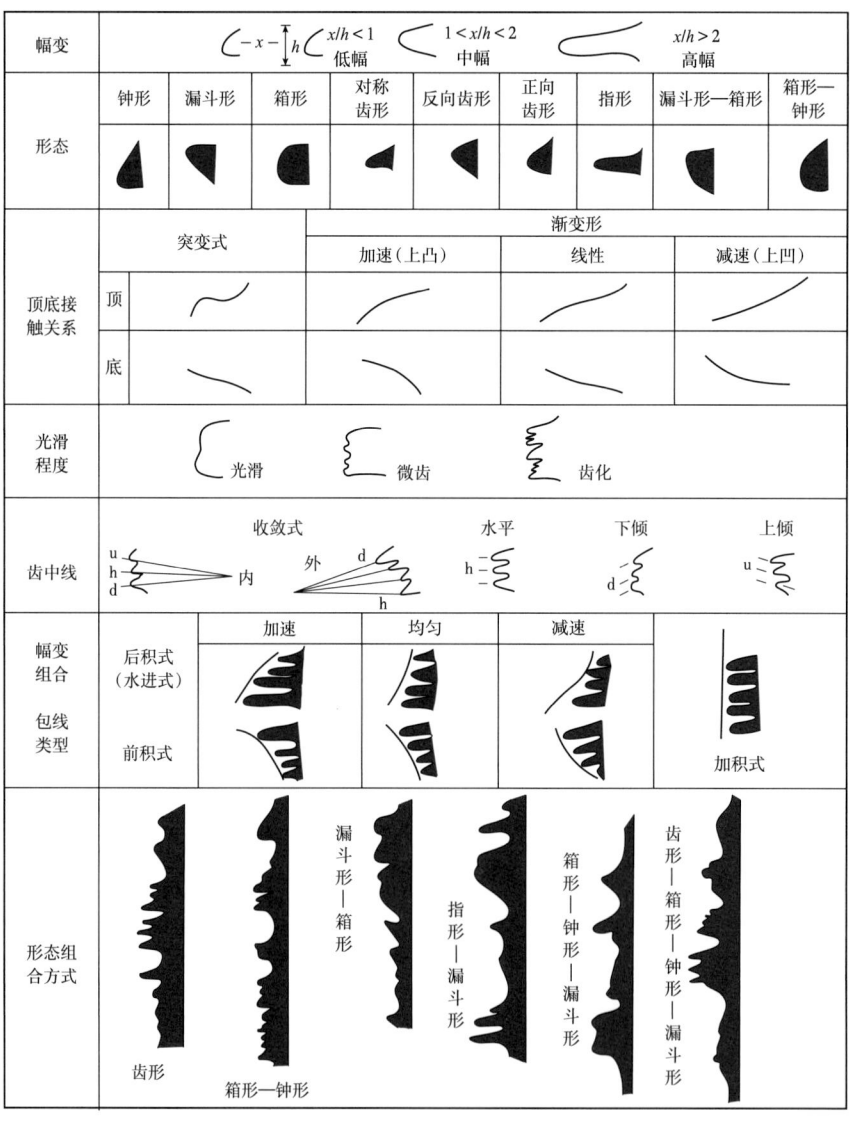

图 3-1-2 测井曲线要素图

d 为下倾（downdip）；u 为上倾（updip）；h 为水平（horizontal）

其中最为常见的测井曲线形态如下。

①柱形（箱形）：反映沉积过程中物源供应丰富、水动力条件稳定下的快速堆积，或环境稳定的沉积。

②钟形：测井曲线下部最大，往上越来越小，是水流能量逐渐减弱或物源供应越来越少的表现。

③漏斗形：与钟形相反，垂向上呈水退的反粒序，水动力能量逐渐加强和物源区物质供应越来越丰富的沉积环境。

④复合形：由两种或两种以上的曲线形态组合，如下部为柱形，上部为钟形或漏斗形组成，表示一种水动力环境向另一种环境的变化。各类形态又可进一步细分为光滑形和锯齿形。

（3）接触关系。

砂岩的顶底界的曲线形态，反映砂岩沉积初期及末期的沉积相变化。顶底接触关系反映砂体沉积初期、末期水动力能量及物源供应的变化速度，有渐变和突变两种，渐变又分为加速、线性和减速三种，反映曲线形态上的凸形、直线和凹形。突变往往表示冲刷（底部突变）或物源的中断（顶部突变）根据突变或渐变的顶底界面位置，可细分为以下四种接触关系。

底部突变式：一般反映上下层之间存在冲刷面，如河道砂岩，由河道下切造成。

顶部突变式：三角洲相的河道沙坝，高出水面变为三角洲平原沼泽相，代表物源供应突然中断，如废弃的河道，其下部是旧河道，上部是河漫滩。

底部渐变式：反映砂体的堆积特点，一般为水下河道冲刷能力差，冲刷面下部有砂、岸外沙坝。

顶部渐变式：表现为均匀的能量减退过程，河道侧向迁移。

（4）曲线光滑程度。

曲线光滑程度属曲线形态的次一级变化，可分为光滑、微齿、齿化三级。光滑代表物源丰富，水动力作用稳定；齿化代表间歇性沉积的叠积，或各种物理化学量有较大的频繁变化。

光滑代表物源丰富，水动力强淘洗充分，分选好的均质沉积，如沙坝、滩坝。

微齿代表物源丰富，改造不彻底，分选不好，如河道砂，或具季节性变化，使流量引起沉积物粗细间互。

齿化代表间歇性沉积叠加，海进、海退交替，如冲积扇、辫状河道沉积。

（5）齿中线。

齿中线分为水平平行、上倾平行和下倾平行三类。当齿的形态一致时，齿中线相互平行，反映能量变化的周期性；当齿形不一致时，齿中线将相交，分为内收敛和外收敛。各反映不同的沉积特征。

（6）幅度组合包络线类型。

Pirson（1970）指出，在进积序列中，自然电位曲线指状峰的包络线的形态，可以反映出水体深度变化的速度。

海（湖）水后退速度稳定的线性海退，其自然电位曲线指峰的包络线表现为一条倾斜的直线。

海（湖）水后退速度稳定减小的匀减速海退，其自然电位曲线指峰的包络线表现为一条"凸"形曲线。该曲线的曲率中心在自然电位正方向一侧。

海（湖）水后退速度稳定增大的匀加速海退，其自然电位曲线指峰的包络线表现为一条"凹"形曲线。该曲线的曲率中心在自然电位负方向一侧。

（7）层序的形态组合特征。

一种沉积相在垂向上由多个微相组成，而每一个微相都对应一种曲线形态特征，这些曲线形态组合而成的曲线特征即为层序的形态组合特征。

2）地层的倾角测井微电导率曲线特征

将四条微电导率曲线和常规测井曲线配合，并对比岩心观察描述，可以得到：

（1）从曲线形态和曲线的相似性判断岩性及微细旋回的划分。

（2）向上变细或向上变粗的层序，直接使用微电导率曲线或其合成的电阻率曲线进行精细研究。

（3）均匀砂体（无明显层理）和具有细纹层、大型层理的砂岩明显不一样，均匀块状砂岩四条电导率曲线相关性检验很差。

（4）平行以及非平行层理可以根据四条电导率曲线特征值的平行度来衡量。

（5）精细层理对比线，有些对比涉及所有四条电导率曲线，有些则全不涉及，根据其电导率异常或电阻率异常、所涉及的极板数等，可以做出合理解释，如卵石、透镜体、裂缝及其他特征。

（6）张裂缝显示为孤立的导电尖峰。

与常规测井曲线相比，地层倾角测井采样间隔更加细密，可以反映地层的岩性成分、含流体性质及砂岩的细微特征。在含流体性质一定的情况下，微电导率曲线的包络线可以反映粒序变化微旋回特征（图3-1-3）。这就为在常规测井曲线约束下研究岩石内部结构变化和成分变化提供了更精细的方法手段。

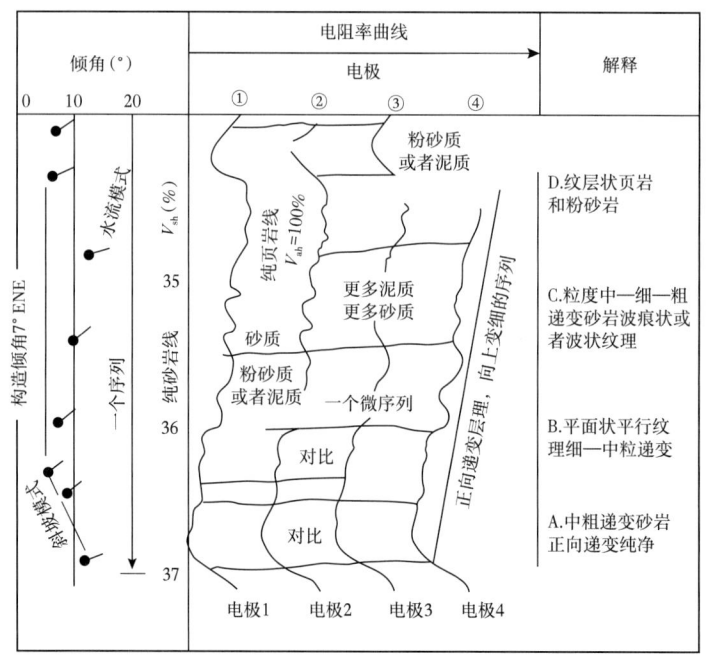

图3-1-3　倾角测井微电阻（导）率曲线反映的沉积韵律

2. 层序特征测井解释模型

每一种沉积亚相、微相的测井曲线形状的变化都可以反映其粒序序列变化。通常用可以反映岩性、粒序变化的自然伽马（GR）、自然电位（SP）的形态组合来反映每一种沉积亚相、微相的层序特征，因而通常有四种粒序模型。

（1）正粒序模型：一般为钟形，即自然伽马值向上逐渐增大，而自然电位为自下而上由高负偏向低负偏甚至基线附近变化。

（2）反粒序模型：对应于漏斗形测井曲线，即自然伽马值向上逐渐减小，而自然电位自下而上由基线或低负偏向高负偏变化。

（3）复合粒序模型：对应于复合形态的测井曲线，即由两个或两个以上钟形、漏斗形自然电位和自然伽马曲线连续变化组成。

（4）无粒序模型：对应于箱形或平直测井曲线，即自然电位及自然伽马曲线形状自下而上基本不变或只是微齿化。

## 三、沉积构造的测井解释模型

高分辨率地层倾角测井包含有大量的沉积结构和构造方面的信息，在油田构造和沉积学研究中发挥着重要的作用。油气勘探中使用斯伦贝谢公司的 HDT 和阿特拉斯公司的 CLS3700 系列四臂倾角仪，通过计算机处理（TREEDIP 模式识别交互处理）得到反映岩石内部界面的倾角和倾向，也可以得到微电阻率环井眼成像，为沉积学研究进一步提供沉积结构、构造、古水流等方面的信息。

通常情况下，地层倾角测井经过长相关对比处理后，可以得到小比例尺（1∶200）的倾角成果图，用于地层构造学解释。这些解释包括产状、褶皱、断层压实后的砂体形态、裂缝识别等。然而，在沉积学应用中，必须做特殊的处理，即采用短相关对比或精细模式识别的交互处理方法，甚至使用最先进的成像手段，并始终贯彻"岩心刻度测井"的指导思想。在工作中，通过岩心观察和沉积构造描述，研究人员总结测井相和沉积相之间的对应关系，并在塔中、轮南、东河塘、英买力等主要油气田区沉积学研究中得到广泛重视和应用。

1. 倾角模式及其地质含义

利用地层倾角测井研究沉积构造时，在矢量图上可以把地层倾角的矢量与深度关系大致分为四种模式（图3-1-4）。

红模式：倾向大体一致，倾角随深度增加而增大的一组矢量，可以指示断层、沙坝及河道等。

蓝模式：倾向大体一致，倾角随深度增加逐渐变小的一组矢量，一般反映槽状交错层理、不整合等。

绿模式：倾向大体一致，倾角随深度不变的一组矢量，一般反映构造倾斜和水平层理等。

白（杂乱）模式：倾角变化幅度大，或者矢量很少，可信度差，指示断层面、风化面或块状地层等。

每一种模式的代表性仍然是相对简单和存在多解性，尤其是在沉积学研究中，目标是岩石内部的微细层面，那么沉积岩中哪一级层面可以被计算出来并组成模式是至关重要的。很显然只有那些可以切过井筒的中—大型层理等沉积构造的变化面才有可能被地层倾角测井四臂电极探测到,并计算出其产状,而在井筒中不呈平面或在井筒中弯曲变化剧烈的小型层理是不可能被计算出来的。这在建立沉积构造解释模型时是值得注意的。而多种模式的组合关系是判断各级层面相互转换、变化的表征,模式间断往往是特殊地质事件(冲刷面)等,因此在解释过程中要充分重视模式本身和其之间的关系。

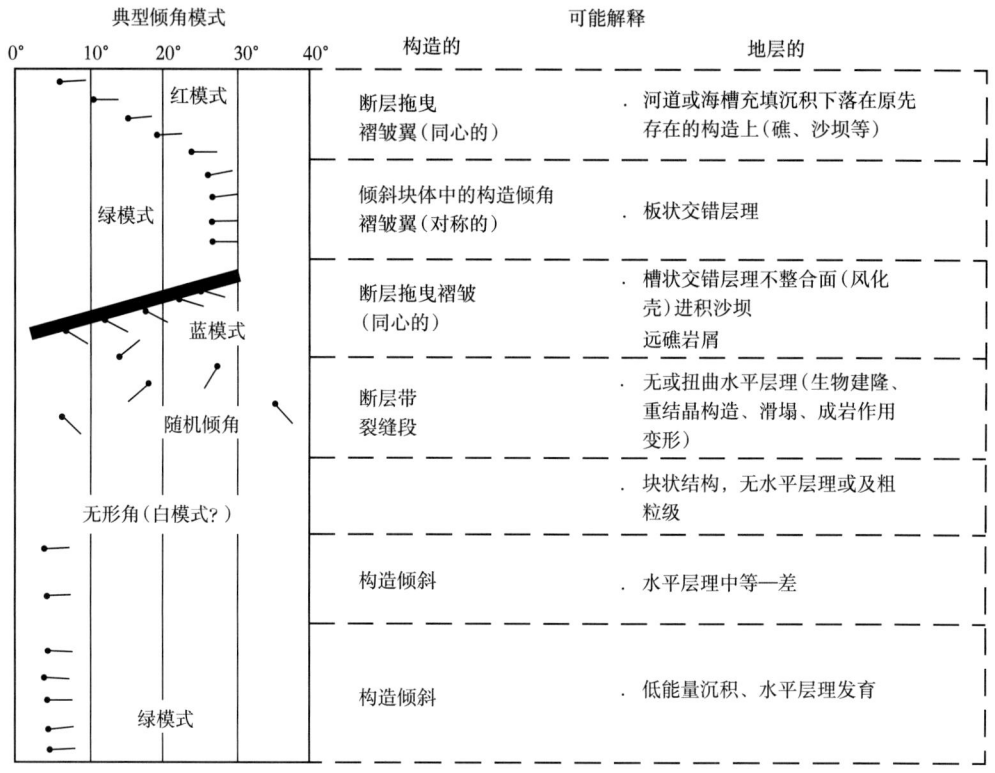

图 3-1-4　地层倾角模型及其相关的地质异常

## 2. 微电导率环井眼成像

微电导率环井眼成像是将电导率曲线按相对大小内插,表示环井眼电导率大小分布的值以一系列不同级别颜色表示,如图 3-1-5 所示,可以清楚地看出以下特征:

(1)不同电导率大小的电性层和不同的岩性界面很清楚。

(2)电导率逐渐递变,颜色级别逐渐变化,是岩石内部韵律的表现。

(3)电导率异常特征变化段,颜色级别突变是微细层面的反映,以此可参考矢量图模式判断沉积构造中层理的微细层变化及其组合关系。

(4)成像图中明显的颜色变化是检验倾角计算对比的准确性标志之一。一般成像图中明显的层,应在对比计算中准确无误地计算出来相应的矢量点,否则说明对比有问题。

(5)成像图中颜色变化旋回,应与电导率划分的旋回一致,并受到常规曲线层序模型的约束,可以在层序内部或其间有清楚的成像图颜色级别递变或界面。

(6)成像图中颜色变化呈有规律的密集层状及正弦波状是层理的发育段,可以结合倾角矢量模式进一步解释层理类型。

### 3. 沉积构造的地层倾角测井解释模型

岩性单元内部和岩性单元之间的层理几何形态和空间关系，是组成盆地充填物的成因地层层序中沉积成因单元的基本特征。在区域和局部这两种规模上描绘"层理形式"和"沉积构造"能为沉积过程及判断沉积相（沉积环境）提供大量的资料。

层理按其形成的单元可以从单一细层到层序，大致划分为纹层或细层（指一次水流形成的）、层系（一组纹层）、层系组（几组层系）及层序。地层倾角测井长相关对比的成果矢量图一般反映地层层序之间的层面，精细的地层倾角处理矢量图和电导率成像一般可以反映层系或层系组以下的各种层理面。

人机交互式地层倾角沉积学处理程序为研究者提供了方便的工作界面。该程序利用地层倾角矢量和微电导率环井眼插值成像作为判断沉积构造及其组成的主要依据。一般认为，这些矢量的红模式、绿模式、蓝模式、白模式及其组合形式是分析微细层理形态与类型的基本方法。这些模式同样可以用来分析古水流或沉积物搬运方向、沉积体延伸及加厚方向。这都源于矢量图代表的界面及矢量的趋势模式，是碎屑物质沉积时的水动力能量逐渐变化的真实反映。因此，在工作中首先要对交互处理的成果用岩心资料反复验证，建立正确的地层倾角矢量模式图，然后由已知到未知，从解释模型到未知层段，逐层解释沉积构造及其组合关系。

1）岩心刻度

如图 3-1-5 所示，将取心段的岩心素描图（沉积构造）的原始产状按照 1∶10 的比例缩小，并用于人机交互处理以刻度地层倾角处理结果。通过特征标志层（钙质夹层、泥质夹层）进行归位，可以对比说明地层倾角计算结果和电导率成像与岩心匹配关系较好。另外地层倾角矢量清楚地显示出各种层理的模式关系，这是各种沉积构造（层理、冲刷面等）解释模型建立的关键。对照诸如图 3-1-5 所示的类似岩心刻度图可以得出如下结论：

（1）以岩心中钙质夹层、泥质夹层等为特征标志层，将岩心归到地层倾角处理成果图上，无论从成像中，还是从微电导率曲线及矢量图模式转换，或其间断都很清楚。

（2）倾角矢量结果与岩心素描的各级层理、层面的视倾角相比，基本相符或略大，这是因为岩心素描的视倾角略比真倾角要小，而计算结果是正确的。

（3）电导率成像的颜色界线和地层倾角模式转换间断处往往是岩心中岩性界面或者不同沉积构造（层理、冲刷面）的转换位置。

（4）从岩心上每一种层理类型、层系、纹层组系产状的变化可以在矢量图中找到对应的矢量点，这就为层理类型解释图版提供了依据。

2）沉积构造的测井解释图版

根据轮南地区三叠系辫状河三角洲—湖泊沉积体系、塔中—东河塘地区"东河砂岩"碎屑滨岸沉积体系、塔中地区Ⅰ油层组海陆过渡相三角洲沉积体系及英买力古近系三角洲沉积体系中出现的主要沉积构造即层理和冲刷面等，用实际处理的矢量图建立了相应的解释图版。

（1）冲刷面（再作用面）测井解释图版（图 3-1-6），表现为上下两种不同倾角矢量模式的间断处。

（2）槽状交错层理的测井解释图版（图 3-1-7），表现为一组短模式线连接的小角度红模式、蓝模式组合，底部往往为模式群间断处显示的冲刷面。

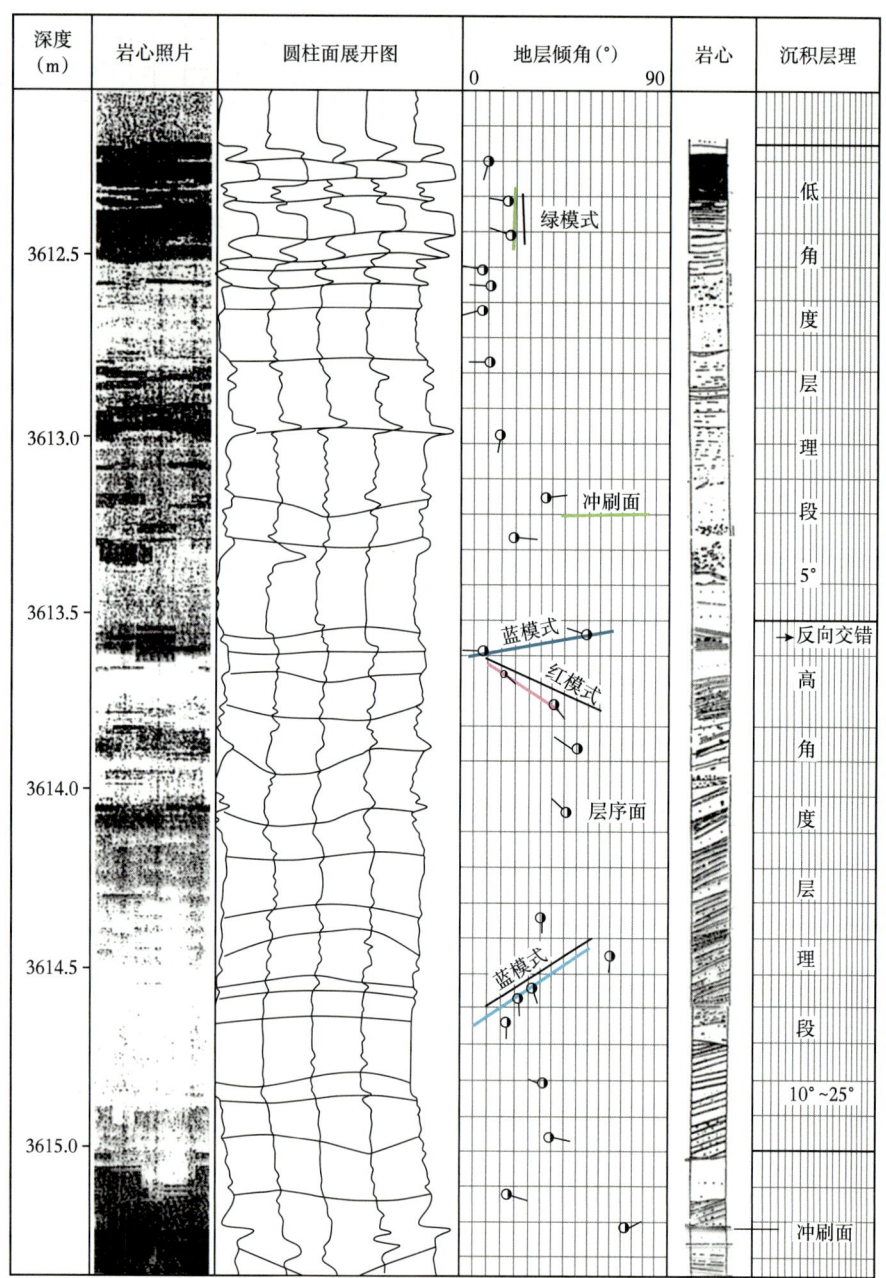

图 3-1-5　TZ4 井人机交互处理中岩心刻度倾角成果图

（3）板状交错层理测井解释图版（图 3-1-7），表现为一组模式线彼此平行的红模式、蓝模式组合。

（4）楔状交错层理测井解释图版（图 3-1-7），表现为一组模式线彼此交叉的红模式、蓝模式组合。

（5）水平层理波状层理测井解释图版。这种层理一般为小角度绿模式或杂乱模式。在倾角对比处理中难以检测这种小型层理。

（6）小型沙纹交错层理，表现为小角度红模式、蓝模式或杂乱模式。

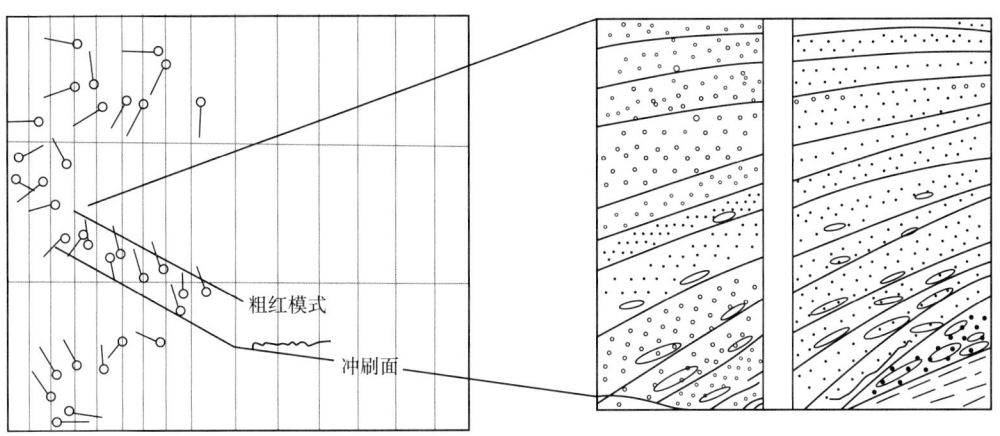

图 3-1-6 冲刷面和斜层理的测井解释模型

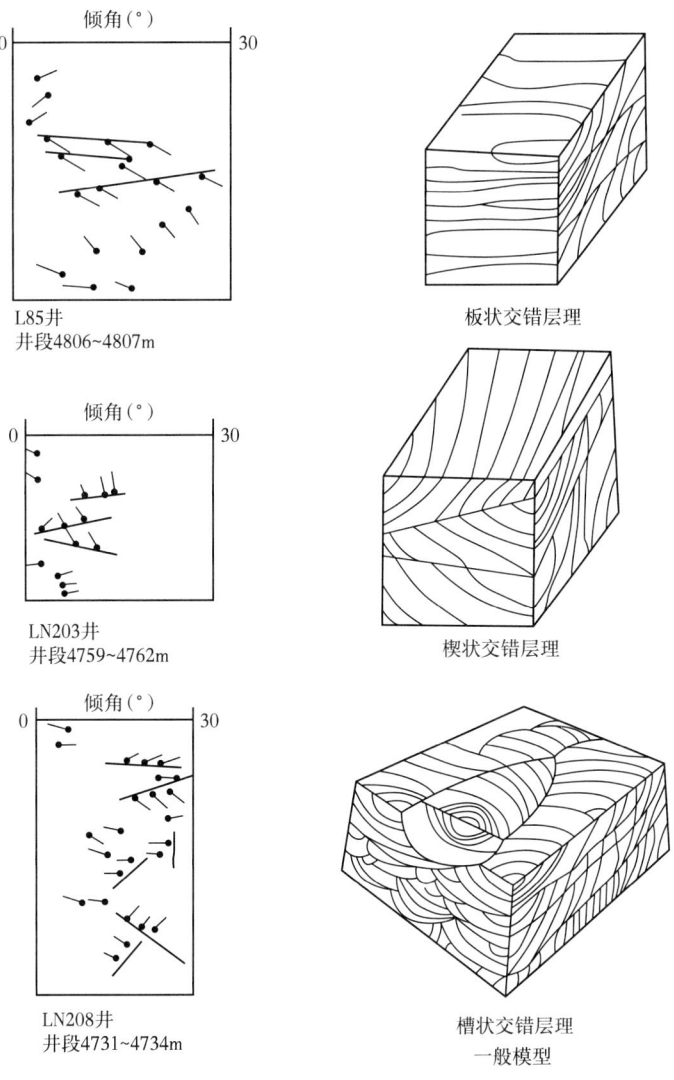

图 3-1-7 典型倾角矢量模式解释沉积构造示意图

（7）浪成冲洗双向低角度交错层理及高角度斜层理测井解释图版（图3-1-8），表现为低角度的红蓝模式组合间互，矢量模式方向相反。解释图版是大量岩心资料刻度倾角处理成果图的结果，在塔里木盆地的相应层位具有统计适应关系，通过大量的测井沉积学研究证明是可行的，在交互处理中大量应用于解释沉积构造序列。

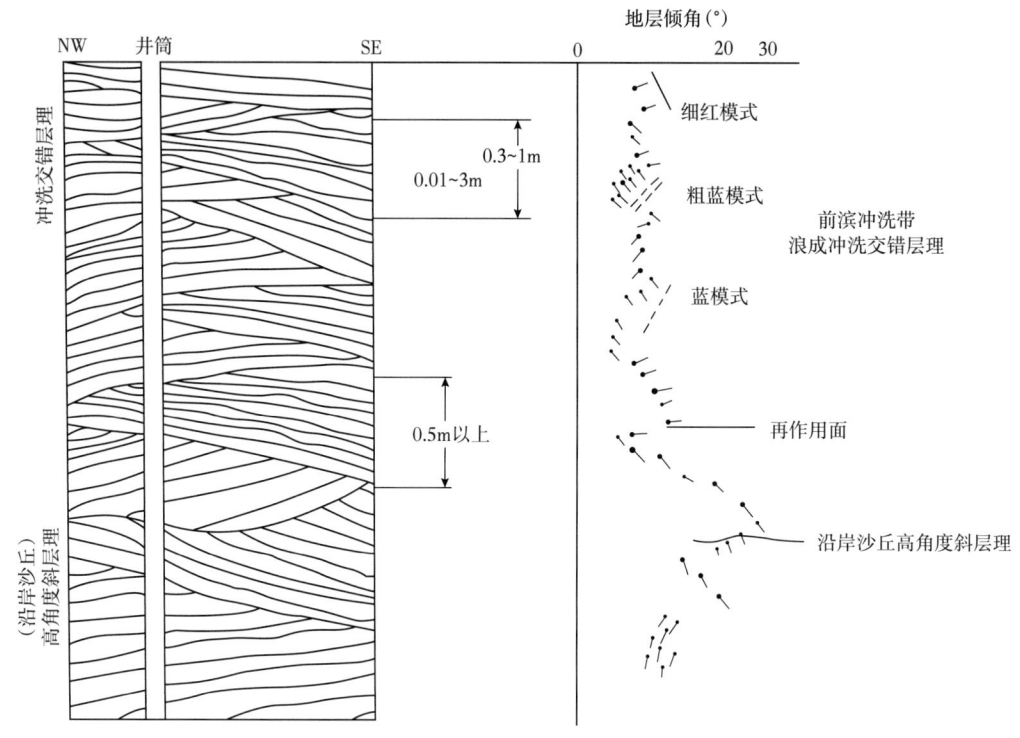

图3-1-8 浪成冲洗双向低角度交错层理及高角度斜层理的典型倾角模式

3）层理角度与沉积相

倾角测井资料能够连续地给出某段地层的层理角度和倾向。层理角度是水动力能量强弱的反映。一般来说，同一环境下水动力能量强有利于形成高角度斜层理或平行层理，水动力弱时宜形成低角度斜层理或水平层理。不同的环境，层理角度总体特征也不同，如一般海相地层层理角度为5°~14°；而河流成因，层理角度经常超过25°。同一沉积环境下层理角度纵向上变化是水动力能量纵向变化的反映，这种变化趋势常常为一种沉积微相与其他沉积微相相区别的特征标志。

4. 沉积体内部充填结构测井解释模型

一个沉积体内部可能由若干个砂层组成，这些砂层之间的相互关系如何？由加积作用形成，还是由前积作用形成，抑或是由侧积作用形成，这些同样具有环境的意义。上面所讲的是利用地层倾角微细处理成果进行沉积构造判别。地层倾角资料长相关处理成果可以用来确定沉积体内部结构和外部形态。在长相关矢量图上可以识别以下几种充填结构（图3-1-9）。

1）平行结构

倾角矢量呈绿模式。砂岩层序面或者薄砂层、泥岩层相互平行。常见于席状砂沉积及海相沉积之中。

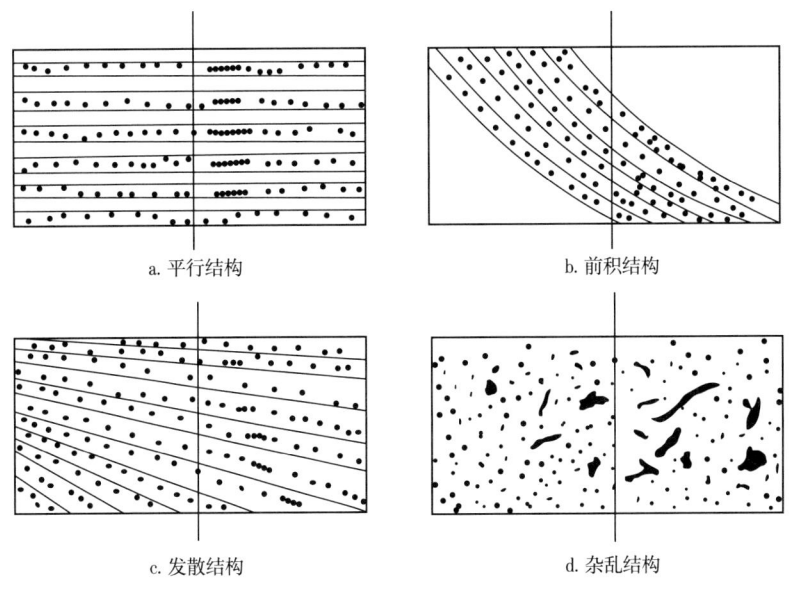

图 3-1-9 长对比倾角成果识别沉积体结构的概念模式

2)前积结构

倾角矢量呈蓝模式。水流向前(盆地)推进过程中,由前积作用形成的结构。常见于三角洲前缘和水道中心部位。

3)发散结构

倾角矢量呈红模式。同一时间单元地层向上倾方向减薄,沿下倾方向加厚,反映不均匀的沉积作用。常见于充填河道边缘。

4)杂乱结构

倾角矢量杂乱,反映为块状砂或者测井质量、井眼条件不好。

图 3-1-10 所示为一种三角洲沉积前积和侧向加积作用形成的长对比倾角矢量图,可以反映沉积内部的前积结构和侧积体结构。

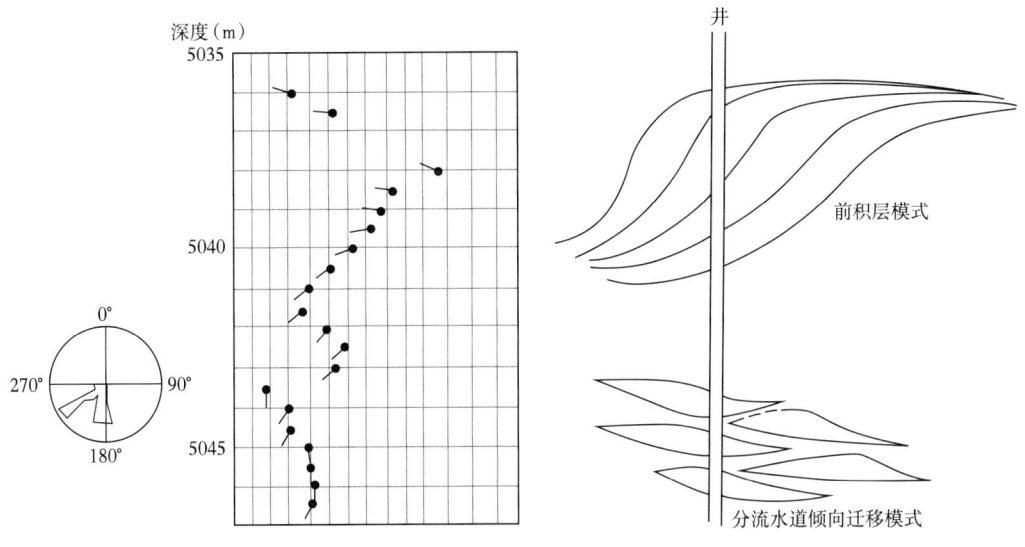

图 3-1-10 长对比倾角矢量图识别沉积体概念模式

## 第二节　碎屑岩测井沉积微相研究

碎屑岩测井沉积微相研究通常以沉积微相的建模与划分为核心。在岩心观察和测井相标志识别确定碎屑岩沉积体系的基础上，结合地质岩心资料与测井资料建立不同沉积亚相、微相的测井模型，从而实现单井纵向沉积微相划分。本节以中国四川盆地侏罗系沙溪庙组二段为例，详细介绍碎屑岩测井沉积微相的建模与划分等内容。

### 一、沉积背景确定

通过区域地质背景，结合岩心观察和测井相标志，确定四川盆地侏罗系沙溪庙组沉积体系总体可以划分为两类，分别为沙一段三角洲—湖泊和沙二段泛滥平原—河流沉积体系，总体表现为基准面下降旋回，沉积相类型由底部滨浅湖—三角洲前缘—三角洲平原逐渐过渡为高弯度曲流河、低弯度曲流河—网状河，最终到泛滥平原沉积。通过对区内典型井的岩石类型、岩性及结构特征、测井电性特征等方面进行综合分析，将沙溪庙组划分为三角洲—湖泊和泛滥平原—河流沉积体系（表3-2-1）。

表3-2-1　四川盆地川中地区金华—中台山沙溪庙组沉积相划分简表

| 沉积相 | 亚相 | 微相 | 发育层位 |
|---|---|---|---|
| 河流相 | 河床 | 河床滞留沉积、边滩或心滩 | 沙一段中上部—沙二段 |
| | 堤岸 | 天然堤、决口扇 | |
| | 河漫 | 泛滥平原、河漫砂、河漫湖泊 | |
| 三角洲相 | 三角洲平原 | 分流河道、河漫滩、天然堤、决口扇 | 沙一段中下部 |
| | 三角洲前缘 | 水下分流河道、分流间湾、河口坝、席状砂 | |
| 湖泊相 | 滨浅湖 | 滨湖泥、席状砂、滩坝 | |

### 二、河流沉积亚相和微相测井模型建立

曲流河是河流相最重要的亚类之一。

曲流河又称为蛇曲河，为单河道，河道蜿蜒曲折，曲率较大，坡降较小，洪泛间歇性相对弱一些，流量变化不大，碎屑物较细，推移质/悬移质之比低。河岸由于天然堤的存在，其抗蚀性增强，整个沉积过程是凹岸（陡岸）不断被剥削或侵蚀，凸岸（缓岸）不断加积，这就是地貌学上的边滩或沉积砂体中的"点沙坝"。因河道较为固定，其侧向迁移速度较慢，故泛滥平原和点沙坝较为发育。曲流河一般发育于冲积平原的下游，三角洲沉积之上和辫状河之下。现代世界上一些著名大河的中下游，如密西西比河和长江，都具有曲流河的特征。

曲流河最重要的沉积过程与河流侧向迁移有关。凹岸受到侧蚀垮塌，同时在凸岸产生沉积，河道增加弯度。这一过程不断进行，就在每个曲流段的凸岸沉积了一个边滩，这是曲流河的主要沉积砂体。由于点沙坝是在凸岸侧向加积而成，就构成了一定的向上变细的粒序，沉积构造也由大型（板状/槽状）交错层理向流水小型沙纹演化，这就是常说的"点沙坝层序"。点沙坝内各个侧积体之间可以冲刷接触，也经常披覆一些间洪期的泥质薄层。

另外，曲流河还发育有天然堤、决口扇等溢岸沉积，废弃河道沉积上部或下部则常

由泥质充填。这些砂体虽然粗细和发育程度差别较大，但可把各河段的点沙坝串通成一个曲流带砂体，与广泛发育的泛滥平原泥质沉积构成剖面上的砂泥岩间互、平面上砂泥岩相变频繁的沉积层系。

曲流河是最常见的河流类型，也是研究程度最高的一类河流。根据次一级环境及其沉积物特征的不同，将曲流河相划分为河床、堤岸、河漫等亚相（图3-2-1，表3-2-1）。

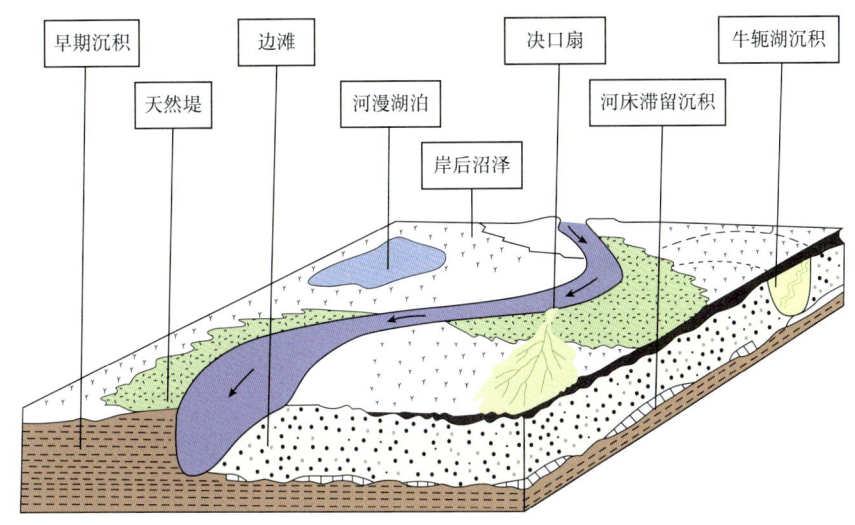

图 3-2-1　曲流河沉积环境模型（据 Allen，1964）

1. 河床亚相

河床是河谷中经常流水的部分，即平水期水流所占的最低部分。其横剖面呈槽形，上游较窄，下游较宽，底部显示明显的冲刷界面，构成河流沉积单元的基底。

河床亚相又称为河道亚相或底层亚相。其岩石类型以砂岩为主，次为砾岩，碎屑粒度是河流相中最粗的。层理发育，类型多样。缺少动植物化石，仅见破碎的植物枝干等残体，岩体形态多具有透镜状，底部具有明显的冲刷界面。

河床亚相进一步划分为河床滞留沉积和边滩沉积两个微相。

1）河床滞流沉积

从上游搬运来的以及就地侵蚀的物质，细粒的被带走，粗粒物质被留下堆积成不连续的透镜体，称为河床滞流沉积。其成分复杂，既有陆源砾石，也有河床下伏早期沉积未固结而再沉积的同生泥砾，砂、粉砂极少。砾石呈叠瓦状排列，倾斜方向指向上游。砾岩难以形成厚层，呈透镜状断续分布于河床最底部，向上渐变为边滩或心滩沉积。

如图 3-2-2 所示，河床滞留沉积微相的典型岩性为底部发育的褐色、灰黑色泥岩被发育斜层理的灰白色含砾细砂岩冲刷，形成冲刷面；常规测井的自然伽马曲线出现突变接触，指示冲刷面；成像测井由斑状模式向层状模式过渡，明暗截切，向上过渡为边滩沉积。

2）边滩

边滩又称为"点沙坝"，是曲流河区别于其他类型河流的重要特征，是河床侧向侵蚀、沉积物侧向加积的结果。沉积物以砂为主，混有砾、粉砂和黏土，成熟度低，不稳定组分多，长石含量高，其层理类型主要为水流成因的大—中型槽状或板状交错层理，间或出现平行层理。在边滩下部比较靠近河流中心的部位，沉积较粗的颗粒（以沙粒为主）上部离河流中心较远，沉积较细物质。垂向上，自下向上具有层理规模变小、粒度由粗变细的正韵律。在古代曲流河沉积中，这种完整的垂向层序因侵蚀而发育不全，而且上部细粒层序难以保存。小型河流边滩的厚度仅数米，大型河流的边滩厚度可达30~40m；边滩的宽度取决于河流的大小及侧向迁移的规模。大型河流边滩发育宽阔，小型河流则相反。

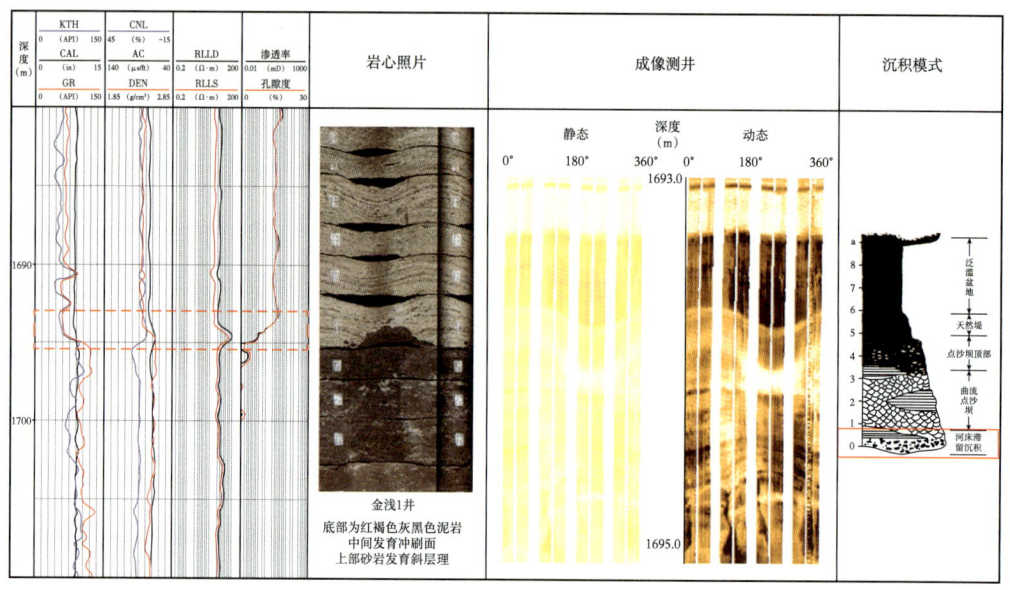

图 3-2-2　河床滞留沉积微相识别图版

如图 3-2-3 所示，边滩微相的典型岩性为灰白色中细砂岩，向上粒度变细，可见斜层理；常规测井中自然伽马曲线呈钟形，典型正粒序特征，物性最好；成像测井呈层状模式，可见斜层理，由下向上颜色变暗，粒度变细。

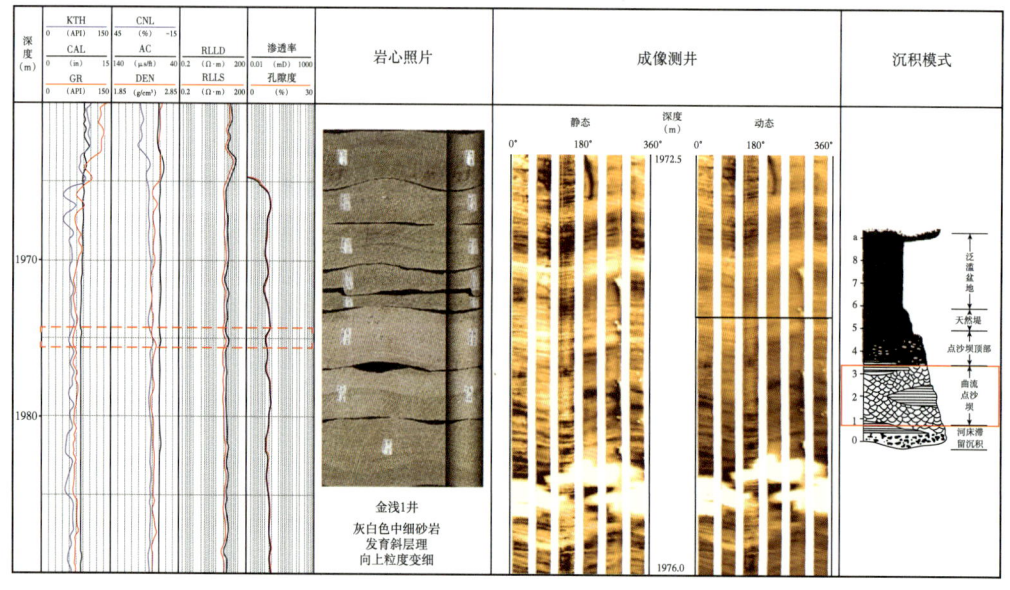

图 3-2-3　边滩微相识别图版

## 2. 堤岸亚相

堤岸亚相在垂向上发育在河床沉积的上部，属于河流相的顶层沉积。与河床沉积相比，其岩石类型简单，粒度较细，沉积构造以小型交错层理为主。堤岸亚相可进一步划分为天然堤和决口扇两个沉积微相。

### 1）天然堤

洪水期河水漫过河岸时携带的细、粉砂级物质沿河床两岸堆积，形成平行河床的沙堤，称为天然堤。天然堤两侧不对称，向河床一侧坡度较陡。每次随洪水上涨，天然堤不断加高，最大高度代表最高水位。弯曲河流的凹岸天然堤一般发育较好，凸岸天然堤逐渐变为边滩的上部，尤其在较小河流中，天然堤和边滩上部交互出现，难以区分开。

天然堤主要由细砂岩、粉砂岩和泥岩组成，粒度比边滩沉积细，比河漫滩沉积粗，垂向上突出的特点是砂泥岩组成薄互层。层理构造以小型波状交错层理和槽状交错层理为主，其垂向序列是下部砂质岩发育交错层理，上部泥质岩则发育水平层理。由于间歇性出露水面，钙质结核发育，泥岩中可见干裂、雨痕、虫迹以及植物根等。岩体形态沿河床两侧呈弯曲的沙垄。随着河床迁移，天然堤不断扩大、增长，形成覆盖边滩之上的盖层，使天然堤岩体呈面状分布。

如图 3-2-4 所示，天然堤微相的典型岩性为灰褐色泥岩与细砂岩薄互层，细砂岩呈块状，泥岩发育水平层理；常规测井的自然伽马曲线呈高值，无粒序变化特征，物性差；成像测井呈层状模式，即亮色砂岩夹暗色薄层泥岩，同时可见井壁崩落。

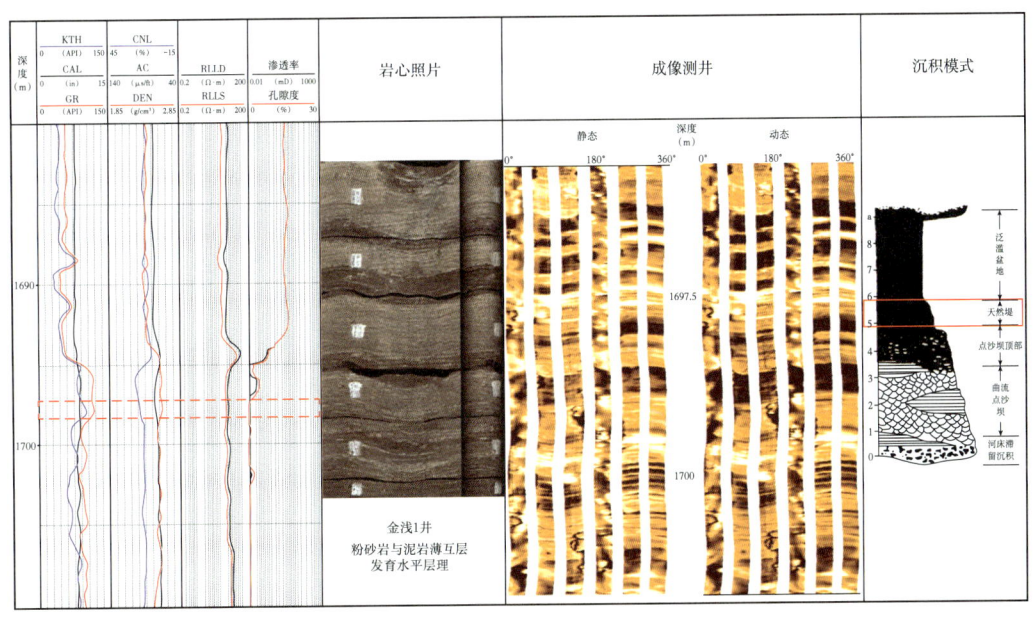

图 3-2-4 天然堤微相识别图版

### 2）决口扇

河床随沉积物迅速增厚而升高，最后反而高出旁侧的河漫滩，洪水期河水冲决天然堤，部分水流由决口流向河漫滩，砂泥物质在决口处堆积成扇形沉积体，称为决口扇。其位于河床外侧，与天然堤共生。

决口扇沉积主要由细砂岩、粉砂岩组成；粒度比天然堤沉积物稍粗；发育小型交错层理、波状层理及水平层理，冲蚀与充填构造常见。植物化石碎片常被河流携带沉积。岩体形态呈舌状，向河漫平原方向变薄、尖灭，剖面上呈透镜状。

如图3-2-5所示，决口扇微相的典型岩性为灰白色细砂岩，可见斜层理；常规测井的自然伽马曲线呈漏斗形，典型反粒序特征，物性较差；成像测井呈暗色块状，由下向上变亮，指示反粒序特征。决口扇微相常与天然堤伴生。

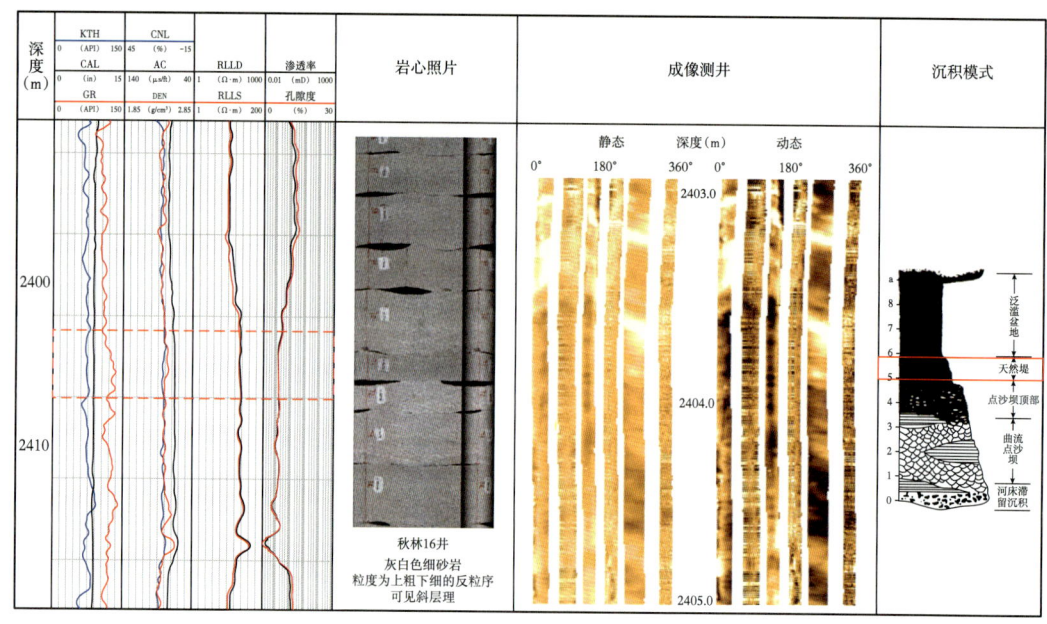

图3-2-5 决口扇微相识别图版

3. 河漫亚相

河漫亚相是平原河流的亚相类型，位于天然堤外侧，这里地势低洼而平坦，洪水泛滥期间，水流漫溢天然堤，流速降低，使河流悬浮沉积物大量堆积。由于河漫亚相是洪水泛滥期间沉积物垂向加积的结果，故又称为泛滥盆地沉积。

河漫亚相沉积类型简单，主要为粉砂岩和黏土岩。粒度是河流沉积中最细的，层理类型单调，主要为波状层理和水平层理。平面上位于堤岸亚相外侧，分布面积广泛；垂向上位于河床或堤岸亚相之上，属于河流顶层沉积组合。

在河流迅速侧向迁移的情况下，天然堤发育不良，洪水泛滥可形成广阔平坦的河漫沉积区，沉积物不仅有泥质，还有大量砂质沉积，这时堤岸亚相与河漫亚相已无什么区别，故统称为泛滥平原沉积。

如图3-2-6所示，河漫滩微相的典型岩性为红褐色泥岩，可见水平层理；常规测井的自然伽马曲线呈高值，物性差；成像测井呈暗色斑块状；属于曲流河二元结构的顶部沉积。

### 三、关键井测井沉积亚相、微相模型的建立

以常规测井处理解释的岩性剖面、倾角测井沉积学处理成果和FMI成果解释沉积构造序列为主，结合地质岩心描述和分析化验资料，综合建立关键井目的层段的测井沉积亚相、微相模型。

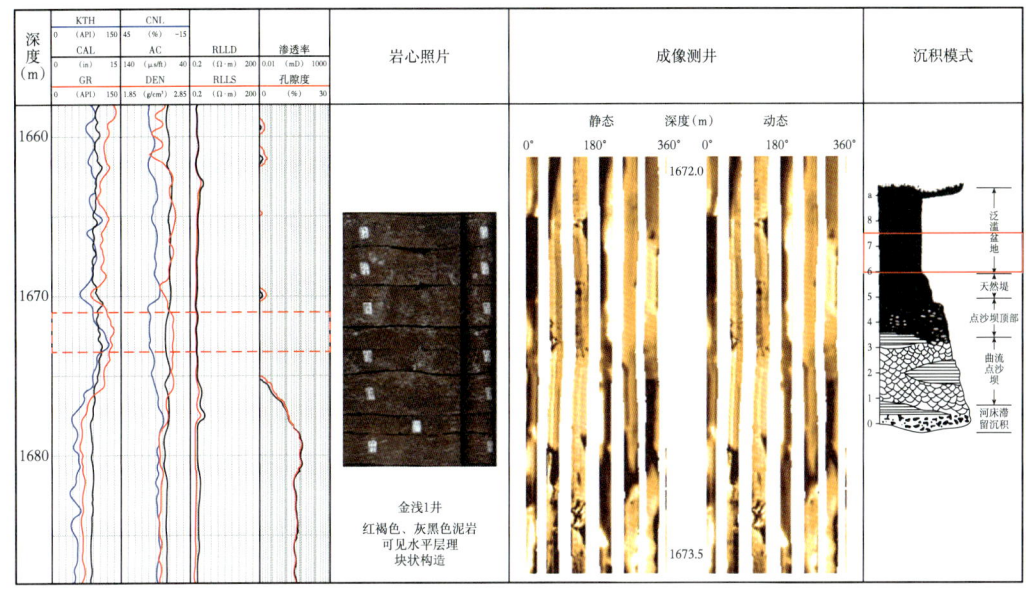

图 3-2-6 河漫滩微相识别图版

根据沉积微相模式图版，对单井微相进行了识别划分。

如图 3-2-7 所示，秋林 16 井 8 号砂层组垂向上呈现多期边滩—天然堤—河漫滩叠置的沉积序列，符合曲流河二元结构的沉积特征。A 段为边滩微相，灰色细砂岩，发育斜

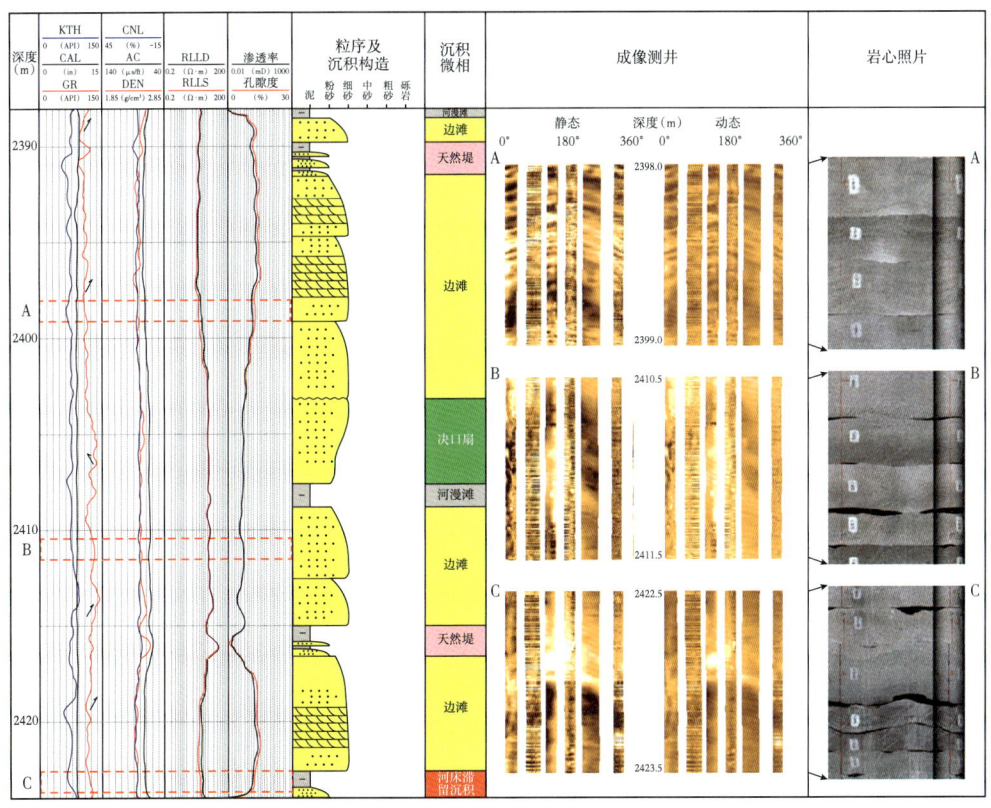

图 3-2-7 秋林 16 井 8 号砂体沉积微相

层理，物性较好；B 段为边滩微相，灰白色细砂岩，均质，物性较好；C 段为河床滞留沉积微相，灰色细砂岩，偶见砾石，上部过渡为边滩微相，以岩性突变面间隔。

如图 3-2-8 所示，秋林 18 井 7 号砂层组垂向上呈现由河床滞留沉积—边滩—天然堤—河漫滩的组合特征，具有典型的曲流河二元结构特征。其中 A 段为天然堤微相，褐色泥岩—细砂岩薄互层，泥岩发育水平层理，物性差；B 段为决口扇微相，灰白色细砂岩，物性较差；C 段为边滩微相，典型正粒序，灰白色中细砂岩，物性最好。

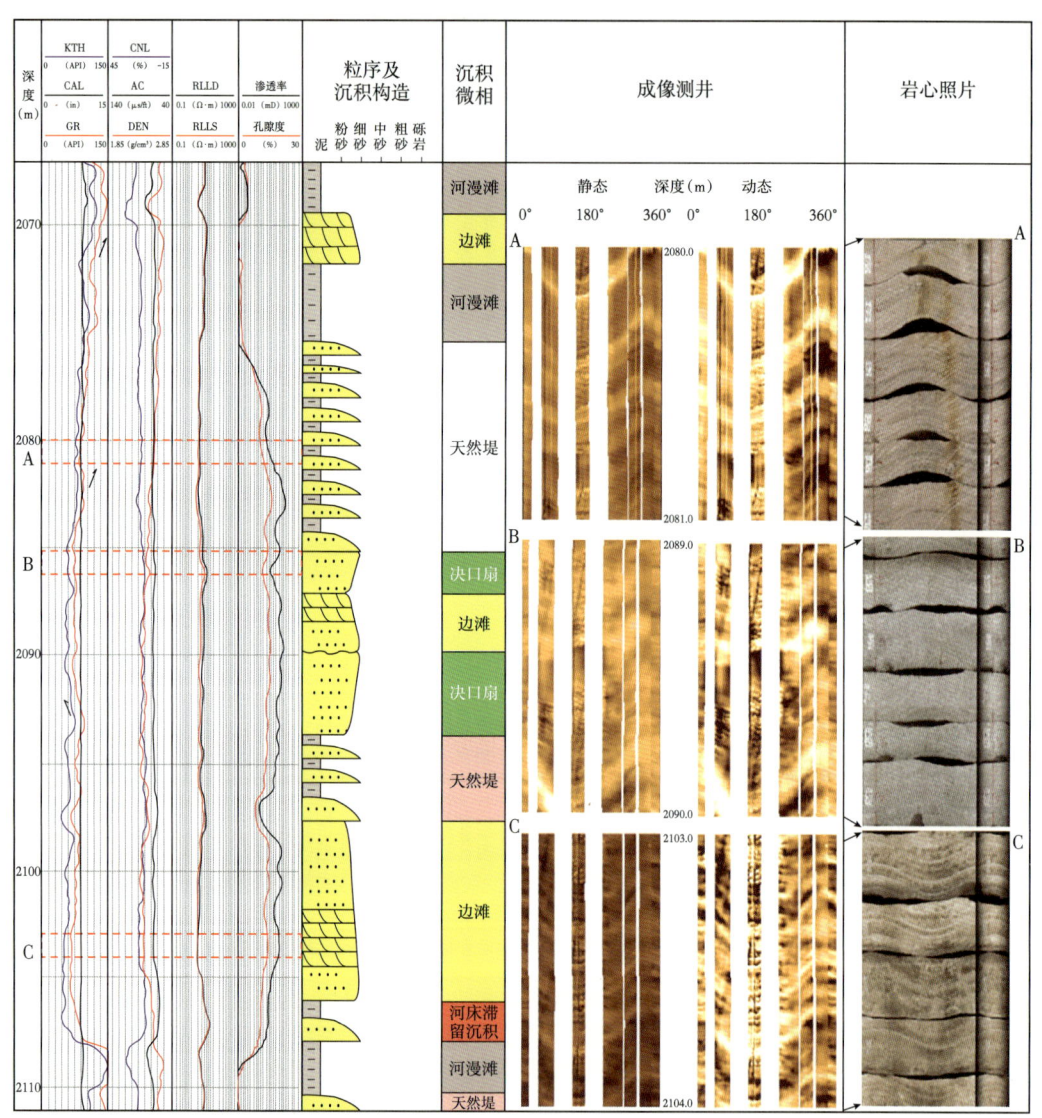

图 3-2-8　秋林 18 井 7 号砂体沉积微相

如图 3-2-9 和图 3-2-10 所示，兴华 1-2X 井临三段辫状河三角洲沉积体系，发育水下分流河道、河口坝、远沙坝及席状砂沉积微相，中间为水下分流河道间泥岩分割，水下分流河道物性最好，河口坝次之，其他较二者更差；临二段形成于湖泊沉积期，以滨浅湖亚相为主，夹薄层滨浅湖砂体，其中水下分流河道与滩坝等砂体为物性的主要贡献者。

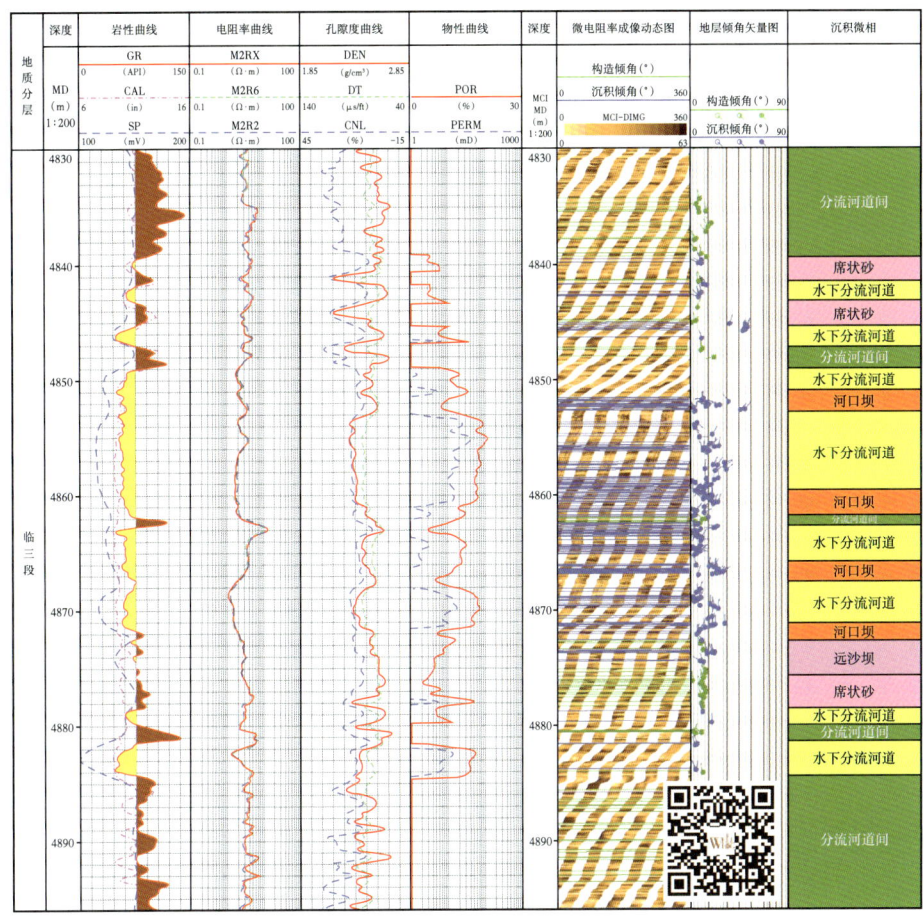

图 3-2-9　兴华 1-2X 井临三段辫状河三角洲前缘沉积微相

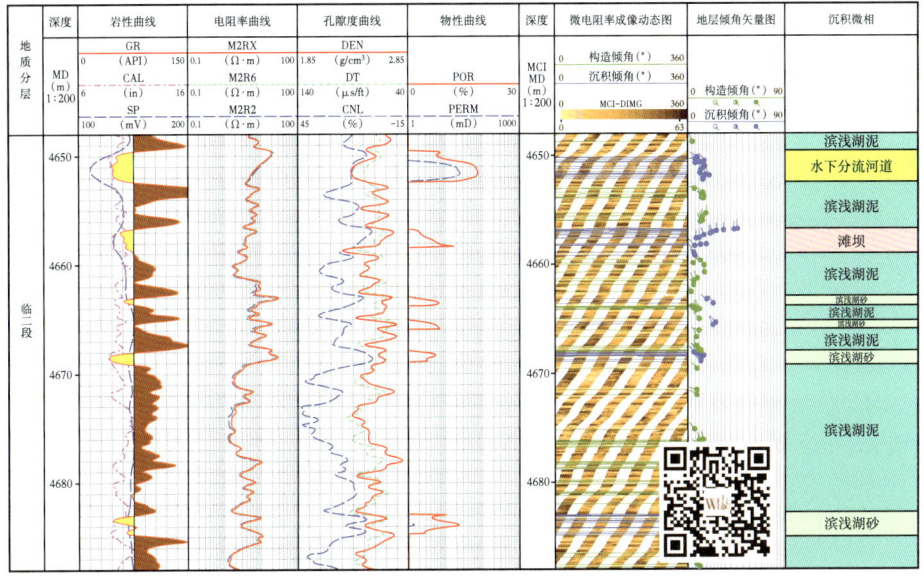

图 3-2-10　兴华 1-2X 井临二段滨浅湖沉积微相划分

# 第三节　碎屑岩测井沉积学应用实例

鄂尔多斯盆地经历了复杂的构造演化，是一个大型的内陆坳陷型盆地，还是我国重要的能源盆地。盆地内部发育多套层系，其中侏罗系和三叠系两套层系是主要的含油气层系。延长组作为三叠系中最主要的产油气层系，该时期以大型的陆相湖泊三角洲沉积为主。整个延长组沉积期代表了一个巨大的淡水湖泊形成、发展以及消亡的演化过程，在此期间形成了多套有利的生储盖组合。鄂尔多斯盆地环西—彭阳地区属于天环坳陷西缘与西缘逆冲带过渡带，区域构造情况复杂、地层缺失严重，局部发育断层。研究区长8段沉积以辫状河三角洲为主。结合研究区地质背景，基于岩心、薄片等地质资料，常规测井等测井资料和物性、含油气性等生产资料，确定研究区目标层沉积微相布规律，进行沉积微相研究与储层综合评价。

四川盆地具有明显的构造盆地特征，其中川西坳陷位于四川盆地西部，西以龙门山逆冲带为界，东以龙泉山前陆隆起带为界，呈北东—南西向展布。安县—绵阳以南、大邑—成都以北地区为川西坳陷中段，内部可划分出6个构造单元。须4段为晚三叠世周缘前陆盆地强烈活动阶段沉积充填，发育冲积扇—河流—三角洲—湖泊沉积，岩性由中细砂岩与页岩、煤层的不等厚互层组成。

本节以鄂尔多斯盆地环西—彭阳地区延长组8段和四川盆地川西坳陷须家河组4段为例，进行碎屑岩测井学应用研究。

## 一、鄂尔多斯盆地沉积微相划分与沉积微相特征

1. 相标志及相类型

研究区岩性以中细砂岩为主，部分地区粒度较粗，部分井可见砾岩，泥岩呈深黑色或深灰色，可见煤线或煤层；岩心可见平行层理、脉状层理、波状层理，及少量包卷层理、交错层理等，部分岩心可见冲刷面，总体反映了辫状河三角洲平原沉积相的特征（图3-3-1）。

通过对研究区内露头和岩心沉积相的观察及室内综合分析，结合前人研究成果，认为长8段主要为辫状河三角洲平原相，该沉积相可以进一步划分出分流河道、分流间湾、越岸沉积三个沉积微相（表3-3-1）。

2. 沉积微相测井识别图版

依据前人研究及现今基础地质资料，环西—彭阳南段地区长8段为湖盆扩张时期的辫状河三角洲平原沉积体系，划分出分流河道、分流间湾、越岸沉积三个沉积微相，物源方向为西南方向。测井曲线可以反映多种地质特征，不同测井曲线含有不同的地质信息，根据测井曲线的幅度大小、形态变化、上下组合关系及光滑、锯齿程度，可以反映出研究区的沉积微相特征，依据不同沉积微相所表现的不同测井曲线特征，可以建立沉积微相测井识别图版。

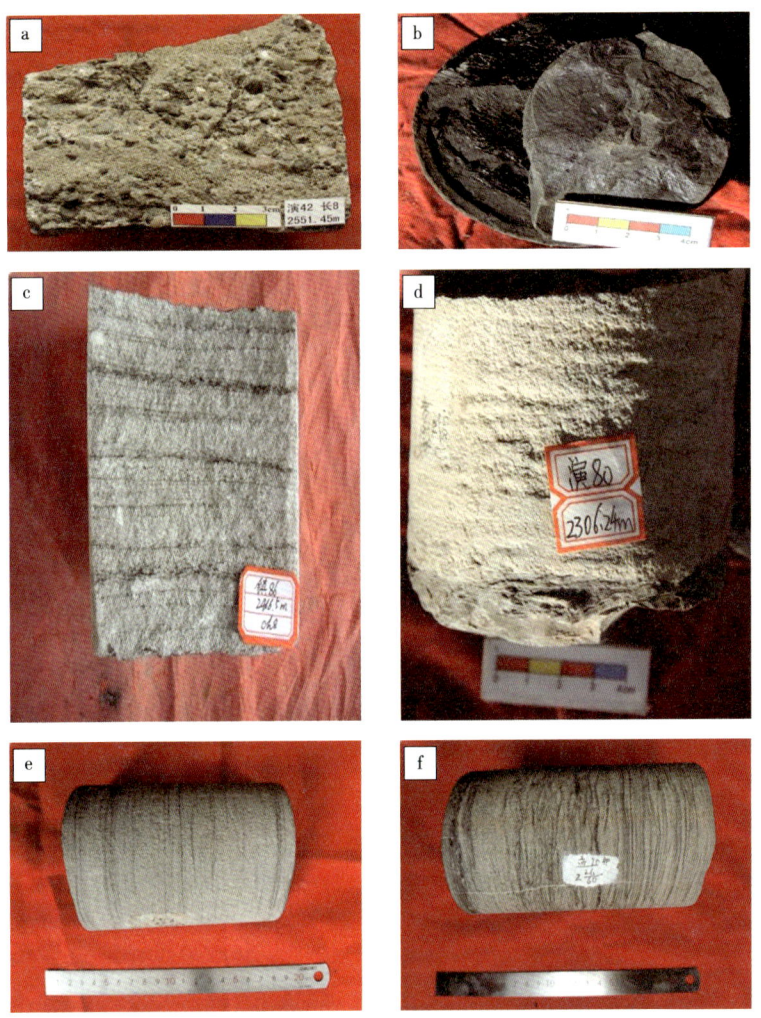

图 3-3-1 环西—彭阳地区长 8 段辫状河三角洲平原沉积相标志

a. 演 42 井，长 8 段，2551.45m，砾岩；b. 镇 312 井，长 8 段，2470.0m，深黑色泥岩，含煤线；c. 镇 86 井，长 8 段，2416.5m，平行层理；d. 演 80 井，长 8 段，2306.24m，冲刷面；e. 镇 86 井，长 8 段，2487.3m，波状层理；f. 孟 20 井，长 8 段，2376.2m，脉状层理

表 3-3-1 环西—彭阳地区长 8 段沉积相划分表

| 相 | 亚相 | 微相 |
| --- | --- | --- |
| 辫状河三角洲 | 辫状河三角洲平原 | 分流河道 |
| | | 分流间湾 |
| | | 越岸沉积 |

1）分流河道

辫状河三角洲平原分流河道砂体岩性较粗，以杂色砂岩、含砾砂岩及中细砂岩为主，发育小型交错层理、脉状层理及冲刷充填构造。自然电位曲线呈钟形、箱形以及箱形—钟形的叠加，自然伽马测井值低，砂岩厚度较大，泥质含量较低（图 3-3-2）。

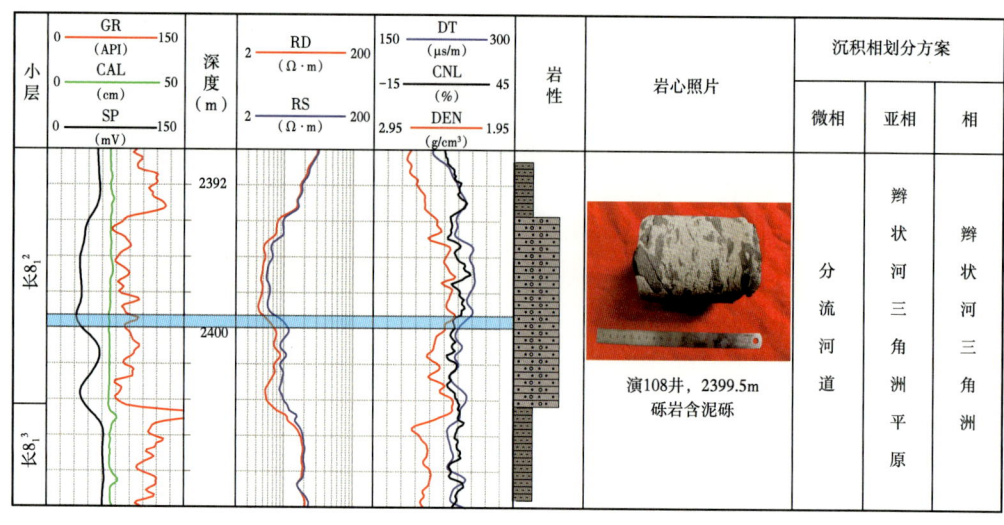

图 3-3-2　环西—彭阳地区辫状河三角洲平原分流河道测井识别图版

2）分流间湾

辫状河三角洲平原分流间湾内部接受细粒物质沉积，岩性以深灰色、黑色粉砂岩、泥岩为主，常见水平层理及透镜状层理，局部可见滑塌构造。自然电位曲线呈指状或平直状，自然伽马测井值高，泥质含量较高（图 3-3-3）。

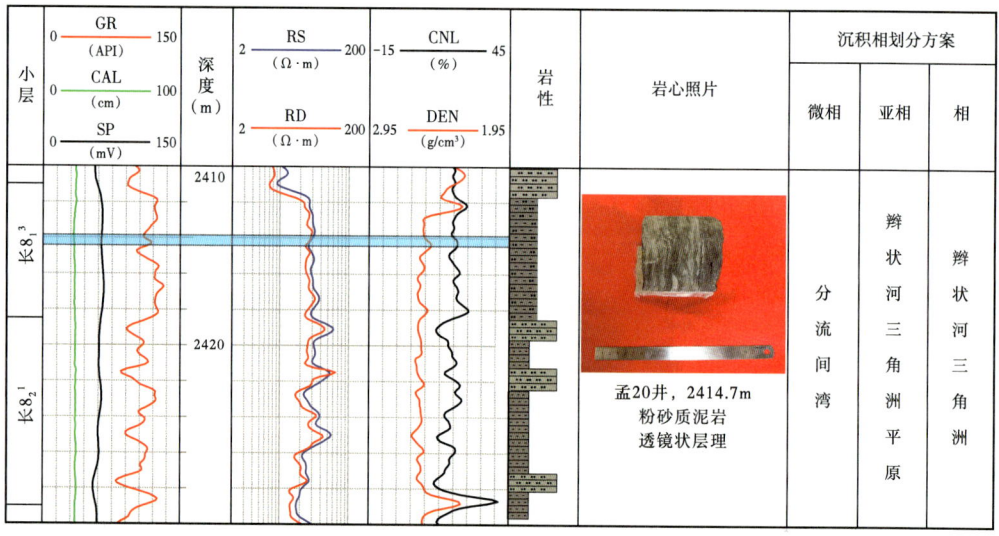

图 3-3-3　环西—彭阳地区辫状河三角洲平原分流间湾测井识别图版

3）越岸沉积

辫状河三角洲平原越岸沉积内部为细粒沉积物（越岸沉积是指洪水期流水漫过河道两侧形成的细粒沉积物），岩性以灰色、深灰色粉砂岩、泥质粉砂岩为主，常见水平层理及透镜状层理。自然伽马曲线呈锯齿状，且自然伽马测井值偏高，砂岩厚度小，泥质含量较高（图 3-3-4）。

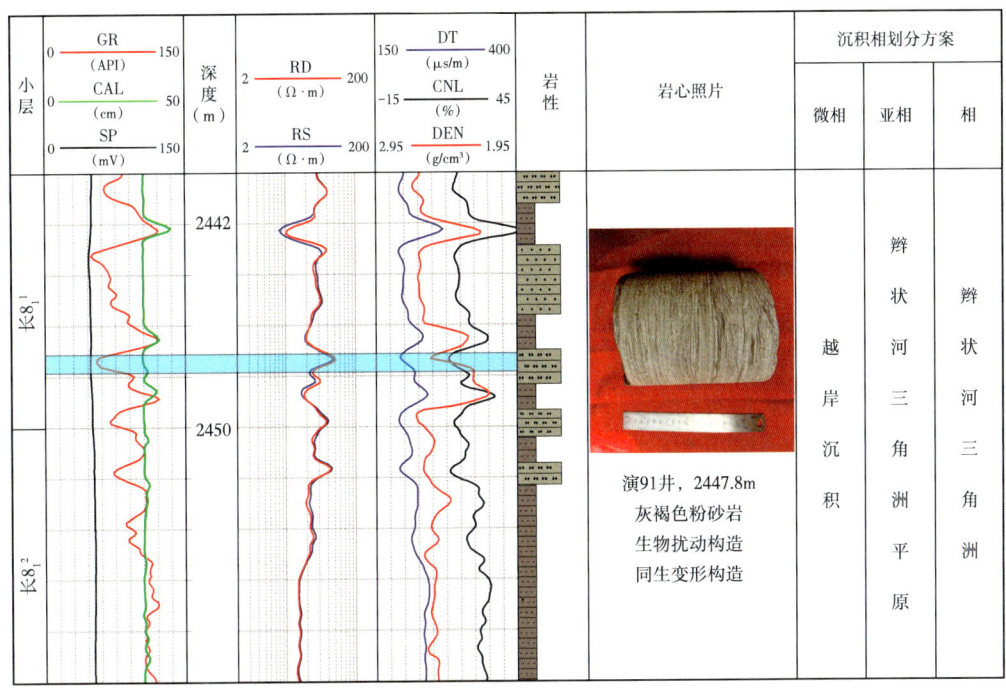

图 3-3-4　环西—彭阳地区辫状河三角洲平原越岸沉积测井识别图版

3. 单井沉积微相分析

研究区长 8 段岩心见平行层理、楔状交错层理、槽状交错层理等构造特征，岩性粒度较粗，可见煤线，总体反映了辫状河三角洲平原沉积的特征。基于前人研究及此次沉积微相测井识别图版，长 8 段可进一步划分为分流河道、分流间湾及越岸沉积三个微相（图 3-3-5）。

其中辫状河分流河道砂体岩性较粗，以含砾砂岩及中细砂岩为主，自然电位曲线呈钟形、箱形，电阻率值较高，自然伽马测井值低，部分岩心可见泥砾、沥青充填，铸体薄片可见以粒间孔为主，孔隙度较大；分流间湾岩性以深灰色、黑色粉砂岩、泥岩为主，测井曲线表现为高自然伽马、低密度和低电阻率，自然电位曲线呈指状或平直状，部分岩心可见波状层理，由铸体薄片可见泥质含量高，孔隙度差；越岸沉积岩性为粉砂岩，自然伽马曲线呈锯齿状，且测井值偏高，部分岩心可见泥质纹层，铸体薄片以溶蚀孔为主，孔隙度较低。

整体上，研究区长 8 段沉积相内部结构复杂，河道砂体纵向上相互叠置，中间为越岸沉积粉砂岩以及分流间湾泥岩所分隔，长 $8_1$ 亚段以砂岩为主，夹杂较少泥岩，整体粒度偏粗，长 $8_2$ 亚段砂泥交互出现，泥岩含量较高，整体粒度偏细。

4. 连井沉积微相分析

在单井研究的基础上，开展连井沉积微相研究，在顺物源方向上做北东—南西向的剖面两条，在垂直物源方向上做北西—南东向剖面三条，共计五条剖面。下面对其中两条剖面进行详细分析。

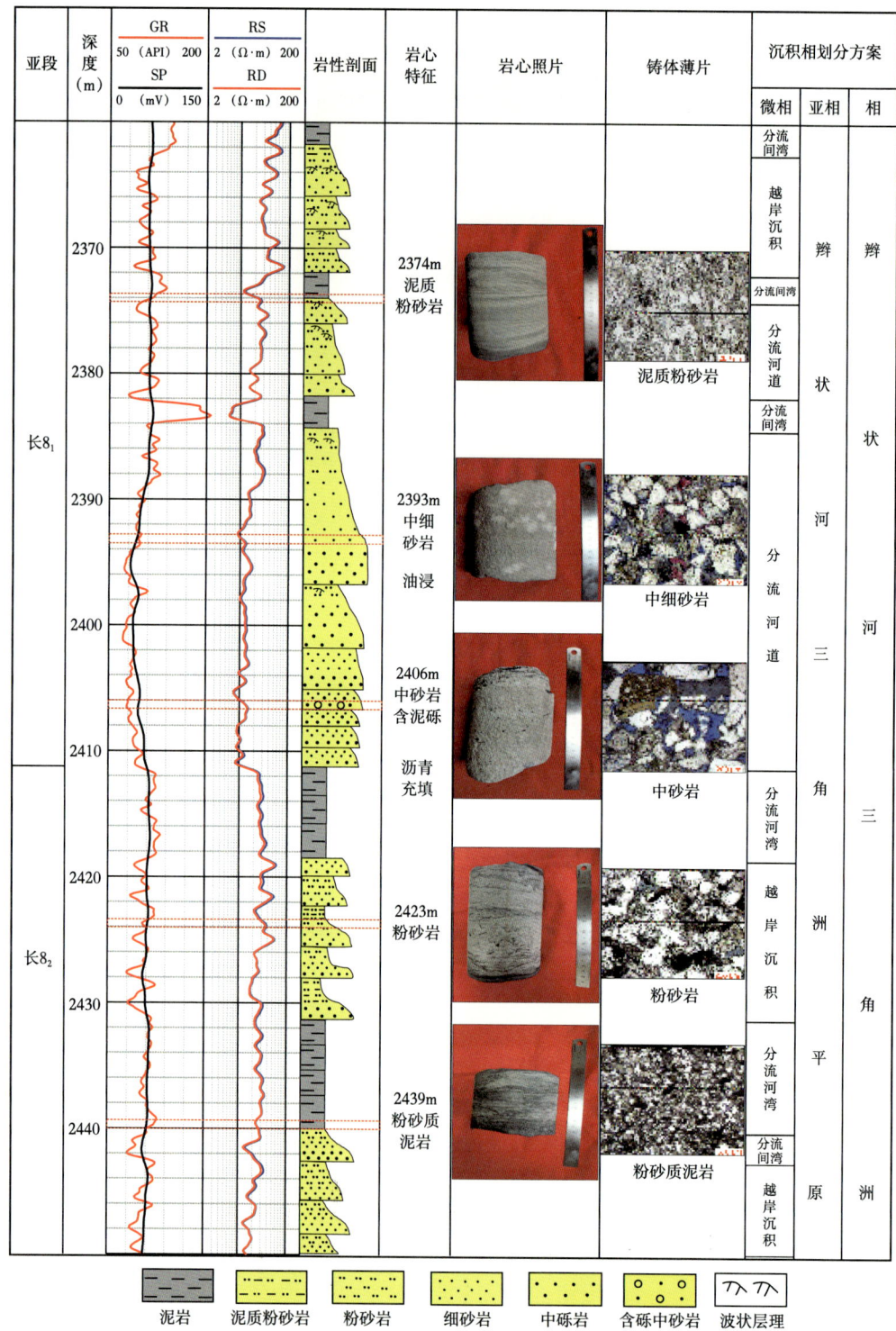

图 3-3-5 孟 20 井长 8 段单井相图

1）顺物源方向的演 95—合 20 井连井剖面

顺物源方向的连井沉积微相剖面（图 3-3-6）显示，研究区长 8 段辫状河道沉积整体连续性较强、厚度较大，部分被越岸沉积与分流间湾沉积隔断，越岸沉积砂体厚度较

- 70 -

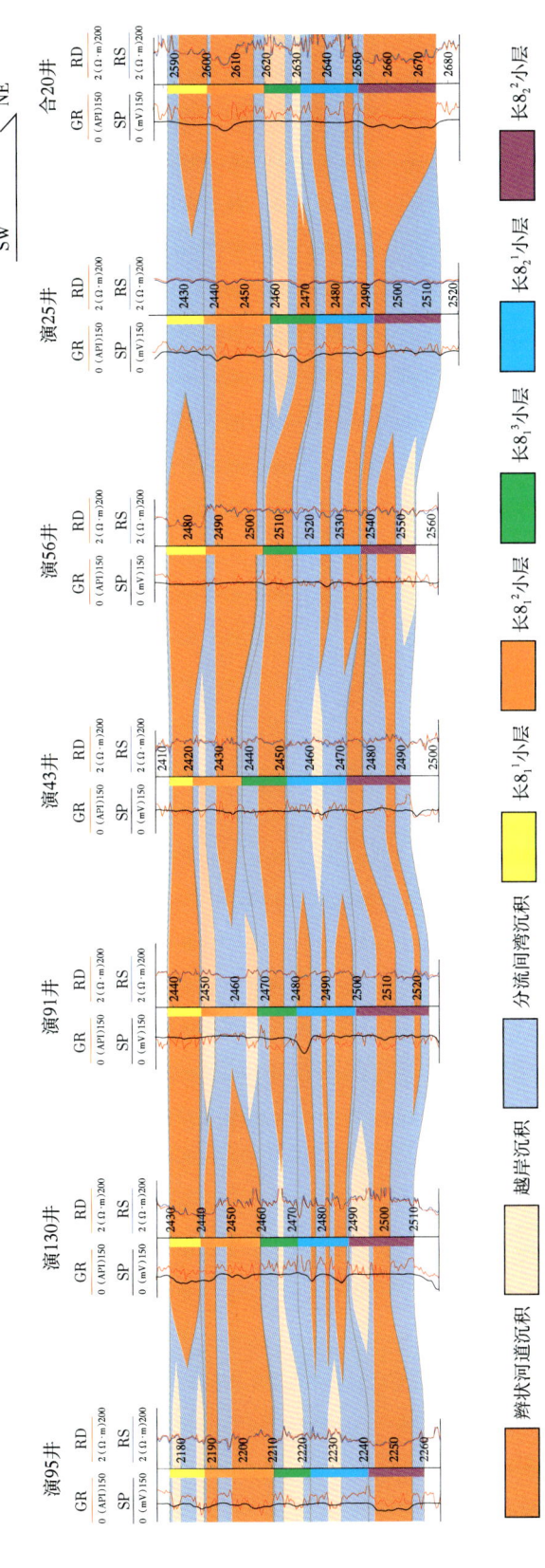

图 3-3-6 研究区演 95—合 20 井沉积微相连井剖面

薄，分流间湾作为补充，隔断砂体。其中，长 $8_1^1$ 小层发育两套规模较大的分流河道砂体，分别为演 130—演 56 砂体、合 20 砂体，越岸沉积砂体较薄，主要分布在演 95 井，其余被分流间湾充填；长 $8_1^2$ 小层发育两套规模较大的分流河道砂体，分别为演 95—演 130 砂体、演 43—合 20 砂体，砂体厚度较大，越岸沉积砂体主要分布在演 95 井；长 $8_1^3$ 小层发育一套规模较大的分流河道砂体，为演 91—演 25 砂体，厚度较薄，同时发育两套主要的越岸沉积砂体，分别为演 95—演 130 砂体、演 25—合 20 砂体；长 $8_2^1$ 小层发育多套薄层分流河道砂体，主要位于演 130—演 91 以及演 56—合 20，同时演 95、演 43 处分别发育一套较薄的越岸沉积砂体；长 $8_2^2$ 小层发育两套主要的分流河道砂体，分别为演 95—合 20 砂体、演 91—演 56 砂体，演 95、合 20 井处砂体厚度较大，越岸沉积厚度较薄，分布较少。

2）垂直物源方向演 95—演 155 井连井剖面

垂直物源方向的连井沉积微相剖面（图 3-3-7）显示，研究区长 8 段辫状河道沉积整体连续性较弱、砂体厚度较大，多被越岸沉积与分流间湾沉积隔断，越岸沉积砂体厚度较薄，分流间湾作为补充，隔断砂体。其中，长 $8_1^1$ 小层主要发育两套河道砂体，分别位于演 180、孟 20 井处，以孟 20 井处砂体为主，厚度较大，同时发育两套较薄的越岸沉积砂体，主要位于演 95、演 155 井；长 $8_1^2$ 小层发育两套厚度较大的河道砂体，分别为演 95—演 180 砂体、孟 20—孟 66 砂体，其余部分被分流间湾隔断充填；长 $8_1^3$ 小层在演 180 井处发育一套河道砂体，厚度较大，并在演 95、演 155 井处发育厚度较薄的越岸沉积砂体；长 $8_2^1$ 小层以越岸沉积砂体为主，厚度较薄，分别为演 95—演 180 砂体、孟 20 砂体，仅在孟 66 井处发育厚度较薄的河道砂体；长 $8_2^2$ 小层在演 95 井处发育一套厚度较大的河道砂体，并在孟 20—孟 66 井、演 155 井处发育两套厚度较薄的越岸沉积砂体，其余部分被分流间湾充填隔断。

5. 沉积微相平面展布特征

基于全区典型井单井相及连井微相剖面的分析，进一步分析研究区五个小层沉积微相平面（图 3-3-8）分布规律发现，研究区长 8 段为辫状河三角洲平原沉积，河道摆动，分流河道多期叠置。主分流河道沿北东—南西向连片分布，同时受西北物源影响，西北部存在部分砂体呈东西向进积。其中，长 $8_1^1$ 小层（图 3-3-8a）发育两条北东—南西向的主河道砂体，呈长而宽的条带状，在东北部交会，砂体厚度整体较大，越岸沉积分布于分流河道两侧，分流间湾分布较广；长 $8_1^2$ 小层（图 3-3-8b）发育三条北东—南西向的主河道砂体，同样呈条带状分布，在中部及东北部交会，砂体厚度大，越岸沉积分布较窄，分流间湾分布较少；长 $8_1^3$ 小层、长 $8_2^1$ 小层（图 3-3-8c、d）发育多条长而窄的主河道砂体，沿北东—南西向逐渐交会，砂体厚度较薄，越岸沉积分布增多，分流间湾分布较广；长 $8_2^2$ 小层（图 3-3-8e）发育多条北东—南西向的主河道砂体，呈长而宽的条带状，沿北东—南西向逐渐交会，砂体厚度较大，越岸沉积、分流间湾分布较少。

综上可以看出，长 $8_2^2$ 至长 $8_1^1$ 小层沉积时期，研究区经历了水动力条件由强变弱再增强，物源供给由多到少再增多的演化过程。演化初期水动力条件较强，形成了长 $8_2^2$ 小层河道分布广泛、砂体连片分布的特征，而后水动力条件逐渐减弱，物源供给减少，造成长 $8_2^1$ 小层、长 $8_1^3$ 小层河道较窄、分流间湾分布广泛、砂体厚度减薄，演化后期水动力条件再次加强，物源供给充足，致使长 $8_1^2$ 小层、长 $8_1^1$ 小层河道分布广泛，砂体连片分布且厚度较大。

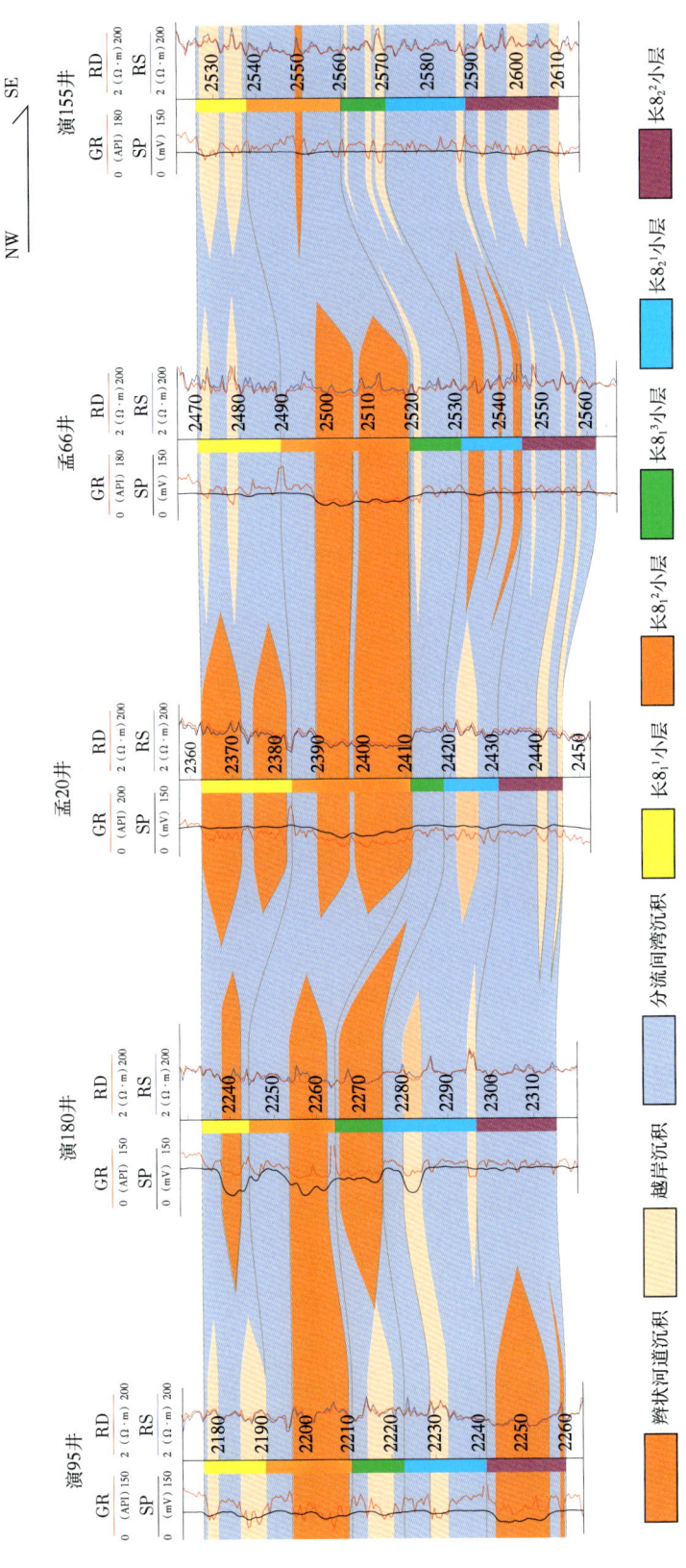

图 3-3-7 研究区演 95—演 155 井沉积微相连井剖面

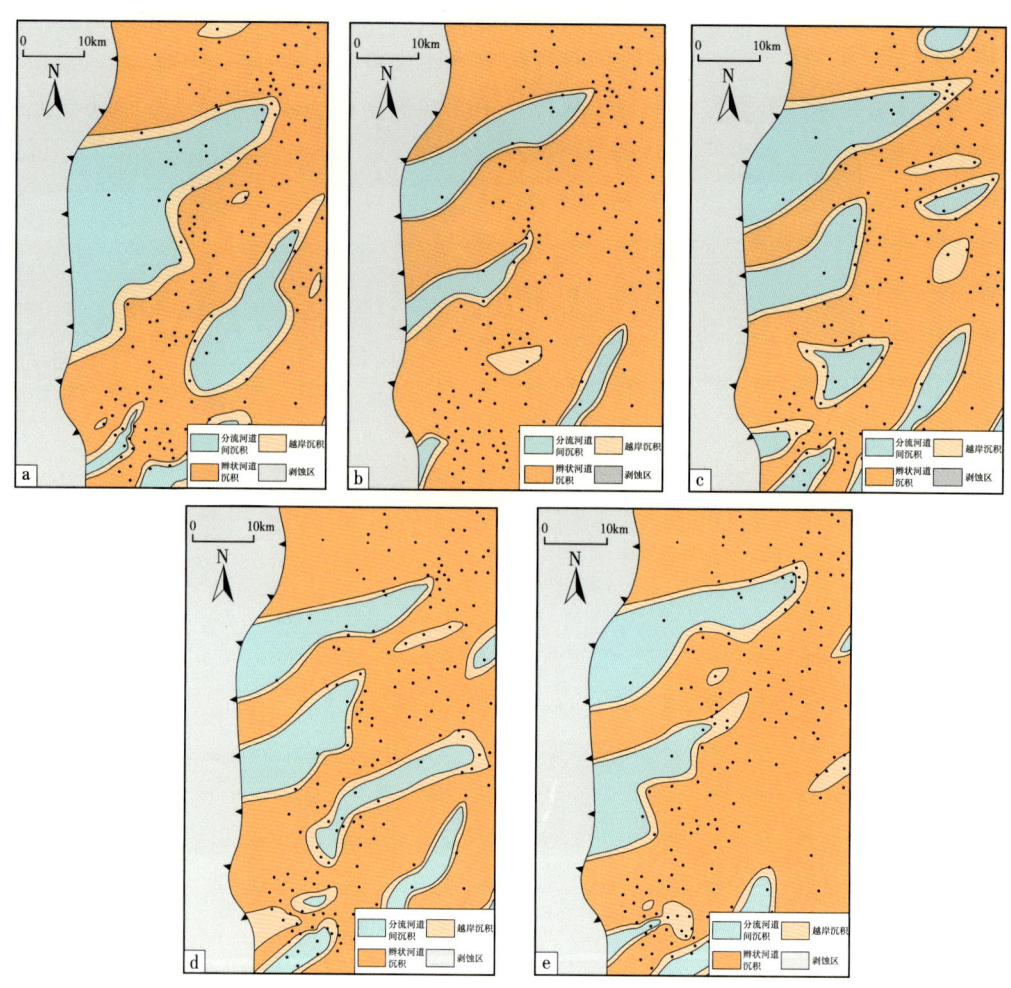

图 3-3-8　研究区长 8 段各小层沉积微相平面展布图

a. 长 $8_1^1$ 小层；b. 长 $8_1^2$ 小层；c. 长 $8_1^3$ 小层；d. 长 $8_2^1$ 小层；e. 长 $8_2^2$ 小层

## 二、四川盆地沉积微相划分与沉积微相特征

1. 沉积微相测井识别

研究区最主要的岩性为岩屑砂岩，其次为岩屑石英砂岩，磨圆度较差到中等，主要为次棱角状，填隙物主要为碳酸盐胶结物和黏土矿物。研究区须家河组 4 段主要为辫状河三角洲前缘沉积体系，进一步可细分为四种沉积微相，分别是水下分流河道、水下分流河道间、河口坝、席状砂/远沙坝（表 3-3-2）。

表 3-3-2　川中地区须 4 段沉积相划分表

| 相 | 亚相 | 微相 |
| --- | --- | --- |
| 辫状河三角洲 | 辫状河三角洲前缘 | 水下分流河道 |
| | | 水下分流河道间 |
| | | 河口坝 |
| | | 席状砂/远沙坝 |

研究区内不同沉积微相的测井响应特征具有明显差异。水下分流河道、河口坝、席状砂体通常表现为低自然伽马，河口坝为下细上粗的反韵律沉积，发育层状和条带状模式；水下分流河道间发育泥岩，为块状模式，表现为高自然伽马；席状砂为薄层泥岩与粉砂岩互层，发育层状模式。根据不同沉积微相所表现出的不同测井曲线特征，可建立沉积微相测井识别图版。

1）水下分流河道

水下分流河道岩性粒度较大，以中细粒岩屑砂岩或岩屑石英砂岩为主，其中可见冲刷面、再作用面及交错层理等沉积构造。常规测井上自然伽马值较低，测井曲线平直状，呈箱形，成像测井上可显示自下而上由大型交错层理过渡为小型交错层再到平行层理，呈层状模式或斑状模式，通过沉积倾角拾取可发现，沉积倾角向上逐渐降低，为典型的红模式（图 3-3-9）。

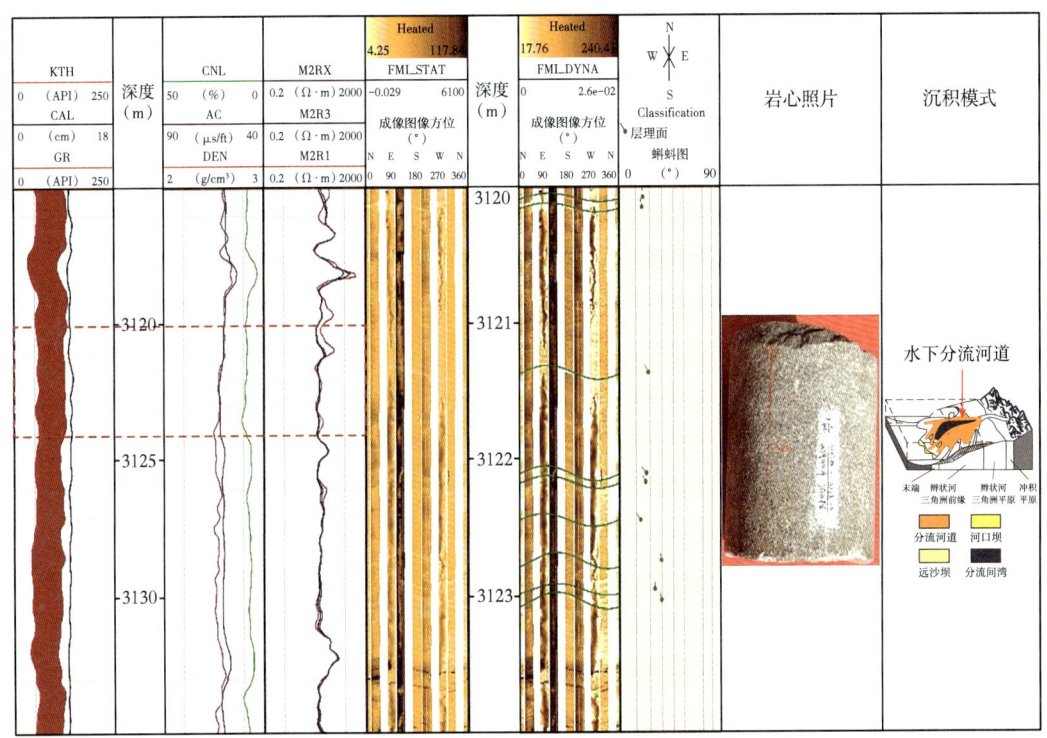

图 3-3-9 川中地区辫状河三角洲水下分流河道沉积微相测井识别图版

2）水下分流河道间

水下分流河道间岩性粒度较细，以泥岩或粉砂质泥岩为主，发育水平层理。常规测井上自然伽马值较高，中子较大，曲线呈锯齿状，厚度较小。成像测井上为典型的块状模式（图 3-3-10）。

3）河口坝

河口坝岩性以中—细粒岩屑石英砂岩为主，交错层理较为发育。常规测井上自然伽马值较低，曲线呈漏斗形，成像测井上可显示自下而上由平行层理过渡为小型交错层理再到大型交错层理，呈层状或层状模式。手动拾取沉积倾角显示沉积倾角向上逐渐变大，为典型的蓝模式，岩性呈反粒序特征（图 3-3-11）。

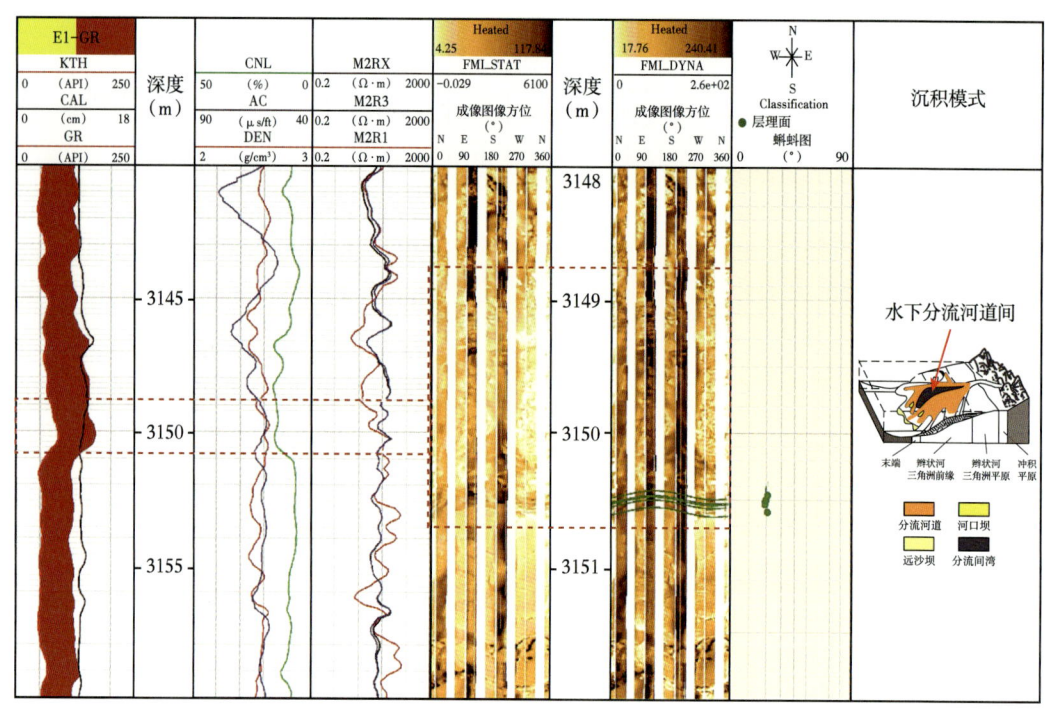

图 3-3-10  川中地区辫状河三角洲水下分流河道间沉积微相测井识别图版

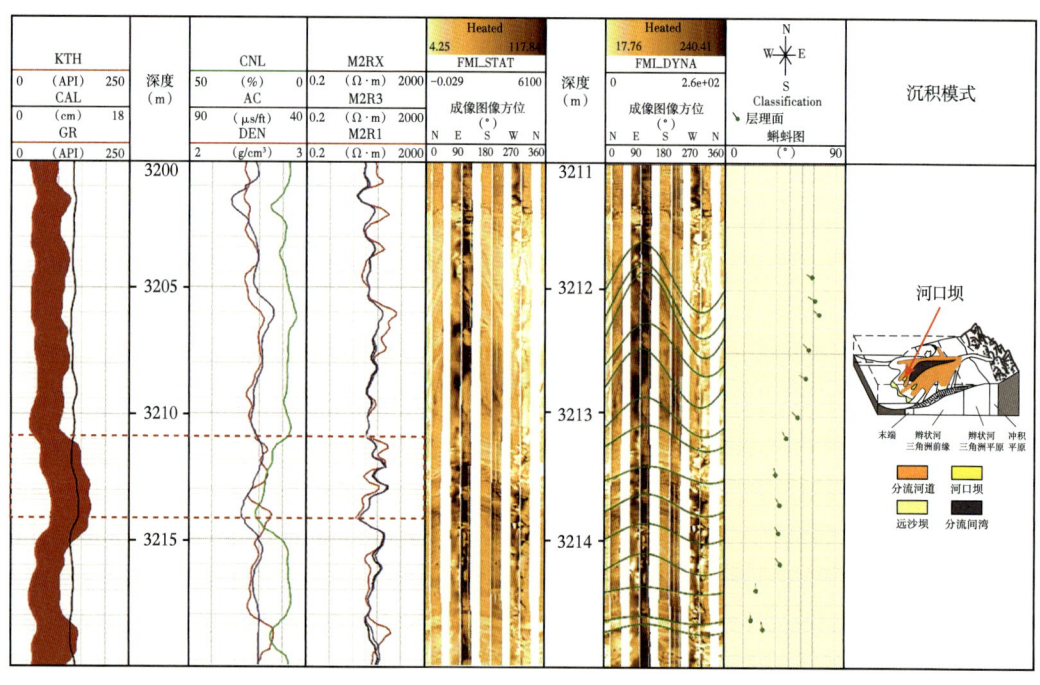

图 3-3-11  川中地区辫状河三角洲河口坝沉积微相测井识别图版

4）席状砂 / 远沙坝

席状砂沉积粒度较细，分选较好，以粉砂岩为主，分布面积广泛但厚度较小，层理极为发育，常与水下分流河道间的泥岩互层。常规测井上自然伽马值较低，曲线呈指状，成像测井上为典型的条带状模式（图 3-3-12）。

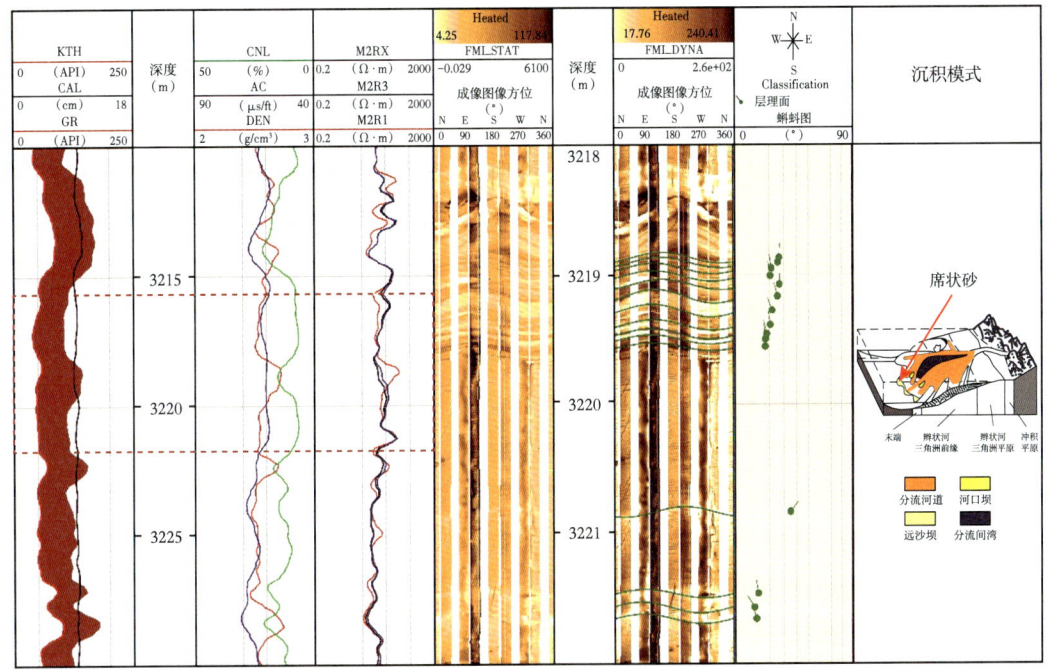

图 3-3-12　川中地区辫状河三角洲席状砂／远沙坝沉积微相测井识别图版

**2. 单井沉积微相分析**

研究区须 4 段岩心上可见平行层理、交错层理等构造特征，岩性粒度较细，反映了辫状河三角洲前缘沉积的特征。基于前人研究成果及此次沉积微相测井识别图版，须 4 段可进一步划分为水下分流河道、水下分流河道间、河口坝及席状砂/远沙坝四个微相（图 3-3-13）。

其中水下分流河道砂体岩性较细，以中细粒岩屑石英砂岩为主，正粒序，自然电位曲线呈钟形、箱形，自然伽马测井值低，成像测井为典型层状模式；水下分流河道间岩性以粉砂质泥岩、泥岩为主，测井曲线表现为高自然伽马、低密度和低电阻率，自然伽马曲线呈齿状，成像测井为块状模式；河口坝沉积岩性为中细砂岩和粉砂岩，分选较好，自然伽马曲线呈漏斗状，成像测井为层状或薄层状模式；席状砂沉积岩性为中细砂岩，砂质纯，分选好，反粒序，厚度较小，自然伽马曲线呈指状，成像测井为条带状模式。

整体上，研究区须 4 段沉积相内部结构复杂，纵向上可识别出六期河道砂体相互叠置，中间为水下分流河道间泥岩所分隔，其间夹有小段的席状砂沉积，与水下分流河道间泥岩互层（图 3-3-13）。

**3. 连井沉积微相分析**

在单井研究的基础上，可进一步开展连井沉积微相研究，在顺物源方向上做东西向的剖面 1 条，在垂直物源方向上做南北向剖面 1 条。下面对这两条剖面进行详细分析。

1）顺物源方向的金顺 1—天府 101 井连井剖面

顺物源方向的连井沉积微相剖面（图 3-3-14）显示，研究区须 4 段水下分流河道沉积整体连续性较强、厚度较大，部分被水下分流河道间沉积隔断，席状砂沉积砂体厚度较薄，被水下分流河道间泥岩所隔断。金顺 1 井受河道摆动的影响，须 4 段沉积厚度较小，主要发育水下分流河道、席状砂沉积，中间为水下分流河道间的泥岩分隔。永浅

103井整体上沉积物厚度较大，发育多期水下分流河道沉积以及薄层的河口坝、席状砂沉积，砂体之间被多期水下分流河道间泥岩所分隔。永浅1井、永浅205井及天府101井随着辫状河三角洲继续推进，沉积物厚度降低，水下分流河道砂体发育更加连续。

2）垂直物源方向的永浅102—永浅7井连井剖面

垂直物源方向的连井沉积微相剖面（图3-3-15）显示，研究区须4段水下分流河道

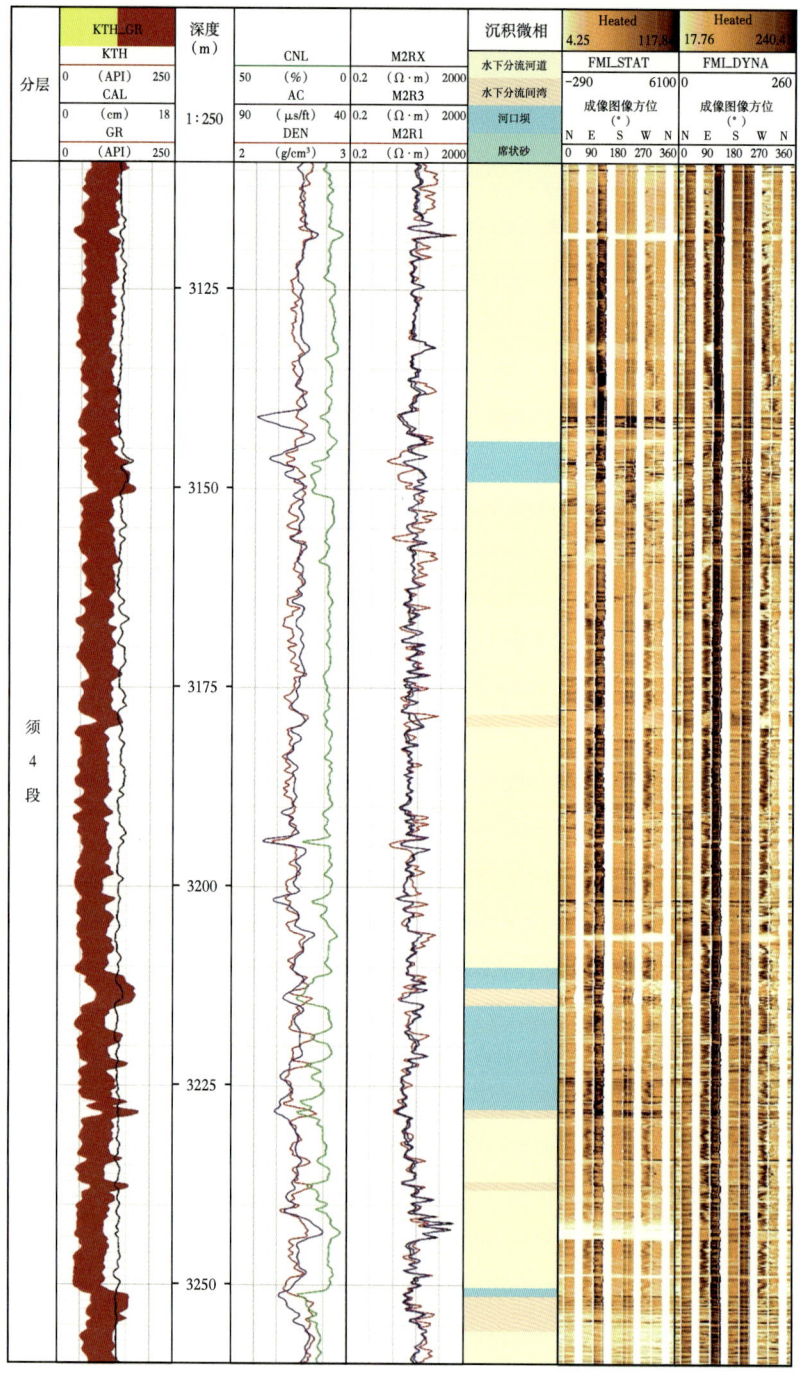

图3-3-13 永浅104井单井沉积微相

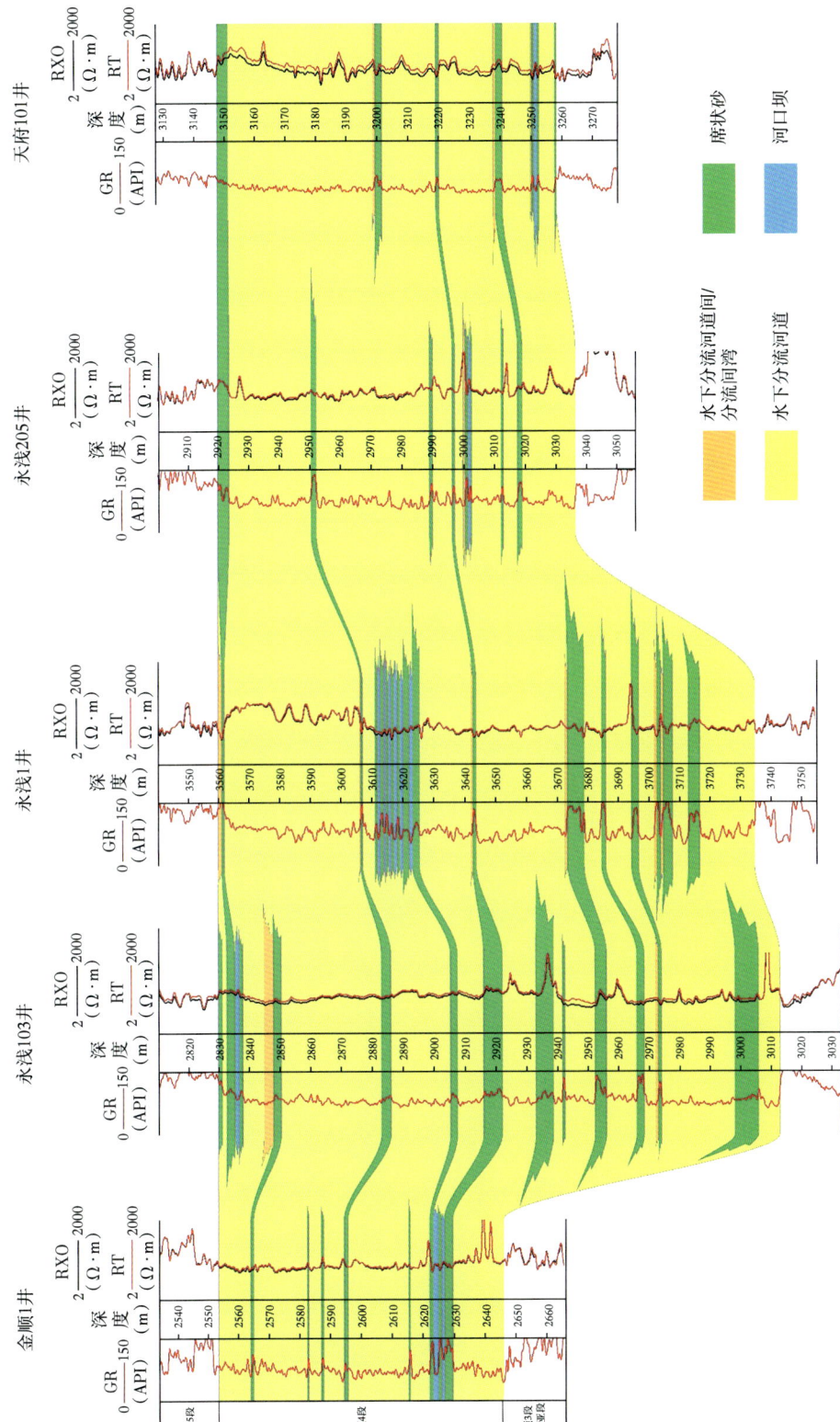

图 3-3-14 顺物源方向的金顺1—天府101井连井剖面

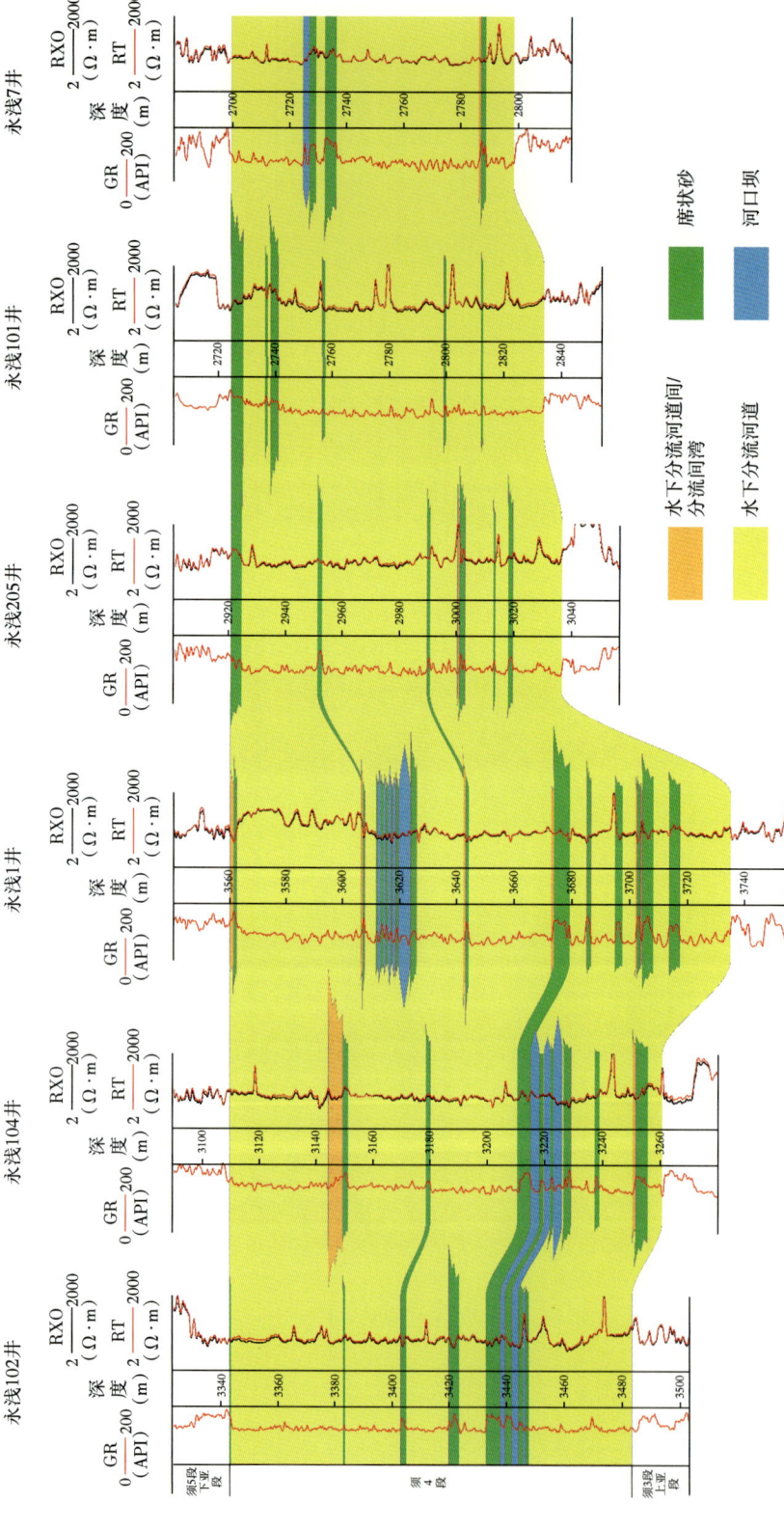

图 3-3-15 垂直物源方向的永浅102—永浅7井连井剖面

沉积整体连续性好、砂体厚度普遍较大，席状砂体具有一定的横向对比性，河口坝砂体则较为孤立。水下分流河道间泥岩逐渐减少。永浅 102 井、永浅 104 井发育水下分流河道沉积和河口坝沉积。下部发育对比性较好的薄层席状砂体，与泥岩互层。永浅 1 井、永浅 205 井沉积物厚度较大，多期水下分流河道、河口坝及席状砂体相互叠置，其间被泥岩分隔。永浅 101 井、永浅 7 井：纵向上多期河道相互叠置，整体上砂体厚度大，泥岩隔夹层较少。可见再作用面等沉积构造，表明水动力变化频繁。

## 第四节 碳酸盐岩测井沉积微相研究

以海相沉积为主的碳酸盐岩沉积环境及沉积结构，与陆相砂泥岩地层有很大的区别：陆相沉积的砂泥岩剖面岩类较为单一，但粒度与层理变化较为复杂，它们反映了沉积环境及沉积相的变化；而海相碳酸盐岩中，沉积矿物、岩类及岩石结构则是反映沉积环境的主要因素，水流变化、沉积层理因素的重要程度则不如对砂岩那样重要，因而使沉积环境的物理性质也存在较大差别，势必影响到测井响应的差异，如地层倾角对砂泥岩沉积环境是一种重要的指相工具，而对碳酸盐岩则意义有限；可以反映矿物成分变化的自然伽马能谱测井是进行碳酸盐岩沉积微相分析的重要手段。因而在碳酸盐岩中，测井沉积微相应建立不同于砂泥岩地层的专门模型。高能沉积相带（礁滩相）是储层发育的物质基础。白云岩后期若未经受岩溶改造，其储集孔隙主要包括组构选择性溶蚀孔隙（膏模孔、颗粒溶蚀孔等），那么其储层质量主要受到沉积微相控制，表现出明显的沉积相控特征。沉积相控型规模储层主要发育于蒸发台地、碳酸盐岩缓坡及台地边缘三类相对高能沉积背景。塔中地区下寒武统肖尔布拉克组白云岩储层质量表现出明显的沉积相控特征。

### 一、碳酸盐岩测井沉积微相研究方法与流程

在碳酸盐岩中用测井进行沉积微相研究内容包括以下几个方面，具体流程如图 3-4-1 所示。

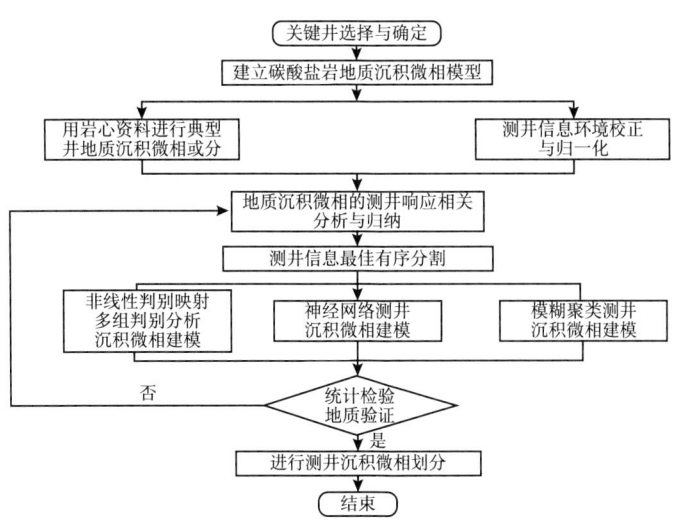

图 3-4-1 碳酸盐岩测井沉积微相划分流程

（1）选择与确定油气田的关键井。
（2）建立碳酸盐岩地质沉积微相模型。
（3）地质沉积微相与测井响应特征确定。
（4）测井信息环境校正与归一化。
（5）测井信息与沉积微相相关分析。
（6）采用各种数理统计方法建立测井沉积微相模型。
（7）进行测井沉积微相划分反馈验证与模型修改。

## 二、碳酸盐岩沉积微相模式建立

我国碳酸盐岩油气藏沉积环境多以海相为主，四川碳酸盐岩具有代表性，属于碳酸盐岩海相潮汐沉积模式（表3-4-1）。

表 3-4-1　我国碳酸盐岩沉积微相

| 相 | 亚相 | 微相 |
| --- | --- | --- |
| 潮上带 | 蒸发盆地亚相 | 膏岩微相 |
| | | 膏云岩微相 |
| | 潮上坪亚相 | 云岩夹石膏微相 |
| | | 粉晶白云岩微相 |
| 潮间带 | 潮间坪亚相 | 砂泥岩微相 |
| | | 泥灰岩泥质灰岩微相 |
| | | 泥质云岩微相 |
| | 潮间浅滩亚相 | 颗屑及鲕粒灰岩微相 |
| | | 砂屑及藻屑云岩微相 |
| 潮下带 | 潮下浅滩亚相：鲕粒及砂屑、生屑灰岩 | |
| | 局限海潮下亚相：石灰岩、泥灰岩、泥页岩 | |
| | 蒸发海盆亚相：盐岩、石膏、石灰岩 | |

## 三、不同沉积背景岩石学特征及沉积微相确定

白云岩储层的形成受沉积相带展布的控制，各沉积微相对应不同沉积环境的差异影响着碳酸盐岩储层中原生孔隙发育程度，进而在一定程度上影响着储层的品质。如塔里木盆地寒武系发育开阔台地、局限台地和蒸发台地等沉积相带，其中盐上下秋里塔格组主要为局限台地沉积，发育潮坪（云坪和灰云坪等）和滩间海等沉积微相；盐间（阿瓦塔格组、沙依里克组和吾松格尔组）以蒸发台地沉积为主，发育膏盐湖和潮坪（膏云坪、膏泥坪）等沉积微相；盐下肖尔布拉克组则大规模发育碳酸盐岩缓坡沉积，发育砂屑滩、

微生物丘等沉积微相。

在不同相带沉积背景下，该白云岩储层岩性主要包括泥粉晶白云岩（图 3-4-2a）、结晶白云岩（图 3-4-2b、c）、残余颗粒白云岩（图 3-4-2d）和膏质白云岩（图 3-4-2e、f），随着结晶程度的增加，白云岩颜色由灰黑色变为灰白色（图 3-4-2）。镜下可见泥粉晶白云岩（图 3-4-3a）和残余颗粒白云岩（图 3-4-3b），其沉积原始组构特征得以保留，体现出沉积相控的特征。薄片镜下观察表明，其主要储集空间为组构选择性溶蚀孔隙，包括膏模孔、颗粒溶蚀孔等（图 3-4-3c、d）。如下寒武统肖尔布拉克组丘滩相、缓坡相沉积体系白云岩储层发育于水动力条件较强的环境，具有相对较好的物性特征。

图 3-4-2 塔里木盆地寒武系不同岩性岩心特征

a. 泥粉晶白云岩，中深 1 井，寒武系肖尔布拉克组，6767.56m；b. 结晶白云岩，中古 58 井，寒武系下丘里塔格组，3712.28m；c. 结晶白云岩，中古 58 井，寒武系下丘里塔格组，3710.92m；d. 残余颗粒白云岩，楚探 1 井，寒武系肖尔布拉克组，7756.61m；e. 膏质白云岩，中深 5 井，寒武系沙依里克组，6555.16m；f. 膏质白云岩，中深 5 井，寒武系沙依里克组，6596.51m

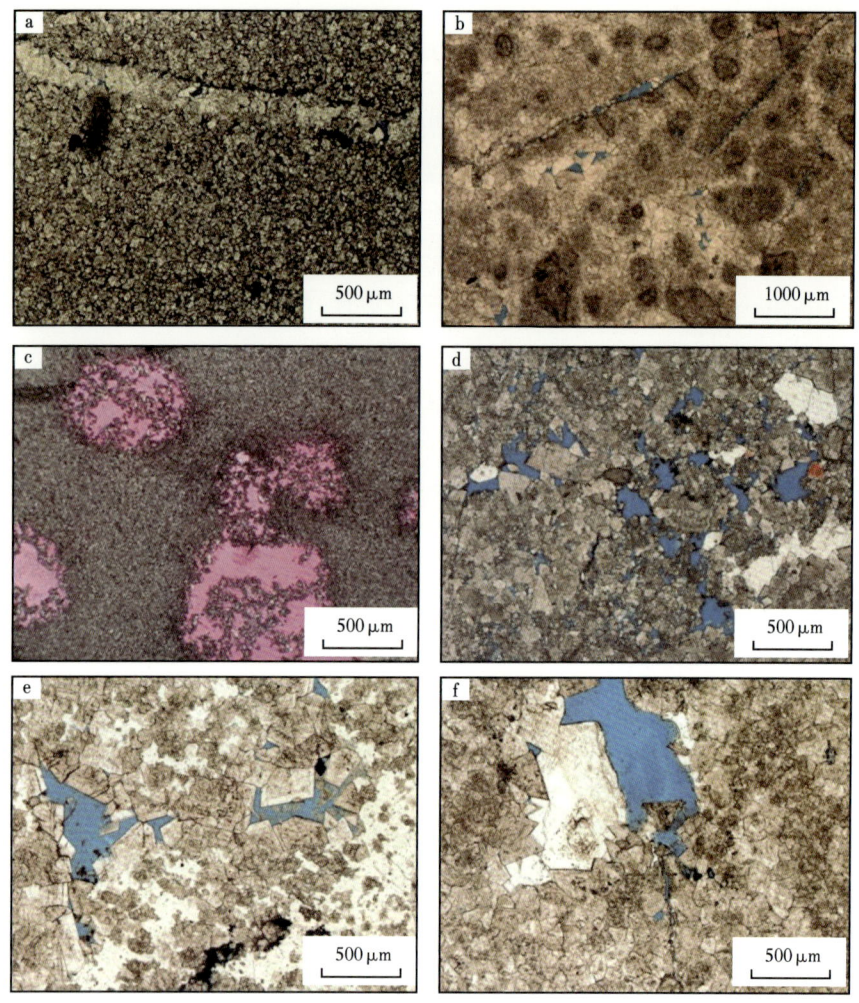

图 3-4-3 塔里木盆地寒武系不同白云石和储集空间镜下特征

a. 泥粉晶白云岩，和田 2 井，5045m，寒武系下丘里塔格组；b. 残余颗粒白云岩，中古 582 井，3626.98m，寒武系下丘里塔格组；c. 萨布哈白云岩，膏模孔，牙哈 10 井；d. 渗透回流白云岩，颗粒溶孔（选择性溶蚀孔），楚探 1 井，7770.25m，寒武系肖尔布拉克组；e. 埋藏白云岩，中细晶白云岩，雾心亮边，晶间溶孔，中古 61 井，3550.42m，寒武系下丘里塔格组；f. 热液白云岩，残余颗粒白云岩，萤石，中古 61 井，3548.6m，寒武系下丘里塔格组

## 四、不同沉积微相识别与划分

白云岩不同沉积微相具有典型识别相标志，在常规及成像测井资料中有着不同的综合识别特征，因此要实现沉积微相的单井测井识别与划分，首先应总结不同沉积微相的测井综合响应特征，建立"常规—成像—岩心特征"的不同沉积微相测井识别图版。

塔中、柯坪—巴楚地区肖尔布拉克组分布面积广，受海平面升降和波浪作用的影响，高能带滩相沉积搬运距离可以很远，在缓坡型碳酸盐岩台地内形成广布的颗粒滩。据前人研究和岩心薄片分析结果认为，肖尔布拉克组沉积环境主要为碳酸盐岩缓坡，包括内缓坡、中缓坡、中缓坡外带等亚相。由陆向海可细分为混积潮坪、泥云坪、藻纹层丘、颗粒滩、云坪和潮下带等主要的微相类型（图 3-4-4）。

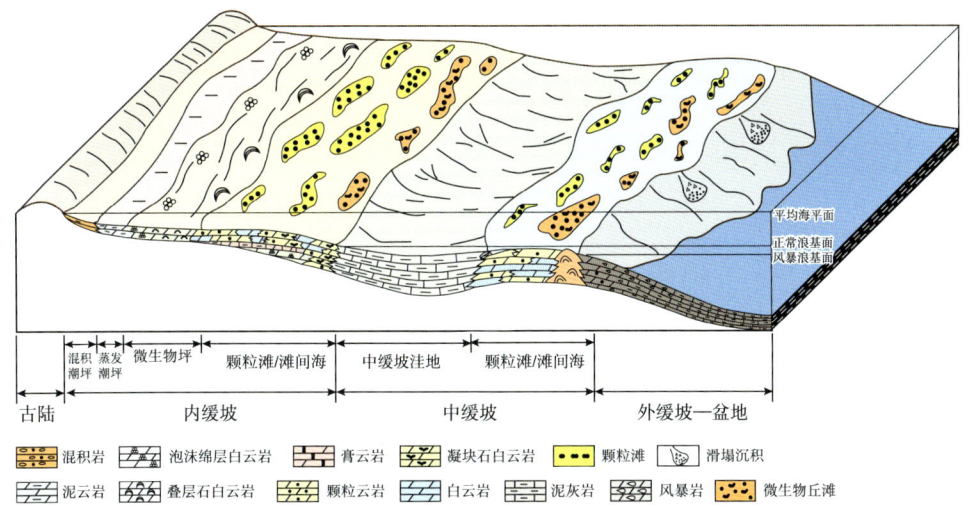

图 3-4-4 塔里木盆地下寒武统肖尔布拉克组碳酸盐岩缓坡沉积模式（据王珊等，2018）

混积坪微相发育于内缓坡亚相，形成于潮上带环境陆源碎屑供给，岩性为白云质粉砂岩，可见明显的泥质纹层。常规曲线表现为中等自然伽马、电阻率降低、低声波时差的特点，在成像测井图像上展现出薄层状模式，指示其中泥质纹层发育（图 3-4-5）。

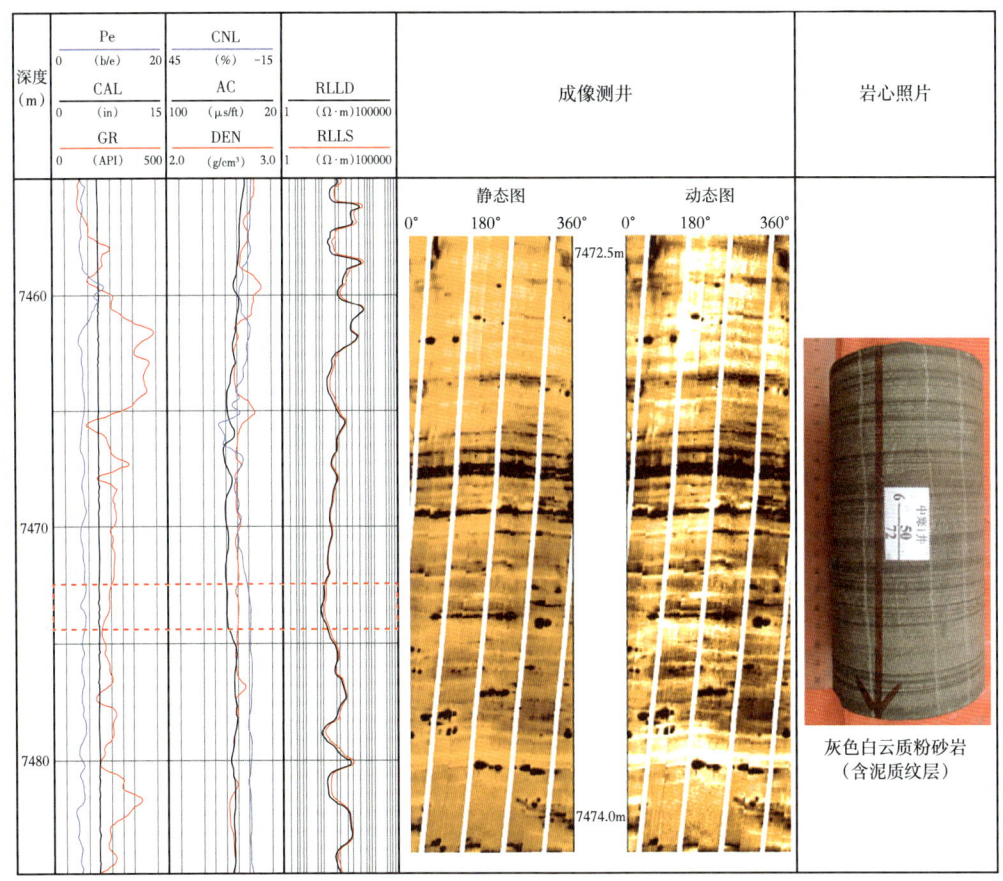

图 3-4-5 塔中地区寒武系肖尔布拉克组混积坪沉积微相测井综合识别图版

泥云坪微相发育于碳酸盐岩台地潮上带，属于潮坪亚相，泥质含量较高。常规曲线特征为高自然伽马、低电阻率、高声波时差、低密度。在成像测井图像上展现出明显的条带状模式，与其中的泥质条带相对应（图3-4-6）。

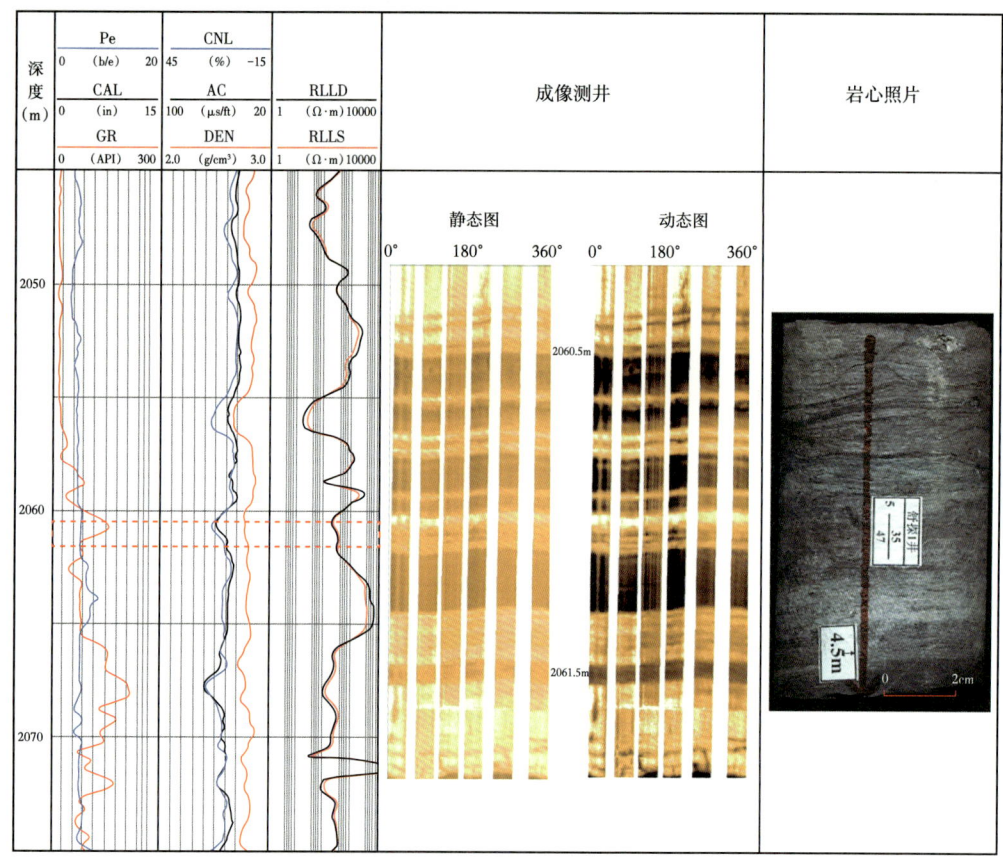

图3-4-6　寒武系肖尔布拉克组泥云坪沉积微相测井综合识别图版

微生物（藻纹层）丘微相具典型潮上带沉积特征，属于内缓坡丘滩亚相。岩心具有较好的成层性，藻纹层明显。常规曲线特征为低—中自然伽马、中—高电阻率、低声波时差、低密度。在成像测井图像上展现出层状模式。此处以中深5井为例，成像测井为薄层状模式（图3-4-7）。

颗粒滩（砂屑滩）微相具典型潮间带沉积特征，属于中缓坡丘滩亚相。其与其他微相的区别在于岩性主要为残余砂屑云岩。常规测井表现为中等自然伽马、低电阻率、中—高声波时差、低密度的特点，成像测井为暗斑状模式（图3-4-8）。

云坪微相位于中缓坡沉积亚相，其岩性以浅灰色泥粉晶白云岩为主，部分发育中细晶白云岩（图3-4-9），岩心上未见明显的溶蚀孔洞，储集空间多以晶间孔和晶间溶孔为主。常规测井表现为低GR值、中—高密度以及中—高电阻率的响应特征，成像测井上则表现为亮色块状模式，内部缺乏明显的纹层构造（图3-4-9）。

潮下带沉积环境水动力条件较弱，属于中缓坡外带亚相，主要岩性为深灰色泥晶白云岩。常规测井表现为高自然伽马、低电阻率、高声波时差、低密度的特点，成像测井以薄层—斑状复合模式为主（图3-4-10）。

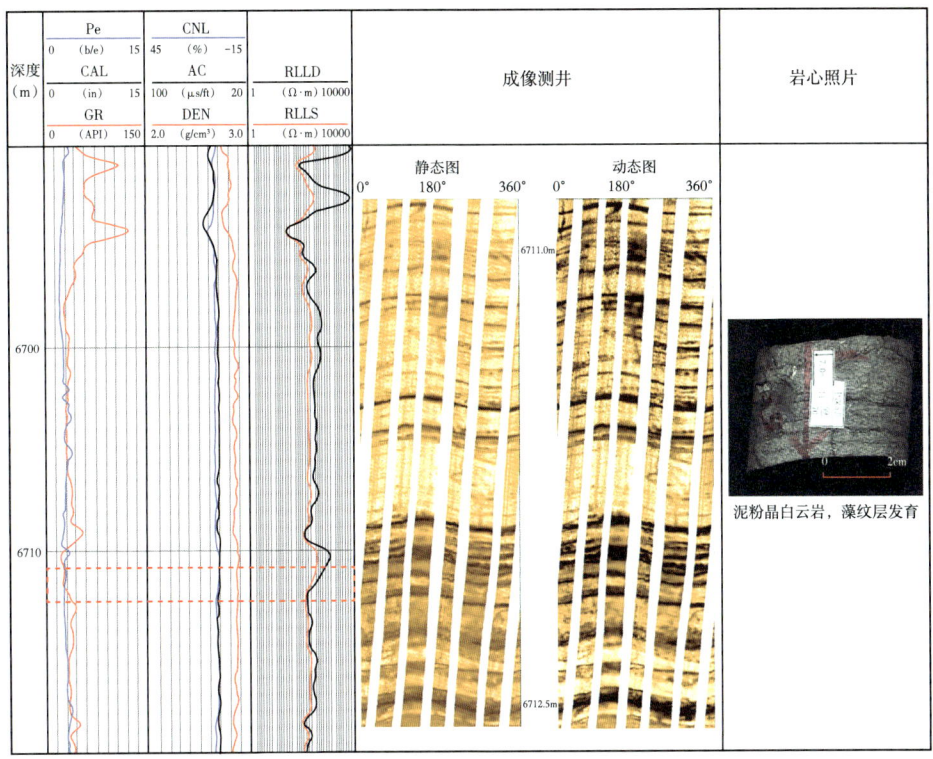

图 3-4-7 寒武系肖尔布拉克组藻纹层丘沉积微相测井综合识别图版

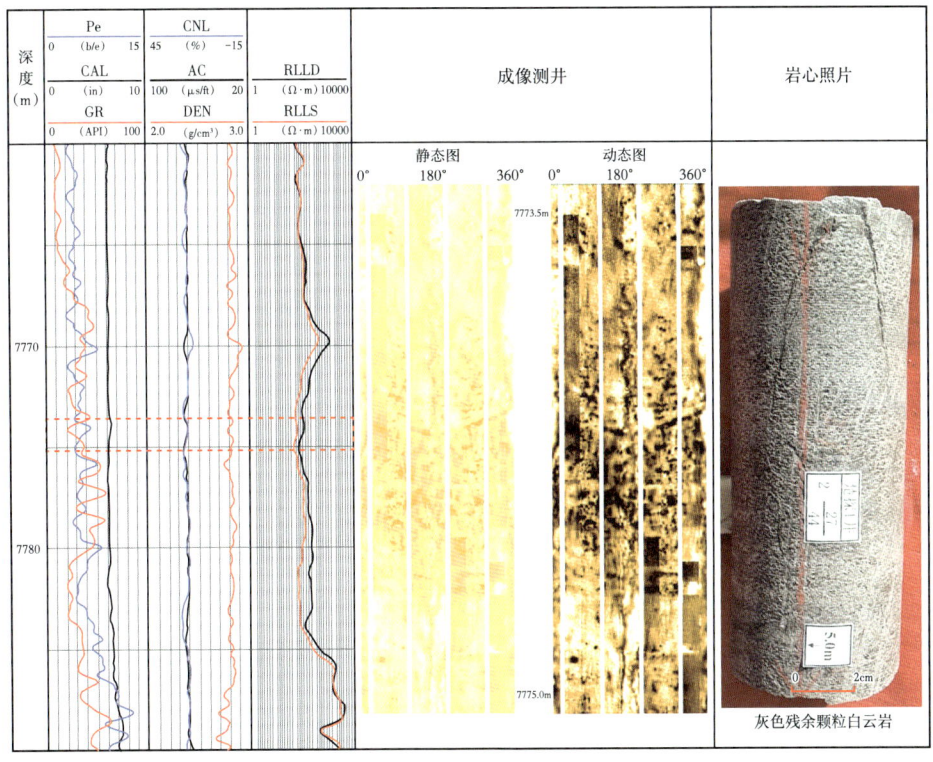

图 3-4-8 寒武系肖尔布拉克组砂屑滩沉积微相测井综合识别图版

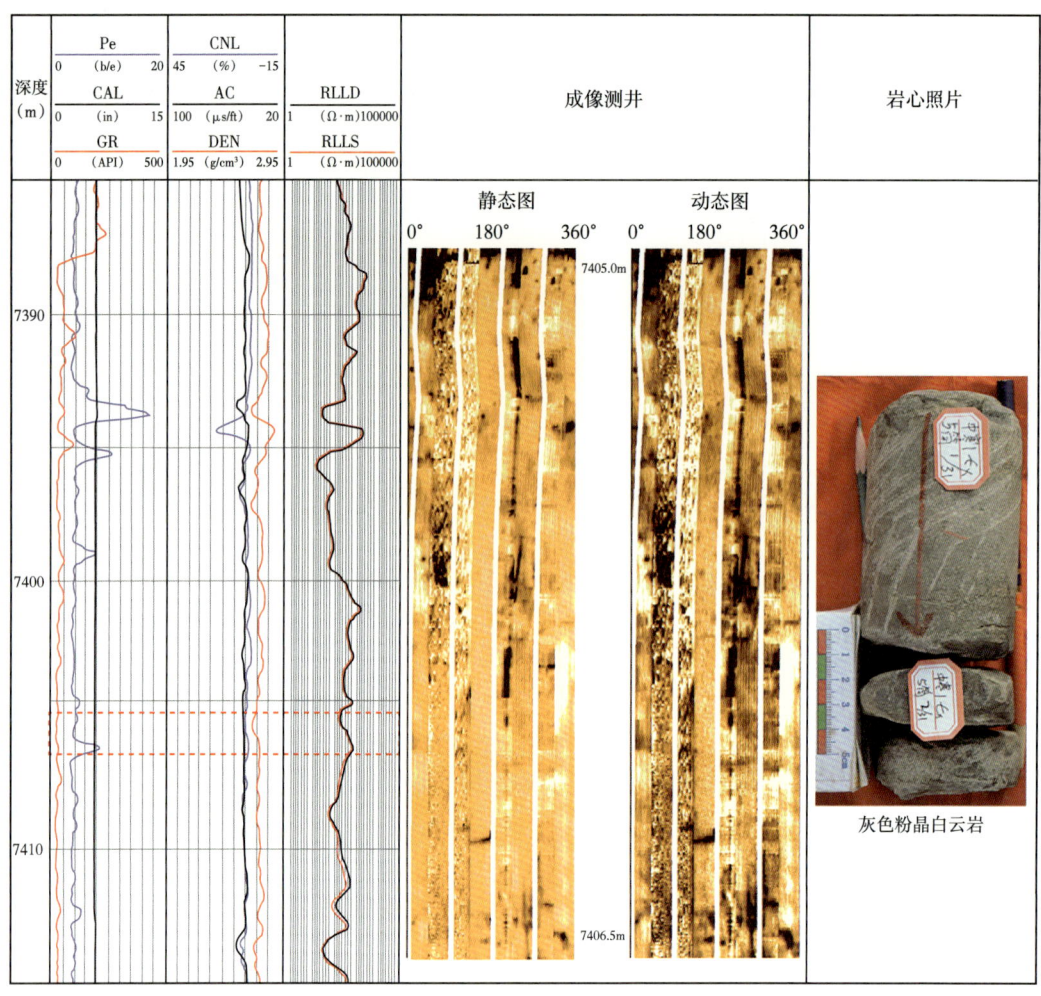

图 3-4-9　寒武系肖尔布拉克组云坪沉积微相测井综合识别图版

## 五、不同沉积微相与储层有效性关系

优质储层的形成主要受控于沉积微相的展布，同时也受到后期成岩和构造改造影响（具体表现为发育溶孔、溶洞和裂缝等不同储集空间），因此通过总结沉积微相的测井响应特征从而建立不同沉积微相的测井识别评价方法，可在沉积微相约束下实现优质储层的测井预测（李国欣等，2018；赖锦等，2020）。通过取心资料与常规测井曲线的相互标定，分析不同沉积微相于常规测井曲线及成像测井图像的响应特征，能够实现基于测井资料的沉积微相定性、半定量测井判别（Donselaar 和 Schmidt, 2005；王珺等，2005；Xu et al., 2007；Keeton et al., 2015；孙鲁平等，2009；吴煜宇等，2013）。得益于成像测井地质信息的丰富性，基于成像测井的方法已在复杂古老碳酸盐岩储层沉积微相识别中得到了广泛的应用（何小胡等，2011；Wang G W et al., 2020；赖锦等，2020）。

本次研究充分利用常规测井结合成像测井实现了各单井沉积微相连续识别划分，划分结果表明，中寒 1 井肖尔布拉克组以碳酸盐岩缓坡沉积微相为主，主要微相包括内

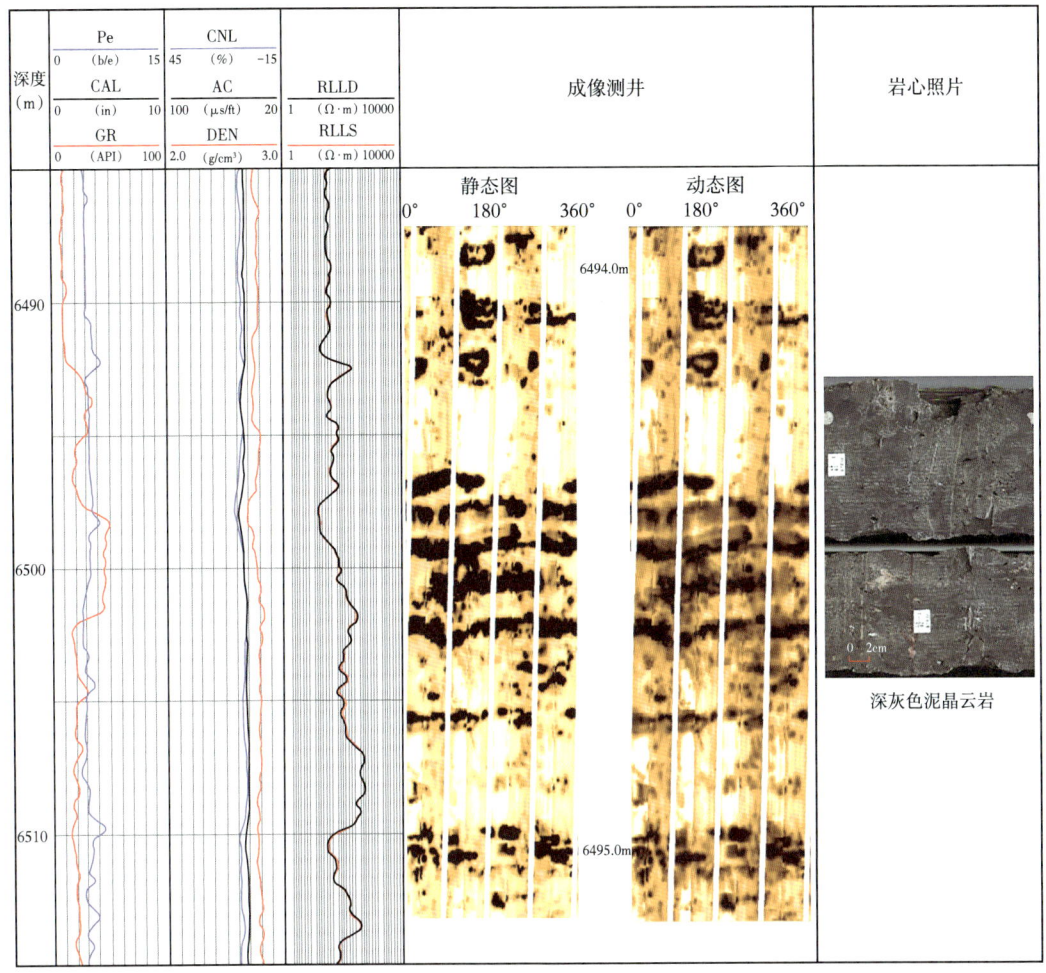

图 3-4-10 柯坪—巴楚地区寒武系肖尔布拉克组潮下带沉积微相测井综合识别图版

缓坡的混积坪、泥云坪，同时也可见微生物丘沉积微相，此外中缓坡的颗粒滩沉积微相以及云坪微相也规模发育。结合试油资料可以得知，有利储集体发育段对应的沉积微相类型主要为颗粒滩及云坪，相应地，混积坪和泥云坪对应的微相储层质量较差（图 3-4-11）。

前已述及，塔里木盆地寒武系白云岩储层中溶蚀孔隙极为发育，包括膏模孔、晶间溶孔和热液溶孔（图 3-4-3）。对沉积相控型白云岩储层而言，准同生期大气淡水的淋滤改造有利于有效储层的形成，由于海平面周期性变化，颗粒滩和生物丘等礁滩相高能相带沉积物不断暴露，接受大气淡水的溶蚀改造，发育组构选择性孔隙（膏模孔、颗粒溶孔）。高频层序界面控制的准同生期溶蚀作用为储层形成的关键。此外，在埋藏环境下，有机酸、热液等作用可使白云岩进一步发生溶蚀，形成晶间溶孔等非组构选择性孔隙，因此埋藏溶蚀作用对白云岩储集空间具有改造作用。

中寒 1 井单井纵向上划分结果表明，有利的储集体主要对应于中缓坡颗粒滩沉积微相，常规曲线的低自然伽马、低密度和相对低电阻指示了比较好的物性，在成像测井上表现为暗斑状，指示溶蚀孔洞发育的特征（图 3-4-11）。

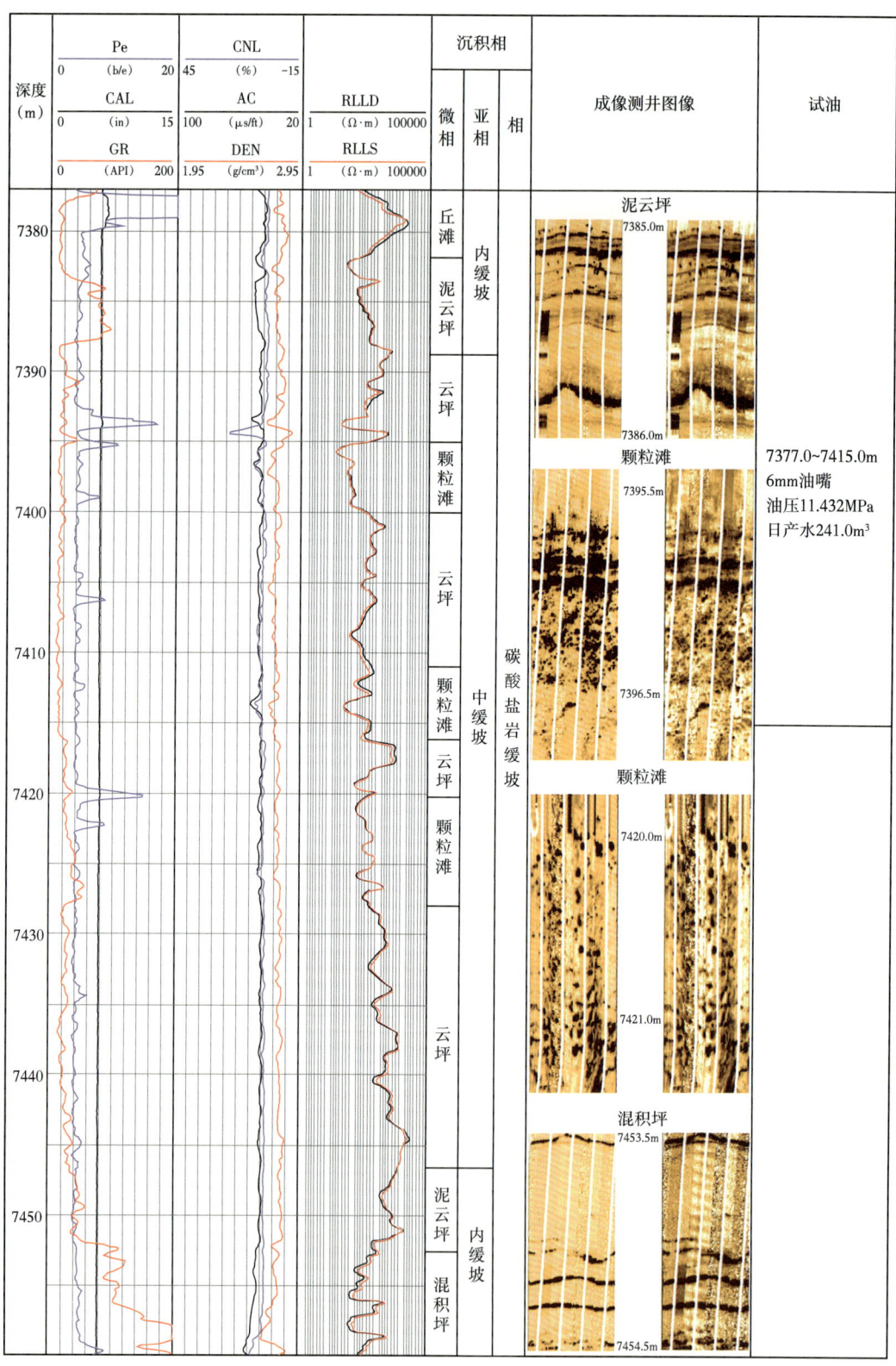

图 3-4-11 单井沉积微带划分及优质储层预测

# 第五节　碳酸盐岩测井沉积学应用实例

本节以中国鄂尔多斯盆地奥陶系马家沟组为例，详细介绍碳酸盐岩测井相特征、不同测井微相测井识别及单井沉积微相划分等内容。

鄂尔多斯盆地奥陶系马家沟组是一套蒸发岩和碳酸盐岩交互沉积地层。根据古生物面貌及沉积旋回，通常将盆地内马家沟组自下而上分为六个岩性段，其中第一段、第三段、第五段沉积期是马家沟组沉积期的相对海退期，发育含膏白云岩与盐岩、硬石膏岩及少量石灰岩为主的蒸发岩、碳酸盐岩组合，而马五段的沉积主要为高位体系域的潮坪相。第二段、第四段、第六段沉积期是马家沟组沉积期的相对海进期，开阔海广布，岩性以石灰岩为主，夹少量白云岩。

马一段、马三段和马五段沉积期为海退沉积，其岩性以白云岩、蒸发岩类为主，马二段、马四段和马六段为海侵沉积，岩性以石灰岩为主。马家沟组五段的地层区域分异大，岩性及沉积特征等差别明显。本书研究区位于鄂尔多斯盆地中西部，区域上位于靖西台坪（图3-5-1）。马五段共分为十个亚段，受短周期气候变化和相对海平面震荡影响

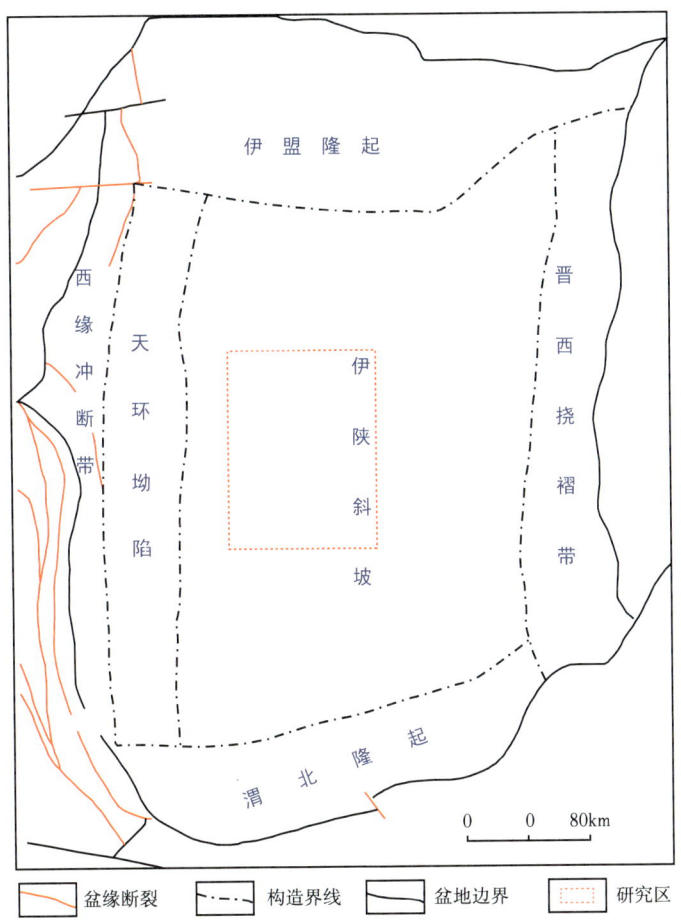

图 3-5-1　鄂尔多斯盆地区域构造特征示意图（据赖锦等，2020）

而表现出韵律性，每个亚段又代表次一级海进—海退旋回沉积，由此造成各个亚段沉积岩性不同。其中马五$_{10}$、马五$_{8}$、马五$_{6}$亚段沉积期和马五$_{4}^{1}$小层沉积期为相对海退期，沉积水体较浅，岩性以蒸发岩为主；马五$_{9}$、马五$_{7}$和马五$_{5}$亚段沉积期为相对海侵期，沉积水体相对较深，沉积物以白云岩、灰质白云岩等为主。长庆油田将马五$_{1}$—马五$_{4}$亚段当作上组合，马五$_{5}$—马五$_{10}$亚段为中—下组合。本次研究层位为中奥陶统马五$_{5}$—马五$_{10}$亚段。

## 一、马家沟组沉积微相类型与沉积微相特征

前已述及，马五段整体处于相对海退期，岩性以白云岩和蒸发岩为主，而其中的马五$_{3}$、马五$_{5}$、马五$_{7}$和马五$_{9}$等亚段处于大海退背景下的相对短期海进期，以发育石灰岩沉积为特征；相反地，马五$_{1+2}$、马五$_{4}$、马五$_{6}$、马五$_{8}$、马五$_{10}$等亚段处于相对海退期，以发育膏盐沉积为特征。

通过岩心观察、镜下铸体薄片鉴定以及对地质资料的综合分析，结合常规测井曲线特征，参照威尔逊（Wilson）提出的碳酸盐岩微相标准类型及岩相组合，建立了研究区奥陶系中组合沉积微相划分方案（表3-5-1和图3-5-2）。靖边气田西侧奥陶系中组合沉积总体处于碳酸盐岩开阔台地及局限台地相环境，发育典型的滩间海、台内滩、潮间带、颗粒滩及潮上带等沉积，并识别出九种沉积微相。每种沉积相对应的岩性及发育层位都不尽相同，具有明显的规律性。

表3-5-1 靖边气田奥陶系沉积相类型及岩性特征（据于洲等，2012；张晓涛，2016）

| 相 | 亚相 | 微相 | 岩性 |
|---|---|---|---|
| 开阔台地 | 台内滩 | 生屑点滩 | 生屑云岩 |
|  | 滩间海 | 滩间灰岩 | 灰—褐灰色泥晶灰岩 |
| 局限台地 | 颗粒滩 | 砂屑滩 | 砂屑云岩 |
|  | 潮上带 | 泥坪 | 灰—褐灰色含云或云质泥岩 |
|  |  | 潮上膏云坪 | 灰—褐灰色膏质白云岩 |
|  |  | 潮上泥云坪 | 褐红—灰色泥质泥（粉）晶白云岩 |
|  |  | 潮上泥灰坪 | 灰—褐灰色含云或云质泥晶灰岩 |
|  | 潮间带 | 潮间云灰坪 | 灰—褐灰色含云或云质灰岩 |
|  |  | 潮间云坪 | 浅灰—褐灰色泥粉或中细晶白云岩 |

马五$_{5}$亚段对应盆地内海退背景下的相对次一级的短期海侵期，泥晶云岩的发育说明其仍为受限的沉积环境，只是在部分地区发育开阔台地相，形成滩间灰岩和滩间云岩，并在局部发育台内滩沉积，形成白云岩和蒸发岩背景下的石灰岩沉积。马五$_{10}$亚段—马五$_{6}$亚段沉积期为震荡性海退沉积，主要发育局限台地相，以潮坪及颗粒滩沉积为主，其中潮上带可见硬石膏结核白云岩、泥质白云岩及泥岩，潮间带主要为白云岩及石灰岩沉积。如在盆地东部的榆9井钻探揭示马五段蒸发岩以石盐岩为主，并夹硬石膏岩和白云岩，三者构成云—膏—盐三个完整的蒸发岩旋回，指示了局限—蒸发台地沉积环境。此外，沉积微相的精细划分，需要确保岩性剖面计算的准确性。由于研究区马五$_{6}$亚段岩性复杂，考虑到研究区马家沟组占优势的岩石组分为石灰岩、泥质、白云岩和石膏，因此将此四者作为骨架矿物剖面参与岩性计算。

图 3-5-2 鄂尔多斯盆地靖边气田奥陶系马五段不同沉积微相类型典型岩心特征

a. 开阔台地台内滩，鲕粒灰质白云岩，莲 30 井，4033.89m；b. 滩间灰岩，灰褐色泥晶灰岩，靳探 1 井，3540.34m；c. 泥坪，灰色白云质泥岩，陇 16 井；d. 膏云坪，灰色膏质云岩，靳 7 井，3672.94m；e. 潮上泥云坪，深灰色泥质云岩，靳 7 井，3600.28m；f. 潮上泥灰坪，褐灰色含泥灰岩，靳 7 井，3590.29m；g. 潮间云灰坪，灰—褐灰色白云质灰岩，莲 30 井，4057.29m；h. 潮间云坪，褐灰色粉晶白云岩，桃 17 井，3787.0m；i. 局限台地颗粒滩，深灰色砾屑白云岩，莲 30 井，4034.25m

### 1. 开阔台地

开阔台地发育台内滩及滩间海亚相，台内滩亚相发育生屑点滩微相，滩间海主要发育滩间灰岩微相。整体来说，开阔台地水体较深，岩性多为致密灰岩或白云岩，岩性组分中泥质含量较低，少见石膏等蒸发岩。

#### 1）台内滩

台内滩发育生屑点滩微相，位于开阔台地水动力强的地貌高地或由沉积作用、生物作用形成的隆起区，尤其是在古地貌隆起处常见，易受到较强波浪和潮汐作用的改造，其岩性以浅灰—褐灰色颗粒白云岩、鲕粒白云岩、具颗粒幻影结构的粉晶白云岩或粉—细晶白云岩为主（图3-5-2a、图3-5-3a、图3-5-4），受白云石化作用和溶蚀作用影响，晶间溶孔发育。早期沉积的碳酸盐岩经过后期次生白云化、溶蚀等作用导致物性变好，

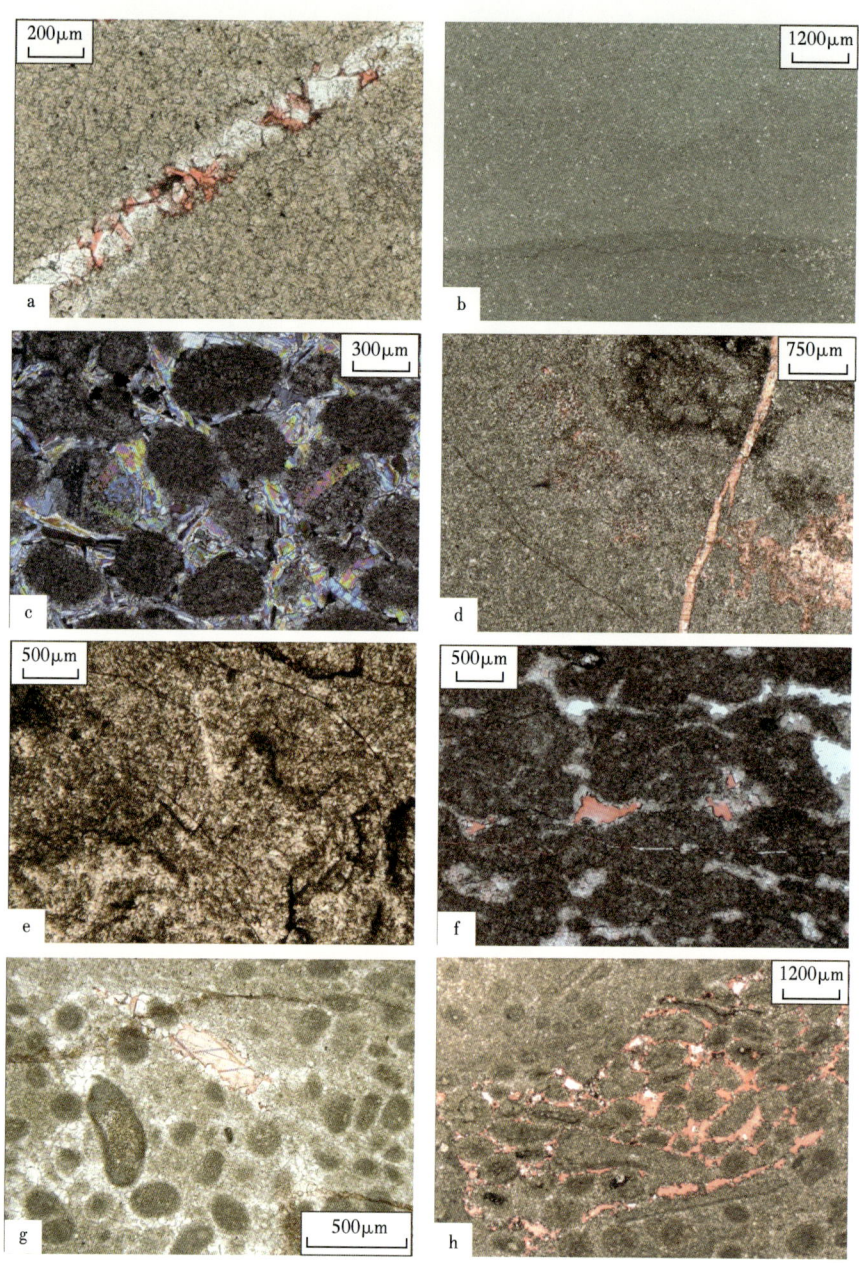

图3-5-3 鄂尔多斯盆地靖边气田马五段不同沉积微相类型典型薄片特征

a.开阔台地滩，灰质白云岩，莲30井，4034m；b.滩间灰岩，灰褐色泥晶灰岩，靳探1井，3535.40m；c.膏云坪，膏质砂屑白云岩，靳7井，3672.94m；d.潮上泥云坪，泥粉晶白云岩，含大量泥质条纹，溶蚀孔、缝发育，靳7井，3600.28m；e.潮上泥灰坪，含泥灰岩，靳7井，3592m；f.潮间云坪，粉晶白云岩，见溶孔及膏质充填，桃17井，3787.0m；g.局限台地颗粒滩，砾屑白云岩，莲30井，4034.01m；h.局限台地颗粒滩，粉晶砂砾屑白云岩，靳7井，3677.10m

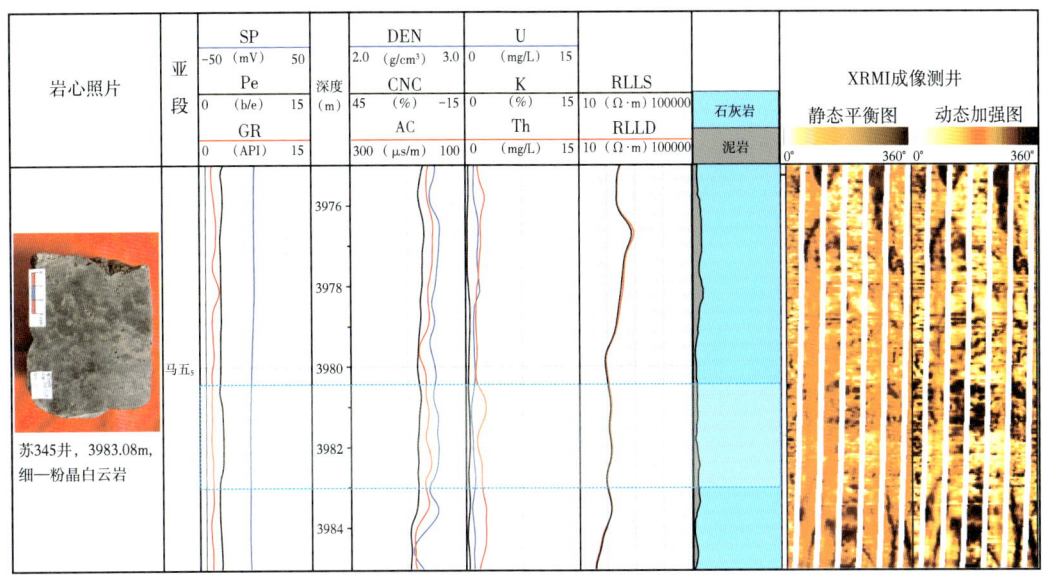

图 3-5-4　鄂尔多斯盆地靖边气田马五段生屑点滩沉积微相测井响应特征

成像测井图像对应左侧的蓝色虚线框层段

电阻率降低（<1000Ω·m），成像图上表现为杂乱暗斑模式（图 3-5-4），对应岩心上观测到的溶蚀孔洞，该微相为研究区最有利储集相带，这可以从其成像测井上的暗斑状特征（指示溶蚀孔洞发育）得到佐证。

2）滩间海

滩间海主要发育滩间灰岩（图 3-5-2b、图 3-5-3b）或者滩间白云质灰岩等沉积微相。滩间灰岩等沉积微相发育于开阔台地的中低能环境，沉积稳定，泥质含量低。石灰岩自然伽马普遍小于 22API，单井纵向上数值变化不大（图 3-5-5）。成像特征上，石灰岩表现为亮块状，伴生裂缝，少见纹层，常见针尖状亮点（图 3-5-5）。

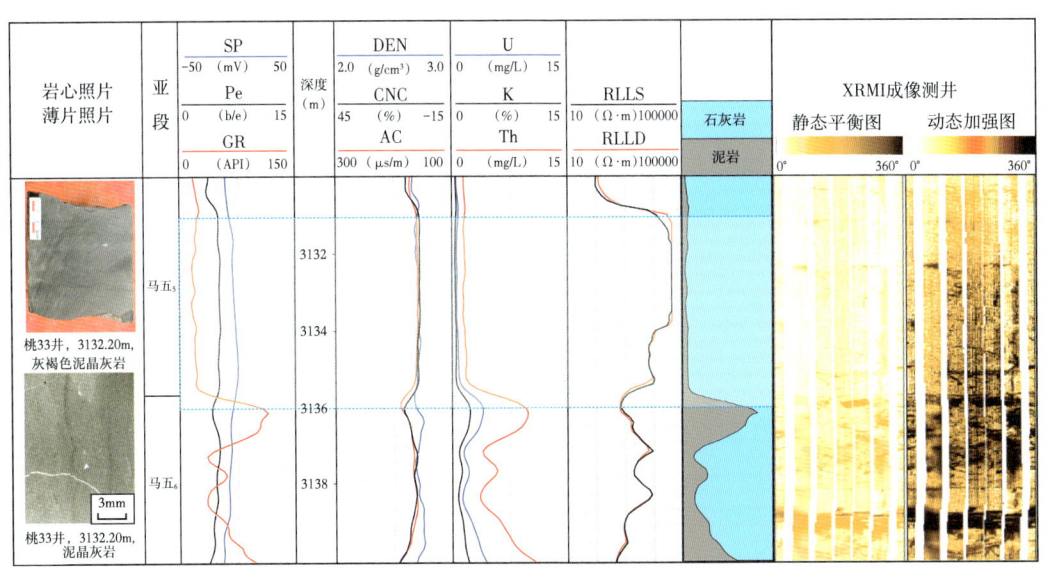

图 3-5-5　鄂尔多斯盆地靖边气田马五段滩间灰岩沉积微相测井响应特征

## 2. 局限台地

1)潮上带

(1)泥坪：泥坪含少量云质或灰质，表现为深灰色云质泥岩，厚度薄，部分层段可见藻纹层，成层性好，单层厚度一般小于0.5m，泥质含量大于40%（图3-5-2c），自然伽马值一般大于100API，电阻率值较低，在成像测井上整体为暗色背景，黑色条带模式（图3-5-6）。

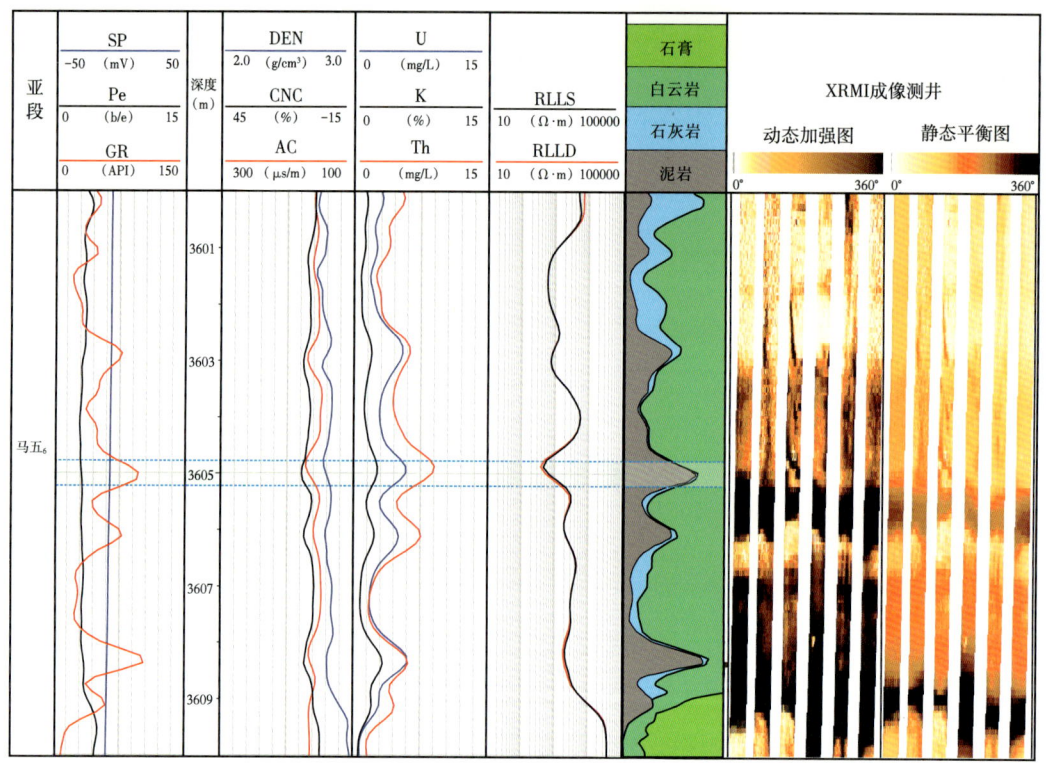

图 3-5-6　鄂尔多斯盆地靖边气田马五段潮上带泥坪沉积微相测井响应特征

(2)膏云坪：膏质云坪蒸发程度强，该类沉积环境下的沉积物以含白色硬石膏条带或团块泥灰—褐灰色粉晶白云岩等为主要岩性（图3-5-2d、图3-5-3c），且石膏含量大于15%。常规测井上体现为低—中自然伽马、中—高电阻率特征，而成像上以亮色斑块或条带状为主要特征（图3-5-7）。

(3)泥云坪：位于水体较浅的地带，泥质含量为15%~50%，沉积岩性以浅灰色—灰绿色泥质白云岩和浅灰色—灰色白云质泥岩为主（图3-5-2e、图3-5-3d、图3-5-8）。潮坪环境中的泥质白云岩，泥质分布比较乱，层理明显较差，研究区马五$_6$亚段的泥云岩主要为泥云坪沉积环境产物（图3-5-8）。一般随着泥质含量的增高，自然伽马值逐渐增大，相应的密度和电阻率值逐渐降低，而在成像测井上暗色条带状为典型泥云坪沉积微相的测井响应特征（图3-5-8）。

(4)泥灰坪：岩性主要为灰—褐灰色含云或云质泥灰岩（图3-5-2f、图3-5-3e、图3-5-9）。常规测井上具有与泥云坪相似的特征，但在成像测井中主要表现为亮色背景，具纹层状泥质条带，常发育于马五$_6$亚段（图3-5-9）。

2）潮间带

潮间带主要发育有云坪和灰坪等，水动力条件中等，泥质含量相对较低，具备发育优质储集体的先天条件，尤其是受后期构造裂缝及溶蚀作用影响，可以进一步提高储层储集性能。由于潮间带各微相成像图上均表现为层状模式，亮度上有所差别，但差别较小，利用现有方式难以作为识别条件，所以区分二者需结合常规岩性曲线。

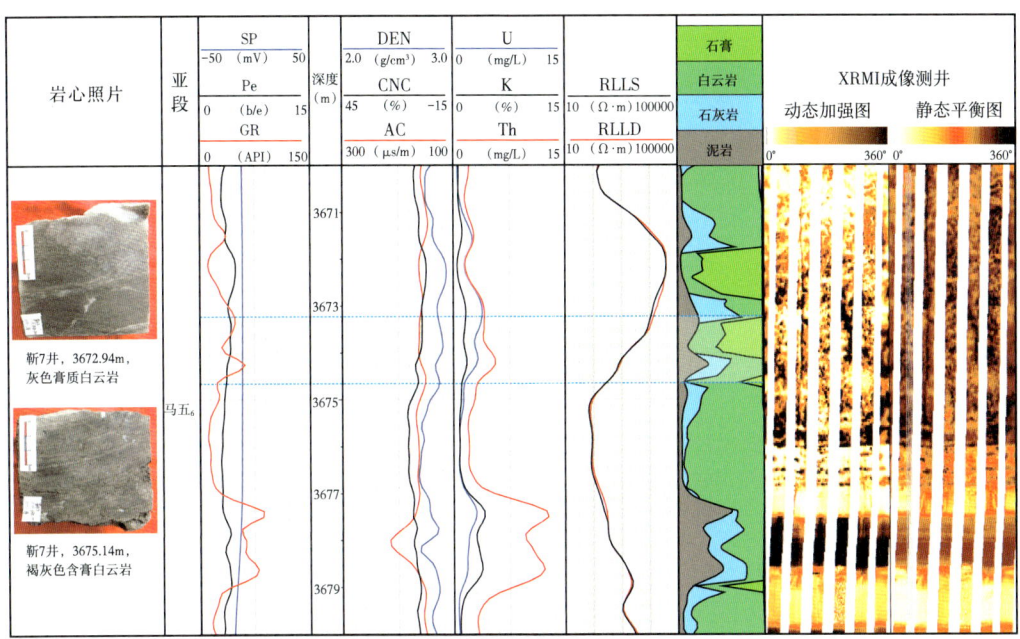

图 3-5-7　鄂尔多斯盆地靖边气田马五段潮上带膏云坪沉积微相测井响应特征

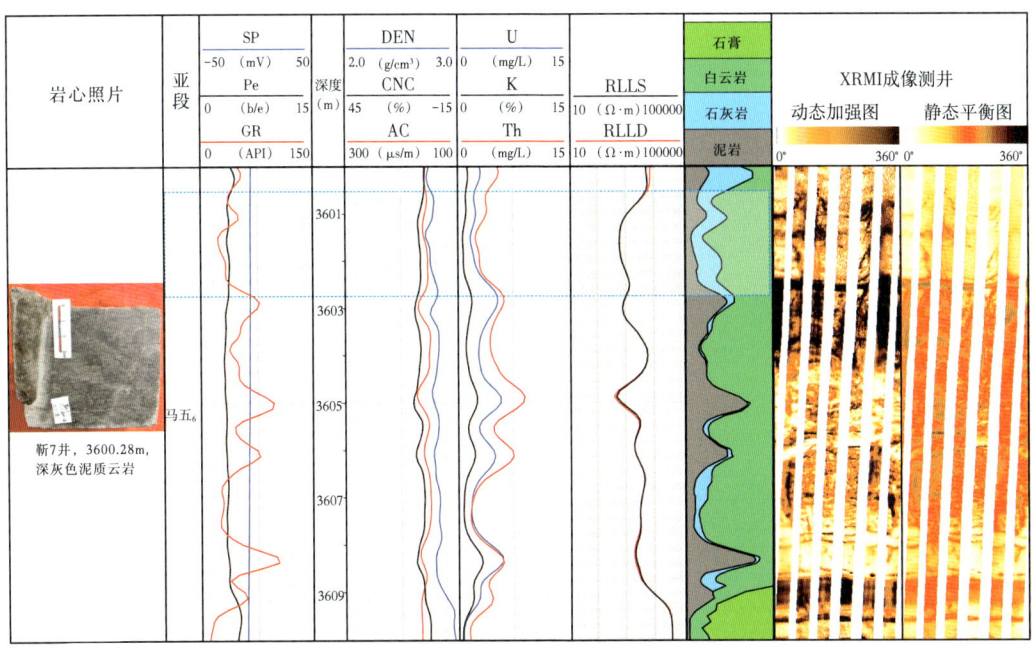

图 3-5-8　鄂尔多斯盆地靖边气田马五段潮上带泥云坪沉积微相测井响应特征

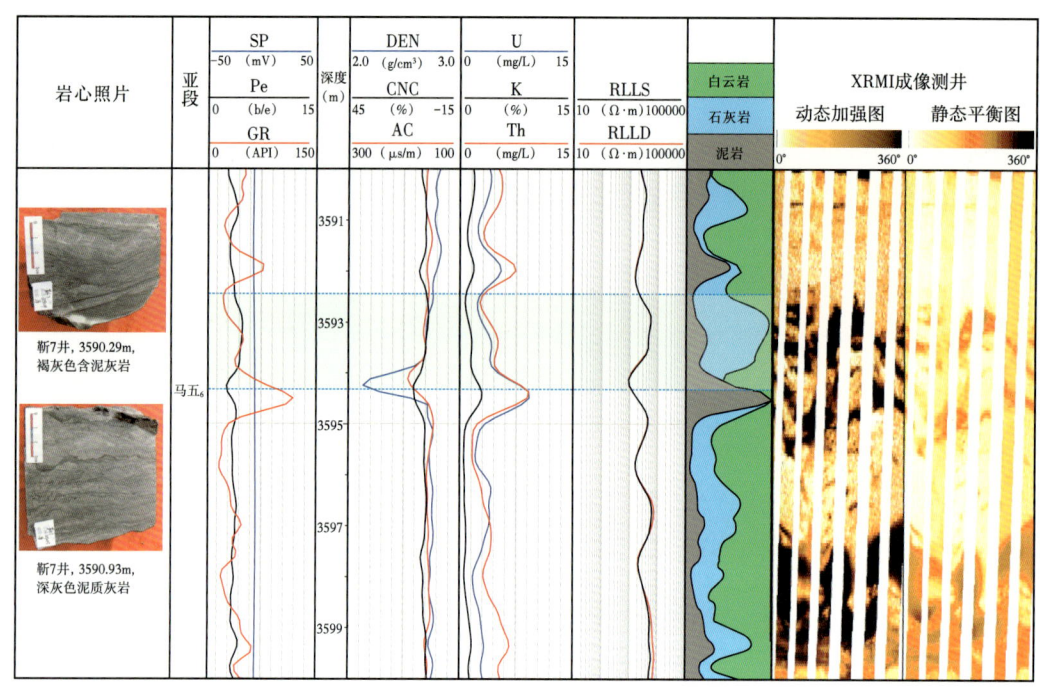

图 3-5-9　鄂尔多斯盆地靖边气田马五段潮上带泥灰坪沉积微相测井响应特征

蓝色虚线框下面自然伽马值高，为泥灰岩段

（1）云灰坪：发育于海侵期，位于灰云坪之下，水体相对较深，盐度正常，岩性主要为白云质泥粉晶灰岩（图 3-5-2g、图 3-5-10）。常规测井上表现为中—低自然伽马、中—高的电阻率特征，在成像测井上整体为亮色背景，同时可见暗色线状（图 3-5-10）。

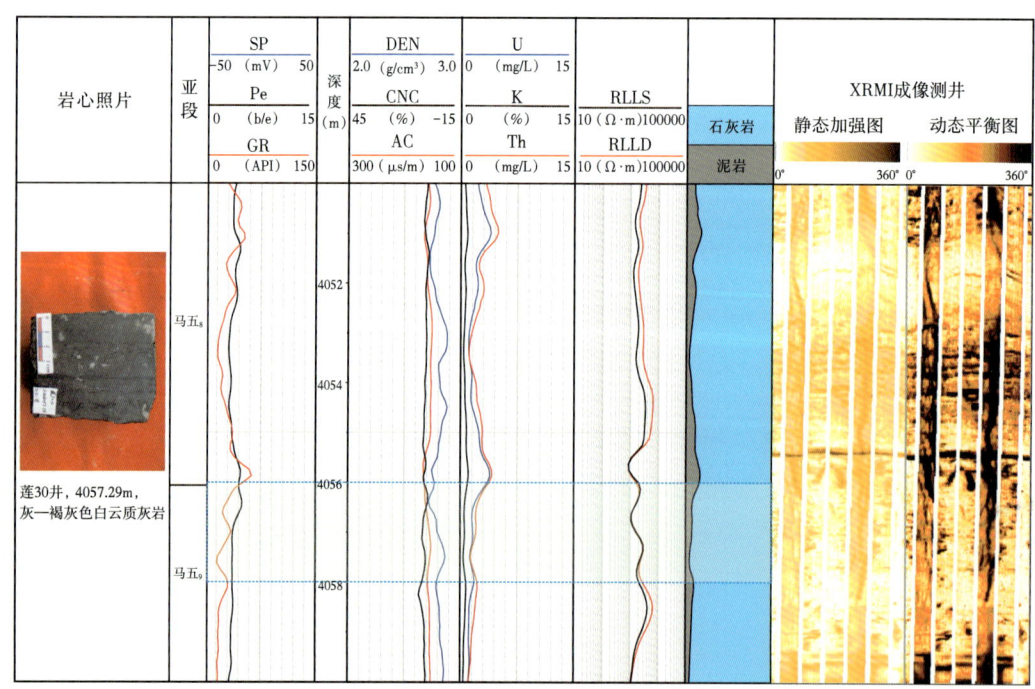

图 3-5-10　鄂尔多斯盆地靖边气田马五段潮间带云灰坪沉积微相测井响应特征

（2）云坪：岩性以浅灰—灰—褐灰色泥粉晶白云岩、中细晶白云岩为主（图3-5-2f、h，图3-5-11），白云岩晶形较好，在研究区内广泛分布，在马五$_5$、马五$_7$、马五$_8$与马五$_9$与马五$_{10}$五个亚段内均有分布且比较稳定。常规测井表现为低自然伽马、中—高密度以及中—高电阻率的响应特征，成像测井上则表现为亮色块状模式，内部缺乏明显的纹层构造（图3-5-11）。

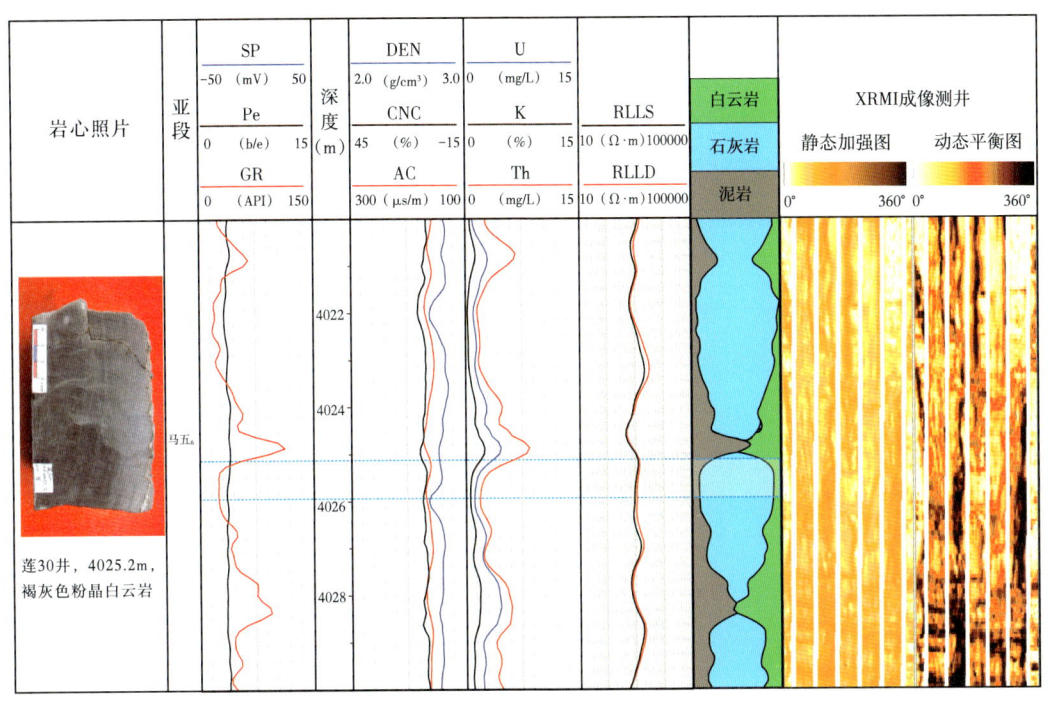

图3-5-11 鄂尔多斯盆地靖边气田马五段潮间带云坪沉积微相测井响应特征

3）颗粒滩

颗粒滩是台地内的局部地貌高地或由沉积作用、生物作用形成的隆起区可受到较强波浪和潮汐作用的改造，形成以颗粒沉积为主的沉积体，其岩性为浅灰—褐灰色颗粒白云岩（图3-5-2i，图3-5-3g、h，图3-5-12），并且砂屑滩由于本身物性条件较好，在成岩过程中孔隙水易于流动，因此易发生溶蚀作用，多具有粒间溶蚀孔，物性较好，往往发育优质储层（图3-5-12）。通过分析常规曲线上的三孔隙度曲线，可以发现其孔隙度明显高于潮间带内其他微相，成像图上可见层型暗斑，整体颜色较深（图3-5-12），分布在马五$_6$、马五$_7$与马五$_9$三个亚段内。

## 二、马家沟组沉积微相单井划分

基于这一测井相模式建立可以实现马五段中组合连续井段的成像测井相解释，同时结合相应的常规测井曲线和岩心资料刻度即可实现单井沉积微相连续识别划分。通过对鄂尔多斯盆地奥陶系马五段储层特征、成因以及沉积相关系的研究发现，不同储层类型的有利沉积相带也不同。马五段储层发育主要受岩相、岩溶及裂缝等因素控制，有利沉积相带为储层的发育提供了基础和重要条件。

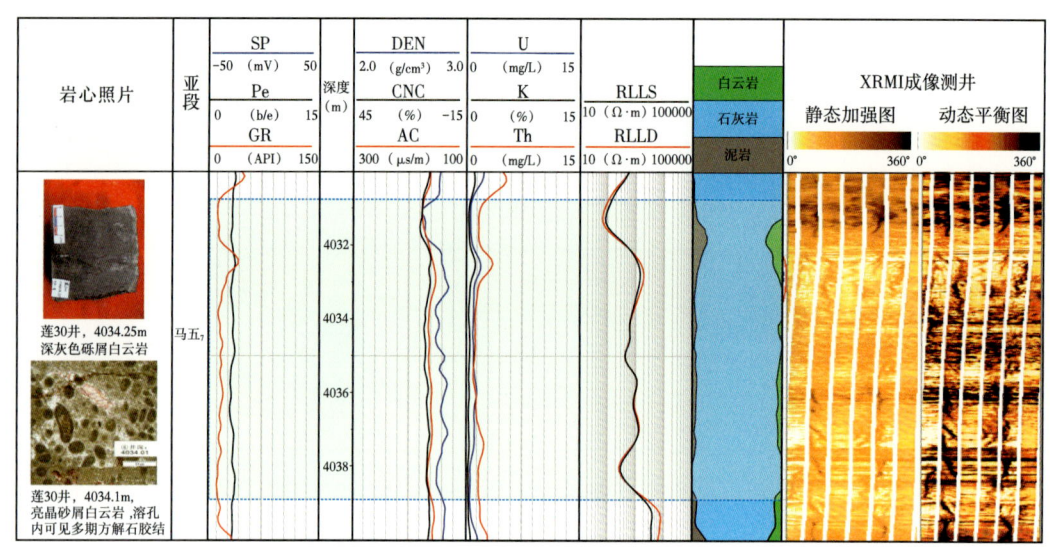

图 3-5-12　鄂尔多斯盆地靖边气田马五段颗粒滩沉积微相测井响应特征

为了验证上述沉积微相与储层有效性之间的关系，以苏 345 井为例，基于上述对马五段沉积微相的识别与划分，完成了不同沉积微相与测井解释结论及生产测试资料的匹配关系。测井解释结论表明，苏 345 井马五段包括 3971~3973m、3975~3977m 和 3978~3986m 三段含气层以及三段致密层，相应地，在试气结果中也对应含气层。实际的试气资料证实：在 3969~3993m 深度段，酸化加稠化酸 84.8m$^3$，排量 3.0m$^3$/min，降阻酸 25m$^3$，排量 3.0m$^3$/min，试气获 225.4405×10$^4$m$^3$/d（图 3-5-13）。有利含气层段对应的沉积微相类型主要为生屑点滩、砂屑滩、滩间云岩及云坪，结果表明苏 345 井马五段内部储层发育的有利相带为生屑点滩、砂屑滩、滩间云岩及云坪微相，总体上其与测井解释结论及试气结果呈现出良好的匹配关系（图 3-5-13）。

结合研究区各个单井沉积微相划分结果及其与试油等匹配关系表明，马五段储层受有利沉积微相带的制约。沉积微相分布规律研究显示不同时期的潮缘滩沿古隆起发育分布，受海平面频繁变化的影响往复迁移，有利储层发育相带也随之迁移。通过精细成像测井解释可以识别单井纵向上连续的沉积微相分布规律，并可以用于优质储集体预测等工作实践中。总体来看，马五$_5$亚段—马五$_{10}$亚段经白云石化作用改造后，主要发育白云岩晶间孔型储集体，该类储集体的储集空间类型主要为白云石晶间孔，局部同时发育晶间溶孔，次为微裂缝。白云石晶间孔及晶间溶孔主要形成于碳酸盐沉积物发生白云石化作用的同期，与白云石的成因紧密相关。其中马五$_5$亚段的粉晶—细晶白云岩普遍发育晶间孔隙，夹于上下两套蒸发岩层系之间，是浅埋藏阶段泥晶灰岩的卤水回流渗透白云化作用的结果。之后在近地表淡水及混合水的淋滤、溶蚀作用下，晶间残余灰质被溶解，形成众多晶间孔隙。

生屑点滩及砂屑滩微相发育的颗粒（砂屑、砾屑）碳酸盐岩是最有利原生孔隙发育的储集岩，而原生孔隙较发育的岩石在奥陶纪末有利于大气淡水下渗至离不整合面较远的中组合，发生溶蚀作用，形成的溶蚀孔缝现今仍有部分保留；另外，原生孔隙较发育的岩石使得能引起白云石化作用的流体更易流入，生成白云石晶体，从而增大晶间孔比例。滩间云岩、云坪为次级有利相带，在测井解释结论中对应有利含气层段（图 3-5-13）。

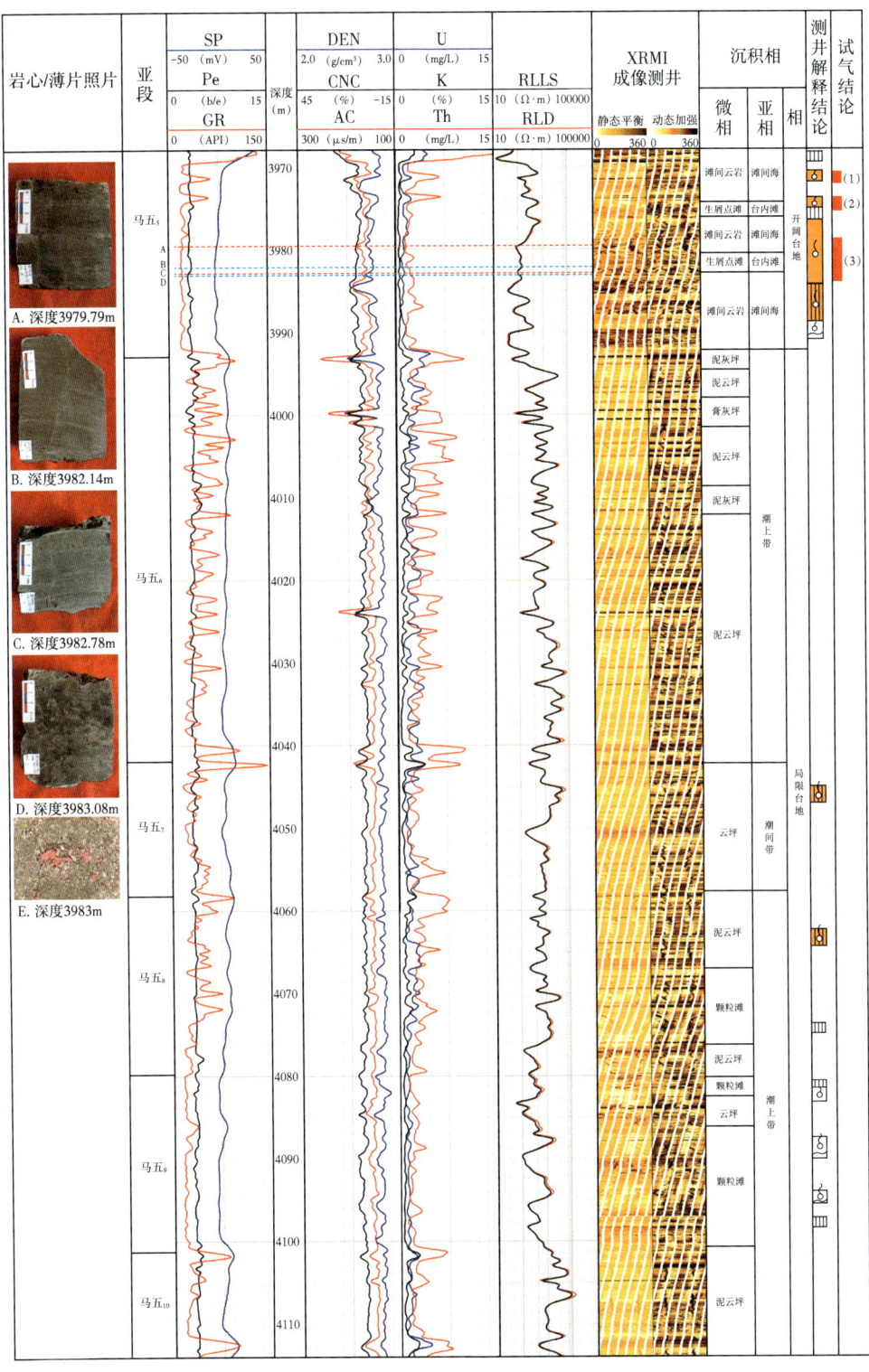

图 3-5-13　鄂尔多斯盆地靖边气田马五段苏 345 井沉积微相剖面图

# 第四章  测井构造地质精细分析

构造是指地壳（及岩石圈）在构造应力作用下的各种变形现象。构造地质学主要研究由内动力地质作用形成的各种地质构造的形态、产状、规模、形成条件、形成机制，分布和组合规律及其演化历史，并探讨地壳运动方式、规律和动力来源。

随着进一步的勘探开发，油藏类型趋于复杂化，地质工作者在储层评价方面面临着更多的挑战，测井资料中地层倾角测井和高分辨率成像测井具有分辨率高、方向性、可视化强等特点，可以直观获取井壁周围构造地质信息，结合常规测井和地震、地质资料，可为工人员分析地质信息、观察地层特征、构造特征，实现测井构造精细分析提供理论指导和技术支撑。

本章在概述测井构造研究的一般方法基础上，详细分析了针对单斜、褶皱、断裂、不整合面等不同地质构造的测井解释方法，并介绍了利用地层倾角和井壁成像研究地质构造实例。

## 第一节  测井构造研究的一般方法

利用测井资料研究地质构造，面对的主要是井筒内可见的小规模地质构造，即井旁构造（borehole structure），主要包括断层、褶皱和不整合三类。由于现代地层倾角测井技术和井壁成像测井技术能准确确定地层产状和构造要素，研究构造的主要测井资料也是依靠对地层倾角测井和井壁成像测井资料的解释。

对于一些复杂的构造，通过地震资料通常难以分辨，一是地质体尺度太小（米级），难以达到地震资料能分辨的范围。如图4-1-1中的断层和褶皱，基本都是尺度在米级范围内，而地震资料只能分辨20~30m范围内地质体，难以实现其中的断层和褶皱的拾取；二是对于一些高陡地层等复杂构造，往往难以在地震反射剖面上进行识别，原因是采集不到高陡地层对应的反射波信号。

本节主要地层倾角测井与井壁成像测井解释地质构造的基本原理。

图 4-1-1  高陡地层野外照片

## 一、地层倾角测井构造解释原理

岩层最初形成时，大都是水平的或近于水平的。如果发生构造运动，如褶皱运动，水平成层的岩层形成褶曲，各岩层的褶曲按同一轴面（还有脊面、转折面）套叠，之后再沉积，岩层在新的褶皱运动下又形成了新的褶曲，又按新的轴面套叠。

倾角测井每个矢量代表该深度点的地层产状。井内不同深度点的矢量，从套叠关系分析，相当于构造不同部位的矢量。将各部位的矢量通过套叠关系都集中到一个岩层构造面上，就能将岩层的构造形态恢复出来。

为了能够正确地恢复构造形态，首要的问题是怎样利用矢量图来进行构造解释。当一口井钻遇一个构造时，随着深度的变化，在井眼范围内地层产状的变化是不同的。相应的各种地下构造形态反映在矢量图上的变化规律是不同的。为了描述各地下构造在矢量图上响应的规律，用"绿""红""蓝""乱""断"等基本模式的组合来描述。组合矢量模式，每一种构造形态都唯一地对应一种组合矢量模式，但是反过来则不成立。即同一个矢量模式具有多解性，我们可以结合其他资料减少不确定性。

## 二、井壁成像测井构造解释原理

井壁成像测井资料主要是井壁的数字成像图，用色彩及灰度来表现测量物理量的变化。裂缝面和层面处岩性的突变，造成了岩石的电导性或岩石的密度突变，在成像测井的图像上就会表现为一条明显的暗色条带，追踪这个条带的变化趋势，可以计算出断层的产状及褶皱的要素。

目前，国内外都相继开发出了一批地层倾角和成像测井构造解释的计算机辅助解释系统，在井旁构造解析中得到广泛应用。

# 第二节　单斜构造倾角解释方法

单斜构造是指原来水平的岩层在受到地壳运动的影响后，产状发生变化，岩层层面发生倾斜的，岩层的倾角和倾向在一定区域范围内基本上一致。单斜构造往往是其他地质构造的组成部分，如褶曲构造的一翼。单斜构造地层的倾向和倾角在一定范围内变化较小，倾角矢量模式以绿模式为主（图4-2-1）。其中，砂岩绿模式特征明显；泥岩如果水平层理不发育，其矢量图可能显现为杂乱模式（图4-2-1）。

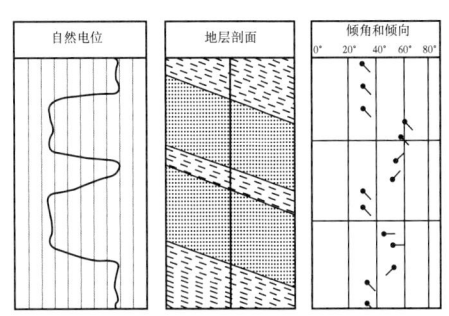

图4-2-1　单斜构造的地层倾角矢量模式（据陈科贵，2017）

# 第三节 褶皱构造倾角解释方法

褶皱（fold）是岩层受力变形产生的一系列连续弯曲，也称褶曲。岩层褶皱后原有的位置和形态均已发生变化，但其连续性未受到破坏。褶皱是由相邻岩块发生挤压或剪切错动而形成的，是构造作用的直观反映。形成褶皱的变形面绝大多数是层理面，变质岩的劈理、片理或片麻理以及岩浆岩的原生流面等也可成为褶皱面；有时岩层和岩体中的节理面、断层面或不整合面，受力后也可能变形而形成褶皱。

## 一、褶皱要素及形态分类

褶皱的基本形态可归纳为两种：背斜（向上弯曲）和向斜（向下弯曲）。对褶曲形态的描述有以下 2 个要素组成。

1. 褶皱要素

为了更好地利用地层倾角测井资料研究褶曲及其特征，首先要弄清楚褶皱的各个组成部分及其相互关系，即要认识褶皱要素。褶皱要素主要包括以下内容（图 4-3-1）：

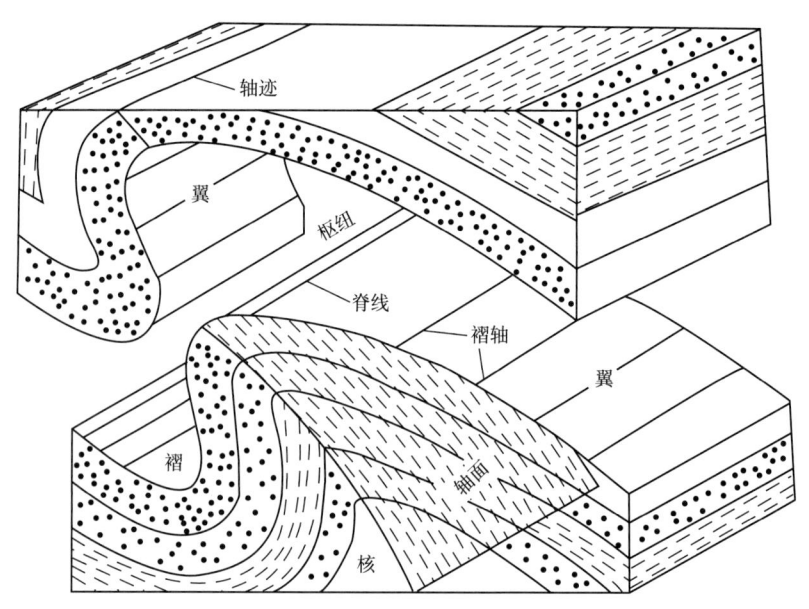

图 4-3-1 褶皱要素示意图

（1）核：又称核部，系指褶皱的中心部位的岩层。

（2）翼：又称翼部，系指褶皱核部两侧的岩层，在横剖面上，构成两翼的同一褶皱面的拐点的切线的夹角称为"翼间角"。

（3）转折端：一翼向另一翼过渡的弯曲部分。

（4）褶轴：又称为轴线或轴。对圆柱状褶皱而言是指褶皱面上一条直线平行其自身移动能描绘出褶皱面的弯曲形态，这条直线称为褶轴。

（5）枢纽：在褶皱的各个横剖面上，同一褶皱面的最大弯曲点的连线称为枢纽。枢纽可以是直线，也可以是弯曲线或者折线；可以是水平线，也可以是倾斜线。

（6）轴面：是指由许多相邻褶皱面上的枢纽连成的面，也可称为枢纽面。如果褶皱各层的厚度在两翼基本不变时，可以把轴面看成翼间角的平分面，或者大致平分褶皱两翼的对称面。轴面可以是平面，也可以是曲面。轴面产状和任何构造面产状一样，是用其走向、倾向和倾角来确定的。

（7）轴迹：轴面与地面或任一平面的交线。

（8）脊、脊线：背斜和背斜的同一褶皱面的各横剖面上的最高点为"脊"，它们的连线被称为脊线。

2. 褶皱分类

背斜和向斜按轴面产状和两翼地层倾斜情况可分为以下几类：

（1）对称褶曲：轴面近于铅直，两翼倾角相等，倾向相反。

（2）不对称褶曲：轴面倾斜，两翼倾角不等，倾向相反。

（3）倒转褶曲：轴面倾斜很大，使一翼倒转过来，两翼都向同一个方向倾斜。

（4）平卧褶曲：轴面水平，一翼地层正常，新地层覆盖在老地层上；一翼倒转，老地层覆盖在新地层上面。两翼向不同方向倾斜。

## 二、地层倾角测井的褶皱解释方法

不同褶皱类型及要素特征可以由地层倾角测井资料进行解释，常见的褶皱类型包括对称背斜、不对称背斜、倒转背斜、平卧背斜和平卧向斜等。

1. 对称背斜

当井没有穿过轴面，矢量图为绿模式显示（图4-3-2），与单斜构造显示相同。但是在轴面两侧钻井，两口井的矢量图在同一岩层出现倾向相反的倾角。

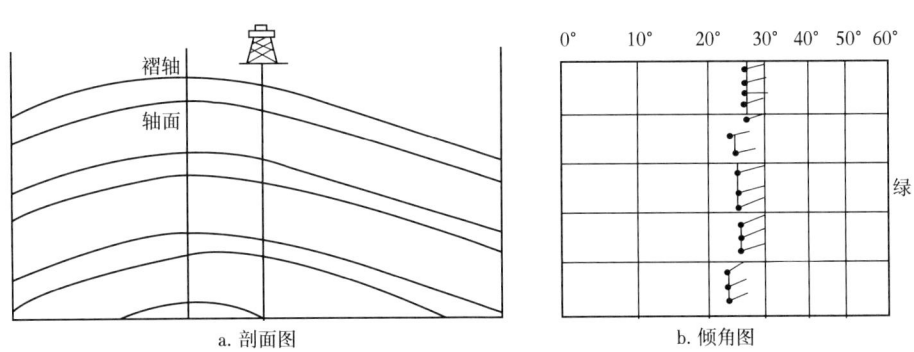

图4-3-2 对称背斜的绿模式

如果井钻在背斜的顶部，测得的地层倾角就很小，倾斜方位角杂乱（图4-3-3），只有钻在两翼上，才会显示出倾角较大、方位角一致的绿模式。

2. 不对称背斜

当不对称背斜和轴面重合，井钻遇的不对称背斜次序是缓翼—脊面—陡翼时，矢量图有下列特征（图4-3-4）：

（1）在缓翼地层中，构造倾角与倾斜方位角基本一致，矢量图呈绿模式。

（2）由缓翼地层逐渐接近构造脊面，倾角随深度增加而减小，矢量图呈蓝模式。在背斜脊面处倾角接近0°。

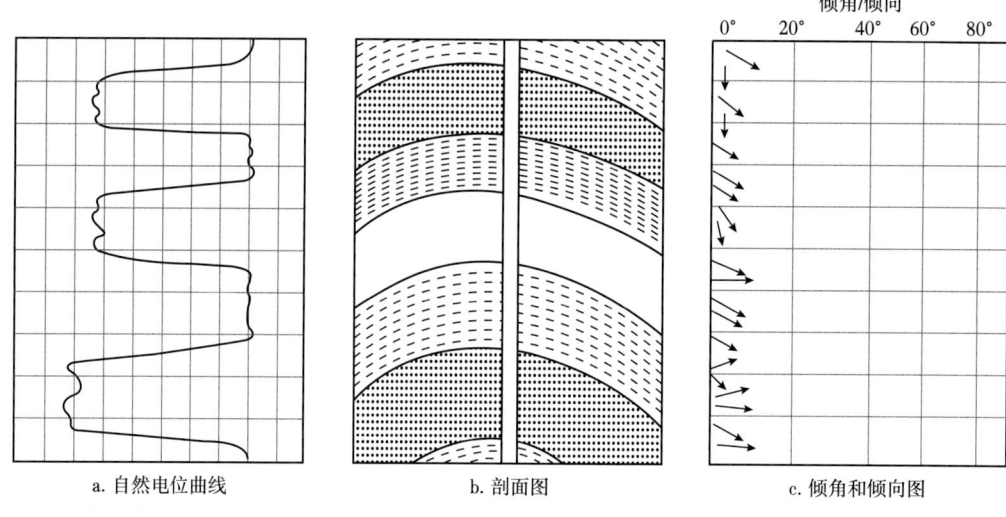

a. 自然电位曲线　　b. 剖面图　　c. 倾角和倾向图

图 4-3-3　对称背斜的乱模式

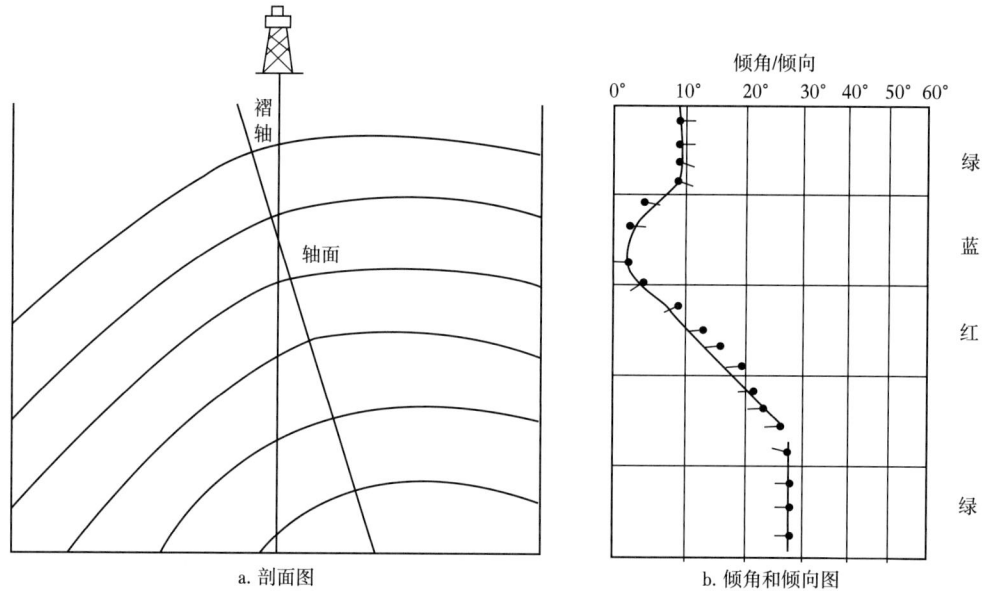

a. 剖面图　　　　　　　b. 倾角和倾向图

图 4-3-4　不对称背斜井眼穿过轴面的地层倾角矢量图特征

（3）有背斜脊面向陡翼地层过渡时，倾角随深度增加而增大，倾向与上翼地层相反，矢量图呈红模式。

（4）在陡翼地层中，倾角稳定，倾角比缓翼地层大，倾向与缓翼地层相反，矢量图呈绿模式。

其颜色模式可写为绿—蓝—红（反）—绿（反、大）模式。

3. 倒转背斜

倒转背斜的特点是下翼倾角比上翼大，两翼倾向相同。当井穿过倒转背斜轴面时，矢量图有下列特征显示（图 4-3-5）：

（1）在上翼地层中，矢量图呈绿模式，倾角和倾向基本不变。

（2）由上翼地层至背斜脊面，矢量图呈蓝模式，倾角随深度增加而减小。

（3）由背斜脊面至背斜轴面，矢量图呈红模式，倾向相反。至倒转背斜转折面，倾角随深度继续增大，一直增加到90°直立为止。有的倒转背斜在此部位，由于弯曲太大造成断裂，矢量图不为红模式而以散乱模式显示。

（4）由转折面进入下翼地层，矢量图呈蓝模式，倾角由最大值随深度增加而减小，倾向与上翼地层相同。

（5）在下翼地层中，矢量图呈绿模式，但倾角比上翼地层大，倾斜方位与上翼地层基本一致。

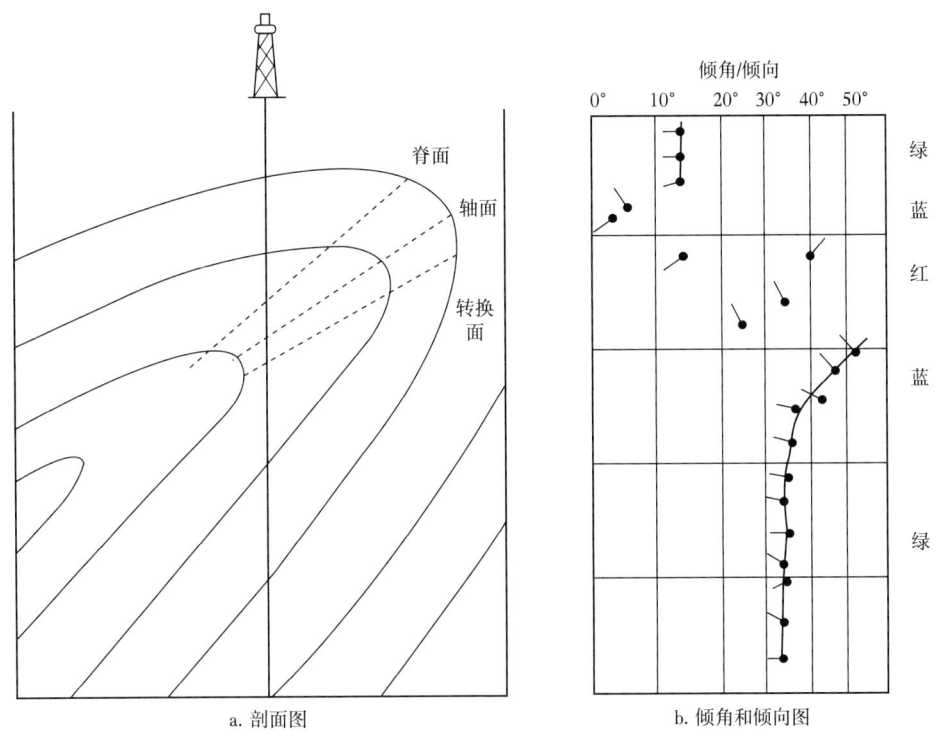

图 4-3-5 倒转背斜的矢量模式（一）

此种倒转背斜的颜色模式为绿—蓝—红（反）—蓝—绿（大）模式或绿—蓝—红—蓝—绿（大）模式。

对于其他类型的褶皱构造，可以采用同样方式确定其倾角矢量模式组合。

此外，倒转背斜还可以呈绿—蓝—红—绿模式显示（图 4-3-6）。与不对称背斜不同之处是绿—蓝与红—绿模式的倾向基本上都是同方向的，红—绿模式的倾角比绿—蓝模式大得多。

4. 平卧背斜和平卧向斜

平卧背斜和平卧向斜：上下翼对应层位地层钻遇厚度、倾角差异较大。上翼地层钻遇厚度与倾角小于下翼相应地层钻遇厚度与倾角时为平卧背斜，反之为平卧向斜。

如图 4-3-7 和图 4-3-8 分别为平卧褶皱的两种形式。如为平卧背斜，则 A 层是最老地层，B、C、D 层逐次较新（图 4-3-7）；如为平卧向斜，则 A 层是最新地层，B、C、D 等层逐次较老（图 4-3-8）。

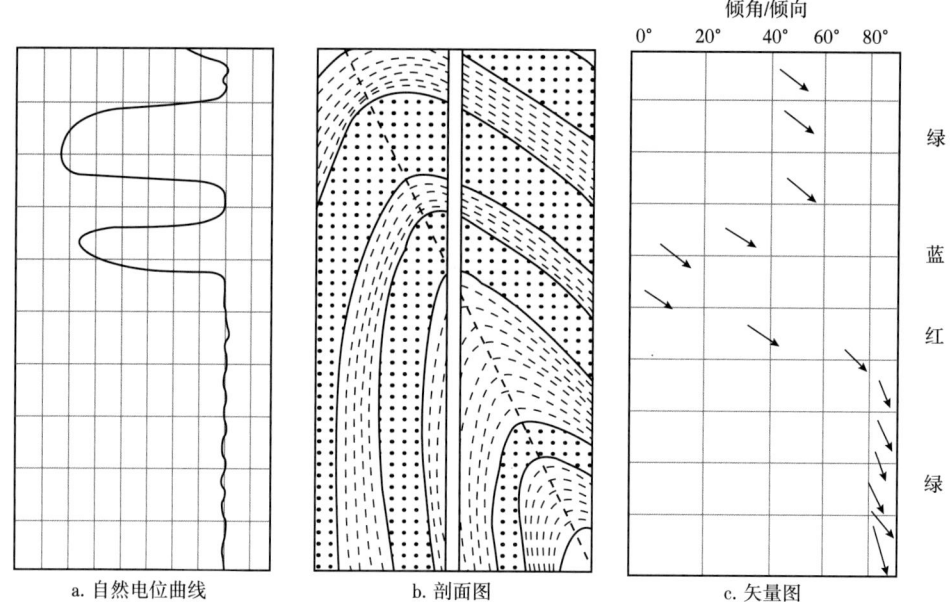

图 4-3-6 倒转背斜的矢量模式（二）（据陈科贵，2017）

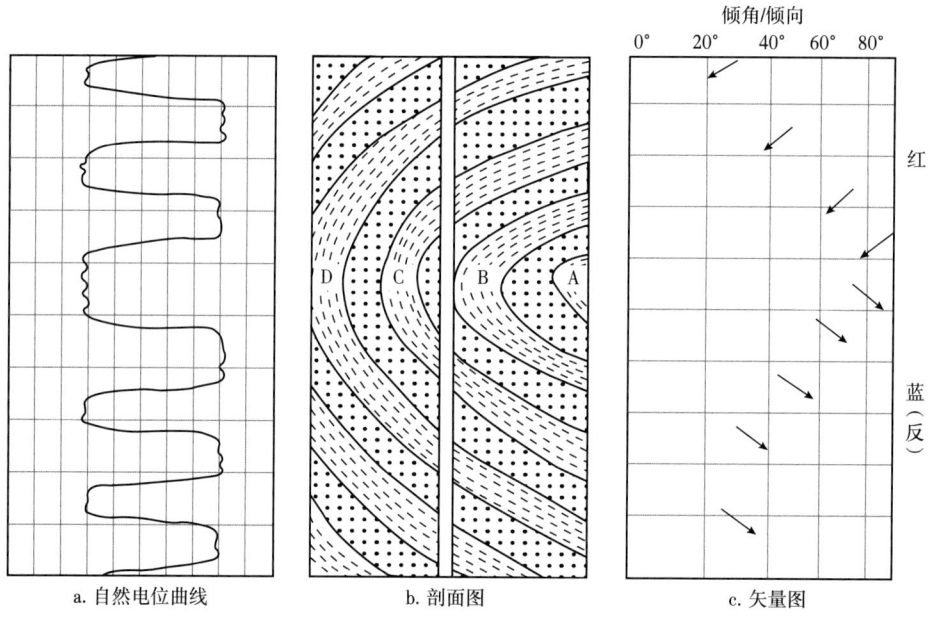

图 4-3-7 平卧褶皱（背斜）的矢量模式

在测井曲线（如图中的自然电位曲线）上，平卧褶曲以轴面为中心，向上向下地层次序重复出现。矢量图上显示为红—蓝（反）模式，如图 4-3-7 所示；或如图 4-3-8 所示，为绿—红—蓝（反）—绿（反）模式，倾角最大处的深度为轴面深度。图中的两翼倾向之差小于 180°，这是由于两翼的倾斜方位是纯平卧褶曲的两翼倾斜方位和平卧褶曲的倾伏方位合成的。

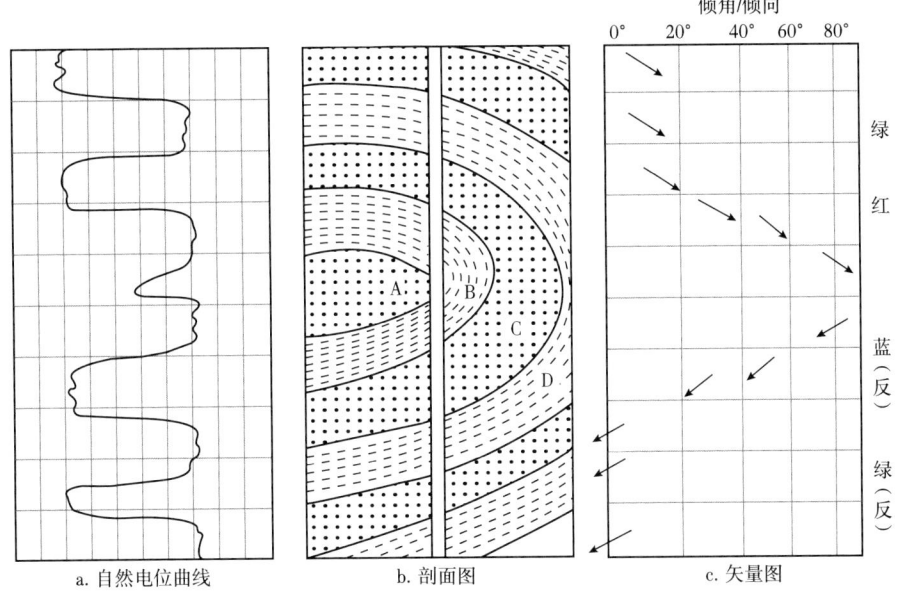

图 4-3-8 平卧褶皱（向斜）的矢量模式

## 第四节 断裂构造测井解释方法

断裂是岩石的破裂，是岩石连续性受到破坏的表现。当作用力的强度超过岩石的强度时，岩石就会发生断裂。地层倾角测井技术和井壁成像测井技术能确定地层产状和构造要素，同时常规测井可根据曲线形态等特征确定地层缺失、重复等特征，成像测井等若与常规测井相结合即可实现褶皱和断层发育位置的确定，褶皱常对应地层的重复，而断层的存在要么导致地层缺失（正断层），要么导致地层重复（逆断层）。

不同的断层特征在地层倾角测井上的响应特征有所差异，因此可以利用地层倾角测井来解释断层类型。按照断层特征可细分为断层面没有变形的断层、有破碎带的断层及有拖曳现象的断层。

### 一、断层要素及形态分类

当作用在地层岩石上的应力达到岩石的强度极限时，沿破裂面两侧地层发生显著位移，这种构造现象称为断层。当岩层处于拉伸或挤压状态时，可能发生断裂，其结果可能产生正断层，也可能产生逆断层（或冲断层）。断层可作为油气运移的通道，也可起到遮挡作用。因此，研究断层的特征和分布规律对油气勘探与开发具有重要意义。

1. 断层要素

断层的基本要素包括断层面、断层线、断盘和断距。

（1）断层面：一个将岩块或岩层断开成两部分，被断开的岩块或岩层顺着其滑动的破裂面。断层面位置可由其走向、倾向和倾角表征。

（2）断层线：断层面与地面的交线。

（3）断盘：断层面两侧沿断层面发生位移的岩块。如果断层面是倾斜的，位于断层面上侧的一盘为上盘,位于断层面下侧的一盘为下盘;如果断层面直立,则按断盘相对于断层的方位描述,如东盘、西盘或南盘、北盘。根据两盘的相对滑动,相对上升的一盘称为上升盘,相对下降的一盘称为下降盘。

(4)断距:被错断岩层在两盘上的对应层之间的相对距离。在不同方位的剖面上,断距值是不同的。

2. 断层分类

根据断层两盘的相对运动可将断层主要分为以下三类(图4-4-1):

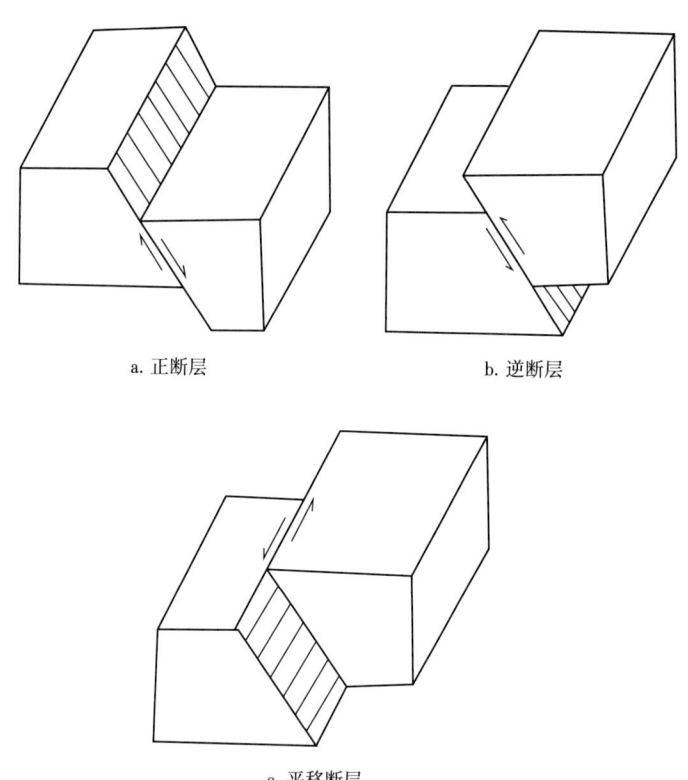

a. 正断层　　　　　b. 逆断层

c. 平移断层

图4-4-1　断层形态分类立体图

(1)正断层:断层上盘相对下盘向下滑动的断层。井下的标志为地层缺失。

(2)逆断层:断层上盘相对于下盘向上滑动的断层。井下标志为地层重复。习惯上将断层面倾角小于45°的逆断层称为逆掩断层,将倾角大于45°的逆断层称为冲断层。

(3)平移断层:断层两盘沿断层面的走向相对移动的断层。

此外还有一些过渡类型。断裂组合有三种类型:地堑型、地垒型和阶梯状。

## 二、地层倾角测井的断层解释方法

1. 断层面没有变形的断层

只要断层面没有发生明显变形,则不管断层是正断层还是逆断层,在矢量图上的显示均为绿模式。如图4-4-2所示,其为正断层,在井眼中E层缺失,由于断层面没有变形,矢量图显示与单斜构造一样,不能用倾角资料判断、确定这类断裂。同样,倾角测井也不能确定断层面没有变形的逆断层。

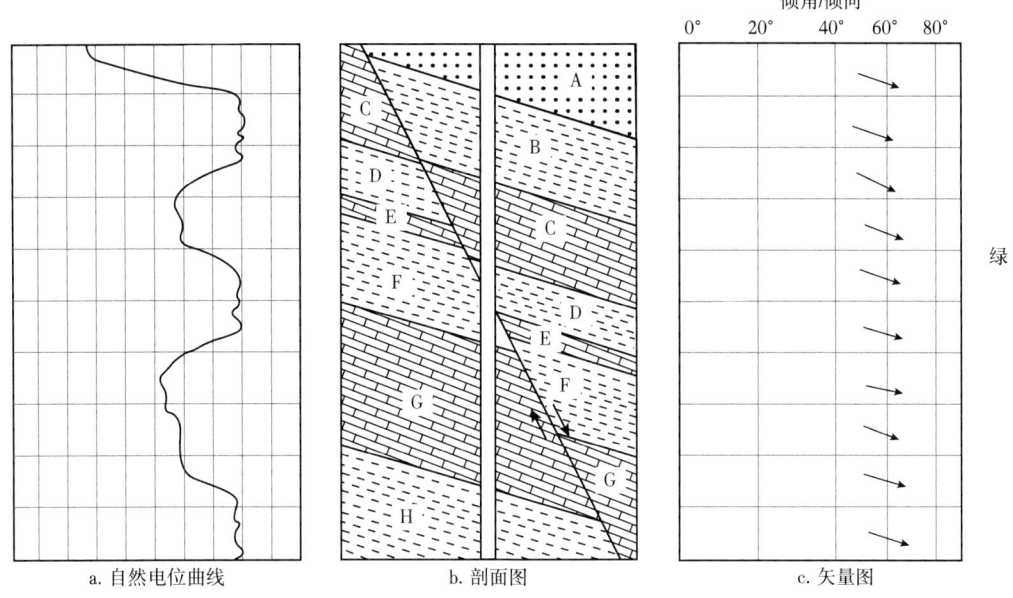

图 4-4-2　断层面没有变形的正断层在矢量图上显示

如图 4-4-3 所示,其为逆断层,在井眼中 D、E 层和部分 C、F 层重复。由于断层面没有变形,在矢量图中断层无显示。

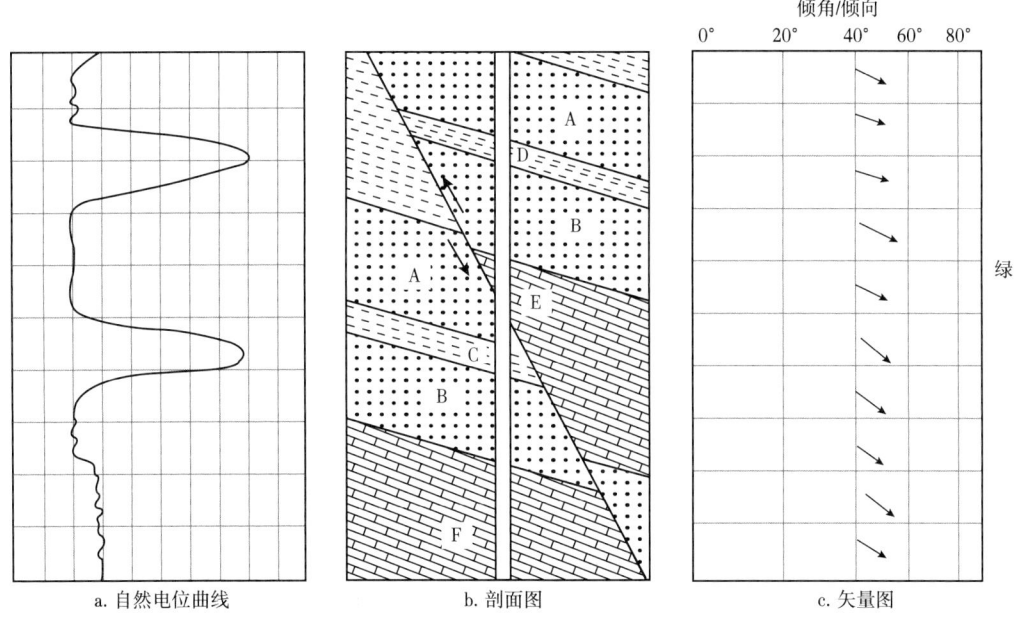

图 4-4-3　断层面没有变形的逆断层在矢量图上显示

2. 有破碎带的断层

当地层很硬时,断层形成过程中岩层沿断层面形成破碎带。此时断层面通常不是一个面,而是一个破碎带,该破碎带的宽度从几厘米到数十米不等。由于破碎带中地层倾向没有固定方向,故矢量图为绿—红—绿模式(图 4-4-4)。

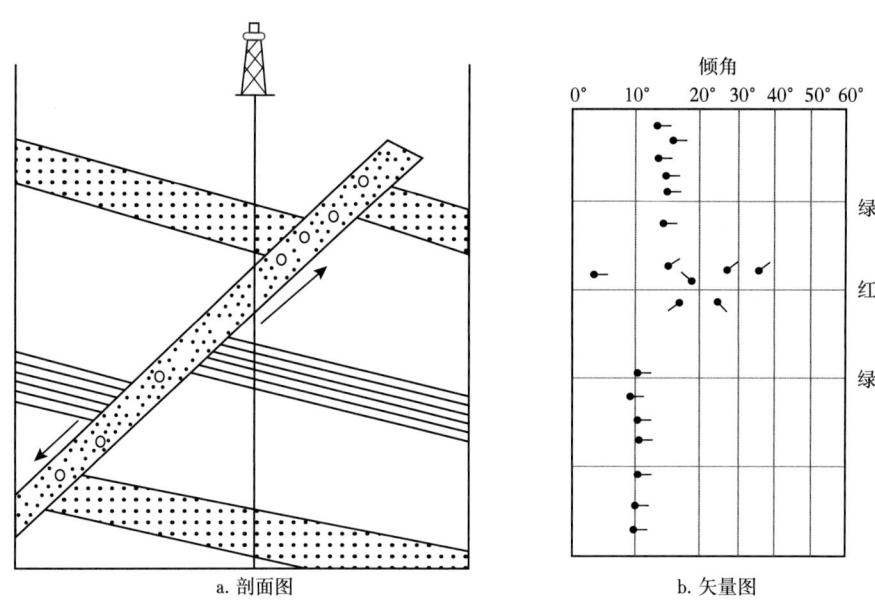

a. 剖面图　　　　　　　　b. 矢量图

图 4-4-4　断裂破碎带断层

3. 有拖曳现象的断层

塑性岩层上下盘沿断层面做相对运动时，由于摩擦力的作用，地层层面在断层面处发生形变，就有可能从矢量图上辨认断层。通常产生所谓的有拖曳（或牵引）现象的断层。最常见的有正断层、逆断层和逆掩断层。

1）断面与层面倾向相同的正断层

图 4-4-5 所示为带有拖曳现象的正断层，断层面与地层面向同一方向倾斜，由于上盘顺断层面下滑，下盘沿断层面上推，使上下盘在拖曳区倾角变大，矢量图上有下列特征：

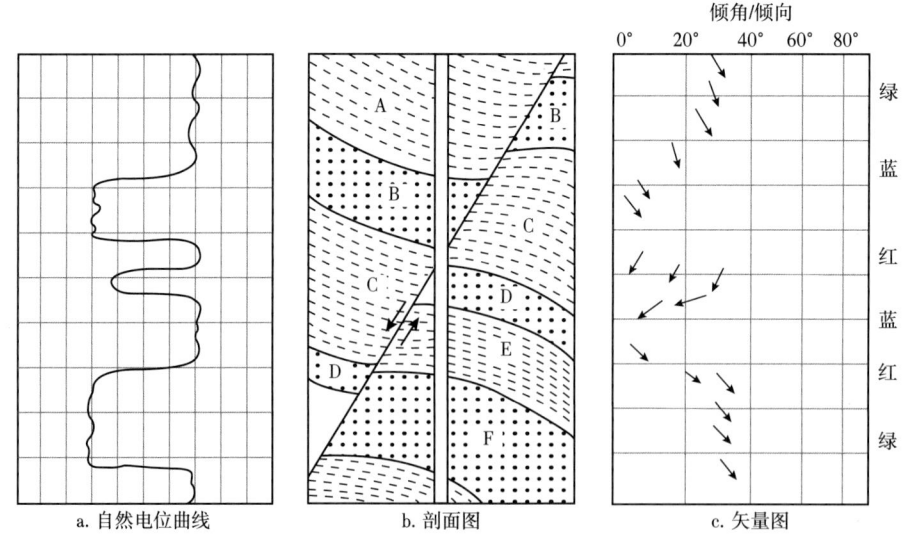

a. 自然电位曲线　　b. 剖面图　　c. 矢量图

图 4-4-5　反向牵引正断层

（1）在上盘岩层中，层面未受拖曳影响，矢量图呈绿模式。此时的倾角和方位角为上盘岩层的倾角与方位角。

（2）进入上盘拖曳区，倾角增大，至断层面，倾角最大。矢量图显示为红模式。此时最大倾角的深度为断点深度，其倾角及方位角为断面的倾角及方位角。

（3）进入下盘拖曳区，倾角减小，矢量图为蓝模式。

（4）进入下盘，未受拖曳影响的岩层倾角稳定，矢量图为绿模式显示。整个矢量图显示为绿—红—蓝—绿模式，方位始终一致。

2）断面与层面倾向相反的正断层

图 4-4-6 为带拖曳现象的正断层，断层面与地层面倾向相反。由于上盘下滑，在拖曳区出现小向斜；下盘上推，在拖曳区出现小背斜。整个矢量图显示为绿—蓝—红（反）—蓝（反）—红—绿模式。红（反）模式最大倾角处的深度为断点深度，其矢量点倾角和方位角接近断层面的倾角和方位角。

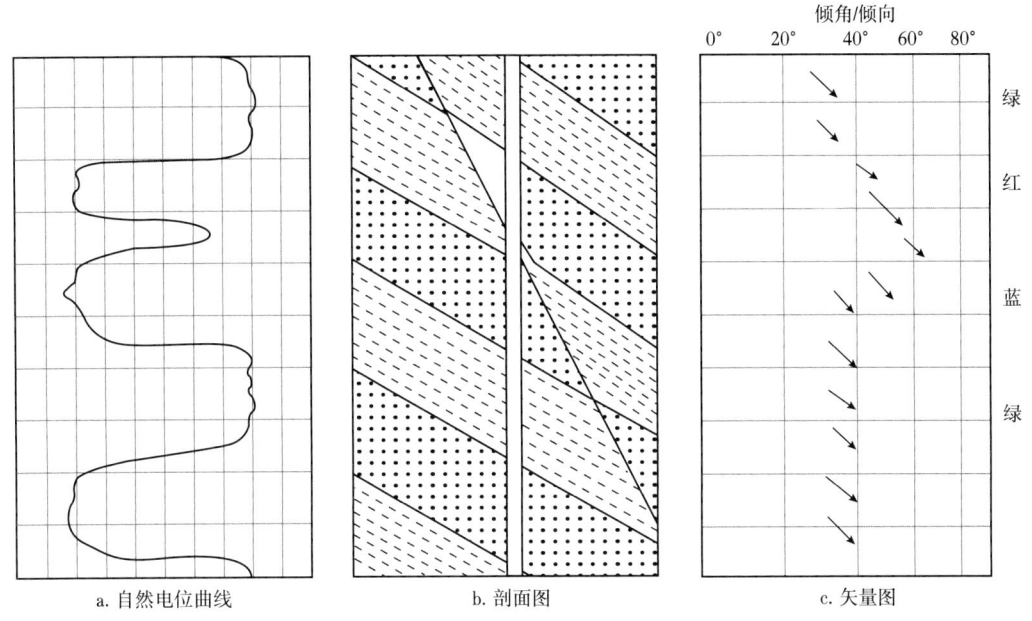

a. 自然电位曲线　　b. 剖面图　　c. 矢量图

图 4-4-6　同向牵引正断层

3）断面与地层面倾向相同的逆断层

带有拖曳现象的逆断层，当断层面与地层面倾向相同时，上盘在拖曳区出现小背斜，下盘在拖曳区出现小向斜。整个矢量模式组合为绿—蓝—红（反）—蓝（反）—绿模式组合（图 4-4-7）。断点处倾角矢量模式组合为红（反）—蓝（反）模式组合。红模式倾角最大处对应断点埋深，断层面倾向与红（反）模式矢量方向相反。这种情况下不能确定断层面倾角。

4）断面与层面倾向相反的逆断层

图 4-4-8 为带有拖曳现象的逆断层，断层面与地层面倾向相反，由于上盘顺断层面上推，下盘沿断层面下滑，使上下盘在拖曳区倾角变大。矢量图显示为绿—红—蓝—绿模式，倾角最大深度为断点深度。

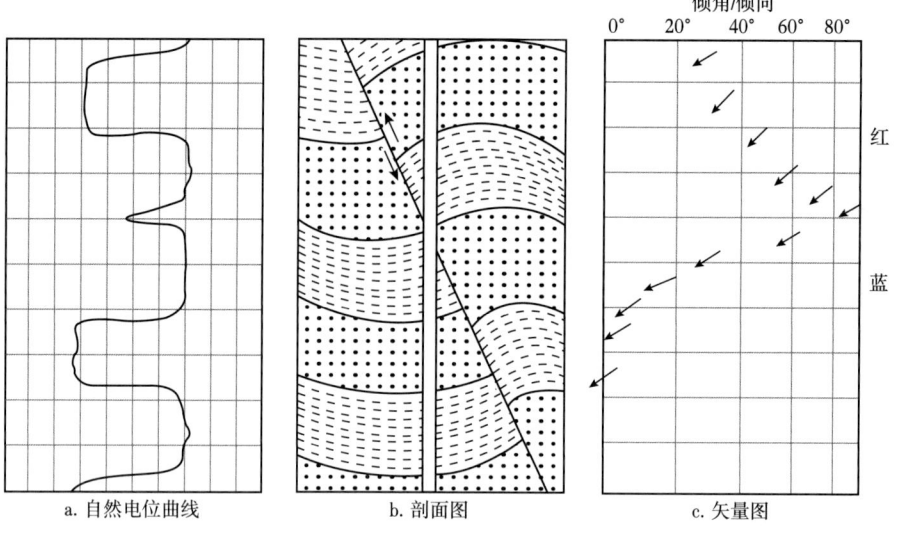

图 4-4-7 同向牵引逆断层

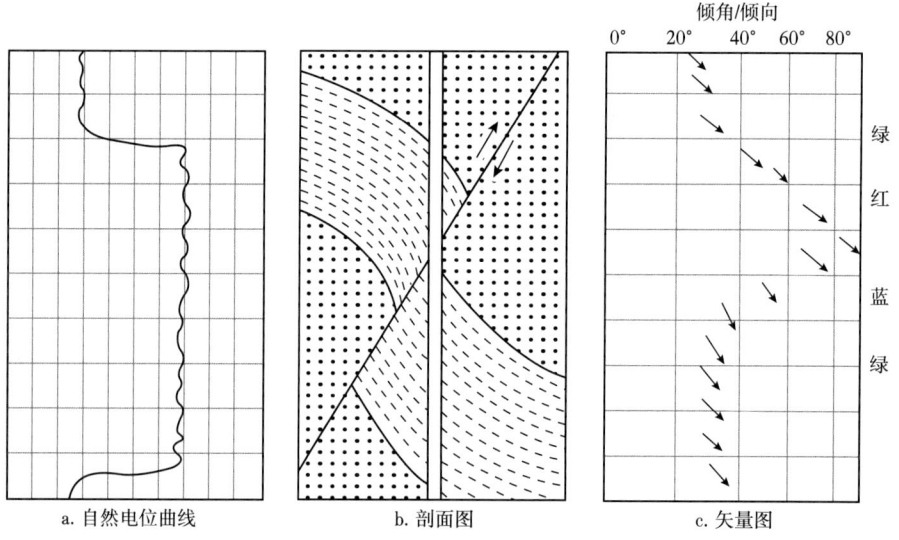

图 4-4-8 反向牵引逆断层

综合上述分析，拖曳断层显示有两种模式，即绿—红—蓝—绿模式和绿—蓝—红（反）—蓝（反）—红—绿模式。但是怎样判断绿—红—蓝—绿模式是断面与层面倾向相同的正断层，还是断面与层面倾向相反的逆断层？同理，怎样判断绿—蓝—红（反）—蓝（反）—红—绿模式是断面与层面倾向相反的正断层还是层面与断面倾向相同的逆断层？

这就需要通过地质资料、测井资料进行综合判断。如测井资料在断点附近有地层缺失可判断为正断层，在断点附近有地层重复或变厚则判断为逆断层。

5）逆掩断层

逆掩断层，断层面与地层面倾向相反。由于拖曳现象，上下盘在拖曳区倾角变大。地层面没有出现转向，整个矢量图显示为绿—红—蓝—绿模式，倾角最大值处深度为断点深度（图 4-4-9）。

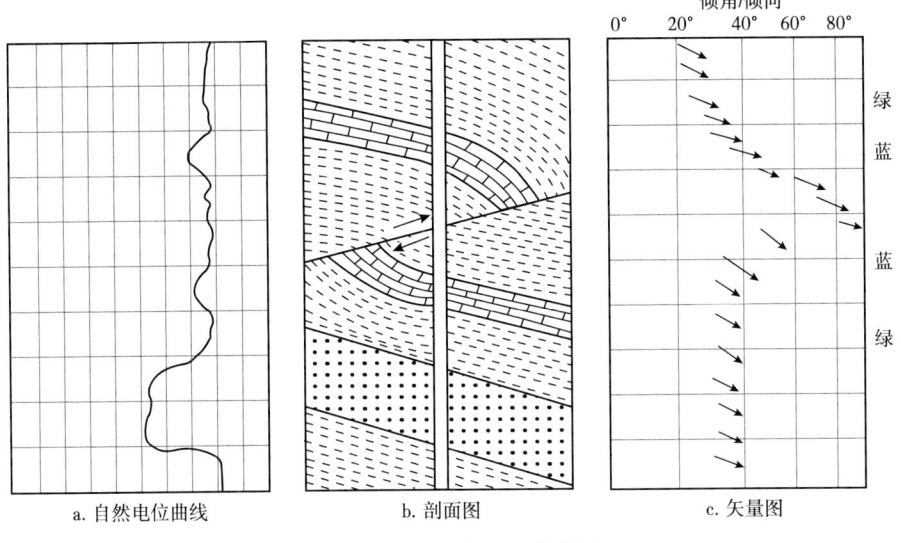

图 4-4-9　有拖曳的逆掩断层

## 三、应用实例

图 4-4-10 为某油田一口井的倾角资料，可以看出矢量图为绿—红—蓝—绿模式。经地震、地质等资料证实，该井钻遇的地层为带有拖曳现象的逆断层。

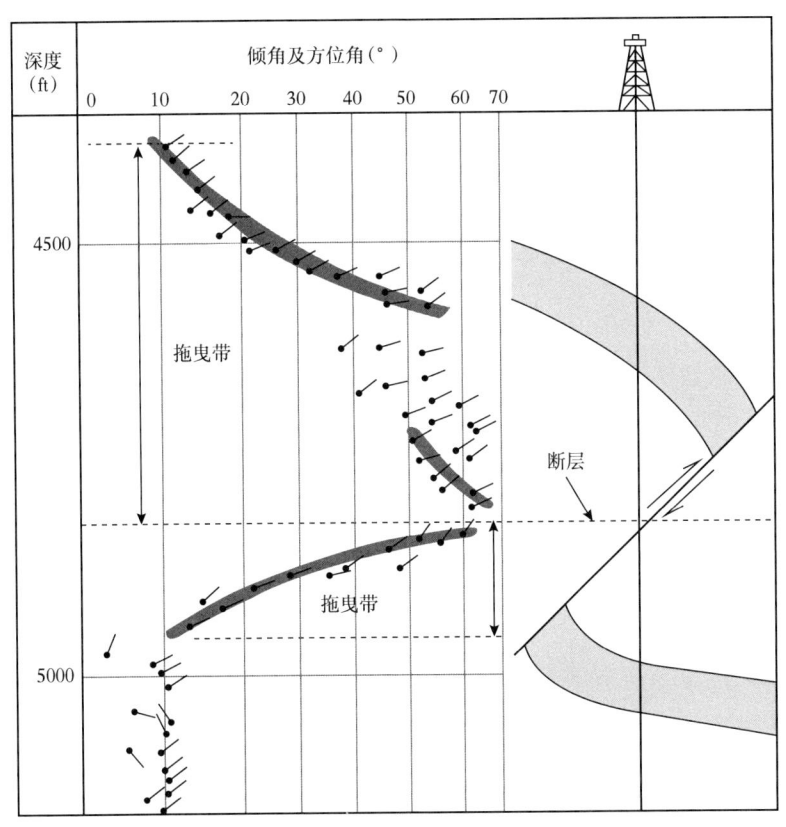

图 4-4-10　带有拖曳现象的逆断层测井实例（据陈科贵，2017）

同时成像测井本身也可以根据标志层的错动与否直接拾取断层发育带，再结合蝌蚪图地层矢量模式特征变化，即可直观地拾取过井断层发育特征（图4-4-11）。通过蝌蚪图地层矢量模式特征变化，地层在约2770m存在一个断裂面，而成像测井图像解释揭示了2770m附近地层确实比较破碎，为典型的断层发育带特征。

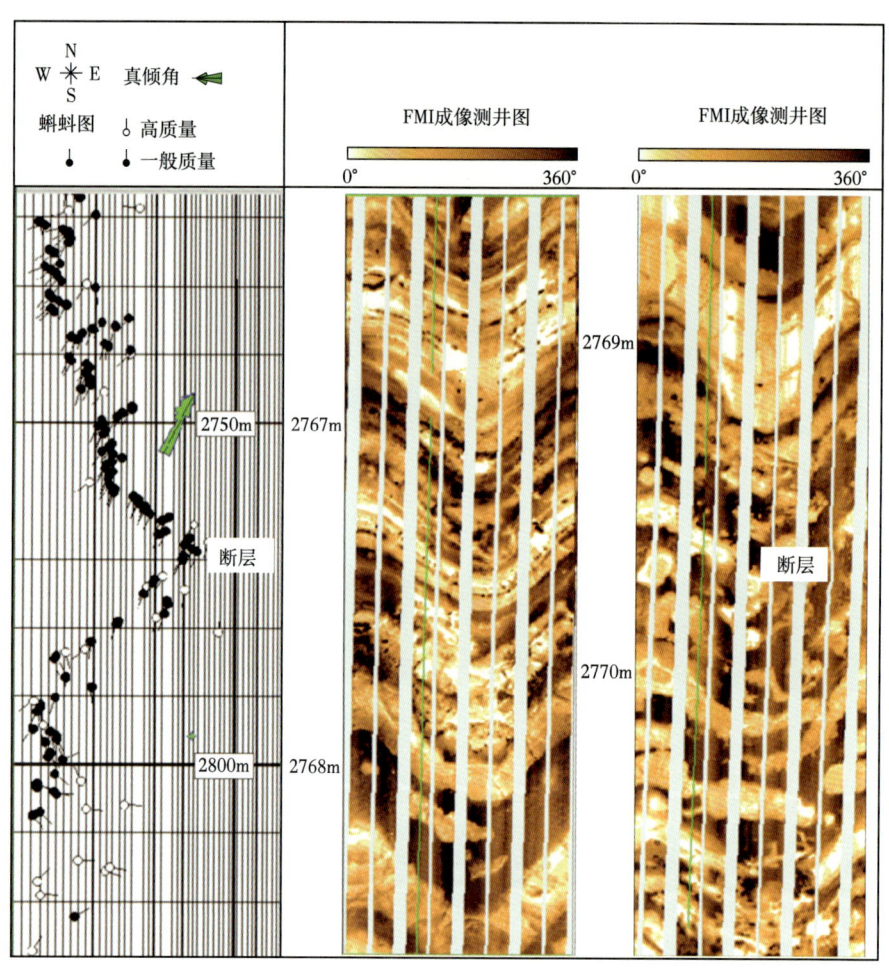

图4-4-11　成像测井及其蝌蚪图解释的断层发育特征

## 第五节　不整合面的测井解释

由于地壳运动，使沉积地区上升到较高位置，沉积作用中断了一个时期，然后沉积地区再次下降接受沉积。这样沉积的一套地层，在地层剖面中就缺失了某一时期的部分地层，时代上不连续，上下地层产状有时会有明显的不同，这样的一套岩层的接触关系称为不整合接触。

不整合面附近的地层在地质时期曾经长期经受风化剥蚀和地下水的溶蚀改造，形成了复杂的孔洞，往往成为油气和地下水的良好储层，且不整合面往往可以作为油气运移的通道，甚至可形成地层不整合圈闭，作为良好的油气聚集的场所。因此，研究地层的接触关系(特别是研究不整合)对油气藏勘探,追索地壳运动特点和演化历史,确定构造运动、岩浆活动的时期,划分对比地层等,都具有重要的理论意义。岩层的接触关系基本上可分为两大类,即整合接触与不整合接触。

## 一、不整合面分类

根据不整合面上下地层产状和所反映的构造运动特征,不整合分为平行不整合和角度不整合。

1. 平行不整合

平行不整合也称为假整合,其形成过程可简单地表示为:下降沉积—上升遭受剥蚀—再次下降接受沉积。不整合面上下两套岩层的产状基本相同,上下两套岩层的界线在广大地区内彼此平行但其间缺失部分地层或化石带。

2. 角度不整合

角度不整合的形成过程可简单地表示为:下降沉积—上升、褶皱、断裂并遭受剥蚀—再次下降接受新的沉积。角度不整合明显地表现在不整合上下两套岩层的产状不同,并有地层缺失,不整合面上有明显的剥蚀痕迹。

## 二、不整合面测井解释方法

1. 平行不整合(假整合)

当侵蚀面的倾角与方位角没有变化时,假整合在倾角图上就无显示(图4-5-1)。当侵蚀面有风化带时,倾角图显示为乱倾角(同时风化带岩石比较破碎,没有固定的倾向和倾角),假整合就有可能识别(图4-5-2),如果侵蚀面侵蚀后产生局部的高点和低点,再沉积时在低洼处形成充填式沉积,倾角图显示为红模式或蓝模式,假整合也有可能识别(图4-5-3)。

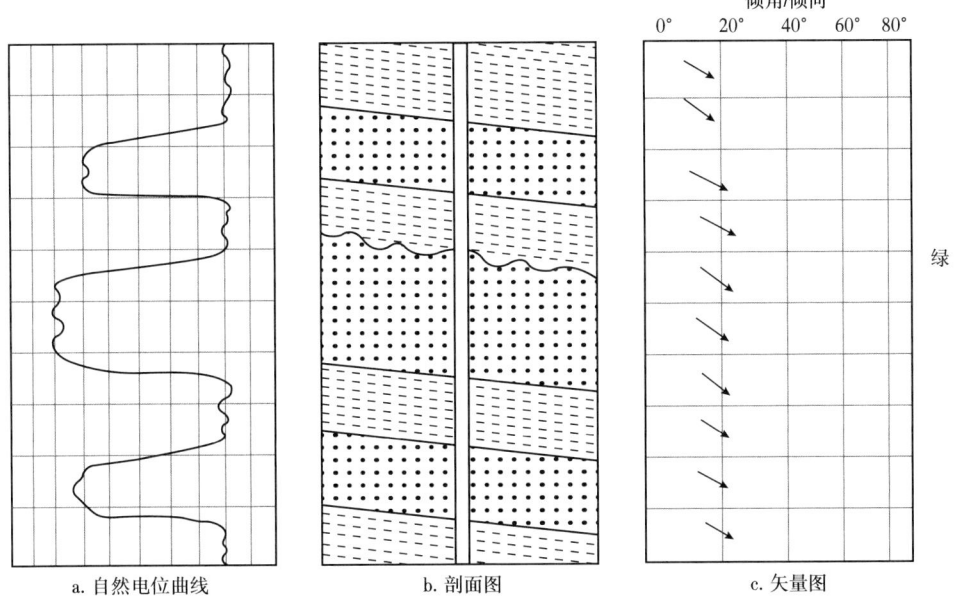

图 4-5-1　假整合倾角矢量图(侵蚀面的倾角与方位角无变化)

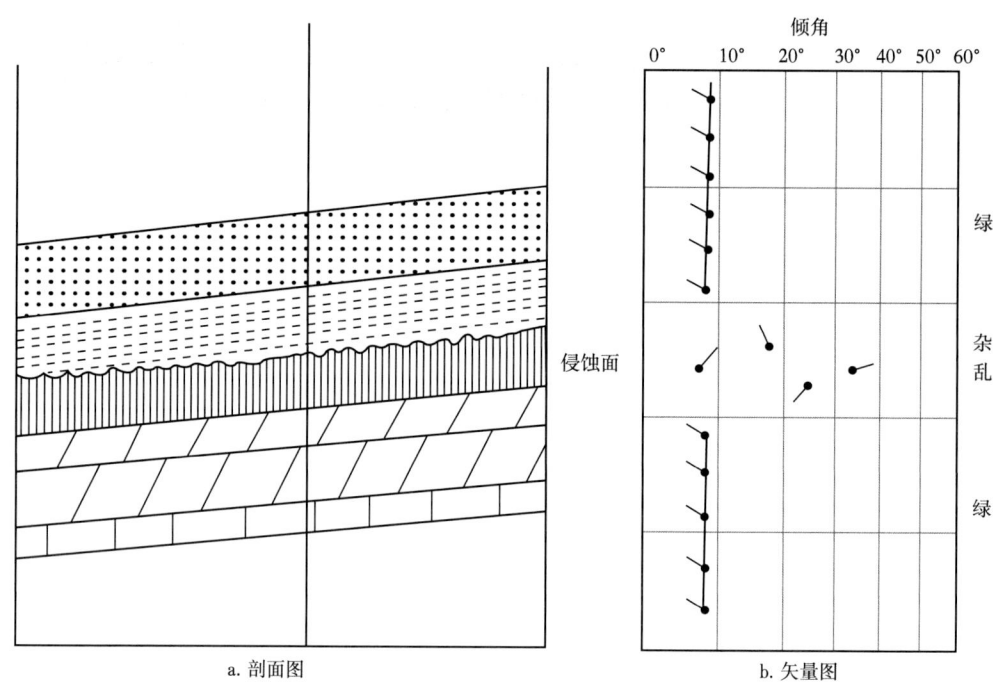

图 4-5-2　假整合倾角矢量图（具有侵蚀面风化壳）

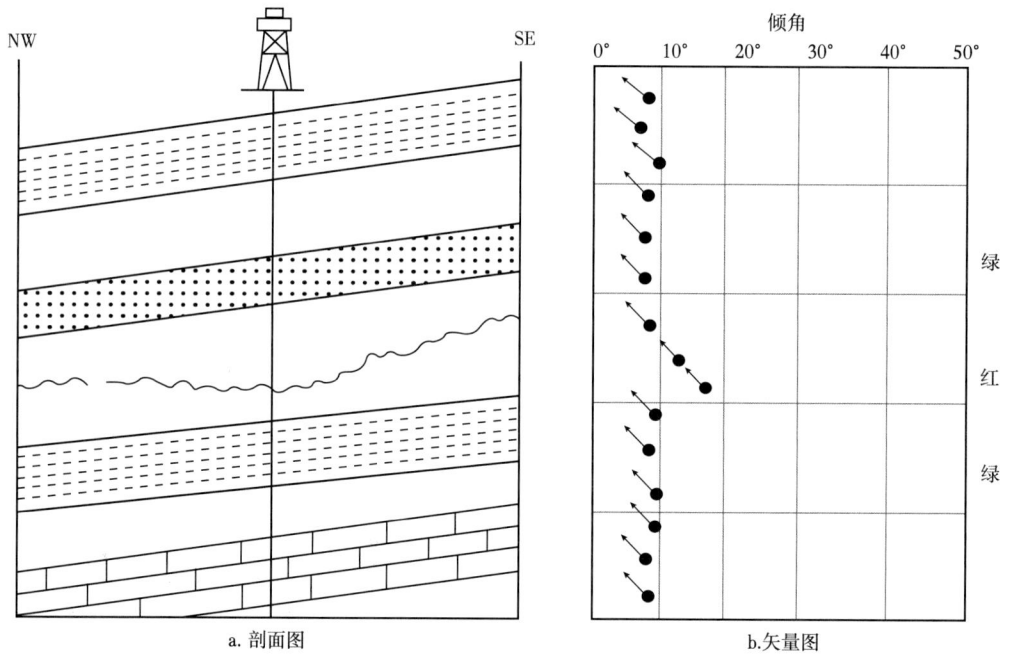

图 4-5-3　假整合倾角矢量图（具有倾斜层再沉积）

**2. 角度不整合**

角度不整合在倾角矢量图上表现为倾角或倾向突变，一般情况下不整合上部地层倾角较小，下部地层倾角较大（图4-5-4）。这种突变在区域上可以对比，不同于断层仅引起局部地层产状突变。

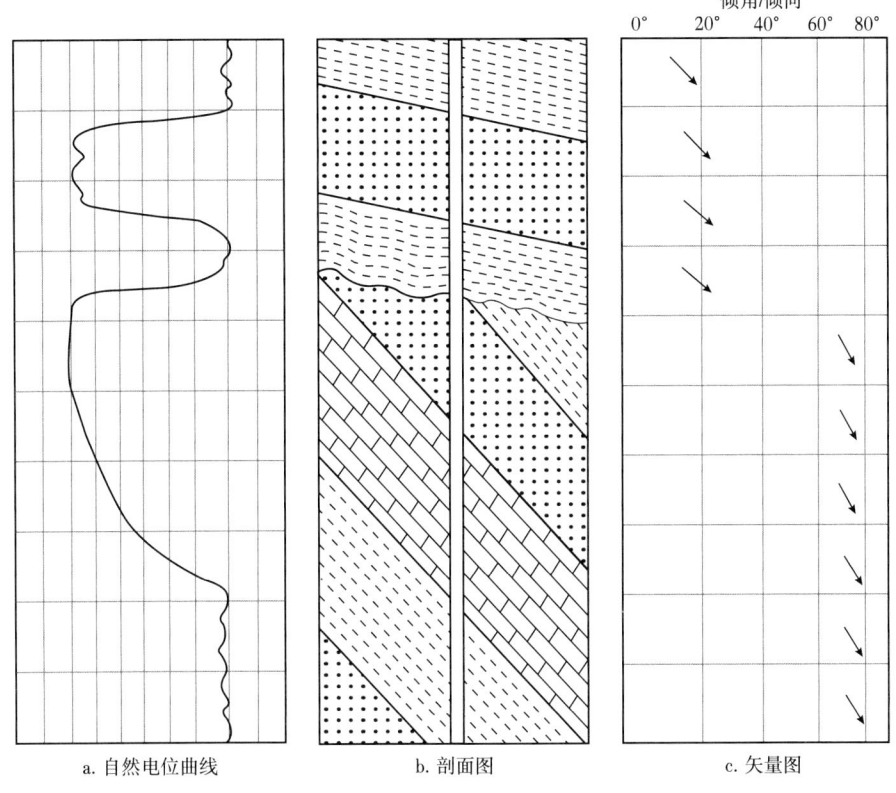

图 4-5-4 角度不整合倾角矢量图

a. 自然电位曲线　　b. 剖面图　　c. 矢量图

## 第六节　利用地层倾角和井壁成像研究地质构造实例

由于井筒所揭露的体积规模有限，井筒识别出的构造为小断层和小褶曲。断层的图像特征表现为正弦暗线条，与层面斜交，倾角较大，当充填高阻物质时，也可表现为亮线。断层两侧的地层有明显的错动。依据断面产状、断面特征及断距大小和充填特征，在 FMI 成像图上可识别出正断层、充填张性断层和逆断层。断层在图像上的特征与裂缝相似。不同的是，被裂缝所切割的地层层面连续完整，在各极板上可以连续追踪，而断层面两侧地层则有不同程度的错位。

本节分别展示了不整合面、断层和褶皱等不同地质构造在地层倾角与井壁成像测井中的典型识别特征。

### 一、不整合面

常规测井曲线可以指示岩性、物性等信息，因而可以综合反映不整合面的特征，典型不整合在测井曲线上可见到明显的突变接触关系，如塔里木盆地雅哈23-1井，下伏地层为寒武系结晶白云岩，而上覆地层直接为侏罗系褐色、灰褐色粉砂泥、泥质粉砂岩，二者之间呈明显不整合接触关系，中间缺失奥陶系、泥盆系、石炭系、二叠系、三叠系（图 4-6-1）。不整合面处 GR 曲线呈明显突变接触，相对应的自然伽马能谱也为突变接触关系，此外，电阻率曲线也由明显高值向低值转变，代表了一个大型的不整合面的存在。

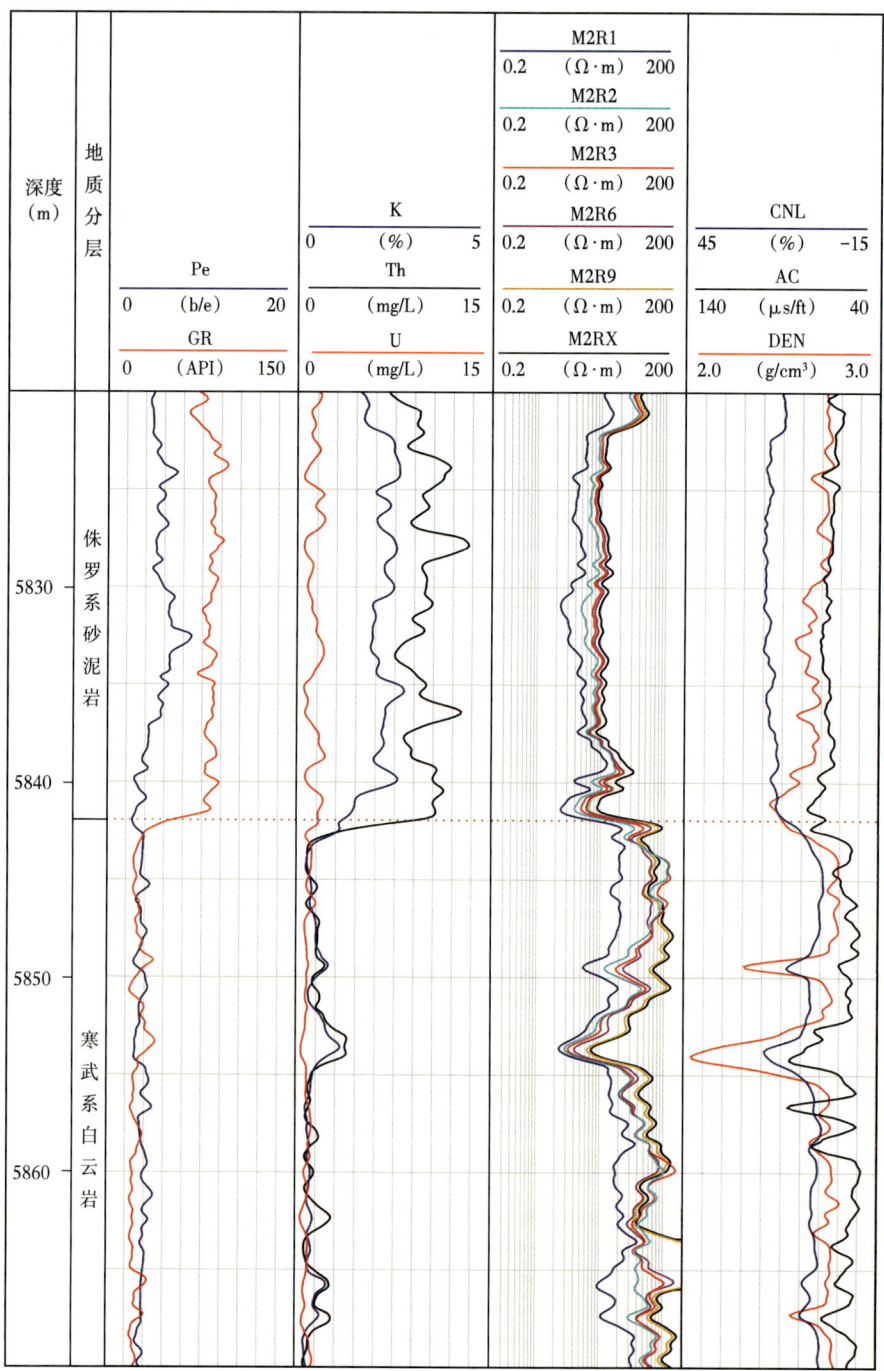

图 4-6-1　塔里木盆地寒武系与侏罗系不整合面接触（据赖锦等，2021a）

## 二、断层

如图 4-6-2 所示，提供成像测井拾取出了代表地层产状的蝌蚪图，蝌蚪图可组合形成玫瑰花图。从地层产状来看，以 5790m 深度段为分界，上面地层产状主要向南东方向倾斜，而下面的地层则主要倾向为南西方向。即以5790m深度段为分界，地层产状发生了明显变化。同时精细的成像测井观察表明，该5790m深度段往下地层倾角明显变大，对应了一个典型断层面发育的特征。结合过X103井的地质剖面情况，可以观察得出该井段确实存在一个典型的逆断层，说明成像测井解析出的井壁的断层面的特征真实可靠。

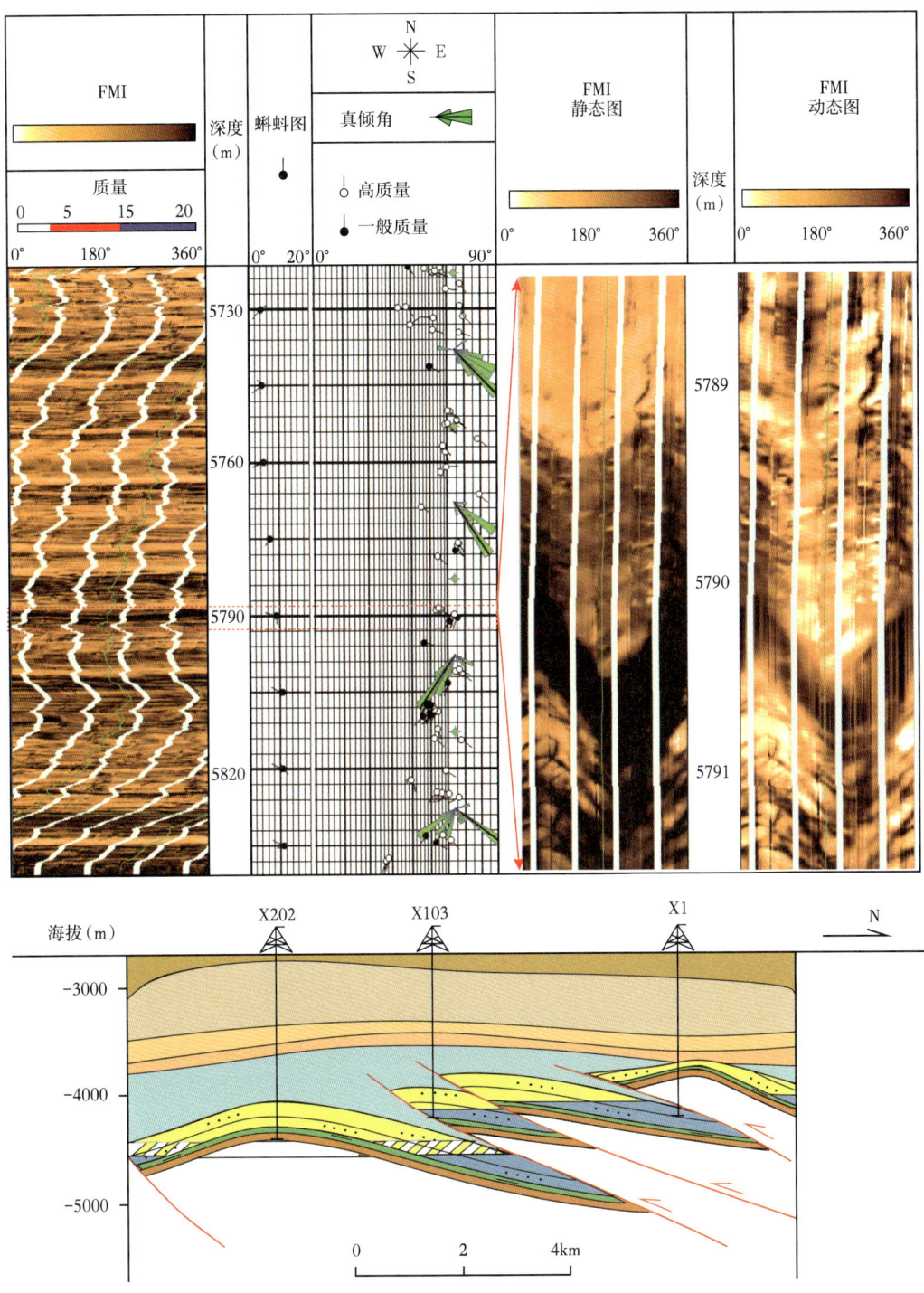

图4-6-2　由成像测井解析出的X103井断层特征（据Lai et al., 2018）

图 4-6-3 为在 DBA 井中通过成像测井图像解释获得的地层产状，地层产状呈现三段式，顶底地层倾角相对稳定，倾角 5°~8°；中部地层产状变化，倾角为 29°。参考成像测井图像所反映的地层产状特征，建立了井旁构造模型。分析认为该井高陡地层为过井断层及断层上盘的膏盐层共同影响形成。

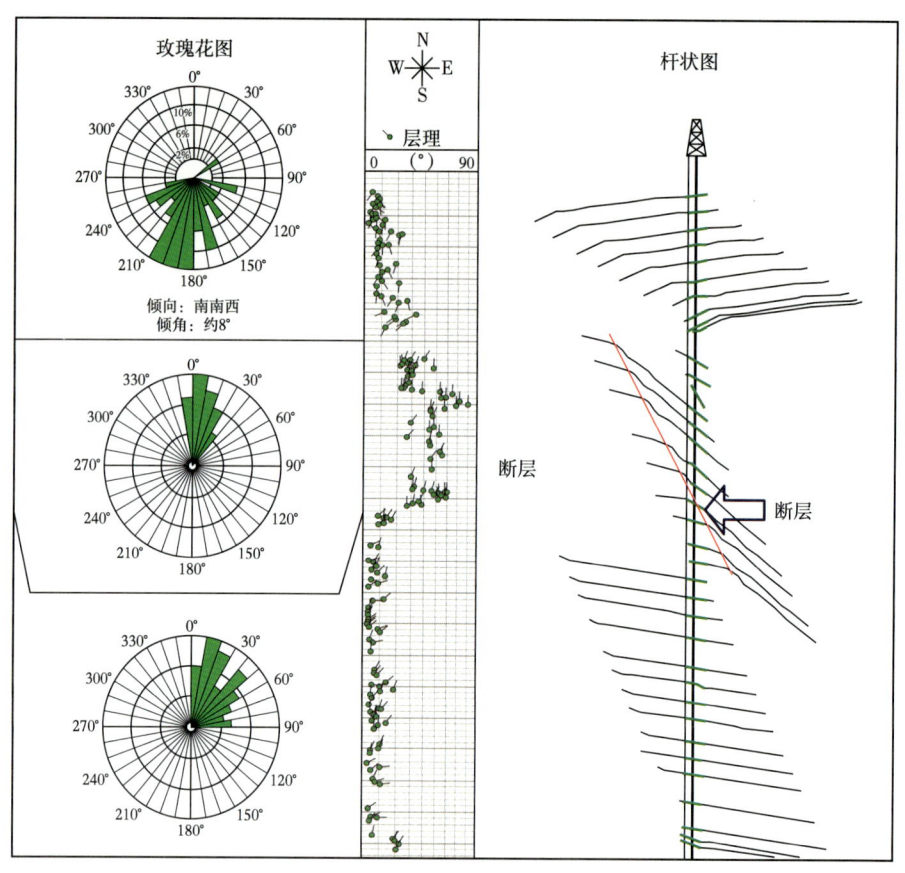

图 4-6-3　DBA 井井旁构造分析实例（据赵元良等，2019）

### 三、褶皱

近年来，川东高陡构造带的勘探难度越来越大，许多井不能命中靶区。主要原因是高陡构造带背斜不对称，地层常直立或倒转，并且伴生有多级断层。另外，川东高陡带地震无良好的反射信号，常形成盲区，地震资料解释难度大。在这种情况下，钻井多次钻遇陡带，难以钻达目的层，造成钻探失利。为此，亟须利用测井资料评价高陡构造带井旁构造。

如温泉 1 井钻遇构造陡翼，应用测井资料进行井旁构造形态分析，解释结果表明：温泉井构造为一强烈褶皱的背斜构造，构造轴走向近东西向，两翼倾向分别为北西向和南东向；上部发育有断层，下部地层出现倒转；构造两翼不对称，北西翼缓，南东翼陡，由上至下地层形变加剧。在不能钻达目的层的情况下，通过井旁构造解析准确分析了目的层在构造中的位置情况，及时提出侧钻建议，栖一段停钻，在飞仙关组 3200m 处侧钻温泉 1-1 井，顺利中靶，并获日产气 $123\times10^4 m^3$，从而发现了温泉井构造的石炭系气藏（图 4-6-4）。

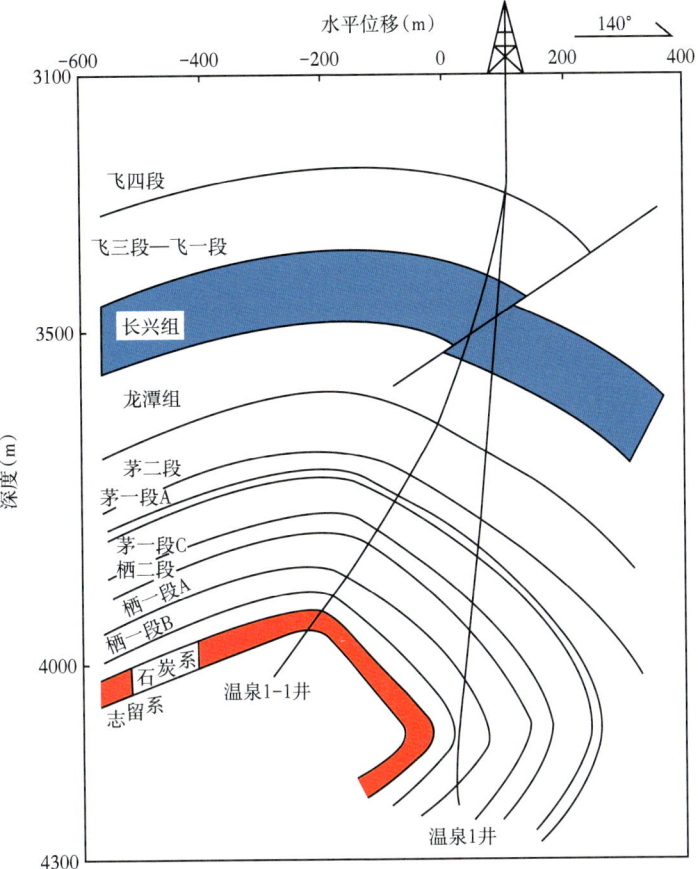

图 4-6-4 温泉 1 井、温泉 1-1 井井旁构造剖面图

# 第五章 测井地应力评价

地应力研究在油气的勘探和开发过程中都起到非常关键的作用。地应力场研究可以为油气运移、井网部署、油气井压裂、井壁稳定性和裂缝有效性等提供理论指导与技术支撑。在声发射实验确定古构造应力场期次及大小的基础上，通过电阻率、声波时差测井曲线和裂缝密度恢复最大古构造应力。现今地应力场一般从地应力方向和大小两个方面进行描述，可通过成像测井拾取井壁崩落和诱导裂缝、阵列声波时差测井横波分裂等方法判断现今地应力方向。获取地应力场大小的手段是水力压裂法和声发射实验。在现今地应力场描述的基础上，利用组合弹簧模型等模型或方法计算现今地应力大小，实现地应力场分析。地应力场分析结果有助于更好地开展断层性质分析、储层质量、裂缝有效性评价以及油气藏分布预测，此外在非常规油气储层压裂改造等工程领域也有较大的应用价值。

本章总结了地应力场构成及其测井响应机理，明确地应力响应较灵敏的测井序列为声波时差、电阻率以及成像测井。

## 第一节 地应力及相关概念

应力是指受力物体表面或内部单位面积的附加内力。应力场是指受力物体内部各点瞬时应力状态的组合，可以划分出：（1）均匀应力场，即各点应力状态相同（可以按照点应力方法处理）；（2）非均匀应力场，即各点应力状态不相同。

构造应力是指偏离标准应力的那部分应力。构造应力场是指地壳内一定范围内某一瞬时构造应力状态的组合。构造应力场按规模分为局部、区域、全球，按时间则可分为现今、古代。弹性力学证明，任何受力物体内部总是能够找到三个相互垂直的面，其上只有正应力而无剪应力，对应为应力椭球，即以 $\sigma_1$、$\sigma_2$、$\sigma_3$ 为主轴的椭球体，直观表达物体受力状况（图 5-1-1）。应力椭圆指应力椭球的三个主切面（图 5-1-1）。

地应力（earth stress）是指地壳岩石在漫长的地质历史中形成的天然内应力，是由于地壳内部的垂直运动和水平运动方向的力以及其他因素的力而引起介质内部单位面积上的作用力。地应力受控于上覆岩体的自重、地质构造运动产生的构造应力，是深度、岩性、孔隙流体压力、岩石结构和构造的综合反映。

地应力（包括地质历史时期古应力与现今地应力）研究对地质与工程研究均有重要的意义。在地质上，地应力场首先决定了油气的运移与聚集，同时控制了储层品质。此外应力场控制了构造样式以及裂缝的形成与分布。在工程上，地应力研究对井网布置、钻完井设计、压裂改造、井壁稳定性分析具有举足轻重的作用。

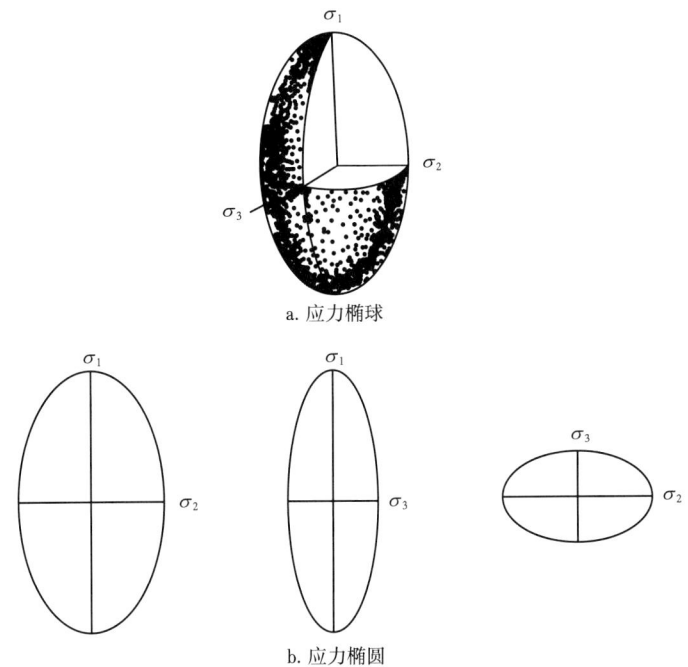

图 5-1-1  应力椭球和应力椭圆示意图

对于需要压裂的非常规油气藏（致密油、煤层气、致密气以及页岩油气），水平井、压裂等工程问题和需求空前突出，对地应力的研究提出了更多更高的要求。地应力室内试验、矿场地应力测试和地球物理测井资料等地应力分析是油田地质与工程研究必不可少的内容。

对于某一特定的地质体来说，可以将作用于其表面的法向地应力定义为主应力。在主应力方向上剪切应力为零，这样地质体受到的复杂的地应力可以归结为三个相互垂直的主应力，即三轴向地应力（图 5-1-2）。通常其中一个主应力是垂直的，称为垂向应力（$\sigma_v$）；另外两个主应力为水平且相互垂直，称为最大水平主应力（$\sigma_{Hmax}$）和最小水平主应力（$\sigma_{hmin}$）（Engelder，1993）。

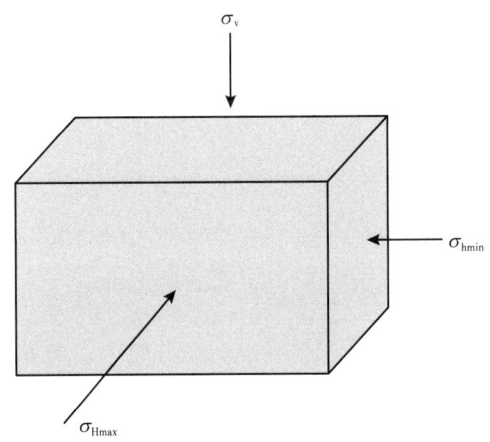

图 5-1-2  三轴向地应力示意图（据赵军等，2010）

地下地层岩石往往同时受到垂向应力和孔隙流体压力影响。Narr 和 Currie（1982）指出，岩石骨架承受的应力（称有效应力）往往等于垂向应力与孔隙流体压力之差。

$$\sigma_e = \sigma_v - p_p \tag{5-1-1}$$

式中：$\sigma_e$ 为有效应力，MPa；$\sigma_v$ 为垂向应力，MPa；$p_p$ 为孔隙流体压力，MPa。

地应力的大小、方向及其演化是油气田勘探开发研究的重要内容。地应力（场）是在复杂而漫长的地质历史过程中形成的，难以进行大规模地应力测试，这就给地应力的研究带来了相当大的难度。通过地球物理测井资料可进行地应力方向的判别和地应力大小的计算。另外，测井资料与地质分析测试资料以及矿场测试资料相比，具有纵向分辨率高、连续性好等特点。

## 第二节　测井地应力响应机理

通常地应力场剖面包括垂向应力大小、最大水平主应方向及大小、最小水平主应力方向及大小、孔隙流体压力，通常也称地层压力（Zoback et al.，2003；Ju Wei et al.，2017；Lai et al.，2019a）。地应力场的研究可为钻井安全、油气井压裂、储层裂缝有效性评价和油区构造解析提供理论指导（Lai et al.，2018）。

### 一、井壁应力分析

地层一旦被钻开，原地应力的平衡状态被打破，应力在井周围将重新分布。根据井眼的受力机制，井壁附近岩石将受四种力的作用，包括上覆岩石压力（$\sigma_v$）、孔隙流体压力（$p_p$）、钻井液柱压力（$p_m$）和构造应力（$p_t$），同时上述四种应力将在井壁上产生径向应力（$\sigma_r$）和切向应力（$\sigma_e$）。

当井壁为圆形时，有如下关系式：

$$\sigma_r = p_m \tag{5-2-1}$$

$$\sigma_e = \frac{(\sigma_{Hmax} + \sigma_{hmin})}{2}(1 + a^2/r^2) - \frac{(\sigma_{Hmax} + \sigma_{hmin})}{2}(1 + 3a^4/r^4)\cos(2\theta) - p_m \tag{5-2-2}$$

式中：$\sigma_r$、$\sigma_e$ 分别为径向应力、切向应力，MPa；$p_m$ 为钻井液柱压力，MPa；$\sigma_{Hmax}$、$\sigma_{hmin}$ 分别为最大水平主应力、最小水平主应力，MPa；$a$、$r$ 分别为井眼半径、地层任意一点距井眼中心的距离，m。

对于井壁上的点，则有 $r=a$，即：

$$\sigma_e = (1 - 2\cos\theta)\sigma_{Hmax} + (1 + 2\cos\theta)\sigma_{hmin} - p_m \tag{5-2-3}$$

当 $\theta=90°$ 或 $\theta=270°$ 时，即在最小水平主应力方向上，有最大剪切应力：

$$\sigma_e = 3\sigma_{Hmax} - \sigma_{hmin} - p_m \tag{5-2-4}$$

式（5-2-4）表明，最小水平主应力方向上，由于井壁受到的剪切应力最强，最可能发生井眼崩落（垮塌），井眼崩落方向总是与最小水平主应力方向一致（图5-2-1）（赵军等，2010）。

当$\theta=0°$或$\theta=180°$时，即在最大水平地应力方向上，井壁所受的切向应力最小，为最小剪切应力：

$$\sigma_e = 3\sigma_{hmin} - \sigma_{Hmax} - p_m \tag{5-2-5}$$

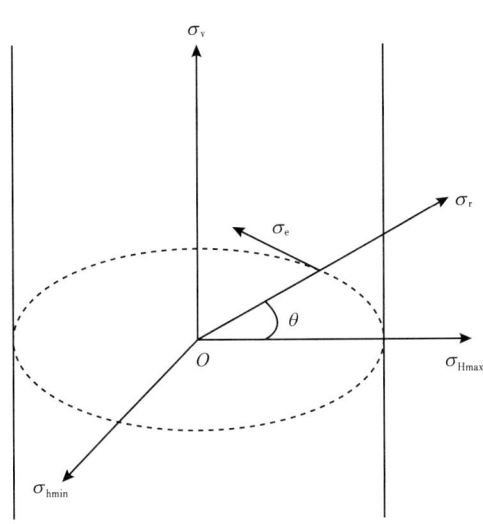

图5-2-1　井壁应力分析示意图（据赵军等，2010）

综上所述，切向正应力的最大值出现在最小水平主应力的方向上，导致在这一方向上最易引起应力崩塌，且崩塌的方向指示最小水平主应力的方向。式（5-2-5）表明，在切向正应力的最小值方向上，井眼表面上拉应力较强，井壁可能发生径向拉伸破坏，从而在该方向上产生走向为最大水平主应力方向的钻井诱导裂缝。

## 二、不同测井方法对地应力响应

地应力测井评价包含两个方面的内容：一是现今地应力场方向（最大水平主应力方向）；二是现今地应力大小。

基于测井资料的地应力方向评价主要依靠带有方位信息的测井资料，包括地层倾角测井、井周声波时差成像测井、微电阻率电成像测井、阵列声波时差测井等。声、电成像测井，由于采集地层环井壁一周360°的图像，具有分辨率高以及定向的特征，可以通过研究井壁崩落方位、钻井诱导裂缝走向确定现今地应力方位。阵列声波时差测井通过检测横波分裂过程中产生的快慢横波方位与时差，实现井周各向异性计算，进而通过快横波方向确定水平主应力方位。地层倾角测井可以用双井径识别井壁崩落，即井壁崩落的特征为井径差较大，即一条井径曲线值显然大于另外两条井径曲线值的位置，再结合1号极板方向，可以确定井壁崩落的方向，井壁崩落的位置往往对应最小水平主应力方向。

目前还没有直接测量地应力的测井方法。应用模块式地层动态测试器（modular formation dynamics tester，MDT）可直接测量地层压力（孔隙流体压力）。

阵列声波时差测井可以采集纵波、横波、斯通利波等时差，结合密度测井等可计算得到动态泊松比和杨氏模量等岩石力学参数，在后续的测井地应力分析与评价中应用广泛。成像测井拾取出的井壁崩落的大小和规模往往与地应力大小密切相关，因此，可以通过井壁崩落的规模进行地应力大小的评价。

常规测井对地应力响应比较灵敏的主要为声波时差和电阻率测井。通常随着深度的增加，地应力逐渐增大，岩石的声波时差和电阻率随深度呈指数变化，在单对数坐标图上通常呈正常压实趋势直线。当岩石受到强大的额外地应力（被称为附加构造地应力）作用时，必然使电阻率、声波时差偏离正常趋势线，声波时差往低值方向偏移（与欠压实作用相反），电阻率往高值方向偏移（图5-2-2）。根据声波时差和电阻率偏移量大小，可以确定井筒方向的附加构造地应力分布。

中国西部典型的山前前陆盆地——库车坳陷白垩系巴什基奇克组致密储层，强挤压带中的泥岩电阻率值异常高，反映了地应力集中，岩石缺乏导电孔隙流体，导致山前构造应力集中部位的泥岩电阻率比盆地内正常压实泥岩的电阻率高出数倍甚至数十倍。而由于岩石受强挤压应力作用，导致岩石被挤压致密，从而使声波传播的速度明显加快，进而声波时差值不断减小（图5-2-2）。因此可通过统计方法建立测井信息与最大地应力之间的关系，建立电阻率、声波时差与正常地应力关系的定量统计模型，将山前挤压区井的电阻率和声波时差等代入优化模型，定量分析井筒附近的地应力分布，并在条件允许时将计算结果与实验确定的地应力对比，相互检验。

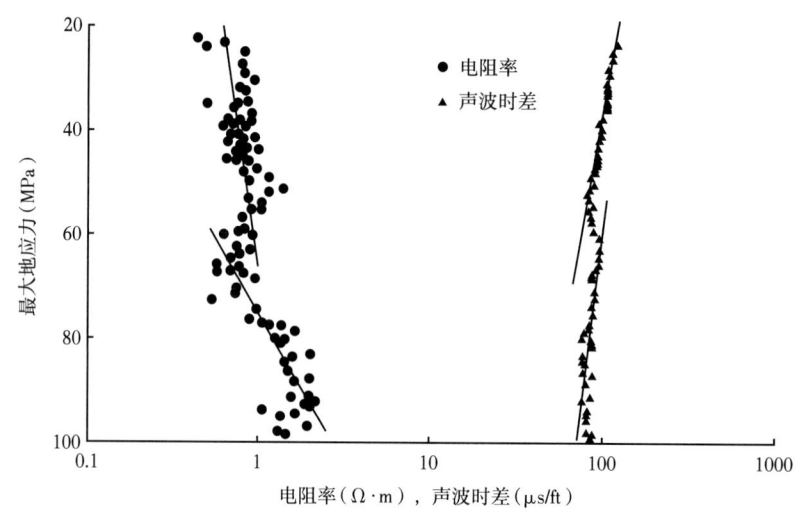

图5-2-2　稳定构造区最大地应力与电阻率、声波时差交会图（据李军等，2001）

## 第三节　现今地应力方向测井评价

地层倾角测井，阵列声波时差测井和声、电成像测井测量过程中带有磁性定位仪，可以直接识别井下的方位信息。测井资料广泛应用至现今地应力场（最大水平主应力、最小水平主应力）方向的判别（Engelder, 1993; Tingay et al., 2009; Ju Wei et al., 2017）。目前，确定水平地应力方向的测井方法很多，最常用的方法包括：（1）从声、电成像测井解释的井壁崩落法、钻井诱导裂缝推断法；（2）阵列声波时差测井横波分裂法（快横波方位）等；（3）地层倾角测井双井径曲线法。

## 一、成像测井

成像测井可以拾取出井壁崩落和钻井诱导裂缝，而这二者都是在地层被钻开以后，地应力失去平衡并重新分布形成的。从式（5-2-4）可以看出，在平行于现今最小主应力的方向上，切向正应力最大，易产生应力崩塌而形成椭圆井眼，这种现象被称为"井壁崩落"（borehole breakout），该应力崩塌导致的椭圆井眼长轴指示最小水平主应力方向。相对应地，在现今最大水平主应力方向上，切向正应力最小，当钻井液柱压力较大时，在该方向上的井壁会产生拉应力，如果拉应力超过岩石最大承受能力，则岩石破裂，产生诱导压裂缝（induced fracture）。因此，诱导压裂缝的走向指示最大水平主应力方向。钻井过程中钻具的震动将形成一组微裂缝，与现今最大水平主应力方向平行。

### 1. 井壁崩落

钻井导致地应力在井壁上产生应力集中，当应力集中超过井孔周围岩石的抗剪强度时，发生井壁崩落现象（图5-3-1）。通常最小水平主应力方向表现出最大的应力集中（剪切应力最强），最容易发生井孔崩落。也就是说，井壁崩落方向代表着最小水平主应力的方向（图5-3-1）。

井壁崩落与两个水平方向地应力差值和钻井液密度有关。钻井液密度低于坍塌压力梯度，将发生井壁崩落、坍塌，而且总是在最小水平主应力方向上崩落，其井径明显增大；而在最大水平主应力方向上不崩落，其井径接近钻头直径，这样就形成不对称椭圆形井眼，其长轴方向与最小水平主应力方向一致，现今最大水平主应力的方向则垂直于椭圆井眼的长轴方向。

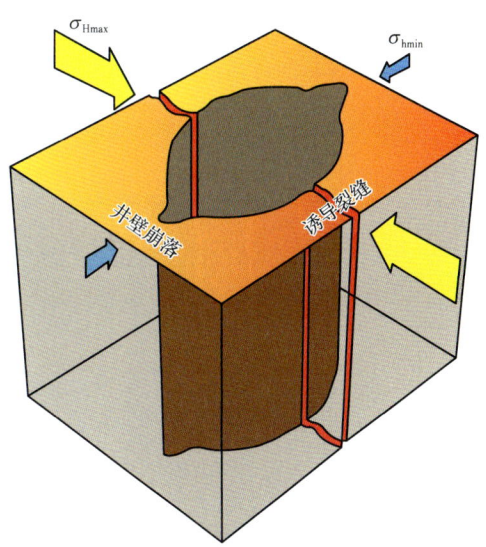

图5-3-1 井壁崩落及其地应力方向分布示意图

井壁崩落处往往由于钻井液侵入，导致其电阻率较低，在成像测井上表现为两条暗色或黑色的较宽的垂直长条带或者斑块，呈180°对称，一定层段上下一般有一致性（方位稳定）（图5-3-2和图5-3-3）。通过声、电成像测井可以获得井壁崩落的方向，对所得的崩落椭圆长轴方位进行优势统计，即可得出测量井段椭圆长轴的优势方位。如图5-3-2所示，利用井眼崩落法确定地层最小主应力方向为近北西—南东向。此外，对于成像测井而言，也可以直接通过读取井壁崩落对应的崩落处的方位，如图5-3-3中对应的崩落位置在90°~270°方向，对应的崩落位置近东西向，指示现今的最小水平主应力方向为近东西向（图5-3-3）。

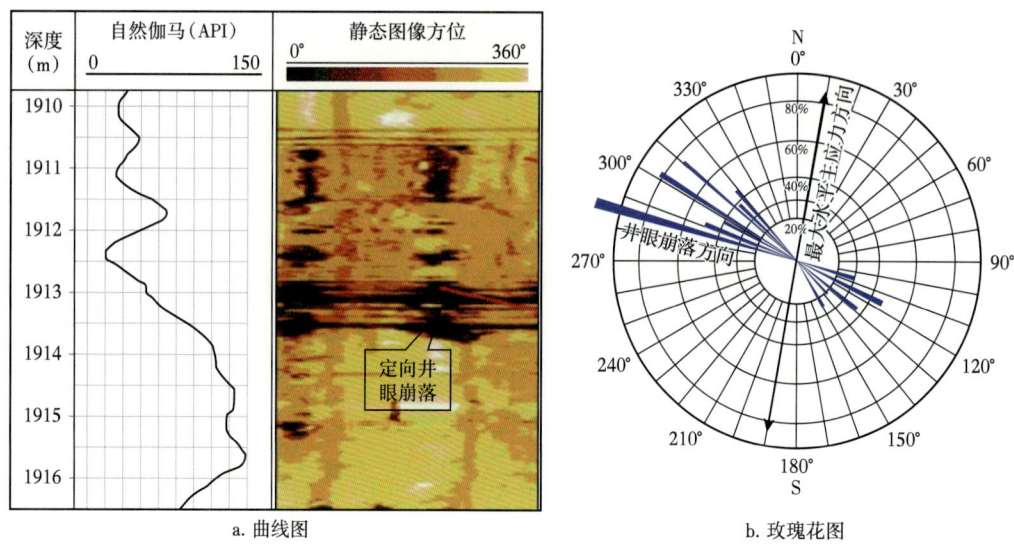

图 5-3-2 利用井眼定向崩落法确定主应力方向（据赵军等，2010）

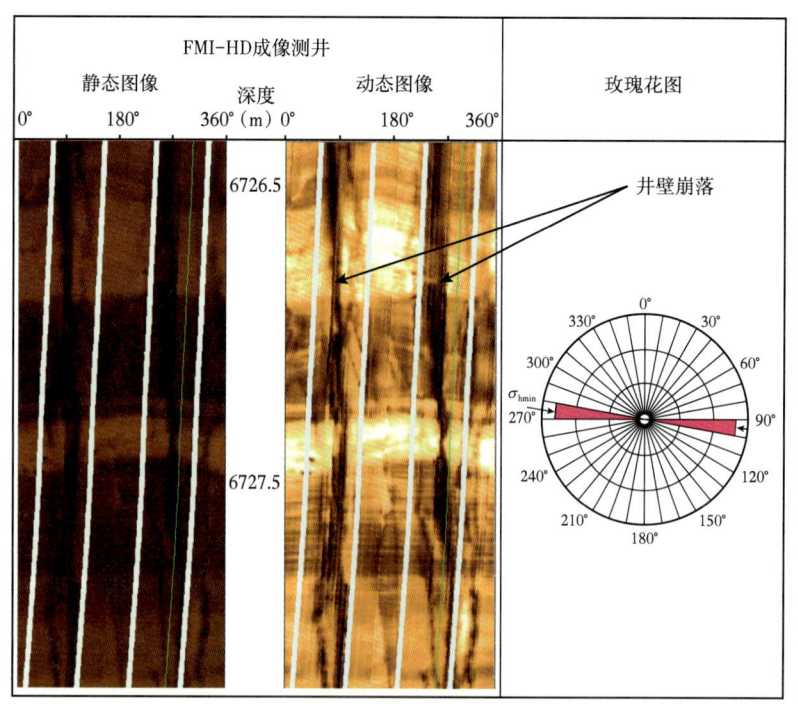

图 5-3-3 库车坳陷巴什基奇克组井壁崩落与最小水平主应力方向（据 Lai et al., 2018）

## 2. 诱导裂缝

在最大水平主应力方向有最小的剪切应力，当钻井液柱压力或钻井液循环压力过大时，该处剪切应力将变成负值，即压性应力变成张性应力。该张性应力超过岩石的抗张强度时，在井壁产生压裂缝，起到水力压裂的作用。重钻井液压裂缝是沿"最容易的途径扩展"，即现今最大水平主应力方向，所以裂缝面垂直于最小压应力方向。钻井诱导缝主要包括三大类：钻具振动形成微裂缝、重钻井液压裂缝和应力释放缝。该类钻井诱导裂缝充满钻井液，使其电阻率低于岩石电阻率，因而钻井诱导裂缝以暗色条纹反映在成像图上。

1）重钻井液压裂缝

重钻井液压裂缝在成像图上容易识别，其特征是在成像图上表现为180°对称分布的两条黑色条带或"双轨"（宽度没有井壁崩落宽），它们平行于井轴，延伸较长，方位基本稳定；宽窄有较小的变化，由于是钻井以后才形成，因此不会呈现天然裂缝那种溶蚀和胶结现象（图5-3-4和图5-3-5）。压裂诱导裂缝可能表现出切割井壁上任何地质事件的特征，但不可能出现它被切割的特征。如图5-3-4和图5-3-5所示，重钻井液压裂缝，为两条近于180°对称的近垂直状裂缝，如图5-3-4所示，其中诱导裂缝走向为0°~180°方向，指示诱导裂缝的走向为近南北向，对应近南北向最大水平主应力方向。如图5-3-5所示，其中的诱导裂缝为近90°~270°方向，对应诱导裂缝的走向为近东西向，指示的最大水平主应力方向为近东西向。

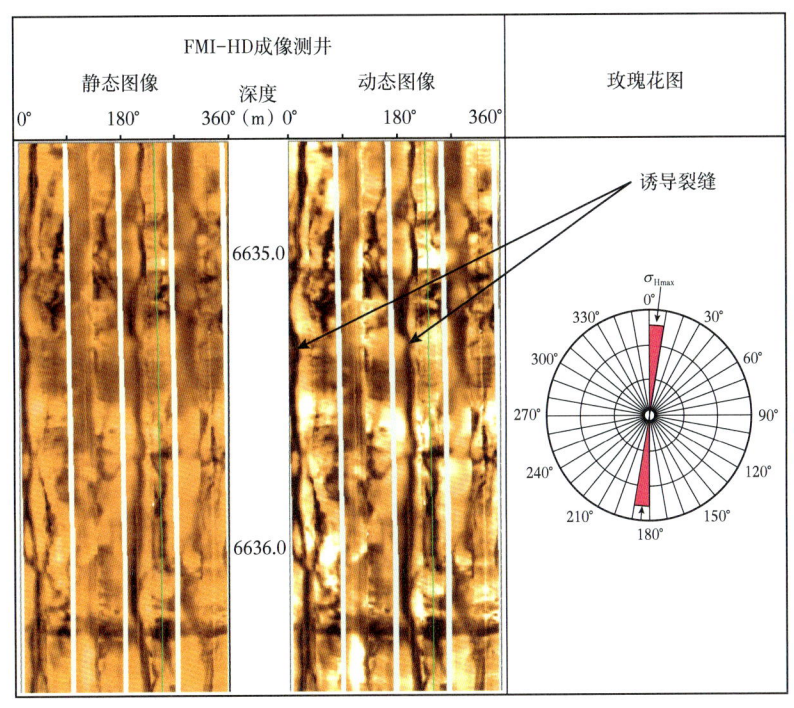

图5-3-4　库车坳陷巴什基奇克组重钻井液压裂缝（据 Lai et al., 2018）

2）应力释放缝

当地层被钻开后，地应力在钻井过程中释放，沿最大水平主应力方向对井眼产生挤压力，如果两个水平方向应力（最大水平主应力和最小水平主应力）差异过大，挤压力超过岩石的破裂压力时，在井眼最大水平主应力方向形成一组接近平行的裂缝，裂缝的走向就是最大水平主应力的方向。应力释放缝是在钻井过程中，井孔内的应力得以释放而形成的一组裂缝，在成像图上多表现为雁列式排列的裂缝组系，其走向代表现今最大水平主应力方向（图5-3-6和图5-3-7）。在电阻率成像测井图上，应力释放缝显示为两组呈 180° 或接近 180° 对称分布的雁列状缝，裂缝面较为平直，裂缝宽窄变化较均匀，无任何溶蚀扩大现象（图 5-3-6 和图 5-3-7）。

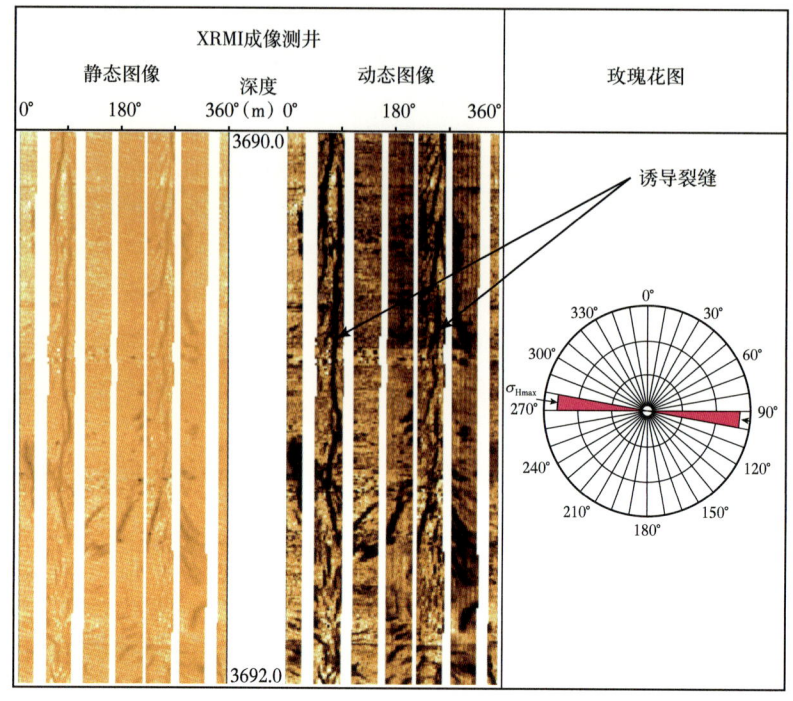

图 5-3-5　鄂尔多斯盆地马家沟组重钻井液压裂缝（T48 井）

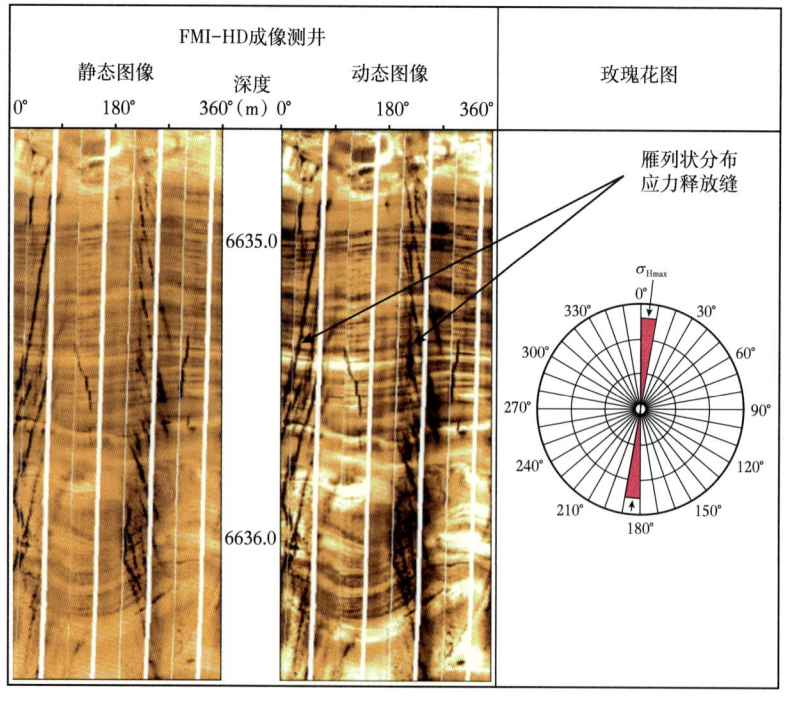

图 5-3-6　库车坳陷巴什基奇克组应力释放缝

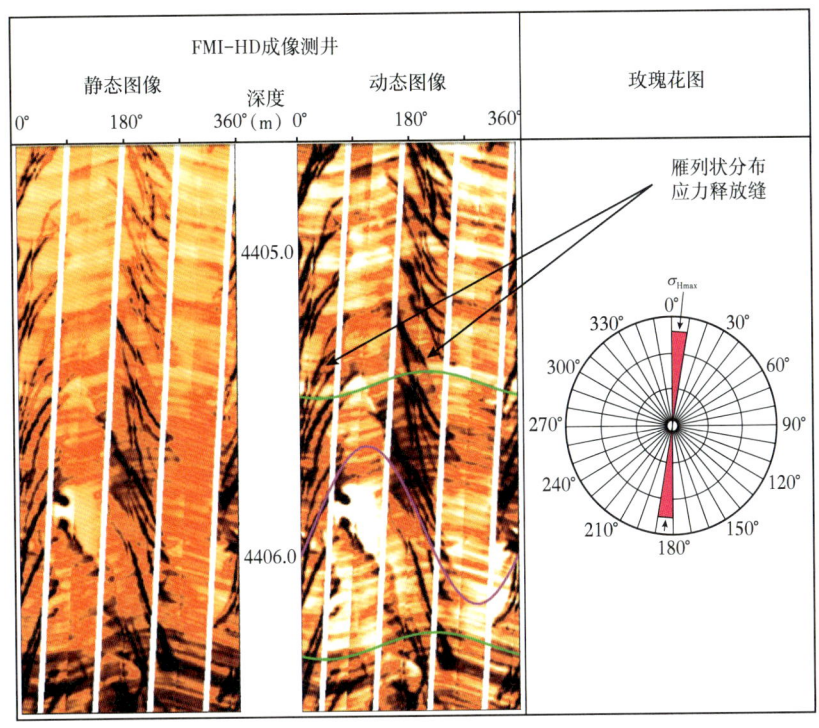

图 5-3-7　柴达木盆地英西地区渐新统下干柴沟组应力释放缝

3）钻具振动形成的微裂缝

钻具振动形成的微裂缝主要发育于刚性地层中，如致密碳酸盐岩或者致密砂岩，主要是由于钻具振动而诱发的裂缝，这种诱导裂缝的开度和延伸距离相对较小，不会引起较大的井漏。成像测井图上呈现两组平行发育、延伸范围浅、倾角和倾向大致相同、形状规则的裂缝组。钻具振动形成的裂缝钻具振动缝十分微小且径向延伸很短，表现为细小的呈羽毛状或雁行排列的两组裂缝（图 5-3-8）。

3. 天然裂缝与诱导裂缝区别

与诱导裂缝不同，天然裂缝一般在成像测井上呈现出完整的正弦曲线特征，通常切割层理面（图 5-3-9）。一般诱导裂缝可根据其排列整齐、规律性强、缝面规则、延伸较短和呈 180° 对称分布于井壁的主要特征与天然裂缝区分开来。

在成像测井图像上，诱导裂缝具有以下特点：（1）平行于井轴，沿着井壁 180° 对称，其走向与最大水平主应力方向一致；（2）发育较短，呈小"八"形或者双轨状；（3）终止于软地层界面，轨迹垂直穿过层面；（4）无岩性错位；（5）具有低电阻特性，无充填和溶蚀现象；（6）未穿过井眼，形不成完整的正弦曲线。

要鉴别天然裂缝与人工诱导裂缝，必须搞清楚人工诱导裂缝形成的机理和响应特征。在井下的三种人工诱导裂缝在测井上与天然裂缝的主要区别如下：

（1）钻井过程中钻具振动形成的裂缝十分微小且径向延伸很短，虽然在 FMI 图像上有高电导的异常，但在方位电阻率成像（ARI）图像上却没有异常，因而很容易识别它们。

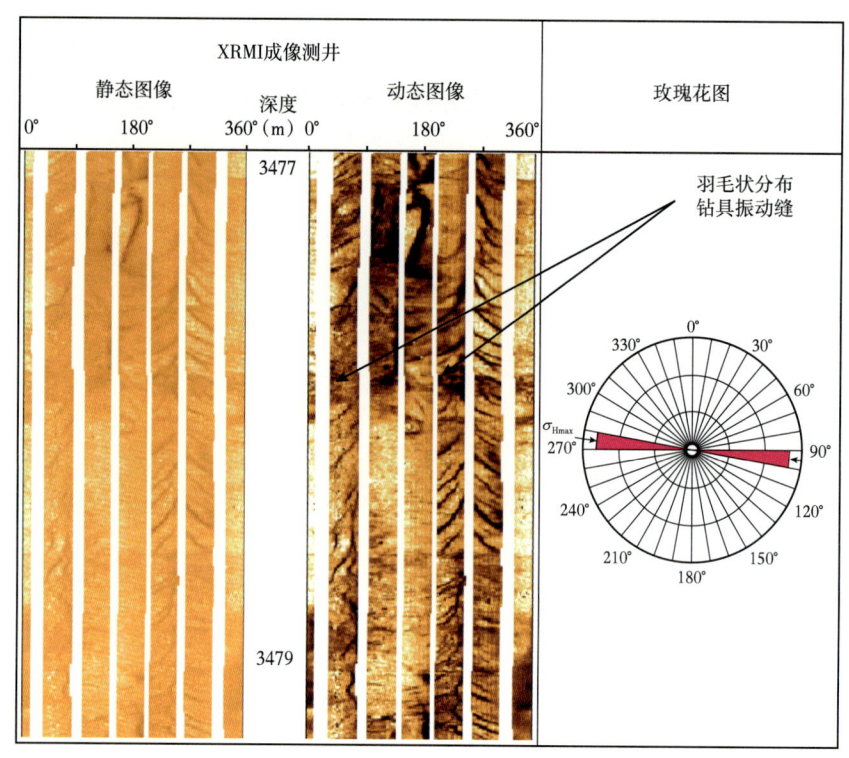

图 5-3-8　鄂尔多斯盆地马家沟组钻具振动缝（T48 井）

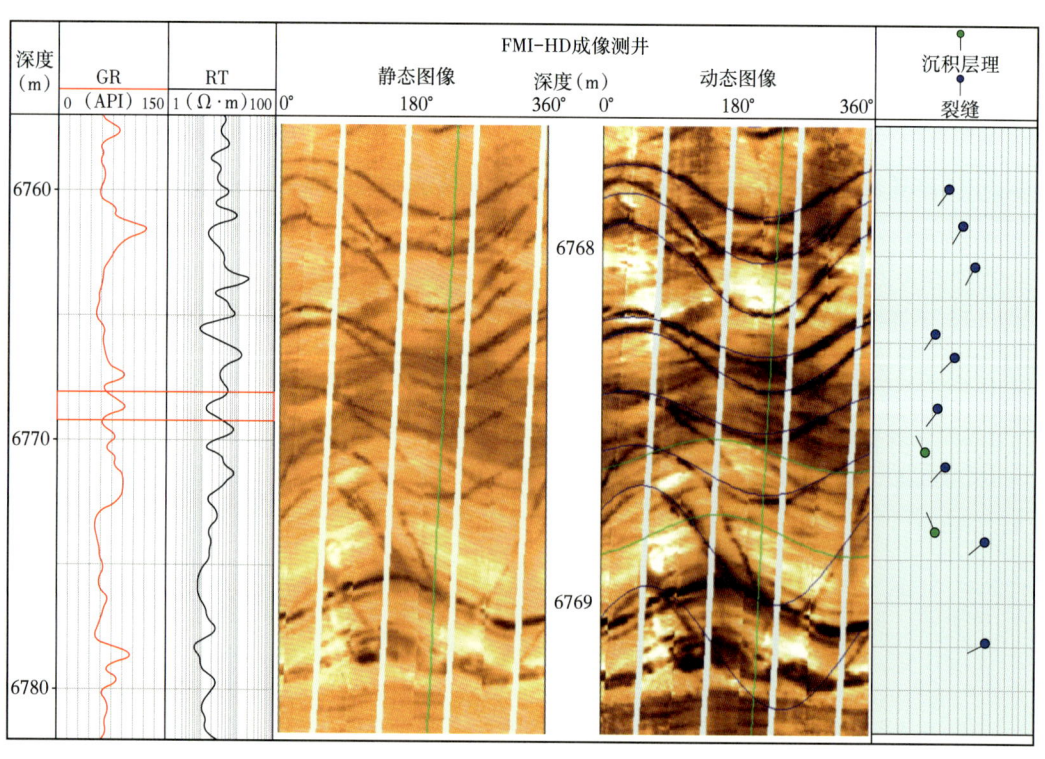

图 5-3-9　天然裂缝在成像测井上识别特征

（2）重钻井液与地应力的不平衡性造成的压裂缝虽然径向延伸不远，但张开度和纵向延伸可能都较大，因而在FMI和ARI图像上都有异常，但可以运用下面的特征予以识别。①它们总是以180°或接近180°之差成对地出现在井壁上；②以一条高角度裂缝为主，在两侧有羽毛状的微裂缝；③在双侧向曲线上出现特有的"双轨"现象，即深浅双侧向曲线表现为大段平直的正差异异常，其电阻率数值较高。

此外，应注意应力压裂缝与井壁椭圆形崩落图像的差别是它们都具有垂直裂缝的特征，但后者两侧无羽毛状微细裂缝，且总是在最小水平主应力方向上，因而与压裂缝近似呈90°夹角关系。总之，诱导裂缝与天然裂缝在形态上有以下三点主要区别：

（1）诱导裂缝是地应力作用下产生的裂缝，因此只与地应力有密切关系，故排列整齐，规律性强；而天然裂缝常为多期构造运动形成，受到地下水的溶蚀与沉淀作用的改造，因而分布极不规则。

（2）天然裂缝因常遭受溶蚀和褶皱的作用，故裂缝面总不太规则，且裂缝有较大的变化；而诱导裂缝的缝面形状较规则且缝宽变化很小。

（3）诱导裂缝的径向延伸都不远，故深侧向测井电阻率下降不是很明显。

根据这三点，可以较容易地从成像测井图上将它们识别出来。

## 二、地层倾角测井

根据地层倾角测井提供的井径曲线和极板方位角曲线，可以判断井壁崩落方位，从而获得地应力方向。四臂式地层倾角测井仪可以采集得到相互垂直的C13（由1号和3号极板构成的井径曲线）、C24（由2号和4号极板构成的井径曲线）两条井径曲线，而六臂式地层倾角测井仪则可以获得三条夹角为120°的井径值（C14、C25、C36），结合1号极板的方位角，通过地层倾角测井则可以定量统计出椭圆井眼长轴方位的分布，进而确定出现今最大水平主应力方位（即椭圆井眼短轴方位）。利用地层倾角测井确定椭圆井眼，从而确定地应力的方法简单直观，已发展成为一种常用的应力场评价方法。图5-3-10为四臂井径测井图，当C13、C24这两条井径曲线不重合时，扩径的曲线方位（可分别根据井径扩大C13或者C24方位计算）代表井壁崩落方位（图5-3-10）。

地层倾角测井过程中，测井仪器在测量过程中会随着提升而不断旋转，当测遇崩落井段时，一对测臂将嵌入椭圆井眼长轴方向的槽内，使仪器不再随着提升而旋转，此时测得的大井径对应椭圆井眼的长轴；如果该井眼崩落是由于地应力不均衡引起的，则椭圆长轴方向对应最小水平主应力方向。当然引起井壁崩落的原因不仅只是地应力不均衡，溶蚀崩落、冲刷崩落、裂缝崩落等都可以形成椭圆井眼。

为排除非应力因素导致的地层崩落，需要注意以下测井标志并加以判别：（1）井径差较大，即一条井径曲线值大于钻头直径或大于另外两条井径曲线值（图5-3-11）；（2）井壁崩落井段具有一定的长度，在该井段上的长轴取向基本一致，在同一口井的不同深度上，这种崩落井段有时较短，为几米，有时相当长，达几十米，甚至几百米（图5-3-11）；（3）崩落井段的顶底面1号极板方位曲线有较大的变化，表现为仪器在崩落井段的顶底面做旋转运动。

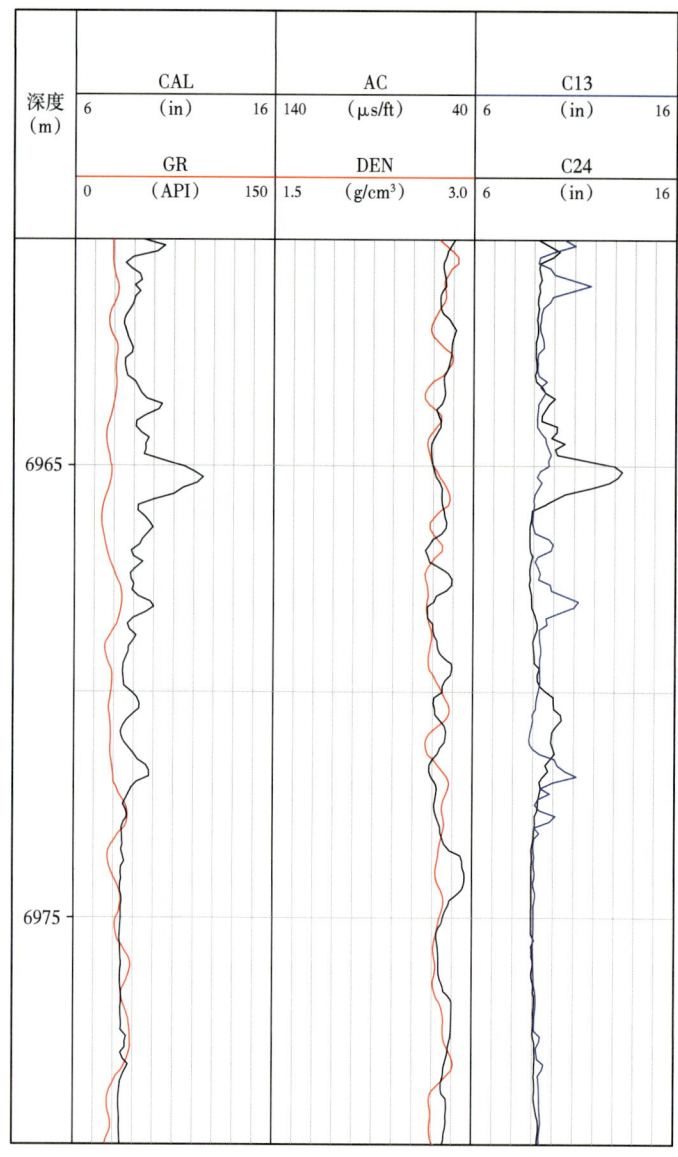

图 5-3-10　双井径曲线确定井壁崩落（C24＞C13）

## 三、阵列声波时差测井

20 世纪 90 年代发展了多极子阵列声波时差测井，世界各大测井公司也相继推出了各自研发的多极子声波时差测井仪，包括贝克休斯公司的交叉偶极阵列声波时差测井仪 XMAC（cross-multipole array acoustic logs）、哈里伯顿公司的正交偶极声波时差测井仪（wave sonic）、斯伦贝谢公司的偶极横波成像测井仪（dipole sonic imager，DSI）。

阵列声波时差测井仪可以完整地接收到纵波和横波数据，每一个阵列都有一个接收器用来测量特定类型的信号。同时该仪器还配置了高能接收器，在裸眼井或套管井中，无论在软地层（地层横波速度小于井内流体的纵波声速）、未固化的砂岩地层还是在低孔隙度的裂缝碳酸盐岩地层，都可以取得高质量的纵波、横波和斯通莱波数据，弥补了传统声波时差测井方法的不足。

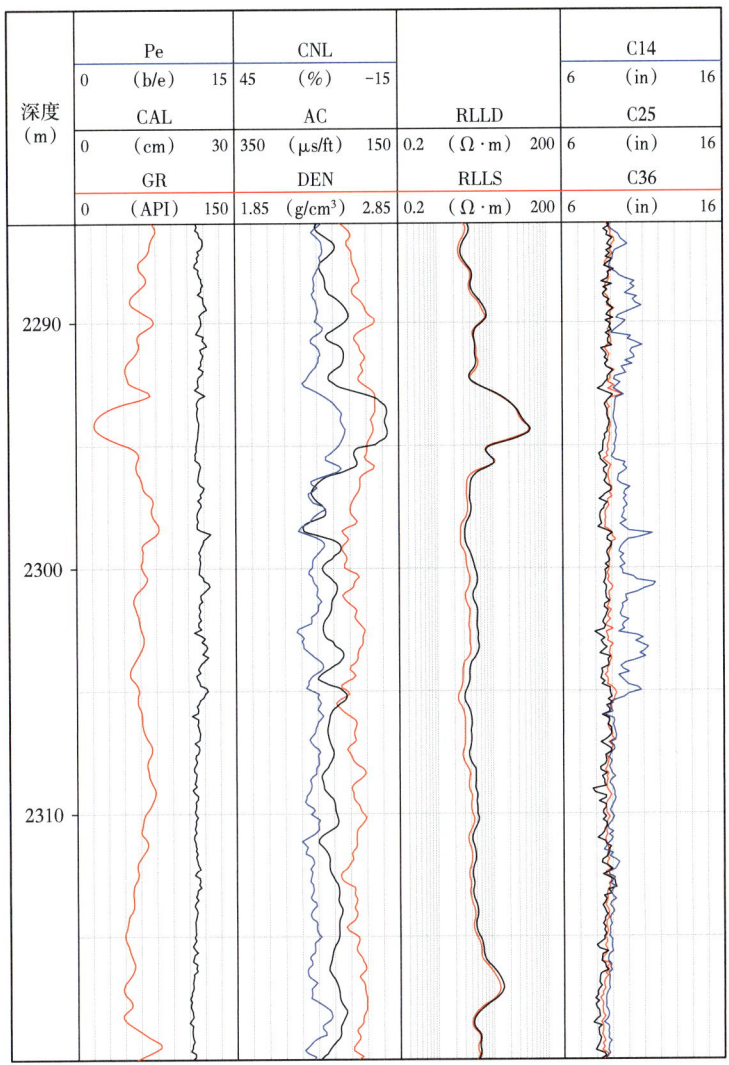

图 5-3-11 三井径曲线确定井壁崩落（C12＞C25≈C36）

1. 横波分裂

在三轴应力（垂向应力、最大水平主应力、最小水平主应力）不均衡或者裂缝发育的各向异性地层中，横波传播时将分裂成快慢横波（横波分裂）。横波分裂现象是指存在相互正交的快横波面和慢横波面，由于质点垂直于最大水平地应力方向振动比沿井轴向上传播的横波速度快，当一束声波入射到各向异性地层时，如果横波造成的质点振动方向与最大水平地应力方向呈一角度，则入射横波分裂成质点平行和垂直于最大水平地应力方向振动、沿井轴向上传播并以不同速度传播的快速和慢速横波（图 5-3-12）。快横波的方位与最大水平主应力方向或裂缝走向相同，由应力引起的各向异性地层中交叉偶极资料的快弯曲波、慢弯曲波具有频散交叉现象，利用这一现象可以区分引起地层各向异性的原因，进而识别存在不均衡的地应力。通常快横波的方位与井壁压裂缝或应力释放缝的方向（即最大水平主应力的方向）相同，与井眼崩落的方向（即最小水平主应力方向）垂直。

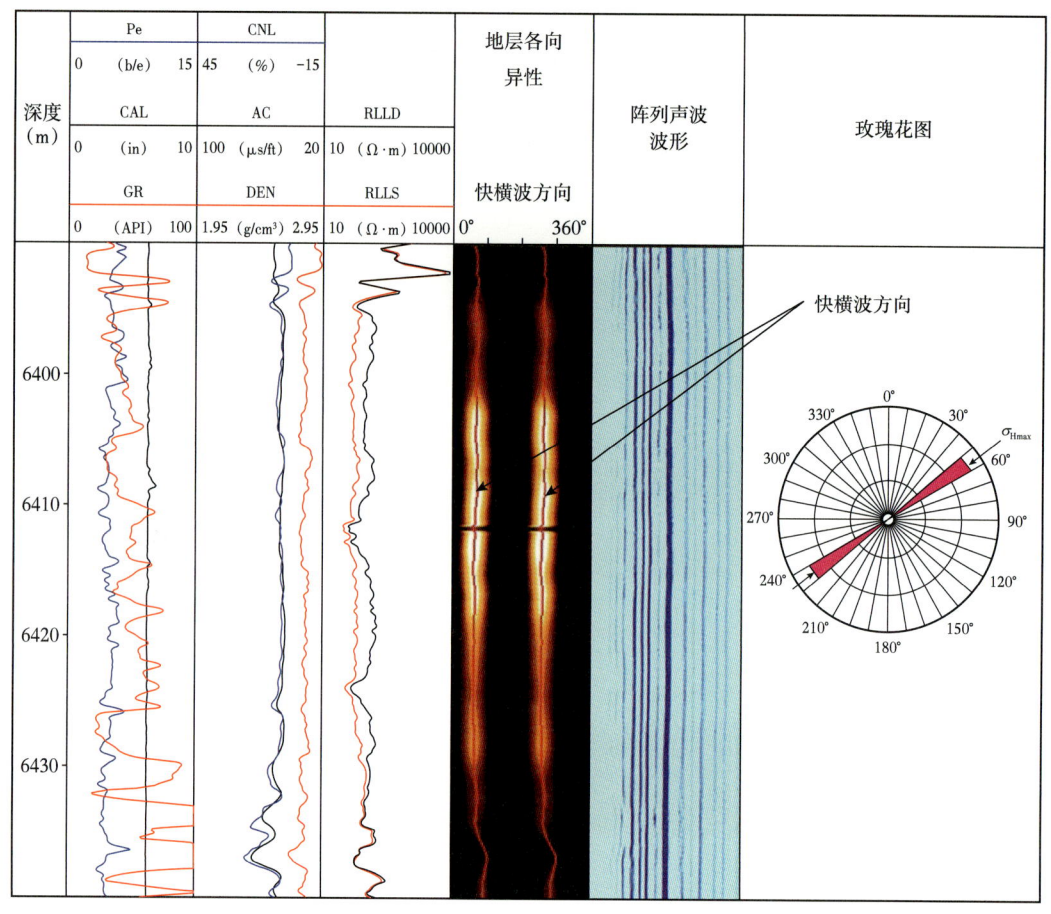

图 5-3-12　基于阵列声波时差测井的地应力方向判别

2. 地应力方向

阵列声波时差测井可用于横波方向的提取，同时可提供或计算：（1）纵横波速度；（2）岩石力学参数。

各向异性（$A_y$）定义为：

$$A_y = \frac{2\Delta t}{t_1 + t_2} \times 100\% \qquad (5\text{-}3\text{-}1)$$

$$\Delta t = t_1 - t_2 \qquad (5\text{-}3\text{-}2)$$

式中：$t_1$、$t_2$ 分别为快横波时差和慢横波时差，μs/m。

通过计算地层各向异性数值，就可以评价垂直微裂缝和地应力状态。如果地层横波各向异性是由现今主应力场不均衡造成的，那么快横波方位指示的就是最大主应力的方向；如果是由裂缝的存在造成的，那么快横波方向即为裂缝的走向。如图 5-3-12 所示，从阵列声波时差波形图上看根本不发育裂缝，那么地层各向异性主要是由于地应力不均衡影响，所以其中的快横波方向即指示现今最大水平主应力方向，为北东—南西方向的最大水平主应力（图 5-3-12）。

# 第四节　现今地应力大小测井计算

除了地应力方向外,现今地应力大小的计算同样重要。现今地应力大小的确定方法主要有:(1)直接测量法,又分为岩心测量和矿场(井场)实地测量,岩心测量又可分为差应变分析、波速各向异性测定、声发射测定等,矿场(井场)实地测量方法主要是水力压裂法。这些直接测量方法只能获得岩心取样位置或者压裂施工井段的离散数据,难以实现单井连续的地应力计算。因此主要用来对其他计算方法做刻度标定。(2)测井资料计算法,即利用声波时差、密度、成像测井和井径等资料,计算现今地应力大小,建立沿深度连续分布的地应力剖面。

此外,地应力大小的评价还包括:(1)数值模拟法,这种方法可依据已建立的地质模型和力学模型,通过数值模拟得到研究区的平面或三维应力场分析结果,但该方法需要有部分井点的实测结果作为约束条件;(2)地震资料评价方法,如印兴耀等(2018)详细论述了地震资料在地应力评价当中的应用。

## 一、地应力测量

本节围绕现今地应力大小的确定,分别介绍了常见的地应力室内与矿场测量方法,以及基于不同测井资料的地应力测井计算模型。

1. 水力压裂法

Fairhurst(1964)提出了水力压裂地应力测量法,该方法是目前地壳深部地应力测量应用最普遍的方法。水力压裂法是在地下目的层段选取一段钻孔,利用一对橡胶封隔器对其进行密封,然后向密封空间中注入高压流体,使密封段在流体压力的作用下出现裂缝,据此推测地层应力。

典型的压裂施工曲线如图 5-4-1 所示。相关公式为式(5-4-1)至式(5-4-3)。

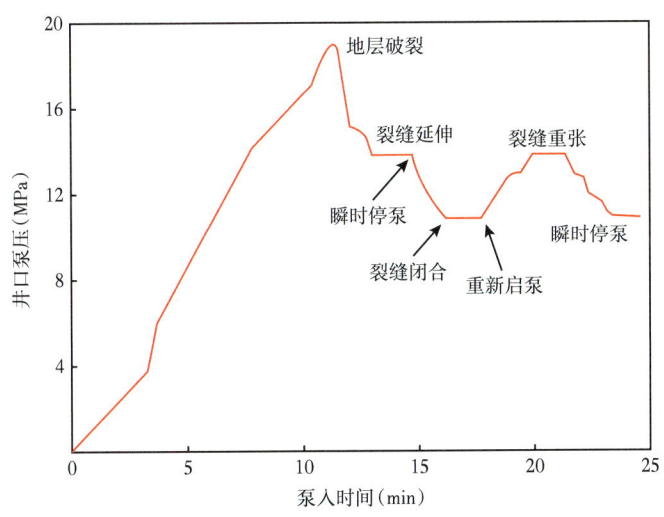

图 5-4-1　典型的水力压裂试验曲线示意图(据杨虎和刘颖彪,2008)

$$\sigma_{hmin} = p_{Fcp} \tag{5-4-1}$$

$$\sigma_{Hmax} = 3\sigma_{hmin} - \alpha p_p - p_f + S_t \tag{5-4-2}$$

其中：
$$S_t = p_f - p_r \tag{5-4-3}$$

式中：$p_{Fcp}$ 为一个已经产生的裂缝保持张开时的最小井底压力（一般对应现今最小水平主应力），MPa；$p_f$ 为地层破裂压力（指地层破裂产生流体漏失时的井底压力），MPa；$p_r$ 为裂缝延伸压力（指一个已经存在的裂缝延伸扩展时的井底压力），MPa；$\alpha$ 为有效应力系数；$p_p$ 为孔隙流体压力，MPa；$S_t$ 为岩石原始抗拉强度，MPa。

2. 声发射法

声发射法（acoustic emission）是依据 Kaiser 效应而提出的地应力测量方法。1950 年，德国科学家 Kaiser 发现多晶金属具有声发射特性，即在发生形变的多晶金属应力释放后重新加载时，若未达到历史最高应力水平，则物体内部很少发出弹性波；若加载的应力达到或超过了历史最高水平，则物体内部会发出大量的弹性波，并可从外部接收到。人们通过大量岩石试验证明：岩石也具有显著的 Kaiser 效应。从少量弹性波发出到大量弹性波发出的临界点被称为 Kaiser 点。通过实验获得地下岩石的各个方位的 Kaiser 点，便可得到地下岩石的原始应力状态（Kaiser，1959）。

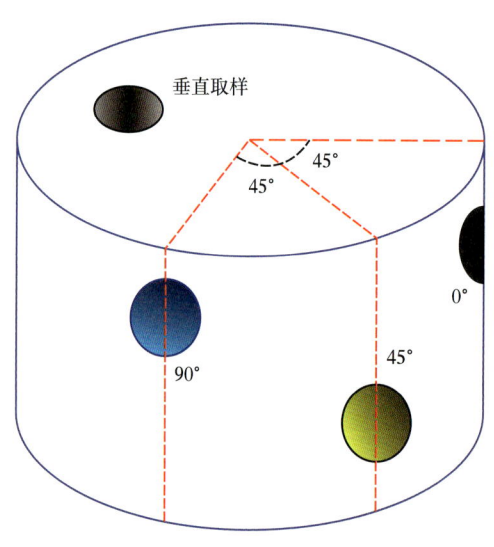

图 5-4-2 声发射试验岩心取样示意图

常规声发射测试地应力有单轴声发射和三轴声发射测试地应力法。单轴声发射实验方法是在单轴试验机上进行的，测定单向应力，对岩样进行压缩实验，岩样常在 Kaiser 点出现之前就发生破坏，采集到的信号中，岩样破裂信号占据了相当大的比例，而不是 Kaiser 效应信号，因此，需要增加围压，通过三轴声发射方法确定地应力。

目前三轴声发射实验方法一般是在与钻井岩心轴线垂直的水平面内以增量为 45°的方向钻取三块岩样（1 号、2 号和 3 号样品），在施加实验围压入 40MPa 条件下，测出三个方向的正应力，而后求出最大水平主应力、最小水平主应力；由与岩心轴线平行的垂向岩样 Kaiser 点（4 号样品）处的地应力确定垂向地应力（图 5-4-2）。在测得 4 号样品（垂直取样）处的地应力后，即可计算得到垂向应力（式 5-4-4）。在测得 1 号、2 号和 3 号样品处的正应力后，即可通过式（5-4-5）和式（5-4-6）计算得到最大水平主应力和最小水平主应力大小。

$$\sigma_v = \sigma_\perp + \alpha p_p \tag{5-4-4}$$

$$\sigma_{\mathrm{H}} = \frac{\sigma_{0°} + \sigma_{90°}}{2} + \frac{\sigma_{0°} - \sigma_{90°}}{2} \left[ 1 + \tan^2(2\theta) \right]^{\frac{1}{2}} + \alpha p_{\mathrm{p}} \qquad (5\text{-}4\text{-}5)$$

$$\sigma_{\mathrm{h}} = \frac{\sigma_{0°} + \sigma_{90°}}{2} - \frac{\sigma_{0°} - \sigma_{90°}}{2} \left[ 1 + \tan^2(2\theta) \right]^{\frac{1}{2}} + \alpha p_{\mathrm{p}} \qquad (5\text{-}4\text{-}6)$$

$$\tan 2\theta = \frac{\sigma_{0°} + \sigma_{90°} - 2\sigma_{45°}}{\sigma_{0°} + \sigma_{90°}} \qquad (5\text{-}4\text{-}7)$$

式中：$\sigma_{\mathrm{v}}$ 为上覆地层应力，MPa；$\sigma_{\mathrm{H}}$、$\sigma_{\mathrm{h}}$ 分别为最大水平主应力、最小水平主应力，MPa；$p_{\mathrm{p}}$ 为孔隙流体压力，MPa；$\alpha$ 为有效应力系数；$\theta$ 为角度；$\sigma_{\perp}$ 为垂直方向岩心 Kaiser 点应力，MPa；$\sigma_{0°}$、$\sigma_{45°}$、$\sigma_{90°}$ 分别为 $0°$、$45°$、$90°$ 三个水平向岩心 Kaiser 点应力，MPa。

3. 波速各向异性和岩心差应变试验法

围压下的三轴声发射 Kaiser 效应实验不失为一种深层地应力测试的好方法，但一直受岩心高标准要求的困扰，要求岩心全尺寸，整体连续，长度不小于 15cm，通常由于岩心内有裂缝导致岩样不足而无法实验，对于深井岩心要求太苛刻，因为深井取心困难，取心率不高且易断裂。所以，有必要采用声波各向异性、岩心差应变试验法和声发射相结合的新方法来测量地应力。

1）波速各向异性法确定岩心上现今地应力方向

由于地层中的岩石受三向应力作用，当钻取的岩心脱离原来的应力状态时，自身应力就会释放，而应力释放时岩石会出现微小的裂隙。这些裂隙被空气充填，岩石与空气波阻值相差很大，于是岩心中优势方向微小裂隙的存在使声波在岩心不同方向上的传播速度不同，存在明显的各向异性，反映到声波速度，即为沿原最大水平主应力方向上卸载程度最大，所以沿原最大水平主应力方向有最小声波速度，沿原最小水平主应力方向有最大声波速度。微裂缝又是沿垂直最大水平主应力方向优势分布的，因此可以借助波速各向异性的实验测定结果来确定最大水平主应力的方向（图 5-4-3）。

2）声发射方法以及差应变分析法确定现今地应力大小

在此基础上，声发射法与波速各向异性方法相结合，只要在较短长度内（甚至 3cm 厚的岩心），沿事先利用波速各向异性方法测出的最大水平主应力、最小水平主应力相对位置，就可取岩心，进行声发射 Kaiser 实验，测量的地应力大小可表示为：

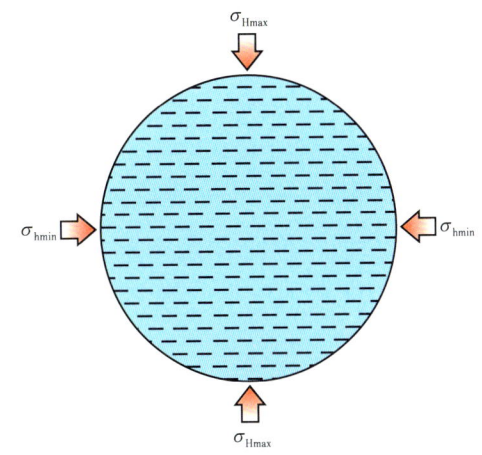

图 5-4-3 岩心应力释放产生的微裂隙分布示意（据许风光等，2012）

$$\sigma_{\mathrm{H}} = \sigma_{\mathrm{KH}} + \alpha p_{\mathrm{p}} \qquad (5\text{-}4\text{-}8)$$

$$\sigma_h = \sigma_{Kh} + \alpha p_p \qquad (5\text{-}4\text{-}9)$$

式中：$\sigma_{KH}$、$\sigma_{Kh}$ 分别为最大水平主应力、最小水平主应力方向上的 Kaiser 点应力，MPa；

差应变分析法有以下四点假设：（1）岩心地应力释放将在岩石内产生微小裂隙或者微裂缝；（2）这些岩石内部裂隙的排列受原地应力场影响；（3）裂隙的体积与所受的原地应力大小成比例；（4）受卸压膨胀后的试件，在施加静水压力后，某一方向上的压缩量与该方向的膨胀应变量有关。但由于差应变分量只能计算出主应力比值，假定岩石铅直应力为上覆岩层的重量，或取微裂隙完全闭合时的围压作为最大主应力值，则根据主应力比值可计算出三维主应力值。

## 二、测井计算

地应力的室内和矿场测试的方法虽多，但测试费用昂贵，获取数据有限，且不能得到连续的地应力剖面。因此需要充分利用地球物理测井资料连续性好、纵向分辨率高、岩石信息量大且成本低廉的特点，计算垂向应力、最大水平主应力、最小水平主应力和孔隙流体压力等剖面，得到沿深度连续分布的地应力剖面，为油气勘探开发实践提供指导。

通过测井资料计算地应力大小的方法和模型很多，归纳起来主要有三种：一是根据井壁崩落的位置和崩落的宽度进行计算。赵良孝等（1999）、Nikolaevskiy 和 Economides（2000）以及印兴耀等（2018）指出，利用双井径曲线、成像测井成像图求得井壁崩落的宽度和深度后，依据岩石力学性质，可求得最大水平主应力和最小水平主应力，但由于相关的公式太复杂，这里不详述。二是通过回归分析建立对地应力响应比较灵敏的声波时差和电阻率曲线的地应力计算模型，直接通过声波时差和电阻率测井曲线进行计算。三是首先通过测井曲线计算泊松比、杨氏模量等岩石力学参数，再通过相关的地应力测井计算模型，进行三轴应力剖面的计算。

1. 声波时差和电阻率曲线拟合法

构造稳定地区没有显著附加构造地应力作用，可以认为其地应力主要是垂向地应力（来源于地层自身重力，近似为最大地应力）。在密度测井资料连续的情况下，可以很方便地求得垂向应力，计算公式为：

$$\sigma_v = \int_0^Z \rho g dZ \qquad (5\text{-}4\text{-}10)$$

式中：$\sigma_v$ 为垂向应力，MPa；$Z$ 为埋藏深度，m；$\rho$ 为岩石密度（由密度测井曲线获得），$kg/m^3$；$g$ 为重力加速度，取值 9.8 $m/s^2$。

当密度测井曲线缺失或者没有从起始点开始测量时，可以通过反推法确定没有测量井段的密度测井平均值，从而再进行地应力计算。此外，上覆岩石的平均密度也可直接取默认值 2.3$g/cm^3$，这样 1km 深度地层对应的上覆地层应力为 23MPa。如图 5-4-4 所示，单井地应力值随着深度的增加不断增大，即随着深度增加，应力不断集中，但单井剖面上也会出现低应力值区，对应相对应力松弛区域。

而最大水平主应力的大小则可以根据岩心实验获得，并建立测井曲线与最大水平主应力的对应关系，从而获得测井计算模型，并用来计算地应力。根据大量统计数据，电阻率、声波时差对地应力的敏感程度不同。当地应力相对较弱时，地应力疏松地区，岩石保持较高孔隙度，电阻率对地应力响应不灵敏，但声波时差能有效地反映地应力，因此只能采用声波时差建立地应力统计模型。当岩石因受强地应力作用而致密时，对应强挤压应力区（电阻率很高、声波时差值很低），声波时差对地应力响应不灵敏，而电阻率能灵敏地反映地应力，应采用电阻率建立地应力统计模型（图5-4-5）。

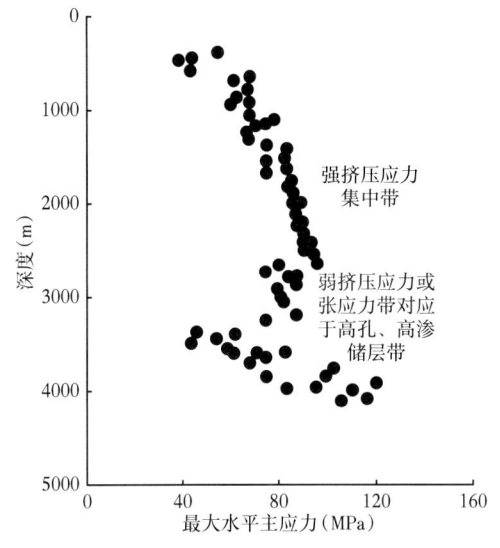
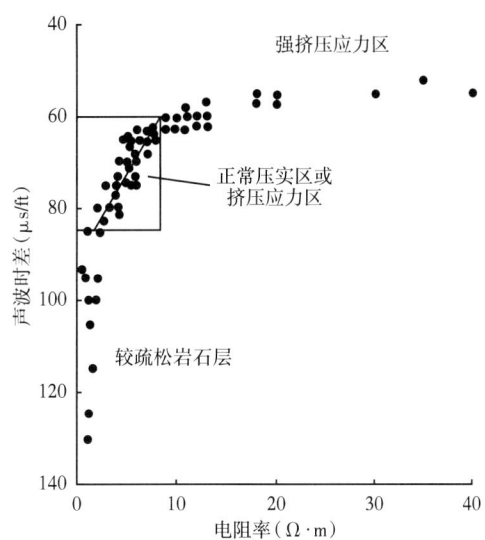

图5-4-4　KL2井最大地应力随深度变化图（据赵军等，2005a）　　图5-4-5　不同应力条件下声波时差和电阻率交会特征（据赵军等，2005a）

赵军等（2005a）指出，对山前构造区地应力进行定量计算的基本思路是：首先在稳定构造地区（即构造挤压应力较弱的地区），选取相对稳定且易于压实的厚层泥岩段；其次统计该泥岩段的测井信息（对地应力反应敏感的地层真电阻率$R_t$、声波时差AC等）与最大地应力之间的关系，建立估算地应力的定量数学模型；最后利用模型对山前构造带的地应力进行估算，并与实验结果对比、修正模型（表5-4-1）。

表5-4-1　测井地应力计算结果与实验分析结果对比（据赵军等，2005a）

| 地区 | 深度（m） | 地层真电阻率（Ω·m） | 声波时差（μs/m） | 测井计算最大主应力（MPa） | 实验分析最大主应力（MPa） | 相对误差（%） |
| --- | --- | --- | --- | --- | --- | --- |
| 构造稳定区 | 3860 | 1.4 | 266 | 85.95 | 86.0 | 0.058 |
| | 4020 | 2.0 | 266 | 85.95 | 88.0 | 2.33 |
| | 4045 | 1.3 | 256 | 90.36 | 88.0 | 2.68 |
| | 4175 | 2.6 | 246 | 74.94 | 90.0 | 5.48 |
| | 4275 | 2.7 | 246 | 94.94 | 92.0 | 3.2 |
| | 4500 | 3.5 | 240 | 98.09 | 95.0 | 4.1 |
| | 4550 | 3.5 | 236 | 99.71 | 96.0 | 3.85 |
| | 4630 | 3.5 | 230 | 102.9 | 97.0 | 6.08 |
| | 4750 | 3.6 | 249 | 93.4 | 98.0 | 4.69 |
| | 4850 | 3.3 | 253 | 91.09 | 100.0 | 0.91 |
| | 4960 | 3.2 | 230 | 102.9 | 101.0 | 1.88 |
| | 4980 | 3.0 | 246 | 94.9 | 98.0 | 3.16 |

续表

| 地区 | 深度（m） | 地层真电阻率（Ω·m） | 声波时差（μs/m） | 测井计算最大主应力（MPa） | 实验分析最大主应力（MPa） | 相对误差（%） |
|---|---|---|---|---|---|---|
| 挤压构造区 | 3626 | 3.2 | 263 | 87.4 | 92.3 | 5.3 |
| | 3629 | 3.2 | 263 | 86.8 | 89.7 | 3.2 |
| | 3855 | 6 | 246 | 103.0 | 94.6 | 8.6 |
| | 3933 | 6 | 230 | 111.6 | 104.8 | 6.5 |
| | 3988 | 6 | 220 | 108.1 | 105.3 | 2.6 |
| | 4358 | 10 | 207 | 115.3 | 112.3 | 2.68 |

当 AC ＜ 260μs/m（79.2μs/ft）时：

$$\sigma_{\text{Hmax}} = -86.8556 \lg AC + 437.279 \quad (5\text{-}4\text{-}11)$$

当 AC ＞ 260μs/m 时：

$$\sigma_{\text{Hmax}} = -172.874 \lg AC + 837.938 \quad (5\text{-}4\text{-}12)$$

当 RT ＜ 5Ω·m 时：

$$\sigma_{\text{Hmax}} = 26.3337 \lg RT + 71.7665 \quad (5\text{-}4\text{-}13)$$

当 RT ＞ 5Ω·m 时：

$$\sigma_{\text{Hmax}} = 13.4411 \lg RT + 82.6613 \quad (5\text{-}4\text{-}14)$$

当地应力比较集中时，即声波时差对地应力响应不灵敏时，只能通过式（5-4-14）计算；当地应力比较松弛时（声波时差值较高），即电阻率对地应力响应不灵敏时，只能通过式（5-4-12）计算；在地应力中等区域，地应力既可以通过声波时差也可以通过电阻率曲线进行计算。

2. 常规测井地应力解释模型

20 世纪初，瑞士地质学家 Heim（1912）认为 $\sigma_v$ 是由上覆地层重力引起的，即岩体内部垂向应力与其上覆的岩层重力正相关。由于 $\sigma_v$ 随着地层密度及深度而变化，垂向可由密度测井通过积分法求出，或者是通过平均密度法求取[式（5-4-10）]。最大水平主应力、最小水平主应力大小以及孔隙流体压力则可以通过不同的公式与模型进行计算。

1）地层孔隙压力

地层孔隙压力（$p_p$）也称为地层压力，是指作用在岩石孔隙内流体上的压力，分为正常地层孔隙压力（地层压力等于地层水静液柱压力）、异常高压（地层压力大于地层水静液柱压力）、异常低压（地层压力小于地层水静液柱压力）三种类型。

地层孔隙压力测井计算方法有等效深度法、伊顿法（Eaton，1969）等（表 5-4-2）。

表 5-4-2 地层孔隙压力测井计算方法（据赵军龙等，2015）

| 估算方法 | 估算公式 | 公式说明 |
|---|---|---|
| 等效深度法 | $H = -\dfrac{1}{C}(\ln\Delta t - \ln\Delta t_0)$<br>$p_p = G_0 H - (G_0 + G_n) H_e$ | $C$ 为压实系数；$\Delta t$、$\Delta t_0$ 分别为深度为 $H$ 和 0 处的声波时差；$p_p$ 为地层孔隙压力，MPa；$G_0$ 为上覆岩层压力梯度，MPa/100m，$G_n$ 为静水柱压力梯度，MPa/100m，$H_e$ 为与 $H$ 位置相同孔隙度（或测井值）的等效深度，m |
| 伊顿法 | $p_p = p_0 - (p_0 - p_w)(L/L')^x$ | $p_0$ 为上覆地层压力，MPa；$p_w$ 为地层水静液柱压力，MPa；$x$ 为伊顿指数；$L$、$L'$ 分别为所选取的测井或钻井参数，可以为声波时差、电阻率、层速度等，且满足 $L/L' < 1$ |
| 声波时差法 | $p_p = D_n - 0.535 D_m$<br>$p_p = 0.231 D_n - 0.124 D_m$ | $D_n$ 与 $D_m$ 为通过绘制正常压实趋势线确定的具有相同声波时差的深度点 |

伊顿法（Eaton，1969）根据声波时差曲线，拟合出一条正常的声波时差趋势线，对于具有异常地层压力的点，其声波时差将偏移正常的趋势线，偏移的幅度与地层压力异常的幅度有关。Eaton 法估算地层压力公式为

$$p_p = p_0 - (p_0 - p_w)\left(\dfrac{\Delta t_n}{\Delta t}\right)^c \quad (5\text{-}4\text{-}15)$$

式中：$p_0$ 为上覆地层压力，MPa，等于前述 $\sigma_v$；$p_w$ 为地层水静液柱压力，MPa；$\Delta t$ 为观察点测井声波时差实测值，μs/m；$\Delta t_n$ 为同一深度正常压实趋势线上的对应声波时差值，μs/m；$c$ 为压实指数（常数），其值可随岩性、成岩作用程度等变化。

2）水平应力

水平主应力有最大水平主应力、最小水平主应力和平均水平主应力之分，计算模型主要有两种模式：一种是两个水平主应力相等的单轴应变模式，主要有 Heim 模型 Matthews-Kelly 模型、Terzaghi 模型、Anderson 模型和黄荣樽模型等，由于这种模式没考虑构造应力的作用，不符合实际情况；另一种是考虑构造应力对水平主应力影响的分层计算模式，主要有黄荣樽模型等。

（1）Heim 模型。

水平应力随垂向应力的增加而增大，Heim（1912）模型假设水平两个水平应力相等，针对均匀的、各向同性的、无孔隙的地层提出如下关系式：

$$\sigma_h = \dfrac{\nu}{1-\nu}\sigma_v \quad (5\text{-}4\text{-}16)$$

式中：$\sigma_h$ 为水平方向地应力；$\sigma_v$ 为垂向应力；$\nu$ 为泊松比。

因为式（5-4-16）假设水平方向上应力相等，且没有考虑到孔隙地层中孔隙压力的影响，故其适应范围非常有限。

（2）Matthews-Kelly 模型。

在此基础上，考虑到地层压力的影响，Matthews 和 Kelly（1967）提出了改进的模型：

$$\sigma_h = K_i(\sigma_v - p_p) + p_p \qquad (5\text{-}4\text{-}17)$$

式中：$K_i$ 为骨架应力系数；$p_p$ 为地层孔隙压力。

因为 Matthews 和 Kelly（1967）认为，$\sigma_v$ 的梯度是不随深度而变化的常数，故不符合实际情况。此外，$K_i$ 需要用邻井的压裂资料才能确定，该模型也因此未被推广使用。

（3）Terzaghi 模型。

$$\sigma_h = \frac{v}{1-v}(\sigma_v - p_p) + p_p \qquad (5\text{-}4\text{-}18)$$

该模型的优点是考虑了地层垂向应力以及孔隙流体压力的影响，缺点在于未考虑到水平两向应力的差异性。

（4）Anderson 模型。

该模型利用 Biot（1954）多孔介质弹性形变理论导出，在地应力计算中引入 Biot 系数：

$$\sigma_h = \frac{v}{1-v}(\sigma_v - \alpha p_p) + \alpha p_p \qquad (5\text{-}4\text{-}19)$$

式中：$\alpha$ 为 Biot 弹性系数。

Anderson 等（1973）模型的出现，将地应力的计算提高到一个新水平，特别是 $\alpha$ 的引入使我们对地层孔隙压力的作用有了更进一步的认识（张义元和魏庆芝，1993）。

（5）黄荣樽模型（黄荣樽等，1995）。

地层三轴应力由垂向应力和水平地应力体系构成，其中水平地应力体系可认为是由两部分组成，其一是由于重力作用，一部分水平主应力是上覆岩层压力和岩层泊松比的函数，即 $\frac{v}{1-v}S_v$。其二是由构造运动产生的附加应力，在任一水平面上是个常数但随其所处深度的增加而均匀增大。通常构造应力在两个方向上都存在，而且是不相等的。黄荣樽等（1995）在进行地层破裂压力预测方法预测时建立的水平方向上的两个构造应力分量的黄氏模型在油田得到推广应用，其模型如下：

$$\sigma_{H\max} = \left(\frac{v}{1-v} + A\right)(\sigma_v - \alpha p_p) + \alpha p_p \qquad (5\text{-}4\text{-}20)$$

$$\sigma_{h\min} = \left(\frac{v}{1-v} + B\right)(\sigma_v - \alpha p_p) + \alpha p_p \qquad (5\text{-}4\text{-}21)$$

式中：$\sigma_{H\max}$、$\sigma_{h\min}$ 为水平方向最大地应力和最小地应力，MPa；$\sigma_v$ 为垂向应力，MPa；$v$ 为泊松比；$p_p$ 为孔隙流体压力，MPa；$\alpha$ 为 Biot 弹性系数；$A$、$B$ 分别为最大和最小水平应力方向的构造应力系数（常数）。

从式（5-4-20）和式（5-4-21）可以看出，水平地应力是由上覆地层压力和构造应力的共同作用产生的。

利用黄荣樽模型进行地应力计算时，通常涉及岩石力学参数（泊松比）、Biot 系数 $\alpha$

以及构造应力系数 $A$ 和 $B$ 的确定。

①泊松比 $\nu$ 和杨氏模量 $E$。

岩石力学参数主要有弹性模量、泊松比、剪切模量、体积模量、地层和骨架的体积压缩系数等，根据阵列声波时差测井得到的纵横波时差和密度测井得到的体积密度，可以计算这些表征岩石机械强度的参数[式（5-4-22）、式（5-4-23）]。通常通过室内实验室分析得到的岩石力学参数被称为静态岩石力学参数，而通过测井解释得到的则被称为动态岩石力学参数。因此，首先可利用测井资料获取动态岩石力学参数，并将静态岩石力学参数与其相互刻度标定，从而提高解释的精度。

$$E = \frac{\rho}{v_s^2} \frac{3v_p^2 - 4v_s^2}{v_p^2 - v_s^2} \quad (5\text{-}4\text{-}22)$$

$$\nu = \frac{v_p^2 - 2v_s^2}{2(v_p^2 - v_s^2)} \quad (5\text{-}4\text{-}23)$$

式中：$\nu$ 为岩石泊松比；$E$ 为杨氏模量，GPa；$\rho$ 为岩石体积密度，kg/m³；$v_p$ 为纵波速度，m/s；$v_s$ 为横波速度，m/s。

② Biot 系数 $\alpha$。

Biot 系数即岩石的孔弹性系数，其与岩石所受到的应力、岩石孔隙压力密切相关，它是衡量孔隙压力对有效应力作用程度的一个重要参数。根据 Biot 系数定义，其计算公式可以写作：

$$\alpha = 1 - \frac{C_{ma}}{C_b} \quad (5\text{-}4\text{-}24)$$

式中：$C_{ma}$ 为岩石骨架体积压缩系数；$C_b$ 为岩石体积压缩系数。

通过三轴压缩实验，首先在保持孔隙压力不变的情况下，增加围压，由测得的应力与体积应变关系求出 $C_b$，然后围压和孔压同时以相同的速度增加，由这阶段的应力与体积应变关系求出 $C_{ma}$，最后可根据式（5-4-24）计算出孔弹性系数。

③构造应力系数 $A$、$B$。

黄荣樽模型[式（5-4-20）和式（5-4-21）]认为，地下岩层的地应力主要来源于上覆岩层压力，另一部分来源于地质构造应力，因此需要确定公式的构造应力系数 $A$ 和 $B$。

构造应力系数是地层所受构造应力大小的重要参数，在同一区块构造应力系数不随井深和计算地点发生大的变化，可视为常数。构造应力系数主要可通过岩心地应力实验数据来反算。实验室可以通过声发射方法确定地应力大小，或者通过矿场测试（水力压裂法）求取水平主应力，再根据式（5-4-20）和式（5-4-21）反算出构造应力系数。通过该方法确定的库车坳陷巴什基奇克组致密砂岩的构造应力系数 $A$ 和 $B$ 分别为 0.405 和 0.891。

以上即是三轴地应力测井计算的主要方法和流程，在实际的操作中，首先可以计算垂向应力 $\sigma_v$，其次根据伊顿法计算地层压力 $p_p$，最后根据黄荣樽模型等在岩石力学参数、Biot 系数以及构造应力系数确定的基础上，即可计算水平最大和最小主应力（图 5-4-6）。

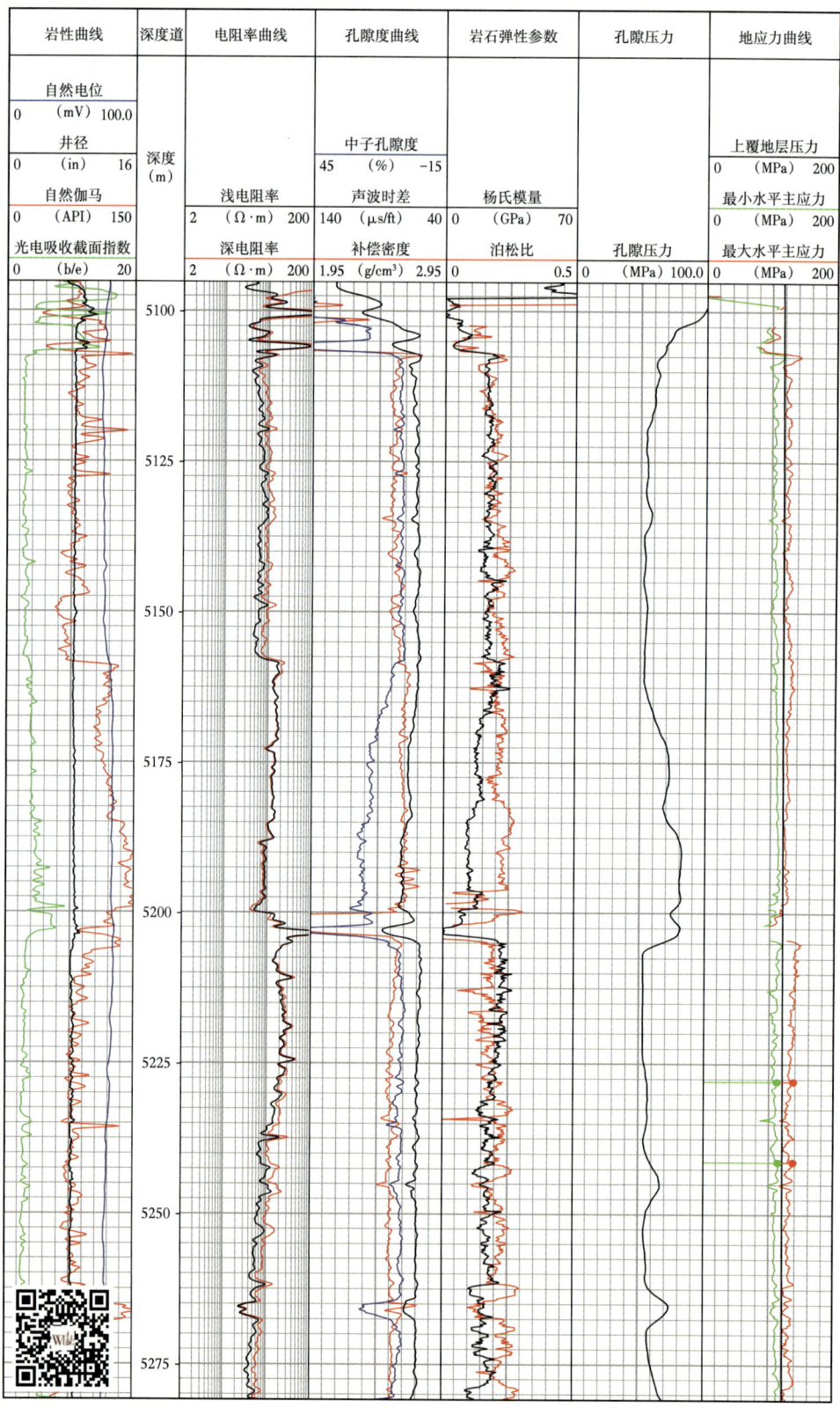

图 5-4-6　塔里木盆地库车坳陷白垩系某井三轴地应力测井计算

# 第五节　地应力场研究及其与油气分布关系

地应力场（stress field in the earths crust）：地壳或地球体内，应力状态随空间点的变化。从广义上讲，地质构造现象由总地应力决定。总地应力包含受重力控制的上覆岩体重力造成的静地应力（垂向压应力）与受地壳构造运动控制的构造应力两部分。构造应力场是变化的，而静地应力场是相对恒定的，可见总地应力主要是构造应力场的变化引起的。多数学者习惯用狭义的概念，将静地应力视为地静应力，属地压场的范畴，而将地应力场称为构造应力场。

## 一、现今应力场及裂缝分布

1. 现今地应力方向

通过成像测井拾取诱导裂缝（钻井振动裂缝、重钻井液压裂缝以及应力释放缝）、井壁崩落方向可以分别确定现今最大水平主应力和最小水平主应力方向。图 5-5-1 中重钻井液压裂缝为两条沿着井壁 180° 对称的双轨，指示现今最大水平主应力方向；而井壁崩落为两条暗色的较宽的条带，椭圆井眼的长轴方向就是现代构造最小水平主应力（张应力 $\sigma_3$）的方向（图 5-5-1）。

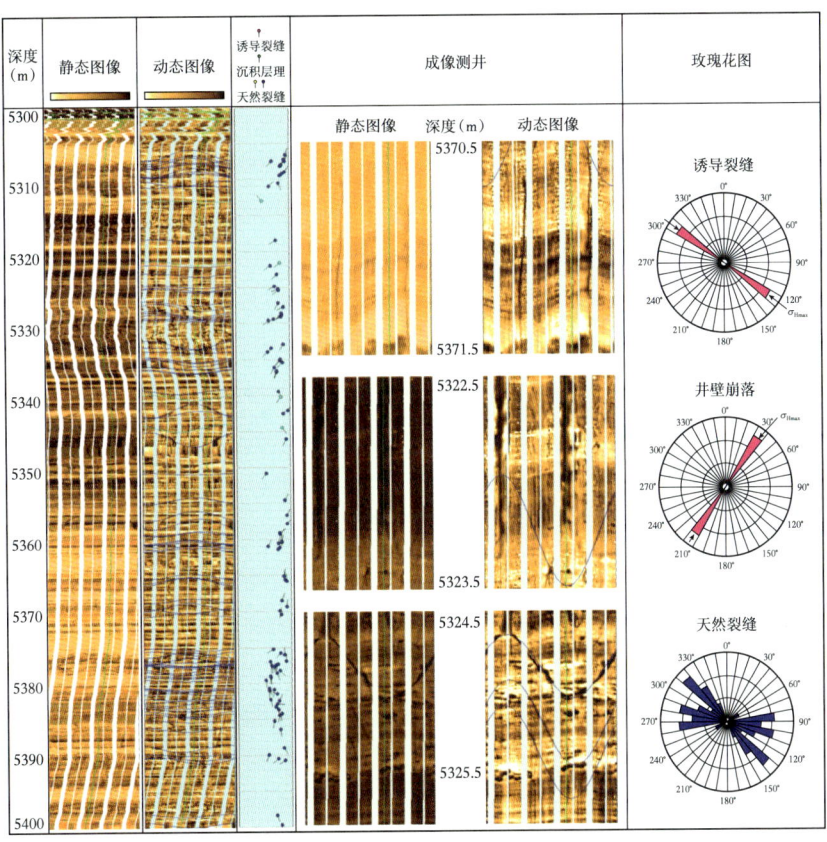

图 5-5-1　现今地应力方向以及天然裂缝走向分布图（据 Lai et al., 2019）

通过对库车坳陷某井地应力的分析可知，该井白垩系现代构造最大水平主应力的方向为近北西—南东向（诱导裂缝走向），最小水平主应力方向为近北东—南西向（井壁崩落方向），两者在局部地区有微小的变化（图5-5-1）。而天然裂缝存在两组，分别是北西—南东向以及近东西向走向（图5-5-1）。

2. 天然裂缝走向

通过成像测井可以拾取现今地应力方向，同时由成像测井还可以统计得到天然裂缝走向玫瑰花图，因此可以进行现今地应力方向和天然裂缝走向匹配性分析（图5-5-2）。当裂缝的走向与现今主应力方向基本一致或夹角很小（＜30°）时，储层才更为有效。因为这些裂缝大多伴随现今构造运动产生，裂缝形成时间短，不易被充填，大多为开启状态。这些与构造应力场最大主应力方向平行或近于平行的裂缝现今一般呈拉张状态，其开度大、连通性好、渗透率高，裂缝能最大程度地发挥其渗流通道作用，有效性最强；反之，那些与现今主应力方向垂直或以大角度斜交的裂缝总体呈挤压状态，裂缝有效性差。图5-5-1中的两组裂缝，其中与现今最大水平主应力方向平行的往往开启性较好，而与现今最大水平主应力方向有一定夹角的则有效性差。

以下为塔里木盆地寒武系—奥陶系白云岩现今地应力方向和天然裂缝发育特征，可以看到，部分井天然裂缝走向与现今最大水平主应力走向一致，而部分井则与现今最大水平主应力方向有一定的夹角。天然裂缝走向以及现今的最大水平主应力方向的匹配关系往往决定了产能的高低（图5-5-2）。

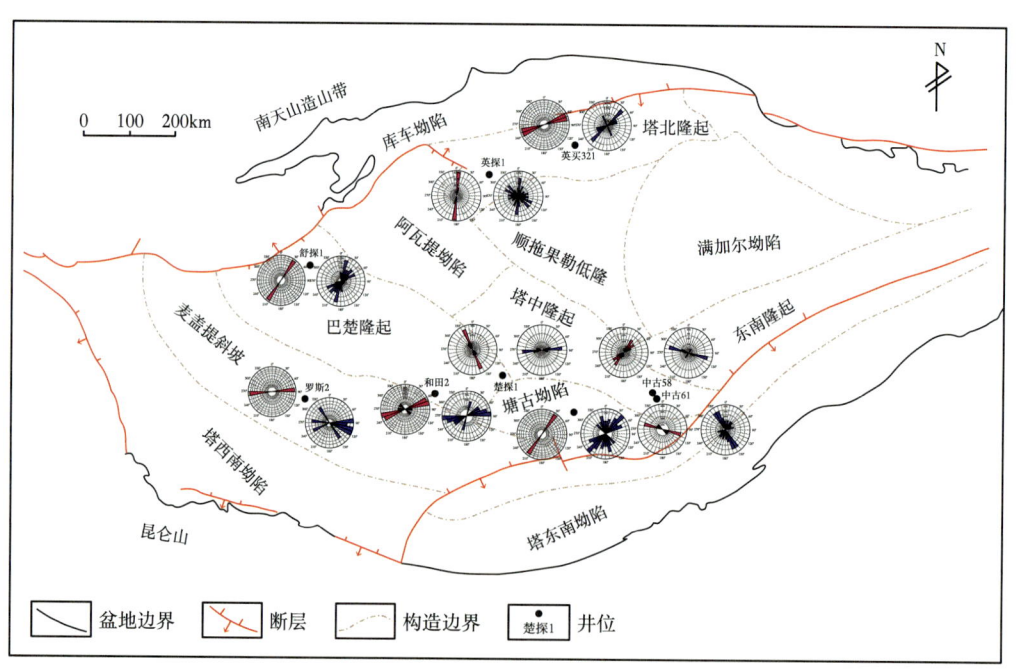

图5-5-2　塔里木盆地寒武系—奥陶系白云岩地应力分布和裂缝走向示意图（据Lai et al., 2021）

## 二、断层分析

根据断层成因理论的Anderson模式，正断层在形成时，最大水平主应力$\sigma_1$直立，中间主应力$\sigma_2$和最小水平主应力$\sigma_3$水平。逆断层在形成时，$\sigma_3$直立，$\sigma_1$和$\sigma_2$水平。走滑断层在形成时，$\sigma_2$直立，$\sigma_1$和$\sigma_3$水平。而地球物理测井资料可以分别计算三轴地应力大小，根据垂向应力、最大水平主应力和最小水平主应力的大小，既可以判别地层的应力状态，又可以进行断层属性的分析（图5-5-3）。

当地应力满足$\sigma_v > \sigma_{Hmax} > \sigma_{hmin}$时（$\sigma_1$直立），为正断层机制；当$\sigma_{Hmax} > \sigma_v > \sigma_{hmin}$时（$\sigma_2$直立），为走滑断层机制；当$\sigma_{Hmax} > \sigma_{hmin} > \sigma_v$时（$\sigma_3$直立），为逆断层机制（图5-5-3）。

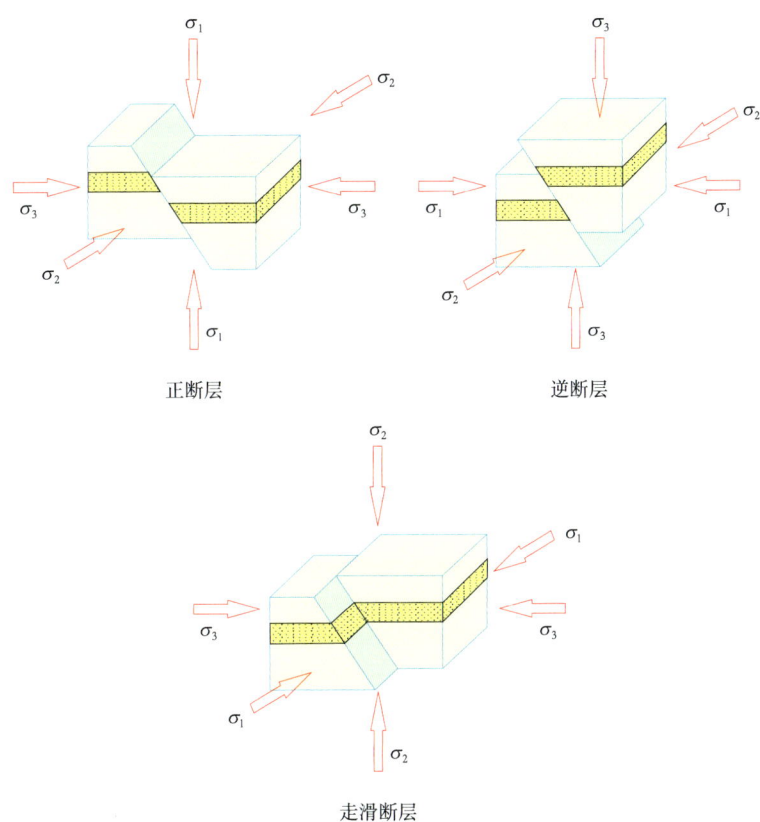

图5-5-3 断层形成时的初始地应力状态（据王珂和戴俊生，2012）

## 三、地应力场与储层品质及油气分布规律

地应力场在使地下岩石变形的同时往往还影响流体势分布，另外还可能改变岩石的储集与渗透性能（如压应力增大可使岩石渗透性能降低）。因此，可以根据地应力场的变化，探讨油气运移以及油气的分布规律。

如在我国西部塔里木盆地南天山造山带山前前陆盆地（库车坳陷），确定地应力分布状况可以很好地寻找优质储层以及油气藏的分布。在山前前陆盆地中，强烈的挤压应力作用并不意味着在所有地区都是均匀的等同作用。在局部构造样式和地质环境的影响下，局部挤压应力较弱甚至应力性质发生变化，由压性应力变为张性应力，这时在这些地带可以形成高孔高渗的储集条件。如其他油气成藏条件匹配得当，可以形成大型的油气藏。

库车坳陷的地应力分布复杂，虽然总体挤压应力较强，压中有张，张中有压，即强挤压应力区域也存在局部张应力区，这种应力分布的非均质性导致了储层的非均一性。库车坳陷由于区域滑脱面的存在（古近系膏泥岩、侏罗系中煤系地层），在区域挤压应力作用下形成了特殊的构造样式和构造的多层次性。一般浅层为高陡复杂构造，深部为宽缓背斜构造（图 5-5-4）。构造样式的变化导致局部应力场性质是不相同的，浅部高陡构造带表现为挤压应力，深部宽缓构造表现为弱挤压应力或张性应力，这种环境有利于储层保持较高的孔渗条件（图 5-5-4）。

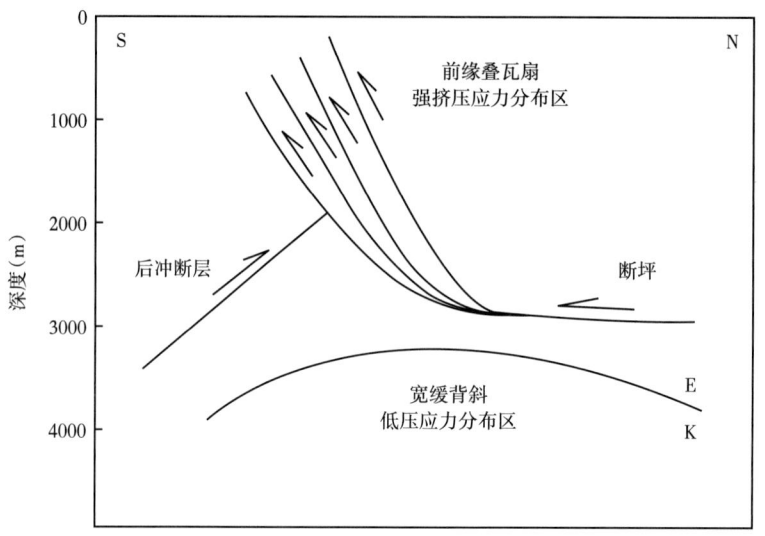

图 5-5-4　地应力分布与构造样式关系示意图（据赵军等，2005a）

实际的地应力分析及其与深度的匹配关系也表明，克拉 2 气藏上部（500~3000m 井段）为强挤压带，地应力值一般为 70~80MPa，局部达 120MPa 以上。气藏位于高压应力背景下的相对较低应力区（最大地应力值为 45~55MPa）。说明应力分布受构造样式制约深部宽缓三角构造，挤压应力相对较弱，形成了相对高孔高渗带（图 5-5-5）。

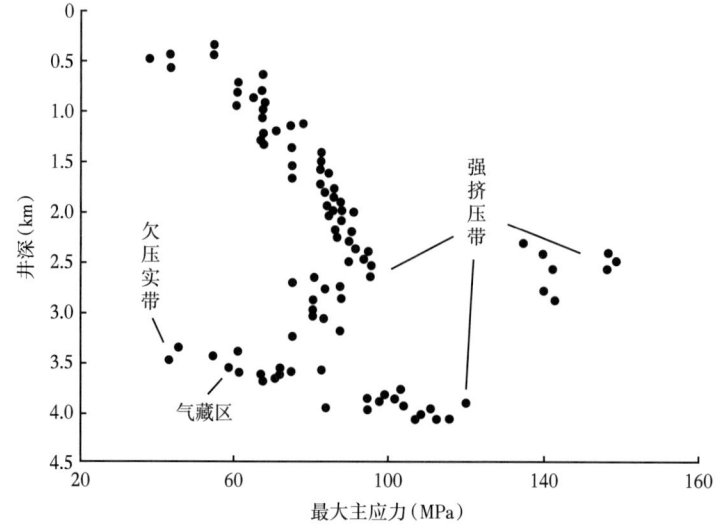

图 5-5-5　KL2 井地应力分布图（据李军等，2001）

根据 Ramsay 的背斜弯曲变形模式，背斜型油气田存在一个"应变中和面"（既无伸长又无缩短的无应变面）（图 5-5-6）。"中和面"之上背斜外弧向外弯曲，派生出局部附加张性应变场，产生的裂缝以张性裂缝为主，裂缝密度较低但开度、孔隙度较大，并且在一定程度上减弱了构造压实效应，使储层基质物性相对较好，是有利的储集体发育带。"中和面"之下背斜内弧向内弯曲，派生出局部附加挤压应变场，产生的裂缝以剪性裂缝和密集的网状裂缝为主，裂缝密度较高但开度、孔隙度较小。

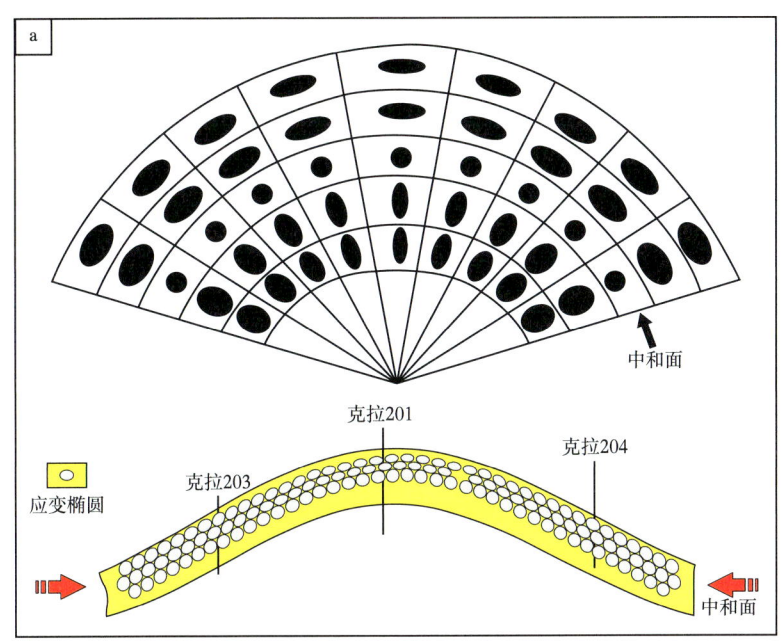

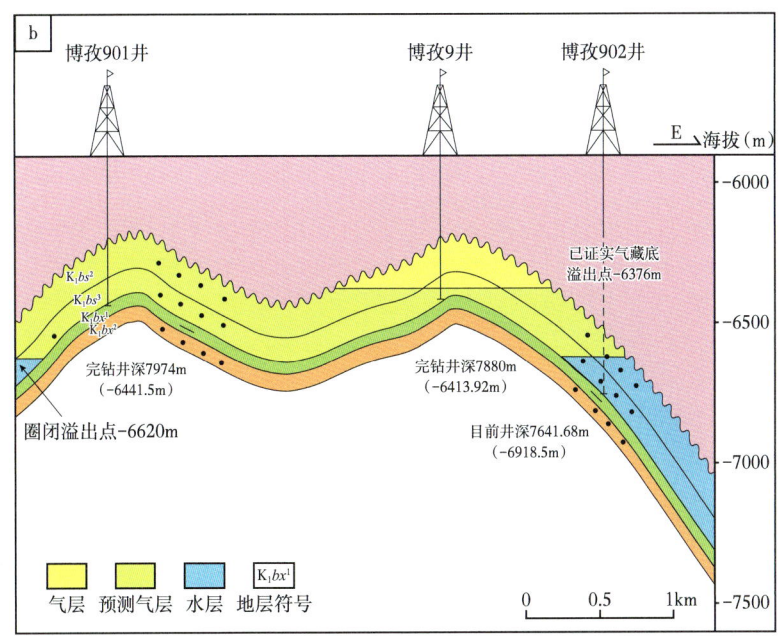

图 5-5-6　克拉 2 背斜不同构造部位的应力分布模式（a）以及不同构造部位在张应力补偿差异条件下储层压实分异示意图（b）（据韩登林等，2011）

如以著名的克拉 2 气田为例，尽管处于同一构造样式内，克拉 2 背斜构造核部和两翼部位的储层物性仍表现出明显的差异。克拉 2 背斜褶皱核部和两翼部位的储层表现出明显的压实分异特征，克拉 2 气田背斜褶皱内部，核部储层所受到的张性应力明显强于两翼，这种张应力补偿了其他应力对储层造成的压实效应，导致在克拉 2 背斜核部存在明显的高孔隙度储集体。因此，对克拉 2 背斜，其中和面之上的地层表现为张应力，且背斜的轴部张应力明显强于两翼；位于中和面之下的地层则表现为压应力，背斜轴部的压应力同样强于两翼（图 5-5-6）。

### 四、非常规油气压裂改造中的应用

非常规油气藏非均质性较强，需要钻水平井以及采取压裂改造等措施才能获得工业油流，压裂过程中对地应力方向和大小的评价至关重要。地应力在油气勘探领域具有重要的作用，其不仅是油气运移的驱动力，还能为井壁稳定性分析和钻井优化设计等提供依据。而在压裂改造过程中，地应力场的状态和岩石的力学性质决定了压裂的裂缝延伸方向、形态和方位，影响着压裂的增产效果。

在改造裂缝性储层的压裂过程中，人工压裂缝总是沿着构造最大水平主应力（压应力）的方向形成。如图 5-5-7a 所示，若现今水平压主应力方向与天然裂缝的方向正交，则压裂产生的人工裂缝与天然裂缝易形成网格，有利于改善储层的连通性；如图 5-5-7b 所示，若天然裂缝的方向与最大水平主应力的方向一致，压裂时，不易形成人工压裂缝。

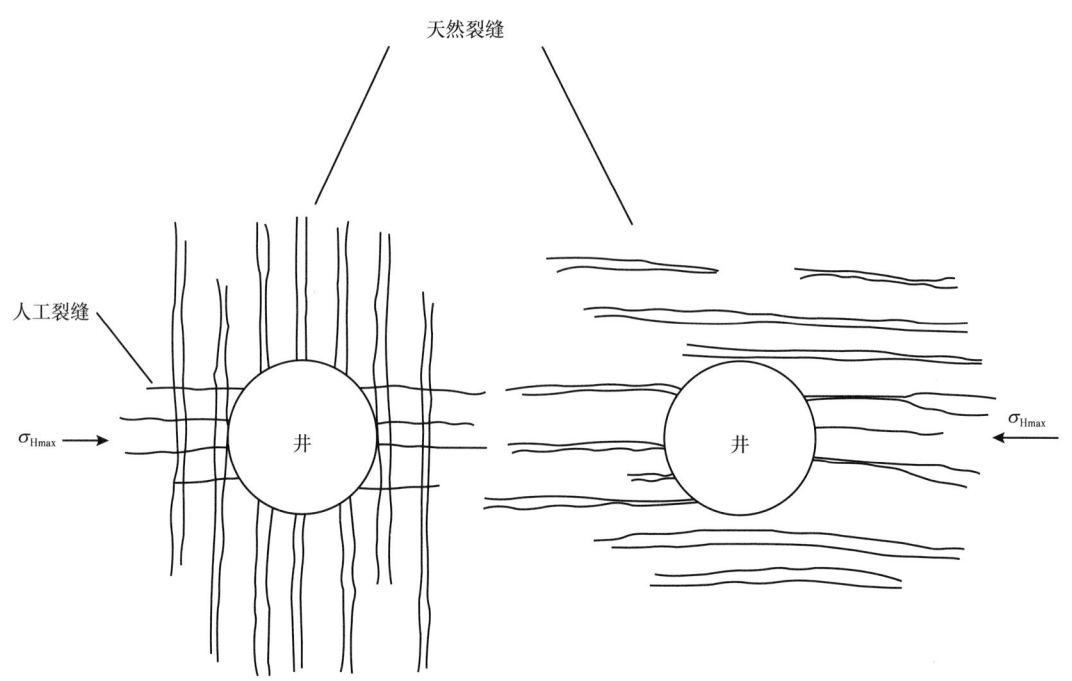

a. 现今水平压主应力方向与天然裂缝的方向正交　　b. 天然裂缝方向与最大水平主应力方向一致

图 5-5-7　现代构造应力方向与人工压裂缝形成方向关系图

由于压裂裂缝沿最大水平主应力扩展，为了获得大体积的横切裂缝系统，非常规油气水平井一般沿最小水平主应力或小于30°夹角钻进。同时沿最小主应力方向布井或钻水平井，不仅能够有效避免井壁失稳、井塌，还能够沿最大主应力方向压裂，可以提高压裂效果。此外，地应力大小也是决定压裂方案设计以及压裂层段优选的重要因素，水平方向上应力差异越小，越易于形成复杂缝网；相反，差异越大，形成的往往为单组裂缝（图5-5-8）。

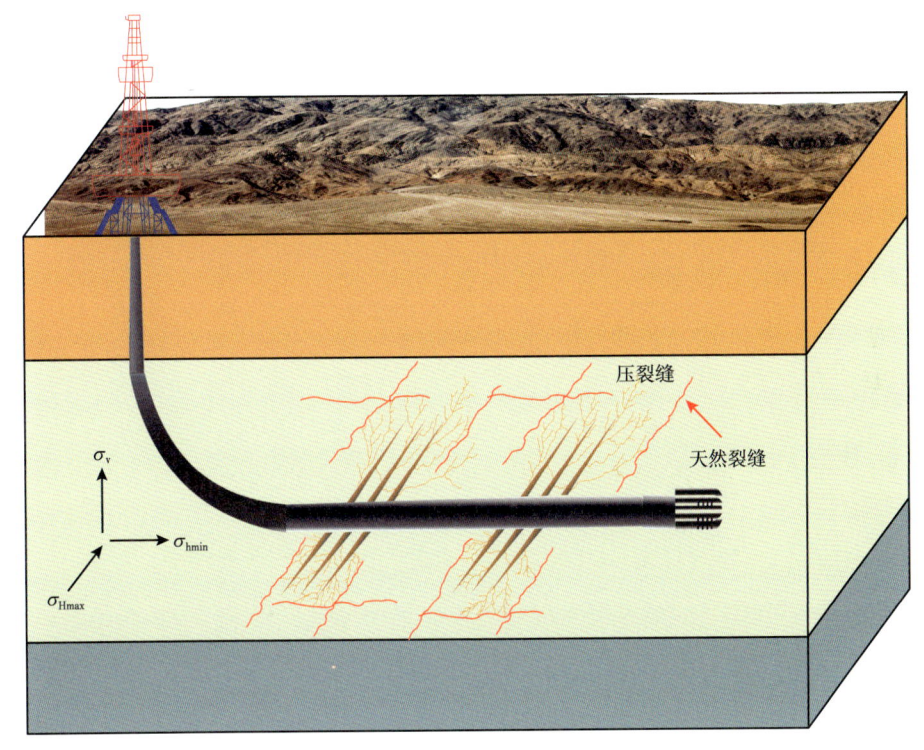

图 5-5-8　水平井钻井方向、人工压裂缝形成方向及其与
地应力分布关系图（据 Lai et al., 2022c）

# 第六节　地应力场应用实例

塔河油田在经历了加里东期、海西期、印支期—燕山期及喜马拉雅期等多期构造运动后，形成一系列相互交织、呈棋盘网格分布的大型走滑断裂系统，根据断裂走向可以分为北东向断裂和北西向断裂两种类型。

针对研究区单井成像进行诱导裂缝拾取，确定最大水平主应力方向，结果表明，研究区最大水平主应力方向为北东—南西向（图5-6-1）。最大水平主应力对研究区的北东向断裂发育具有促进作用，对北西向断裂具有抑制作用，致使规模储层多发育在北东向断裂上。

断裂与钻井平面分布图表明北东向走滑断裂储集体规模、油气富集程度明显好于北西向走滑断裂，建产井大部分位于北东向断裂带附近（图5-6-2a）。通过走滑断裂模式图可知北东向走滑断裂活动强、持续时间长、张扭特征明显，而北西向走滑断裂活动特征不明显，纵向各层的断裂带宽、垂直断距均小于北东向断裂（图5-6-2b、d）。选取不同断裂带钻井实测资料分析可知，TS302X井位于北西向断裂带附近，其发育裂缝的地层厚度仅60m，裂缝密度为0.57条/m，裂缝平均长度为0.21m/m²。TH12560X井位于北东向断裂带附近，发育裂缝的地层厚度为200m，裂缝密度为0.76条/m，裂缝平均长度为0.79m/m²（图5-6-2c）。

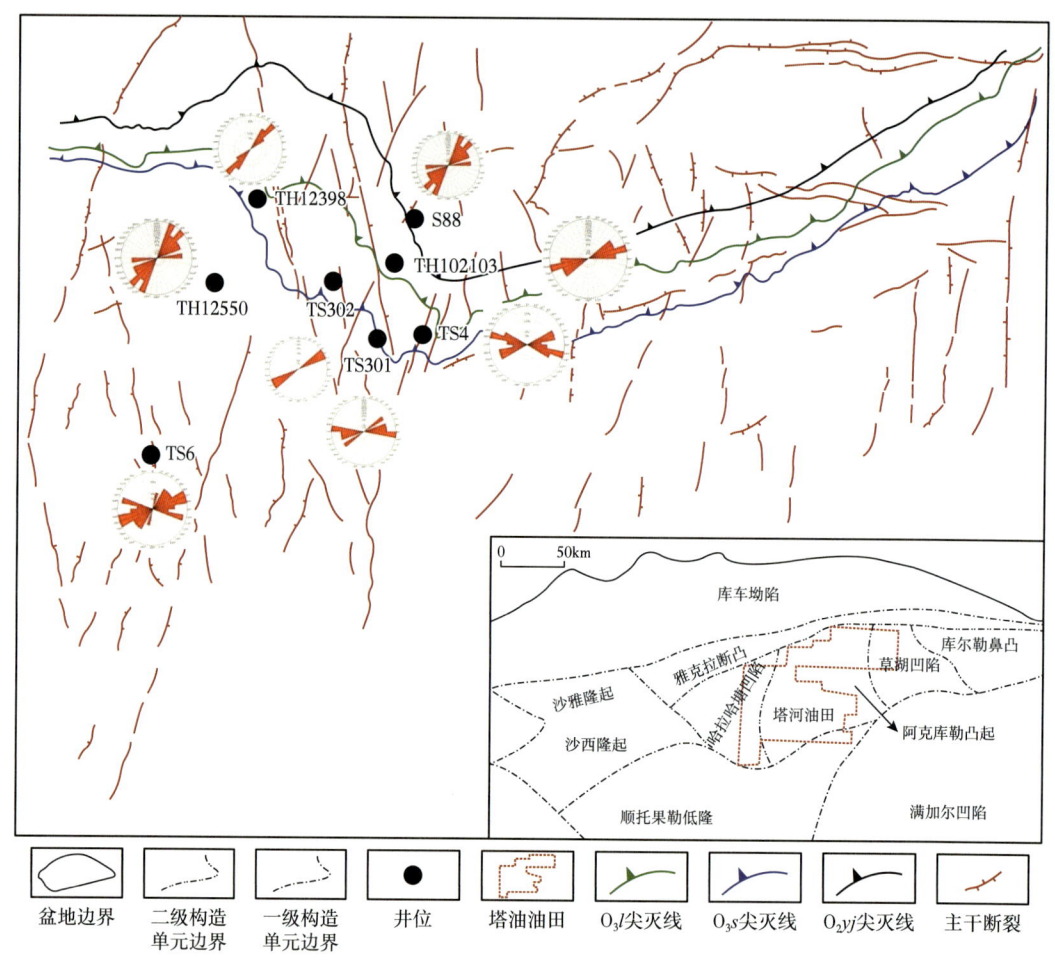

图5-6-1 塔河油田现今地应力场方向示意图

实测钻井资料对比结果证明，受现今地应力场的影响，研究区内不同方向的走滑断裂带碳酸盐岩储层的发育具有较大差异性。同时试油资料显示，TS302井经酸压后累计排液量为899.6t，测试结论为水层；而TH12560X井酸压完井后，日产油21.9t，累计产液量为$3.6×10^4$t，累计产油量为$2×10^4$t。结合钻井资料和试油资料可知，现今地应力场的最大水平主应力方向影响了深大走滑断裂的进一步发育，在最大水平主应力的作用下会促进断裂及裂缝的进一步发育，导致与现今最大水平主应力方向近一致的北东向断裂带储层裂缝有效性较好，钻井产液量较高。

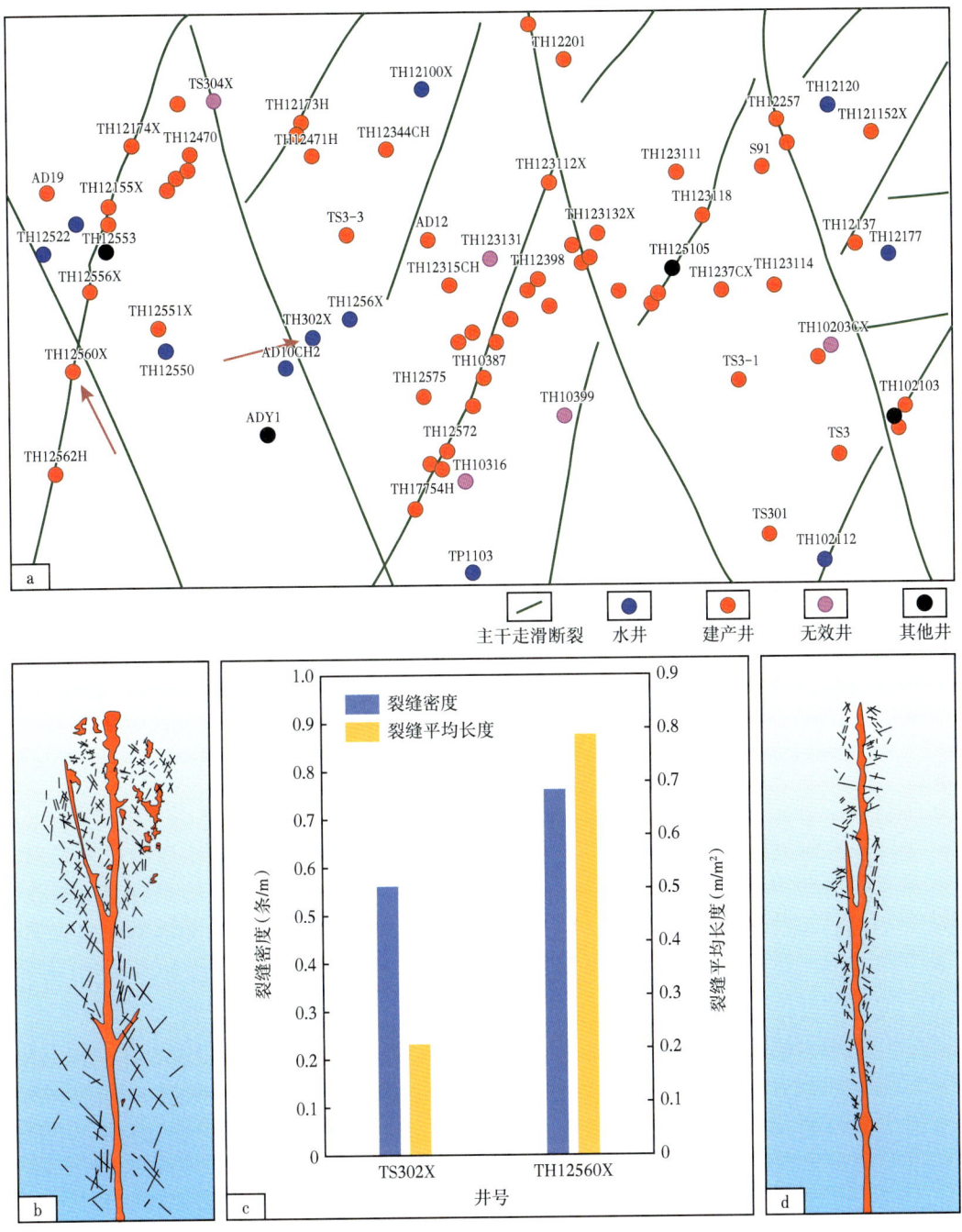

图 5-6-2 塔河油田钻井平面分布图及主干走滑断裂模式图

# 第六章  裂缝储层测井评价

裂缝是指岩石受外力作用、失去内聚力而发生各种破裂或断裂所形成的片状空间，它切割岩石组构（Price，1966）。油气储层在漫长的地质历史时期经历复杂的成岩和构造作用改造，现今一般表现为岩性致密、孔隙小、喉道细、孔喉连通性差且非均质性强的特征。如果没有裂缝的储集和导流作用，不可能形成有效的油气藏和高产油气流。同时由于受岩性、层厚、构造挤压及应力等因素影响，岩石会不同程度地产生裂缝。一般致密砂岩储层中只有发育裂缝，才能成为油气运移的良好通道和储集空间，并形成裂缝型油气藏。储层基质孔隙度和渗透率在很低的情况下，如果存在裂缝就可大大提高流体的渗流能力，因此基质孔渗性差的致密储层，其产油气能力主要取决于储层中裂缝的发育情况，裂缝不仅可以使孤立的孔洞得以连通形成有效的储集空间，并显著提高渗透率，改善油气储层品质，降低有效储层物性下限，同时裂缝对油气井的产能有直接影响，是控制致密砂岩储层产能的关键因素，决定了基质的泄油气能力和油气井的供油面积。

## 第一节  裂缝分类及分析方法

裂缝发育的成因机理复杂，影响因素众多。近年来，不同的专家学者从不同角度与研究维度针对裂缝的成因机制和分类方案展开了深入探讨，并提出了各具特色的裂缝类型分类标准。目前，主要形成了按裂缝力学成因机制、裂缝发育规模和级别等多方面的裂缝分类方案。裂缝的分析方法包括露头和岩心观察统计，薄片、扫描电镜和CT分析，测井、地震等地球物理资料等多尺度裂缝观测和分析手段。其中地球物理测井资料则对切割过井眼的裂缝的识别优势明显，尤其是由声电成像测井所得的图像不仅能够直观、连续地显示出环井壁一周地层岩性、结构和构造的微细变化，更可以用于识别裂缝形态、划分裂缝类型，还能够用于裂缝的定量分析，计算裂缝孔隙度、裂缝密度等参数，因而在裂缝分类方面具有独特的优势。

### 一、裂缝分类

裂缝按其力学成因机制一般可分为张性裂缝、剪切裂缝和张剪裂缝，分别代表张应力、剪应力以及二者综合作用形成的裂缝。张性裂缝切穿深度较小，未切穿岩层或终止于层面上，且易被方解石等充填；剪切裂缝的切穿深度相差较大，长裂缝一般属于剪切裂缝，这种裂缝一般不受层理的严格控制，也不一定终止于岩性分界处，主要与岩石的力学性质和剪应力值有关。张裂缝是各期构造运动中岩层褶皱变形阶段的产物，裂缝走向与褶皱轴部垂直或呈角度相交，缝面平直，常见方解石和石英矿物充填；剪切裂缝一般成对出现，裂缝走向与构造线呈一定角度相交，按其形成先后可分为早期平面"X"形剪切缝和晚期剖面"X"形剪切缝，两者均见有沿缝面错动的现象，区别之处在于前者产状一般为垂直缝或高角度缝，后者则为低角度斜交缝。而按其地质成因一般可将裂缝分为构造裂缝和非构造裂缝两大类，这种裂缝的成因分类更明确，其中的构造裂缝是致密储层中发育的主要裂缝类型，对其中的油气勘探开发起着重要影响，主要包括上述的张性裂缝、剪切裂缝等，多与断层和褶皱等局部构造有关，另外也包括区域裂缝，区域裂缝是那些在区域构造应力场作用下形成的分布广泛而不受局部构造控制的裂缝系统，一般具有分布规则、产状稳定、规模大、延伸较远、裂缝走向平行于区域最大主应力方向，且为垂直张性裂缝的特征。区域裂缝系统同时也能广泛存在于张性裂缝、剪切裂缝不甚发育的构造平缓区域，对油气的运移和聚集起重要作用。而非构造裂缝主要指收缩裂缝、卸载裂缝、风化裂缝、层理缝等，但其发育较少，而非构造成因的成岩裂缝主要表现为矿物颗粒的粒内缝和粒缘缝，与沉积物在地质历史时期经历的强压实压溶或构造挤压作用有关（表6-1-1）。

表6-1-1 裂缝分类方案

| 文献 | 分类依据 | 裂缝类型 |
| --- | --- | --- |
| 曾联波等（2007b） | 控制天然裂缝形成的地质因素 | 构造裂缝、区域裂缝、成岩裂缝、收缩裂缝和与表面有关的裂缝 |
| 吴元燕等（2005）、曾联波等（2009） | 力学成因 | 剪切裂缝、张性裂缝和张剪裂缝 |
| 吴元燕等（2005）、曾联波等（2007，2008） | 地质成因 | 构造裂缝和非构造裂缝（成岩裂缝、收缩裂缝、卸载裂缝、风化裂缝、层理缝） |
| 李佳阳等（2007） | 裂缝面形态 | 开启裂缝、闭合裂缝、变形裂缝和充填裂缝 |
| 秦启荣等（2006） | 成因、分布特征及其与主体构造的时空配置关系 | 区域型、局部型和复合型裂缝 |
| 申本科等（2005）、李佳阳等（2007）、Ameen et al.（2012） | 裂缝产状 | 近水平缝、斜交裂缝、高角度裂缝和网状裂缝 |
| 贺振华等（2005） | 对流体赋存和运移有实际贡献的尺度 | 颗粒的微裂缝、岩石尺度的宏观裂缝、地层尺度的小断裂和地质尺度的大断裂 |
| 童亨茂（2006）、李建良等（2006）、张筠等（2010）、Lai et al.（2018） | 成像测井解释 | 天然裂缝（高阻缝和低阻缝）、诱导裂缝（钻具振动缝、井壁压裂缝和应力释放缝） |
| 周文和戴建文（2008） | 力学成因及与断层和地层中结构面的关系 | （1）与构造变形有关的构造张性垂直裂缝；（2）晚期的剖面剪切裂缝；（3）早期的平面剪切裂缝；（4）断层附近的剪切裂缝、张性裂缝 |

此外，按照裂缝的发育规模和级别，裂缝又可进一步划分出四级裂缝（表6-1-2），其中Ⅰ级裂缝主要为大断裂，一般可以通过野外露头（图6-1-1）或者地震剖面（图6-1-2）进行拾取，其开度在分米级及以上。Ⅱ级裂缝主要是露头上可观测到的与大断裂相伴生的次级断裂或者裂缝，宽度主要是厘米级至分米级（图6-1-1）。Ⅲ级裂缝则主要是岩心和野外露头观察到的开度在几毫米至几厘米的裂缝（图6-1-3）。而Ⅳ级裂缝则以毫米级至微米级半充填—充填缝为主，开启宽度主要为微米级至毫米级，岩心上难以识别，仅靠薄片、扫描电镜或者CT扫描才能观察得到（图6-1-4），裂缝提高储层基质渗透1~3个数量级，但对基质孔隙度的影响有限。

表 6-1-2　不同观测手段裂缝尺度与级别划分

| 级别 | 宽度 | 长度 | 密度 | 备注 |
| --- | --- | --- | --- | --- |
| Ⅰ | 10cm 以上 | 几十米至几百米 | 1 条 / 几十米 | 大断裂 |
| Ⅱ | 几厘米至 10cm | 几米至几十米 | 1 条 /（几十厘米至几米） | 断层带内伴生裂缝 |
| Ⅲ | 几毫米至几厘米 | 几厘米至几米 | 1 条 /（几厘米至几十厘米） | 岩心和露头观测裂缝 |
| Ⅳ | 微米级至毫米级 | 几毫米至几厘米 | 1 条 /（几毫米至几厘米） | 薄片尺度裂缝 |

图 6-1-1　野外露头发育的Ⅰ级和Ⅱ级裂缝（米级至百米级）

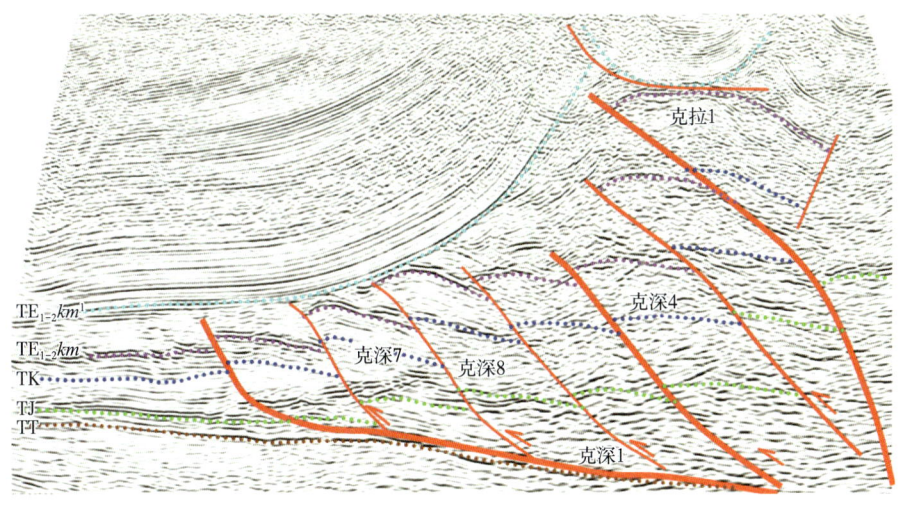

图 6-1-2 库车坳陷克深气田地震剖面解释出的断裂（米级至百米级）

图 6-1-3 野外露头发育的Ⅲ级裂缝（厘米级至米级）

图 6-1-4 岩心、薄片下观察得到的Ⅳ级裂缝

事实上，正如每一种构造样式在微观尺度上都有其表现形式一样，裂缝是断裂在标尺缩小时的表现形式，而微裂缝则是宏观裂缝的微观表现。裂缝与断裂本质上没有区别，只是规模和尺度不同，二者在形成机制上是类似的。断层一般是在裂缝大量发育的基础上进一步发展形成的，由于岩石的破裂是一个微裂缝的不断发展演化过程，裂缝与断裂的形成可以是同一构造应力场不同演化阶段的物质表现。地层在受构造应力作用下，宏观裂缝的产生必然伴随着微裂缝的形成，两者的发育趋势是一致的。

## 二、裂缝分析方法

1.露头和岩心观察统计

与前面裂缝的级别与尺度相对应，能够用于裂缝分析的方法也包括地质与地球物理相结合的方法。对应相对宏观的Ⅰ级裂缝，往往通过地震剖面可以进行拾取，或者是通过野外露头的观察来进行分析。Ⅱ级裂缝相对裂缝发育的长度和开度也在野外露头和地震剖面观察的精度范围内，因此也是可以通过野外露头或者地震剖面的办法来拾取（图6-1-1和图6-1-2）。而Ⅲ级裂缝的尺度规模主要与岩心或者野外露头资料相对应（图6-1-5），因此也可以通过岩心或者野外露头观察的结果进行识别与统计（图6-1-6）。

图6-1-5　北京妙峰山地区碳酸盐岩中发育的张性裂缝（白色充填物为方解石）

2.薄片、扫描电镜和CT扫描分析

Ⅳ级裂缝（微裂缝）难以通过岩心观察以及露头获取，因此需求薄片、扫描电镜和CT扫描分析相结合的办法（图6-1-7）。可以看到图6-1-7薄片中显示的Ⅳ级裂缝主要开度在微米级，而扫描电镜下更是可以揭示出开度为纳米级的裂缝，这种尺度的裂缝（微裂缝）通过岩心是无法获取的，因此只能通过薄片和扫描电镜的方法来表征。

此外，CT扫描（computed tomography scanning），即电子计算机断层扫描，它是利用精确准直的X射线束照射岩石样品，从而获得每个体素的X射线衰减系数或吸收系数，再排列成矩阵，经数字/模拟转换器把数字矩阵中的每个数字转为由黑到白不等灰度的小方块，即像素（pixel），即构成CT重建图像。在进行CT扫描时，X射线束照射在旋转台上的岩心，探测器将记录穿透过物体的X射线的数字信号。当岩心旋转一周之后，探测器就能获得射线从不同角度穿透某一横剖面对应的物质吸收系数$\mu$与物质密度有关值，有了这些X射线投射信息之后，利用计算机层析成像数据重建可以

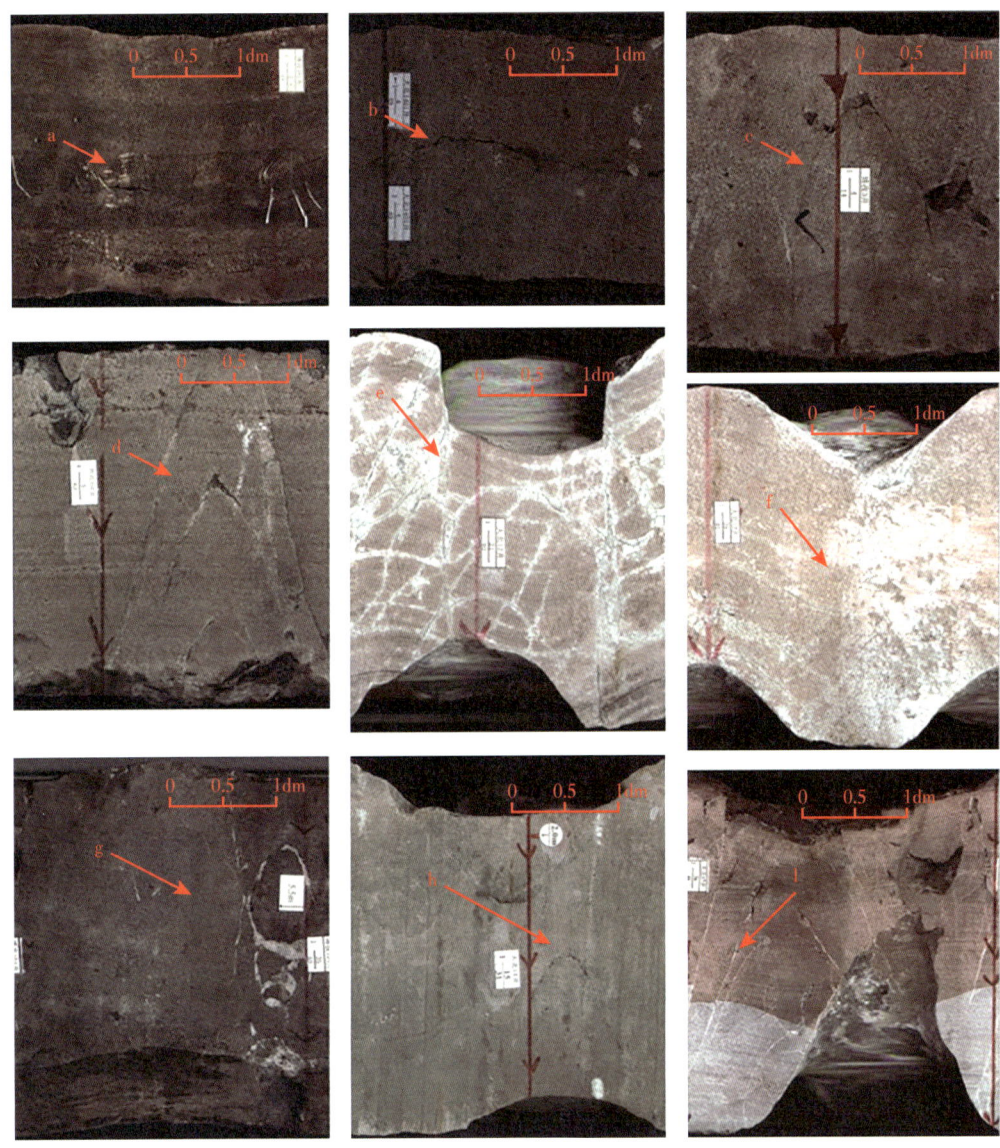

图 6-1-6 博孜大北地区储层裂缝岩心识别图版

a. 水平张裂缝（博孜 101 井，$K_1bs$，红褐色细砂岩，6916.5m）；b. 低角度裂缝（大北 1401 井，$K_1bs$，褐色含砾细砂岩，6351.4m）；c. 高角度裂缝（博孜 3 井，$K_1bx$，褐色细砂岩，5972m）；d. 多组高角度裂缝（博孜 301 井，$K_1bs$，褐色细砂岩，5854.2m）；e. 网状裂缝（大北 12 井，$K_1bs$，灰褐色细砂岩，5399.9m）；f. 石膏充填低角度裂缝（大北 12 井，$K_1bs$，褐色细砂岩，5403.7m）；g. 方解石充填高角度裂缝（博孜 104 井，$K_1bs$，褐色细砂岩，6803m）；h. 裂缝溶蚀（大北 14 井，$K_1bs$，褐色细砂岩，6349.6m）；i. 方解石充填与裂缝溶蚀（大北 17 井，$K_1bs$，灰褐色细砂岩，6154.2m）

获得岩心的内部孔隙、裂缝特征。因此 CT 扫描也可以用于裂缝的分析与评价。如图 6-1-8 中通过 CT 扫描二维切片图像可以明显地拾取裂缝面的发育特征，而从其三维重构的 CT 图像上可以更进一步直观地观测裂缝面的整个形态以及充填与否的特征。总体而言，该裂缝为切割岩心的一条直劈裂缝，其中白色为方解石胶结的层段，而黑色的则是张开的裂缝面（图 6-1-8）。

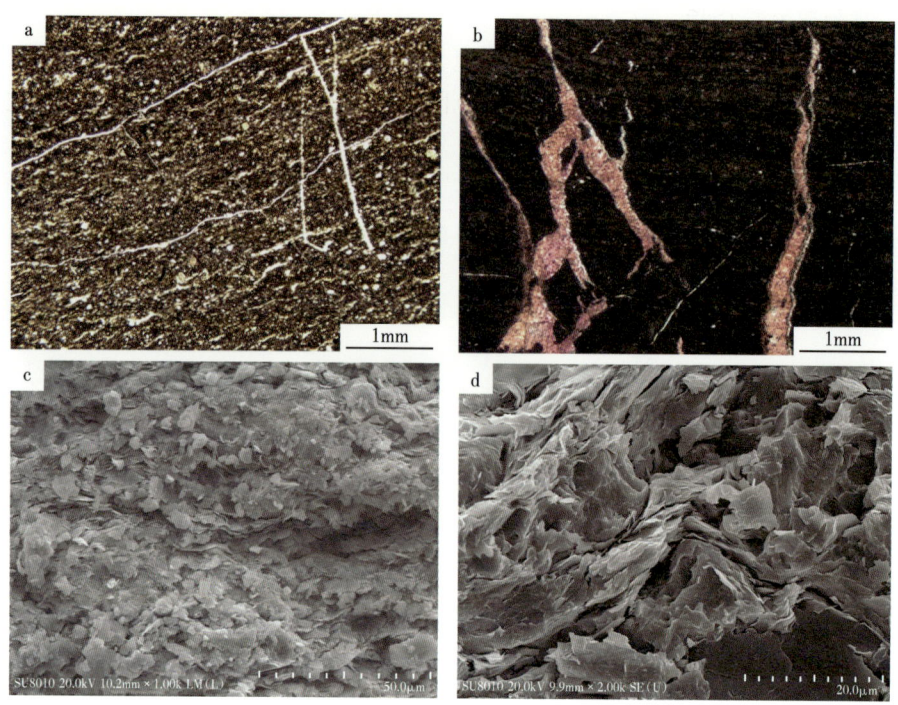

图 6-1-7　薄片和扫描电镜观察拾取的Ⅳ级裂缝

a. 方解石充填裂缝 1；b. 方解石充填裂缝 2；c. 黏土矿物层间缝 1；d. 黏土矿物层间缝 2

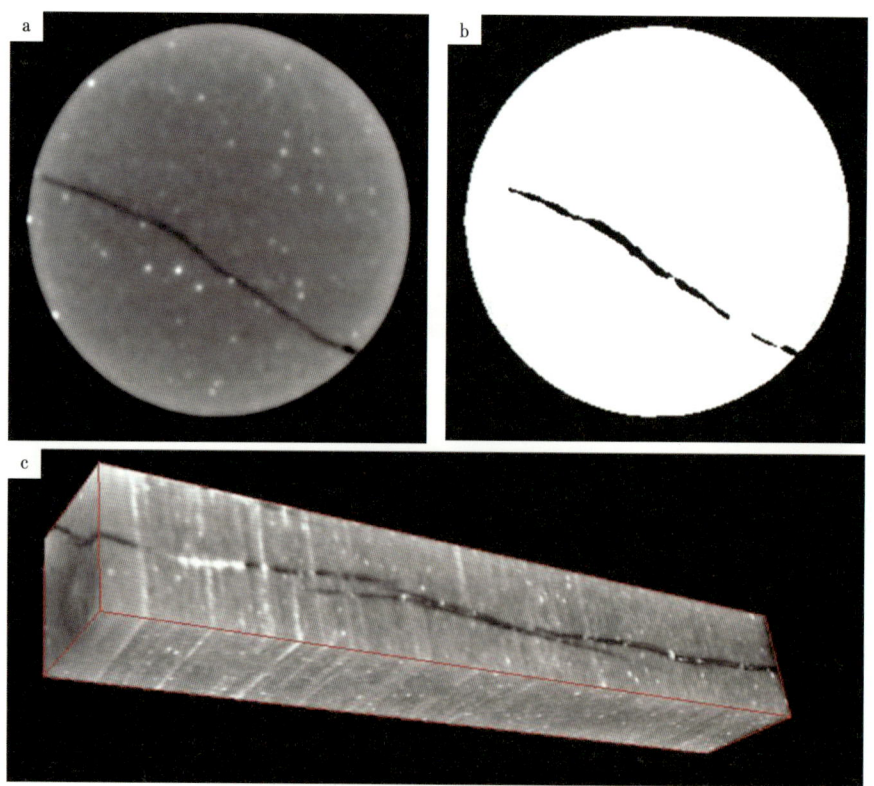

图 6-1-8　基于 CT 扫描的裂缝面形态拾取（a 和 b 为二维切片，c 为三维重构图像）

3.地球物理资料分析

地震资料可以用于识别Ⅰ级和Ⅱ级裂缝，对于规模相对较小的裂缝，如Ⅲ级以及Ⅳ级裂缝则已经超出了地震资料的分辨能力范围。而地球物理测井资料则对切割过井眼的裂缝的识别优势明显，尤其是声电成像测井所得的图像不仅能够直观、连续地显示出环井壁一周地层岩性、结构和构造的微小变化，还可以用于识别裂缝形态、划分裂缝类型，同时还能够用于裂缝的定量分析，计算裂缝孔隙度、裂缝密度等参数，因而在裂缝分类方面具有独特的优势。

# 第二节 裂缝发育的影响因素

裂缝系统的成因机理研究可增加对裂缝形态和分布的可预测性。裂缝形成机理及控制因素分析以及裂缝的分布规律研究是储层裂缝预测和评价的重要内容，也是提高该类油藏勘探开发效果的关键。裂缝的发育程度主要受古构造应力场、构造位置、沉积微相、岩性及岩层厚度等因素的影响。由于不同部位构造应力分布的不均一性，从而使得其裂缝的发育程度也各具差异；在同一构造部位，岩性和岩层厚度是影响裂缝发育的重要因素。现今应力场影响裂缝的保存状态与渗流能力，通常与现应力场最大主应力方向近平行的裂缝渗透性最好，但其他方向裂缝的渗流作用也不容忽视。在不同的层位和构造部位，由于其岩性组合、岩相特征以及所受到的应力不同，裂缝的发育程度具明显差异。该区储层裂缝以构造裂缝为主，裂缝的形成与分布受储层岩性岩相和构造应力场双重因素的控制，它们分别是影响裂缝发育程度的内因与外因。

## 一、构造应力场

古地应力作用对储层影响具有两面性，一方面是增加了油气储层评价的难度，另一方面也扩大了油气勘探的领域。构造应力是控制裂缝形成与发育的重要因素，主要通过控制不同构造部位的局部应力场分布来控制岩石裂缝发育程度。如在褶皱中，轴部和倾伏端部位等地应力相对集中的部位，裂缝发育密度大；而在翼部等构造主曲率小的部位，裂缝发育程度相对低，总体而言背斜核部比翼部裂缝较为发育。

裂缝发育程度除了受褶皱因素影响外，还受断层影响。与断层有关的裂缝和与褶皱有关的裂缝是主要的构造因素成因的裂缝类型。断层一般是地应力集中释放的结果，也是控制裂缝发育程度的另一重要外部因素，由于断层活动造成的应力扰动作用，使断层附近的裂缝分布具分带性。断层附近应力相对集中，裂缝明显发育，远离断层，裂缝密度呈递减的趋势。裂缝在断层上盘一般较下盘更发育，且断层力学性质也决定了裂缝的发育程度，一般压扭断层裂缝最发育、逆冲断层次之，走滑断层再次之，正断层相应最不发育。大断层附近由于应力相对集中，地层受挤压严重，岩石更容易产生裂缝，因而裂缝发育程度高，发育的裂缝同时又进一步促进溶蚀孔洞的产生，故断裂带附近储层也相对发育。构造隆起顶部及陡坡处构造部位、断层两侧、断层产状改变的局部构造区域、断层带内外岩石的刚度差别较大的区域、两条断层之间的端部及断层交会区裂缝均较发育。断裂对裂缝的控制主要通过边部效应、末端效应和交会效应体现出来：（1）边部效应，多期构造运动叠置的部位往往是断裂大量发育的区域，同时也是裂缝大量发育的部位；（2）末端效应，断裂末端是应力集中区，即裂缝发育区；（3）交会效应，断裂带及断裂末端效应的组合，指两条或多条断裂交会地带的应力叠加产生的裂缝系统。宏观上分析，与断裂相关的裂缝分布受断层展布规律的控制，其裂缝密度是岩性、断层面的位移与断层面的距离、埋藏深度和断层类型等参数的分布函数。

## 二、岩性、岩相

裂缝的形成与分布除受构造应力控制外，在特定的地质应力条件下，岩石的组分和结构特征也会对其裂缝的发育程度产生影响。裂缝的分布与发育程度受岩层控制，裂缝通常分布在岩层内，与岩层近于垂直，并终止于岩性界面上。因此，岩性是影响裂缝发育的主要内因，对裂缝的发育存在显著的影响。因为不同的岩石类型，其抗张、抗压和抗剪强度不同，从而直接影响岩石的破坏程度和破坏方式。影响裂缝发育的岩性因素主要是岩石成分、颗粒大小和孔隙度等，岩石的力学性质因岩石的组分、结构和构造等不同而各异。当地层受到构造应力作用时，不同刚性程度的地层响应方式是不一样的，刚性程度低的软地层可以通过自身的塑性形变释放应力，而刚性地层只能通过地层破裂才能使应力达到平衡。因此，在特定的构造应力作用下，裂缝的发育程度会因岩性的不同而差异明显。岩石成分主要是指岩石中的石英、长石和钙质等脆性矿物的含量，在相同条件下，脆性组分含量越高，岩石越容易发生脆性破裂，其裂缝发育程度越高。相应地，随着塑性的泥质含量的增加，裂缝密度变小。岩石的颗粒大小也影响着裂缝的发育程度，颗粒越细，岩石在地质历史时期相应易于被压实而致密，导致其强度增大，在相同的地应力条件下更容易形成裂缝，因而较细颗粒岩石中裂缝更为发育。另外，地层中的裂缝密度与地层的厚度呈负相关关系。同一应力环境下，薄砂层裂缝发育程度比厚砂层要大。戴俊生等（2011）进行的应力场数值模拟结果显示，越薄的砂岩越容易产生构造裂缝。砂泥岩互层处裂缝在泥岩中延伸长度一般为 1.5~2m，当泥岩厚度为 4m 左右时，砂岩中的裂缝可延伸至泥岩，但恰好无法穿透泥岩，因此此时泥岩可作为有效的封盖层。

因此一般砂岩的裂缝密度比泥岩大，且随着砂岩孔隙度增大，岩石强度将降低，在相同应力条件下，其更易产生破裂。由粉砂岩、细砂岩、粉细砂岩或者是钙质砂岩组成的厚度较薄的致密储层，脆性较强，在相同的古构造应力作用下容易产生构造裂缝。

## 三、非均质性和流体压力

除了构造应力和储层岩性岩相特征能够控制岩石裂缝发育特征以外，其他因素如储层非均质性和流体压力也影响着裂缝的形成与分布。异常流体压力可引起岩石内部的有效正应力下降，导致岩石剪破裂强度下降，使应力莫尔圆向左移动，其最小主应力（$\sigma_3$）容易变成负值，使岩石容易发生拉张破裂而产生裂缝。而由于沉积和成岩作用造成的岩层非均质性，也能一定程度上对不同方向裂缝的发育程度产生影响。前已述及，沉积因素主要通过控制不同部位的岩石组分、粒度及层厚来控制其裂缝发育程度。而由沉积因素导致的沉积构造特征的差异也对岩石裂缝的形成与分布产生影响，如交错层理、层界面、冲刷面等。由于这些界面本身属于应力薄弱面，在一定应力作用下容易沿界面裂开，主要就是交错层理发育的砂岩可以通过自身层理薄弱面或者沿层理裂开形成低角度裂缝释放部分应力。如徐炳高等（2010）研究表明，交错层理的存在抑制了高角度裂缝的产生，而刚性强度大、交错层理不发育的块状砂岩易形成高角度裂缝。除沉积因素外，储层成岩作用类型、强度以及成岩演化过程导致的岩石致密程度和脆性程度的差异也会对裂缝的形成、发展和分布产生明显影响。如成岩收缩裂缝、粒内粒缘缝等成岩微裂缝的发育、沿着裂缝的溶蚀与充填现象等，说明成岩因素对裂缝的产生和改造均产生影响。

## 第三节 裂缝储层分类

裂缝和次生溶孔的发育情况制约着有利储层发育，裂缝往往与次生溶孔伴生（溶蚀易沿着裂缝发育方向发生），有利储层或裂缝的发育程度控制气藏的分布范围，故裂缝发育的有利部位也是有利储层的分布区。往往裂缝越发育的部位，其储层有效渗透率越大，相应的油气产能越高，因此裂缝是控制该类致密砂岩储层油气产能高低的主要因素。综上可知，裂缝发育带预测成为气藏勘探急需解决的技术难题。由于裂缝性油气储层一般都具有各向异性特征，在描述该类储层时，常常需要知道裂隙的产状、密度、走向和连通性等特征参数，只有观测提取到这些特征参数，才能为油气资源的深入勘探开发提供更好的帮助。

一般来说，储层裂缝研究主要涉及三方面的关键内容，即地下裂缝识别、裂缝空间分布预测和裂缝参数定量表征。其中，前两个内容是定性研究问题，一般结合区域构造发展历史、岩心资料、测井资料，可以初步判断研究区裂缝发育的层位和深度。第三个内容是定量计算问题，即可以通过地质与地球物理相结合的方法，实现裂缝参数的计算。

目前在碳酸盐岩、火山岩、泥岩等致密地层中发现了相当一批高产的油气藏，主要原因是这些地层存在着大量的裂缝，这些储层大致上可分为以下三类。

### 一、裂缝型储层

裂缝型储层指在致密碳酸盐岩中因发育了较多裂缝而形成的储层。其基岩孔隙度很低，通常在1%以下，孔隙直径大部分在0.01mm（10μm）以下，基本无储渗价值。储集空间和渗滤通道主要由裂缝贡献，因此只有当储层厚度较大，裂缝发育且延伸较远时，才能成为具有工业价值的储层。对于纯裂缝型储层，其成因是构造应力的作用，因而它的裂缝通常具有明显的组系方向性，可以进一步分为：

（1）高角度裂缝型储层，主要发育于厚层块状致密灰岩中，其裂缝可能只在一个方向上对地层进行垂直（或高角度）条带切割（常称为单组系高角度裂缝层），也可能在几个方向上进行垂直切割（称为多组系高角度裂缝层）。

（2）低角度裂缝型储层，主要发育于薄层且岩性在纵向上变化较大的层段，其裂缝产状基本平行于层面或呈0°~50°夹角。近年来，大量勘探资料及岩心和地面露头观察表明，低角度裂缝不但存在，而且也未被完全"压死"。在很多低角度裂缝发育的区域获得了工业性油气流。

（3）网状裂缝型储层，当高角度裂缝和低角度裂缝同时并存时，裂缝对岩石产生近似立方体式的切割，则形成网状型储层，常常是裂缝型储层中最好的类型。

## 二、裂缝—孔隙型储层

裂缝—孔隙型储层指在岩石具有相当有效孔隙的背景下，又被各种裂缝切割所成。因而其主要储集空间是基岩的孔隙，其主要渗滤通道则是裂缝。这种储集作用的分工使得该类储层表现出空隙空间上明显的双重介质特征。如川东的石炭系储层，是西南油气田的主力产层之一。库车坳陷白垩系巴什基奇克组致密储层，储集空间主要由基质孔隙和构造裂缝构成，裂缝对改善储层性能和提高油气井产能至关重要。

## 三、裂缝—洞穴型储层

在裂缝型储层的背景下，由于地下水的溶蚀作用，又产生了多穴，从而形成裂缝—洞穴型储层。一般认为，其基岩孔隙度低且孔径小，其渗滤作用主要靠裂缝和洞穴，且洞穴是主要储集空间，裂缝是主要渗滤通道。往往裂缝和洞穴是串连在一起的，难以将其分开。值得注意的是，经过溶蚀作用改造后的裂缝型储层是持续高产储层的基础，因此如何用测井资料来鉴别裂缝—洞穴型储层十分重要。如塔里木盆地英买—雅哈地区的碳酸盐岩岩溶储层，鄂尔多斯盆地中部气田奥陶系马家沟组马五段。

# 第四节 裂缝测井响应

直接利用常规测井曲线识别裂缝存在很大难度，但在方法和理论上利用其识别裂缝均是可行的。一般可用于裂缝识别的常规测井资料有岩性曲线、孔隙度和电阻率测井组合等，由于常规测井中对裂缝识别的干扰信息较多，纵向上分辨率有限，因此其针对性相对较差，只有对多种常规资料进行综合解释才可以较好地评价裂缝的发育程度。总体而言，常规测井成本低、资料全，因此从经济、技术等方面综合考虑，常规测井还是具有一定的优势的。常规测井可以定性评价裂缝发育方位、角度、张开度和孔隙度等，并可以用来检测裂缝的变化趋势及密集程度，对于大范围裂缝的区域性评价有一定的优势。但常规测井方法获得的信息是一维的，识别裂缝的测井新技术包括裂缝识别测井、长源距声波时差测井、声波成像及微电阻率扫描成像测井等能获得环井壁一周的二维裂缝信息，但由于价格昂贵，只能在极少数井中应用，因此综合利用这些测井新技术资料可以对井下裂缝发育井段进行定性判别和定量评价，并与常规测井相结合来给出裂缝的发育程度和有效性等参数，并进一步分析裂缝系统的纵横向展布情况。

下面分别介绍了常规测井、声波测井和成像测井等不同测井序列对裂缝的响应。

## 一、常规测井对裂缝的响应

1. 井温测井

如果钻井液与地层温度有差异，则温度梯度受开裂缝影响会产生低温异常（图6-4-1）。但需要注意的是，天然气的存在也容易引起井温下降，因此不能与天然气引起的温度下降相混淆。

2. 岩性测井序列

岩性对裂缝的形成与发育具有先天的控制作用，因此裂缝对岩性测井曲线响应较为敏感。裂缝发育造成井壁附近岩石强度降低，钻井过程中更易破碎，导致井壁坍塌，形成扩径现象，因此在常规测量的单井径（CAL）曲线的突然变化可能指示裂缝的存在。一般钻井液的放射强度要比地层低，因而虽然在裂缝段有钻井液侵入，但其自然伽马（GR）值一般表现为略有下降或不发生明显变化，而由于裂缝的渗透作用，导致其自然电位（SP）值具明显负异常。总体而言，岩性测井序列对裂缝的发育响应不灵敏（图6-4-2）。

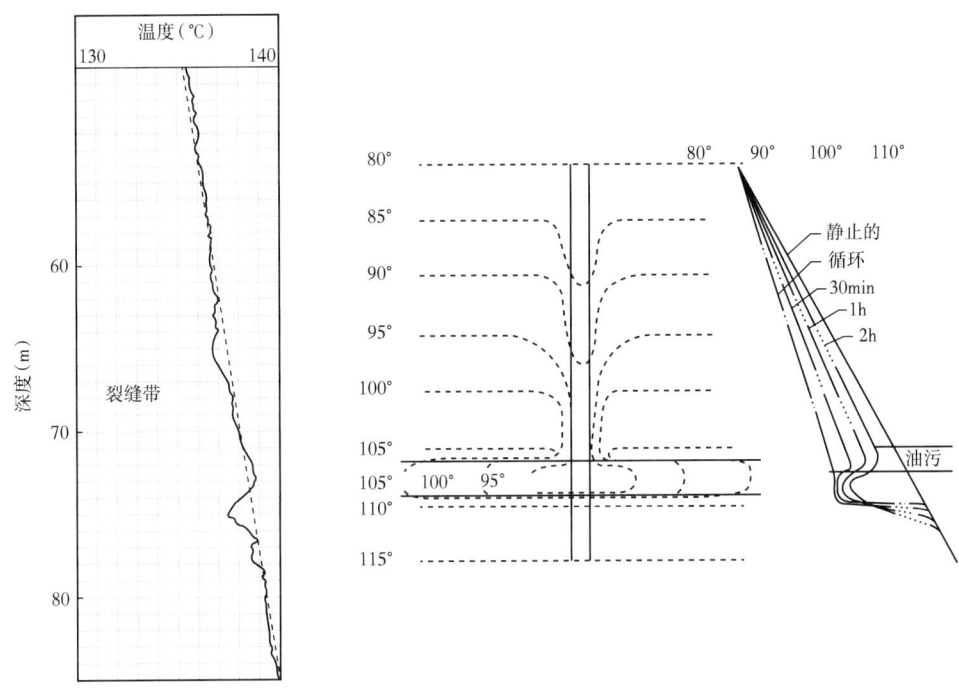

图 6-4-1 井温测井指示裂缝发育

3. 孔隙度测井序列

通过孔隙度测井曲线的变化特征也能较好地开展裂缝识别与解释研究工作。一般地，在密度、补偿中子和声波时差孔隙度测井曲线均具有相应的变化特征。

当密度测井仪器极板靠上裂缝发育带时，密度测井值会下降，下降的幅度与裂缝的角度、密度与开度等有关，低密度值是裂缝层段的一个重要特征（图6-4-2）。

除岩性因素外，井筒周围裂缝的产状和发育程度的差异将造成声波时差曲线的变化。裂缝发育带及其所含流体在岩石中形成的声阻抗界面将对声波传播产生显著影响，这是用声波时差测井探测裂缝技术的岩石物理基础。由于声波时差曲线记录的是沿井壁纵向传播最快的首波，而纵波的传播特性决定了声波时差测井对高角度裂缝和直劈缝没有响应，主要是声波将按最短时间选择声程，传播中会尽量绕开裂缝。因此对于与其传播方向近于平行的高角度裂缝和垂直缝发育层段而言，声波时差变化不明显，相反地，声波可以较好地反映与其传播路径正交的水平缝和斜交缝。当地层中有水平缝和低角度缝发育时，声波时差将明显增大，且一般随裂缝倾角的增加而降低，曲线呈小锯齿状；当遇到张开度大的水平缝或是发育密度较高的网状缝时，由于首波能量严重衰减而有可能发生周波跳跃，跳波的强度与裂缝张开度大小及裂缝密度有关。与气层导致的周波跳跃不同，裂缝导致的周波跳跃是初至波严重衰减，由续至的第二、第三个波才能触发电路,而地层含气跳波是指天然气传播速度慢,时差大。因此声波时差测井仍然是探测致密砂岩储层裂缝发育程度的有效方法之一(图 6-4-2)。

孔隙度测井序列中,通常中子测井对裂缝发育响应最不灵敏,声波时差除不反映高角度裂缝外,又易受储层含气性等因素影响,因此一般要综合分析裂缝发育带的声波时差、中子和密度测井响应特征,并与岩性测井等相结合才能较好地指示裂缝发育带(图 6-4-2)。

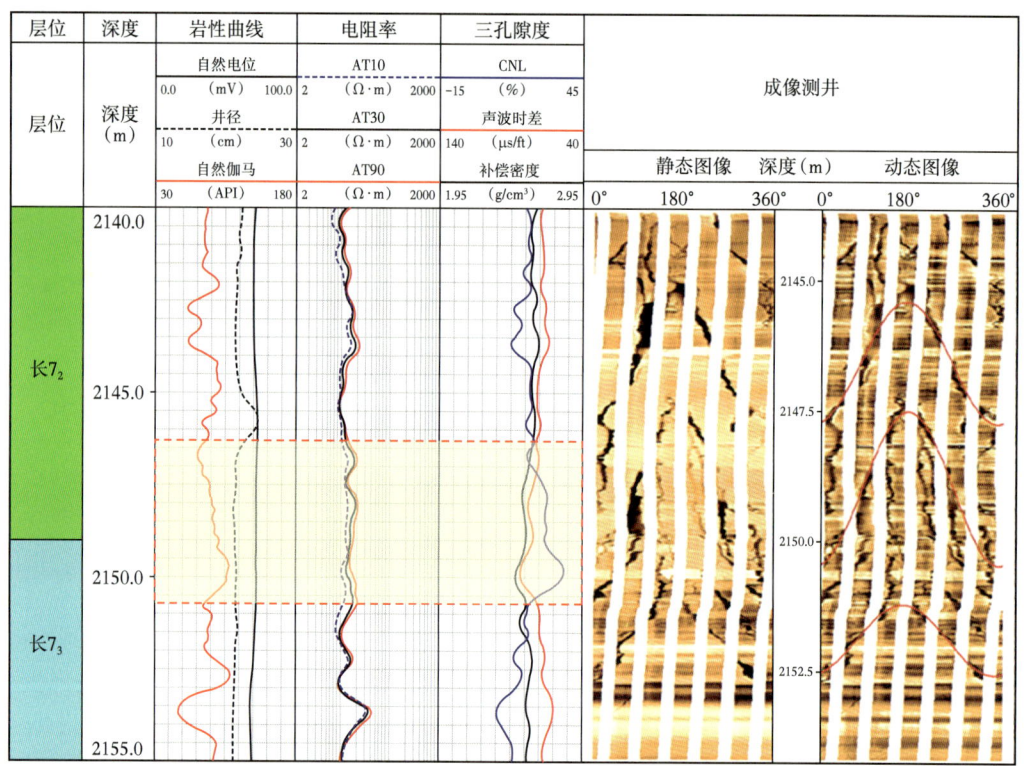

图 6-4-2　鄂尔多斯盆地陕北地区延长组岩性与孔隙度测井对高角度裂缝的响应特征

### 4. 电阻率测井

电阻率测井序列包括微电阻率和深浅电阻率。相比较岩性和三孔隙度测井而言,电阻率测井所提供的信息能更好地反映裂缝发育程度,一般地层电阻率与岩性和流体性质有关,同时也受裂缝发育程度的影响,裂缝发育带在电阻率曲线上的响应特征取决于裂缝的产状、密度、长度、开度和孔隙度,以及裂缝所含流体类型和钻井液侵入深度等多种因素。另外,裂缝的发育将造成电阻率的急剧降低,甚至可呈现明显的刺刀状下降特征(图 6-4-2)。图 6-4-3 也揭示,成像测井图像中的水平裂缝发育段造成了电阻率曲线的急剧降低。

微侧向测井采用贴井壁测量的方式。由于其电极尺寸小,测量范围小,其测量结果反映了井壁附近的地层情况,对裂缝的发育情况十分敏感。当井壁仅有孤立稀疏的微小裂缝发育时,深浅侧向电阻率值降低均不明显,而此时微侧向(微球形聚焦、MSFL)测井表现为显著低值。由于微侧向测井采用贴井壁测量方式,其电极尺寸小、测量范围小,当有裂缝切割过井壁时,与裂缝接触的极板将出现低阻异常,表现为以深侧向为背景的针刺状低阻突跳，二者的差值可作为裂缝的指示曲线（图6-4-4）。

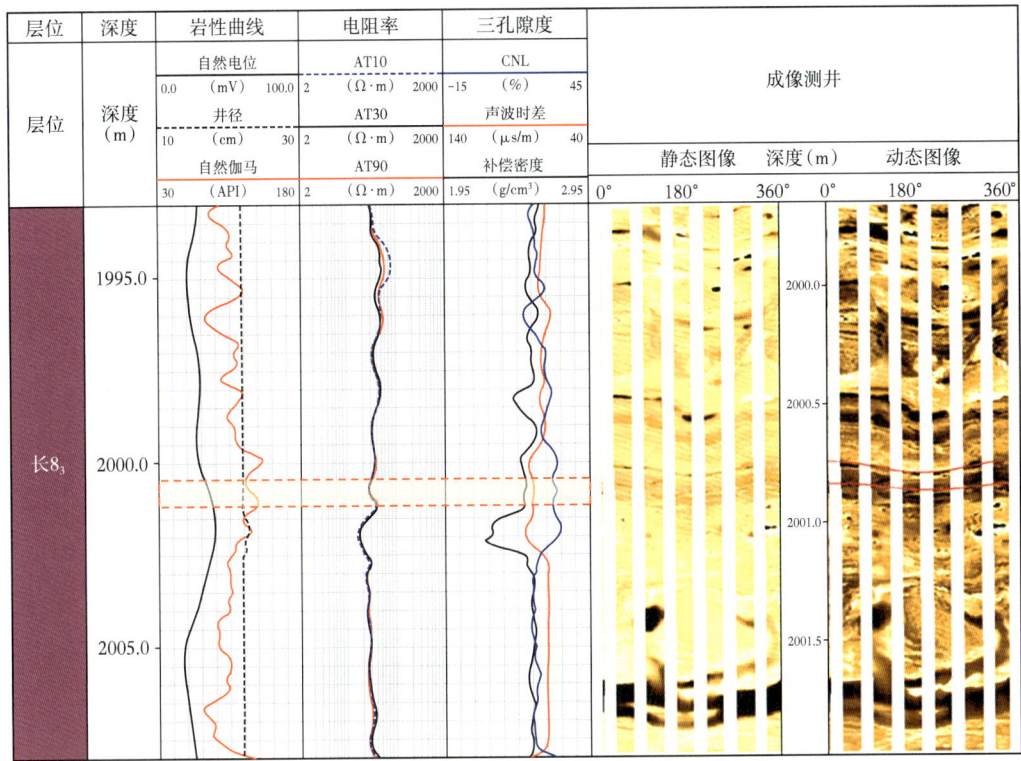

图6-4-3　鄂尔多斯盆地陕北地区延长组近水平裂缝导致的电阻率降低特征

选取具有较强电流聚焦能力和较大探测深度的深浅双侧向测井系列等，可以消除电阻率因岩性变化等因素而导致的干扰，在岩性测井曲线等的辅助下还可以区分泥质条带和层界面变化等造成的裂缝假象。因此，双侧向测井是目前常规测井中进行储层裂缝识别和评价的最有效的测井方法之一，被广泛用于裂缝的发育程度判别和裂缝孔隙度等参数的计算。双侧向测井对裂缝有较好的响应，利用其正负差异关系可以快速、可靠地判断裂缝的张开度和延伸长度，从而确定裂缝的有效性。一般高角度裂缝（>70°）、垂直裂缝发育层段，深浅侧向电阻率均明显降低，且出现深侧向电阻率大于浅侧向电阻率的正差异现象，且差异的幅度越大，裂缝张开度越大，裂缝有效性也就越好（图6-4-5）；反之，低角度裂缝（<40°）也使深浅侧向电阻率值降低，但一般显示为负差异现象。此外，网状裂缝发育层段的深浅侧向读数也下降，也会存在一定的正负差异现象。

双侧向测井的探测深度、探测范围都比微侧向测井大得多，使得较大体积范围内地层的电性特征平均化。从宏观上看，深浅侧向测井，尤其是深侧向测井能反映出井眼周围较大范围内地层总的电性变化，表现为：电阻率高（可达$2000\Omega·m$以上）低（可低到几十欧姆·米）起伏，致密段比裂缝发育电阻率高，油气层段大体上比水层电阻率高。

由于深浅侧向测井探测深度有较大差别，往往出现深浅侧向电阻率值的大小不同，表现为电阻率的"差异"。差异又分为正差异（深侧向电阻率大于浅侧向）和负差异（深侧向电阻率小于浅侧向）。影响双侧向电阻率差异性质及大小的因素较多，但主要是裂缝发育程度、裂缝角度及流体性质因素的影响。

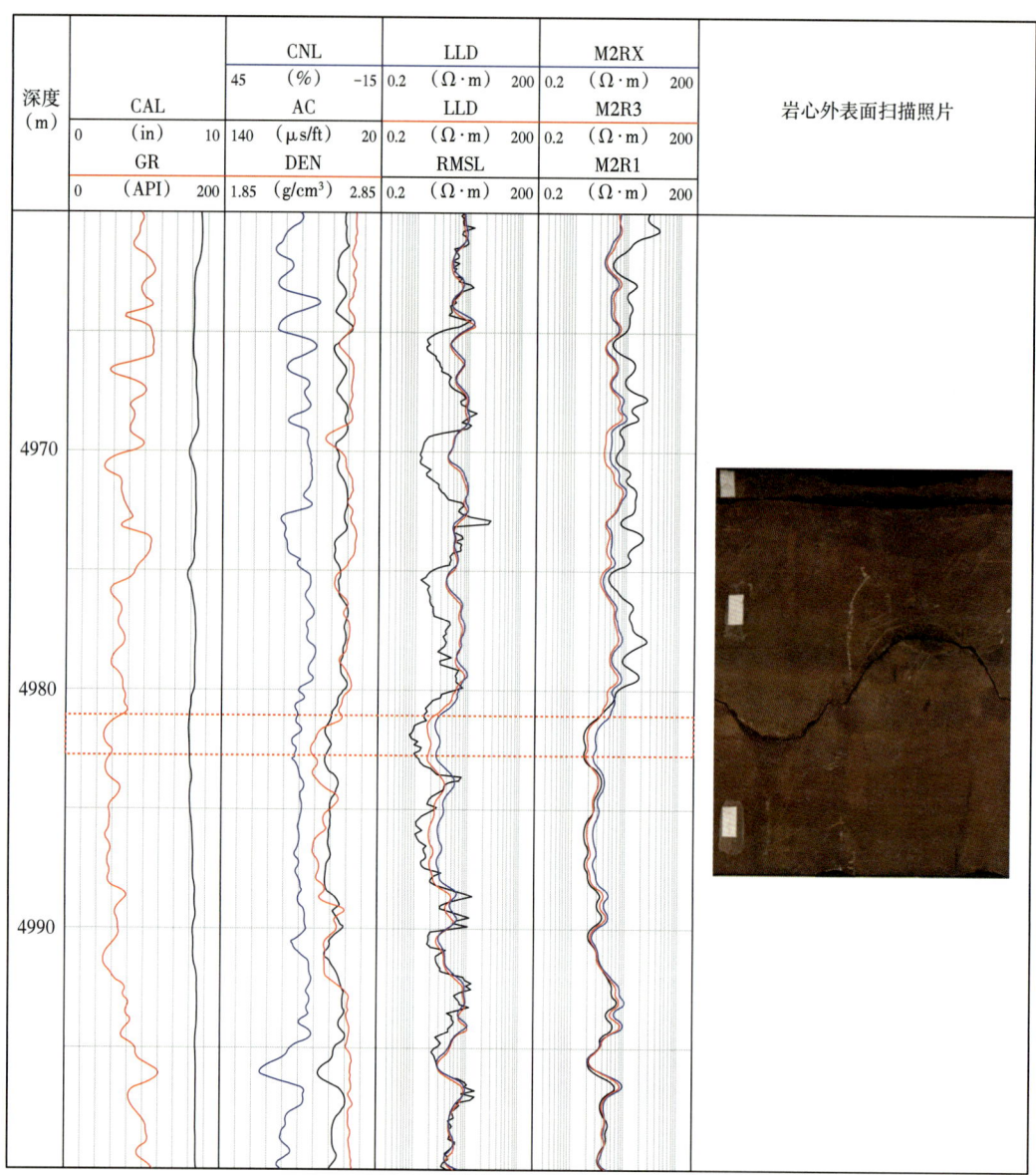

图 6-4-4 裂缝导致的微电阻率降低现象

1）裂缝发育程度的影响

经验表明，裂缝越发育的地方双侧向测井的正差异一般也越大。

2）裂缝角度的影响

高角度缝、垂直缝的双侧向测井为正差异。斜交缝的双侧向测井也存在一定的分异。低角度缝、水平缝的双侧向测井表现为低阻尖峰。

3）流体性质的影响

在淡水钻井液作用下，当地层中的流体为油气时，侵入带的电阻率低于原状地层的电阻率，双侧向测井出现正差异。如果地层中裂缝发育，钻井液滤液沿着较大的裂缝侵入较深，但微缝中的油气却少被驱替；离井筒越远，地层中的油气被驱替得越少，从而一般仍出现双侧向测井的正差异。当地层中的流体为水时，双侧向测井差异减小。

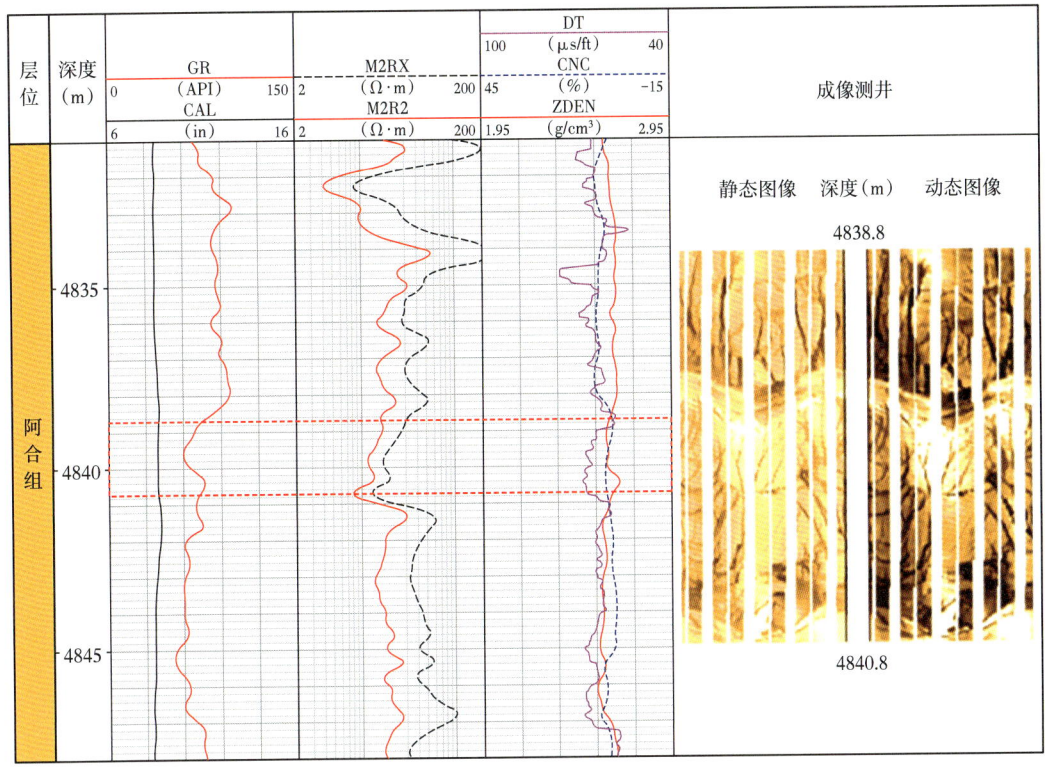

图 6-4-5　斜交裂缝造成的深浅侧向测井的正差异特征（迪西 1 井）

4）地应力集中的影响

在现代地应力集中段，岩石岩性变致密，地层电阻率急剧上升，高达上万欧姆·米，大大超过一般致密层的电阻率。在钻井过程中，地应力通过井眼释放，造成该井段井壁沿最小主应力方向定向坍塌，使浅侧向电阻率值显著降低，从而出现深浅侧向测井的正差异。

## 5. 地层倾角测井

地层倾角测井能记录四条微电阻率曲线、三条角度曲线和两条井径曲线，四条电阻率曲线即通过四个壁上可伸缩的四个极板测得，而两条井径曲线则分别通过测量 1 号与 3 号、2 号与 4 号极板之间的距离测得，即 C13 和 C24，而三条角度曲线主要是 1 号极板方位（或井眼倾斜方位）曲线、偏离铅垂线的井斜角曲线和相对于 1 号极板的井眼偏斜方位曲线。

利用地层倾角识别裂缝最常用的方法包括双井径曲线法、电导率异常检测法（DCA）和裂缝识别测井法（FIL）三种。

1）双井径曲线法

由于地层倾角测井仪能够测量 C13 和 C24 两条相互垂直的双井径曲线，因此可根据其定向扩径和椭圆井眼等特征更好地确定裂缝发育带。定向扩径往往在与形成区域性裂缝的最小应力方向相平行的方向上产生。由于切向应力的最大值出现在最小主应力方向上，钻井过程中切向应力作用于井壁将导致井壁崩塌形成椭圆井眼，因此椭圆井眼的长轴方向代表最小水平主应力方向，而其垂向则代表地层最大水平主应力方向。如果双井径曲线重叠显示井眼呈椭圆形，即呈现其中一条曲线大于钻头直径（BIT），而另一条接近钻头直径的椭圆井眼现象，说明裂缝发育（图 6-4-6）。

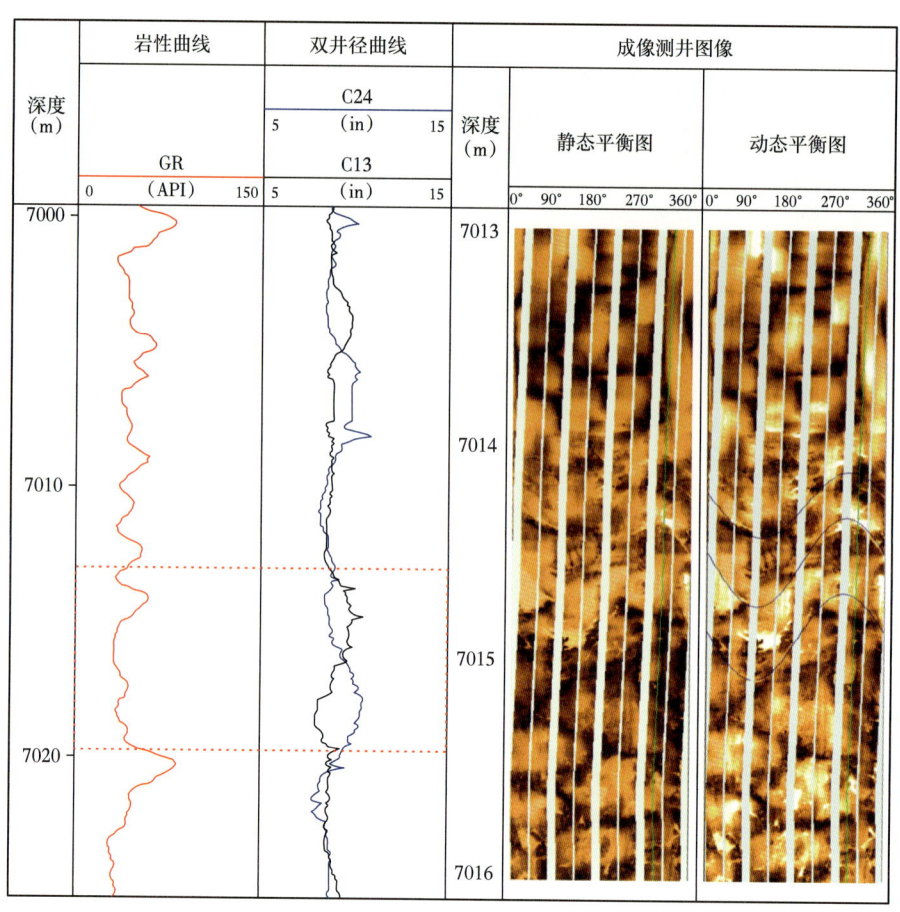

图 6-4-6 利用双井径法识别裂缝发育特征（图中电成像测井为油基钻井液背景采集）

2）电导率异常检测法（DCA）

除了双井径曲线法，利用地层倾角识别裂缝最常用的方法还包括裂缝识别测井、电导率异常检测两种。这两种方法主要是依据开启裂缝在电阻率曲线上显示的低阻特征进行裂缝识别。

DCA 主要通过比较开启裂缝在不同极板上造成的电导率差异来识别斜交缝或高角度裂缝，一般表现为较长井段的低电阻异常，并根据异常极板的方位可确定裂缝的走向，但由于极板覆盖率低，有时难以将泥质条带和低角度裂缝及水平裂缝区分开来，一般作为噪声予以消除，因此其处理结果只能反映出高角度裂缝和斜交裂缝，而且仪器测量受井眼影响比较大。相对于 FIL，DCA 可以消除由于沉积层理等非裂缝因素引起的电导率异常，因此裂缝的识别效果更好一些。DCA 成果图直接显示出裂缝的方位，图 6-4-7 为某电成像测井和电导率异常检测在一口井上的垂直裂缝带的显示，图中从左至右的 6 条色带，依次由六臂倾角测井仪 1 号至 6 号极板测量得到，该垂直裂缝在电成像图上显示为间隔 180° 近似垂直的平行暗色条带。当倾角测井某极板探测到垂直裂缝时，由于钻井液侵入裂缝，该极板电阻率较相邻两极板低，因此在电导率异常检测图上表现为间隔 180° 近似垂直的平行条带异常，且裂缝走向与电成像处理结果一致，裂缝带走向为 80°~90°。综上，DCA 是探测裂缝的一种有效方法（图 6-4-7）。

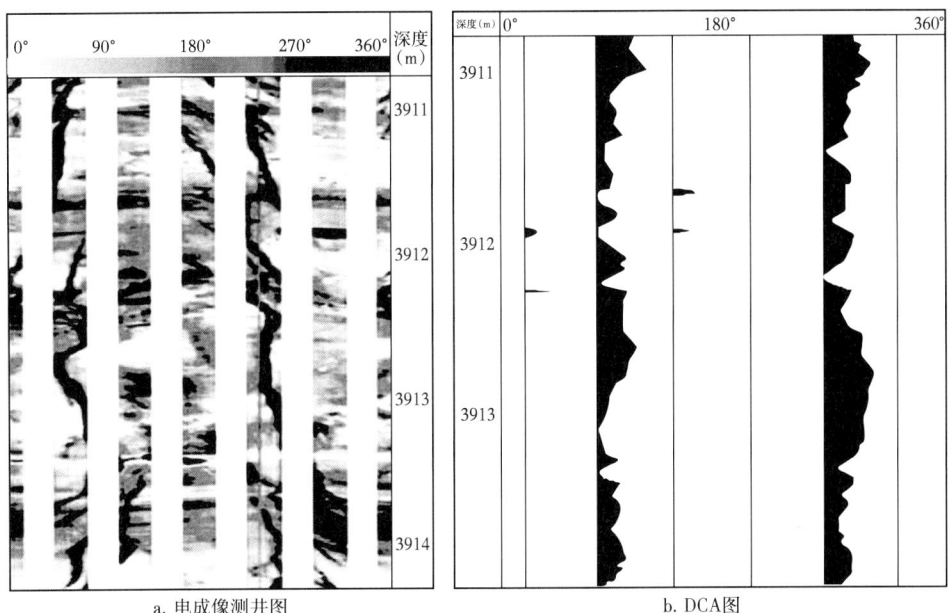

图 6-4-7 某井电成像测井和电导率异常检测（据陈科贵，2017）

3）裂缝识别测井法（FIL）

由于地层倾角测井是通过贴井壁极板上的微聚焦电极测量出四条高分辨率的电阻率曲线，每个极板只探测井壁较小范围的电阻率，对充满钻井液的裂缝位置极为敏感，将四条电阻率曲线按极板顺序两两重叠，利用得到的微电阻率重叠曲线的幅度差即可指示裂缝，这就是 FIL 识别裂缝的原理。在识别裂缝时，四条微电导率（或电阻率）曲线在同一深度出现尖峰是水平缝的反映（图 6-4-8）。

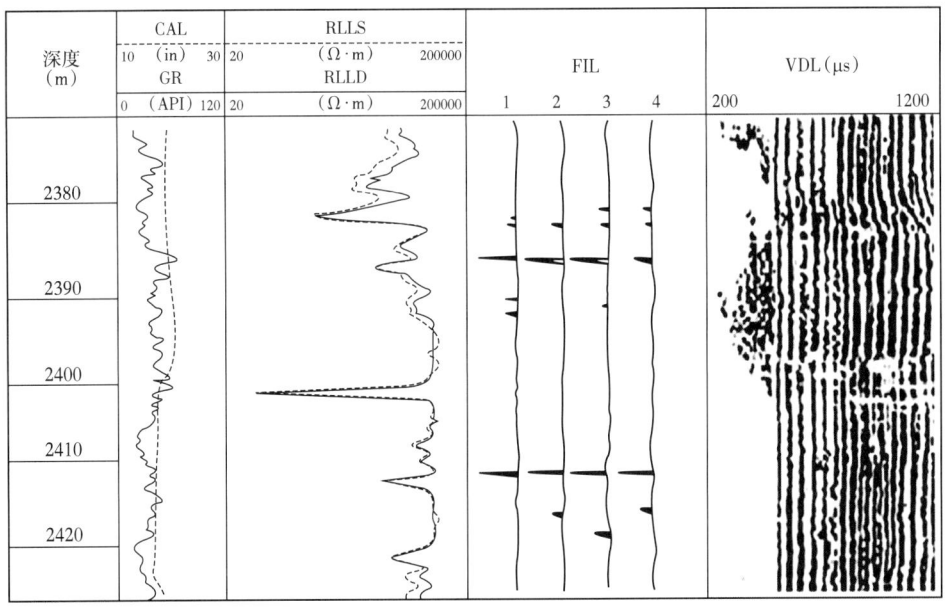

图 6-4-8 利用 FIL 拾取的水平缝发育表现为明显尖峰特征（据陈科贵，2017）

VDL 为声波变密度测井

## 二、声波时差测井对裂缝的响应

声波时差测井以其显著增大或周波跳跃的特征指示水平缝、低角度缝的存在，此外，除纵波时差外，利用岩石的其他声学特性也是裂缝识别与评价的较好方法，其他对裂缝发育响应较为灵敏的声波时差测井主要是多极子阵列声波时差、声波全波列以及声波变密度等，主要依据裂缝发育带呈现出的声波能量衰减以及波形扰动特征进行判断。

多极子阵列声波时差测井（MAC）可采集到纵波、横波、斯通莱波、伪瑞利波等原始数据，可在岩性与岩石特性确定的基础上，通过阵列声波波形衰减以及斯通莱波时滞与频散特征探测裂缝。

声波全波列测井记录了井内传播的纵波、横波和斯通莱波整个波列，包含丰富的岩石物理信息，通过提取其中包含的各种信息可充分发挥其在裂缝解释与研究中的作用。纵波是压缩波，其质点振动方向与声波传播方向一致，纵波在流体中的传播速度一般低于在固结岩石中的传播速度；而横波是剪切波，其质点运动方向与声波传播方向垂直，由于纵横波测井对不同产状的裂缝响应特征不同，因此一般可利用纵横波的能量衰减情况以及斯通莱波的反射特征识别裂缝发育程度和裂缝有效性。

1. 幅度衰减

事实上，声波在传播过程中，由于地层的吸收，总要发生能量衰减。但此处的"幅度衰减"，是与致密相比较而言的。与致密无裂缝段地层相比，裂缝发育段地层声波能量的衰减要严重得多。

纵波、横波都是体波，其能量衰减程度是对地层吸收声波能力大小的反映。实验表明，纵波、横波相对于致密层段的衰减与裂缝倾角有关。

通常，当裂缝倾角为 35°~85° 时，纵波幅度衰减较明显；当裂缝倾角为 0°~35° 及 75°~90° 时，横波衰减十分明显。纵波、横幅度衰减的这种互补关系，有助于我们综合分析裂缝的发育程度，并可识别裂缝类型。而在无效裂缝发育处（或在地应力作用下不能张开的闭合缝或是被充填的闭合缝）则不会发生衰减，由此可用来识别裂缝产状、判断裂缝的径向延伸和裂缝的渗滤性。

斯通利波的衰减机理与纵波、横波不同。它是一种在井眼内沿井壁传播的界面波（或称管波）。在传播过程中，与裂缝中的流体发生能量交换，从而导致幅度的衰减。井壁上形成滤饼时，斯通莱波并不衰减，与致密层无异。因此在没有滤饼形成的前提下，斯通莱波幅度衰减可很好地指示裂缝段的存在及其发育程度。

图 6-4-9 为库车坳陷大北气田阵列声波时差测井图，从中可以看出，常规测井曲线上，可根据声波时差的增大和电阻率的齿状降低大致判断裂缝发育层段，而辅以纵波、横波以及斯通莱波能量衰减和斯通莱波反射系数增大，则可以更好地判断裂缝发育层段，而该井阵列声波指示的裂缝发育层段，经试气均获得工业油气流。

2. 波形扰动

这里的所谓"波形"，实际上是变密度图上黑白相间的条纹，它是将全波波形的正半周依幅度大小涂成不同的灰度，负半周为白色。

在致密无缝段，各深度的全波列在相位上具有很好的相关性，在变密度图上表现为笔直的黑白条纹。但在裂缝段，裂缝切割井眼，形成上下两个棱角。无论是发射探头还是接收探头,只要经过裂缝,都会因棱角的绕射作用、裂缝对声能的吸收作用等,使全波波形发生扰动。这样波形扰动就成为很有用的识别裂缝的信息。因此可根据全波列波形和变密度显示图上纵横波能量衰减的"V"形干涉条纹定性解释裂缝发育层段。此外,当有效裂缝发育时,地层渗透性变好,由此将导致斯通莱波能量也严重衰减,反射系数增大,呈现出"V"形或"人"形干涉条纹。图6-4-10阵列声波时差测井图像上也可以见到明显的"V"形干涉条纹。

值得注意的是,地层界面、被泥质充填的砾岩段和泥质薄层等也会引起波形扰动,应结合其他曲线如(去铀)自然伽马加以识别。

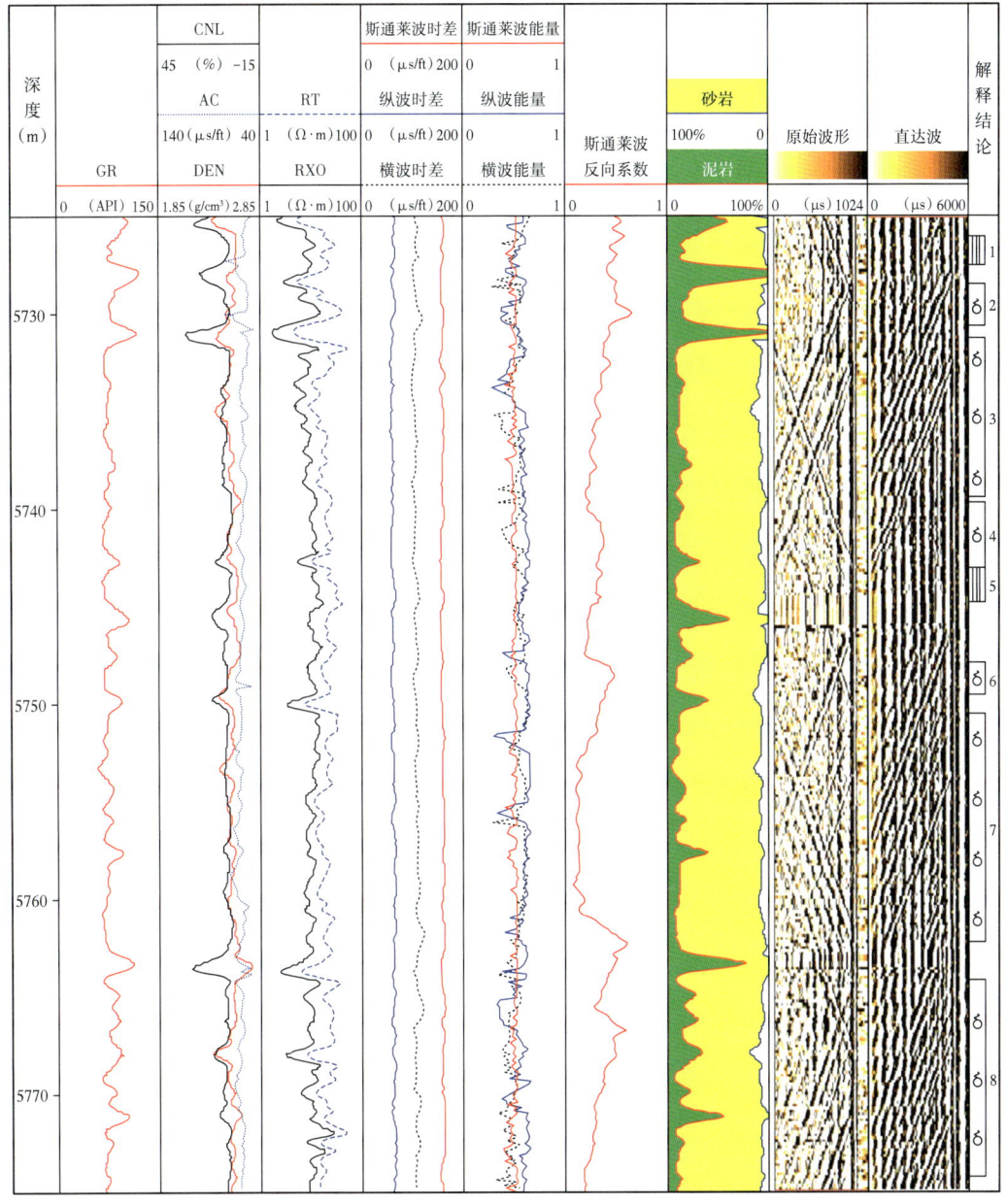

图6-4-9　库车坳陷大北气田裂缝发育层段的阵列声波时差测井响应特征

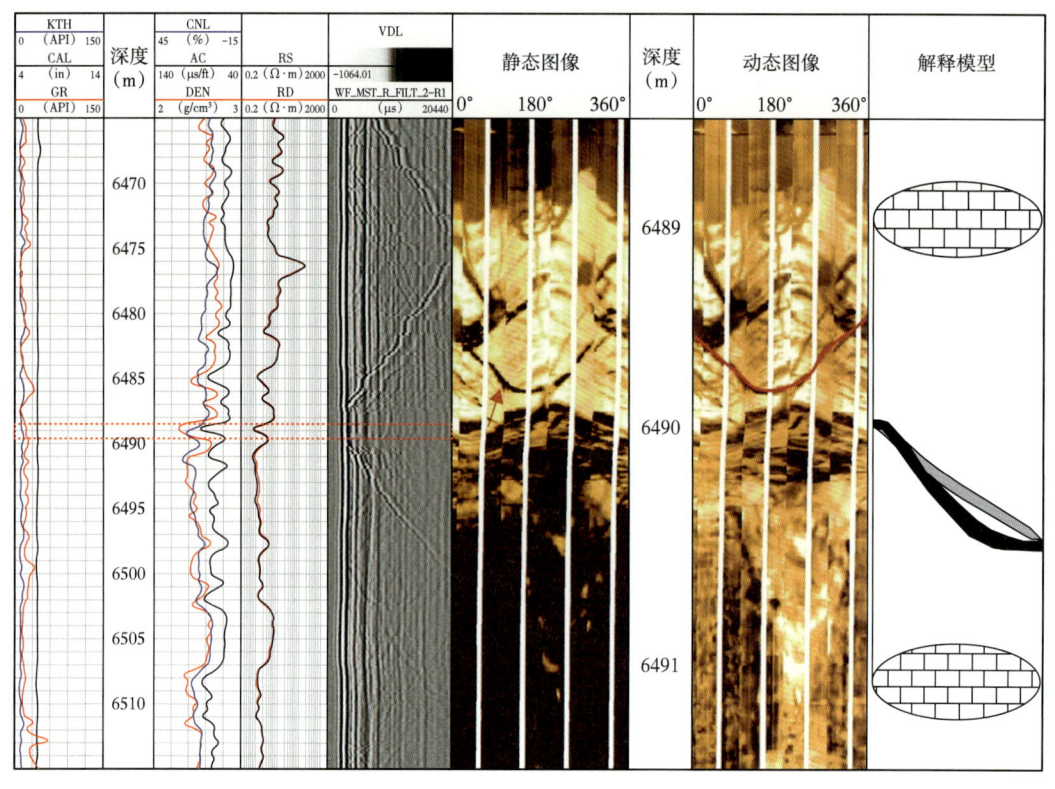

图 6-4-10 塔河油田奥陶系鹰山组阵列声波干涉图像与裂缝响应特征图

## 三、成像测井对裂缝的响应

声、电成像测井能提供高分辨率环井壁 360° 全方位的岩石物理二维图像信息，把地层岩性、裂缝、孔洞和层理等地层特征引起的电阻率或声阻抗的差异，转换成图像上以不同色标显示。以图像的形式直观、形象、清晰地展示出环井壁二维空间岩石类型、岩石结构、沉积构造、孔洞和裂缝等地质特征的微小变化，具有高精度、高分辨率和高井眼覆盖率的特点。成像测井尤其在裂缝识别方面具有独特的优势，它和岩心资料一起成为评价裂缝最为宝贵和精度最高的基础资料，自 20 世纪 90 年代成像测井诞生以来，现今已发展成为裂缝测井解释与研究的最直观、最有效的方法。

1. 裂缝的基本图像特征

裂缝是岩石受力发生破裂、沿破裂面两侧的岩石没有发生明显位移的一种断裂构造现象。因此，当井筒穿过（斜交），裂缝与井壁的交线为一椭圆（图 6-4-11）。将井壁电成像如 FMI（或者超声波成像 CBIL）图像沿着正北方向展开，裂缝在 FMI（CBIL）图像上表现为一个正弦波。最低点的方位指示裂缝的倾斜方位，倾角等于正弦波振幅除以井孔直径（$d$）的反正切，即 $\theta=\arctan(l/d)$，$l$ 代表振幅。不同类型的裂缝具有不同的图像特征，成像测井识别裂缝的主要依据是裂缝发育处电阻率或声阻抗与围岩存在的差异，当井壁有裂缝发育时，钻井过程中由于钻井液的侵入一般使得裂缝的电阻率明显比围岩低，使微电阻率扫描和井周反射声波图像显示出低阻、低反射幅度的暗色条纹，在 FMI 等电成像测井图上显示为暗色正弦波曲线。由于成像测井图像是沿井壁正北方向向右的展开图（正北方向为0°，正东方向为90°，正南方向为180°，正西方向为270°），正弦波的波谷所在的方位指示裂缝面的倾向，正弦波的振幅强度指示裂缝的倾角大小，幅度越大，倾角也越大，裂缝倾角的正切值为正弦波曲线的振幅（最低点到最高点的深度差）除以井眼直径。如果裂缝发育密集交织成网状，则表现为一系列曲线簇（图6-4-12），可以通过迹线法以人工拾取的方式在成像测井图上勾绘出曲线形态，从而获得单条裂缝的倾向、倾角等信息。

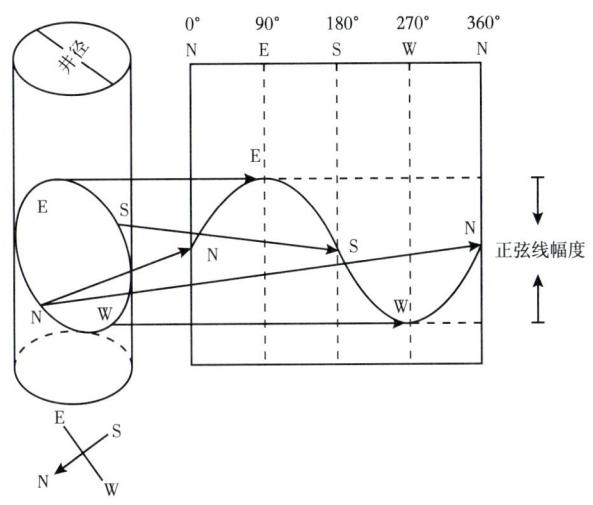

图 6-4-11　井眼 FMI 图像裂缝面特征展开示意图

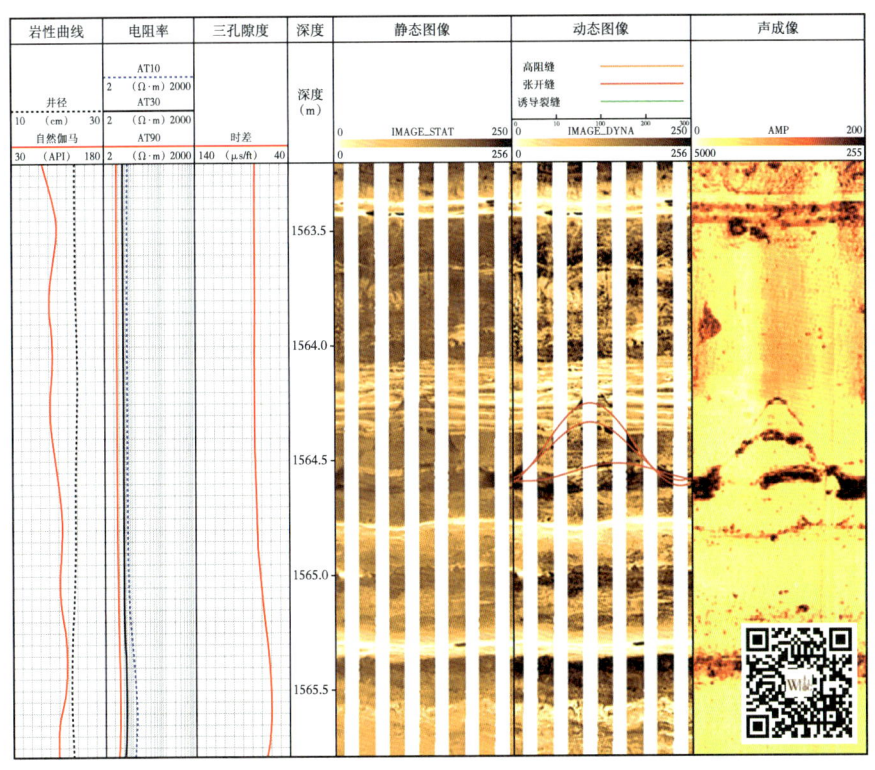

图 6-4-12　成像测井裂缝识别特征

## 2. 真、假裂缝的识别（图6-4-13）

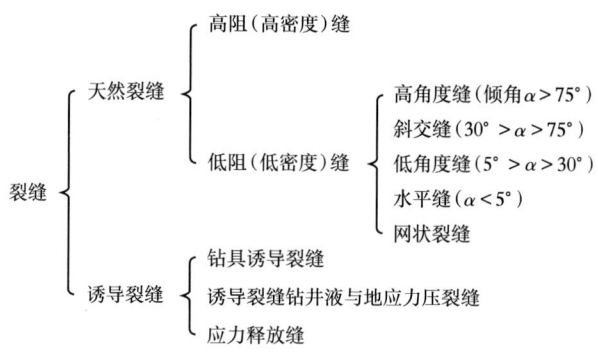

图6-4-13 天然裂缝与诱导裂缝类型及形态分布

成像测井不仅能够识别裂缝的产状、张开度和延伸情况，还可以判断裂缝的方位、有效性和发育规律，这一点是常规测井所不能比拟的，另外成像测井还可以解决岩心裂缝观察产生的收获率低、不连续和不定向等问题，所获得的裂缝信息在整个测量井段范围内具有连续性和系统性的特点。虽然成像测井能够直观地反映裂缝形态，但由于在人机交互解释中可能存在着人为误差，因此在实际裂缝拾取过程中应通过岩心资料的标定，达到去伪存真的目的。成像测井通过与岩心、分析化验、地震和常规测井等资料的相互印证，还可提高解释的精度与广度，有助于裂缝大范围的区域性评价。

尽管不同的测井方法提供的测井信息可以从不同侧面反映裂缝的发育特征，但由于地质条件的复杂性和多解性、裂缝产状组合变化以及测井方法本身的局限性，再加上每种测井方法在理论上都只是表征岩石物理性质的某一主要方面，其影响因素又是多方面。裂缝在不同测井曲线上的响应很不一致，甚至有的测井信息在裂缝发育带看不到异常变化，因此应用常规测井资料识别裂缝发育程度还没有成型技术和手段，目前还没有哪种测井方法可以单独有效地解决裂缝识别与评价的全部问题，只能靠对多种测井信息的综合分析，通过综合分析各种测井信息，在综合考虑测井仪器的探测深度和范围以及钻井液侵入对测井解释的影响的基础上，优选出对研究区裂缝育程度、产状、开度、延伸长度等较为敏感的测井曲线，可以总结出常规测井对储层裂缝的响应特征，并将测井判别结果与岩心裂缝观察进行相互对比验证。

（1）天然张开裂缝和闭合裂缝的鉴别。天然张开裂缝表现为暗色正弦曲线，而闭合裂缝往往表现为亮色正弦曲线，代表充填裂缝的介质为高阻岩石（方解石等）（图6-4-14a、b）。

（2）层理面、层界面和裂缝的鉴别。层界面常常是一组互相平行的或接近平行的高电导异常，且异常宽度窄而均匀，但裂缝总是与构造运动和溶蚀相伴生，因而高电导异常一般既不平行，又不规则（图6-4-14c）。

（3）泥质条带与裂缝的鉴别。泥质条带的高电导异常一般平行于层面且较规则，仅当构造运动强烈而发生揉皱变形才出现剧烈弯曲，且宽窄变化仍不会很大；而裂缝则不然，其中常有溶蚀孔、洞在一起，使电导率异常宽窄变化很大（图6-4-14d）。

（4）缝合线与裂缝的鉴别。由于缝合线是压溶作用的结果，因而一般平行于层界面，其两侧有近垂直的细微高电导异常，通常它们都不具有渗透性；天然裂缝则不具有这些特征（图6-4-14e）。

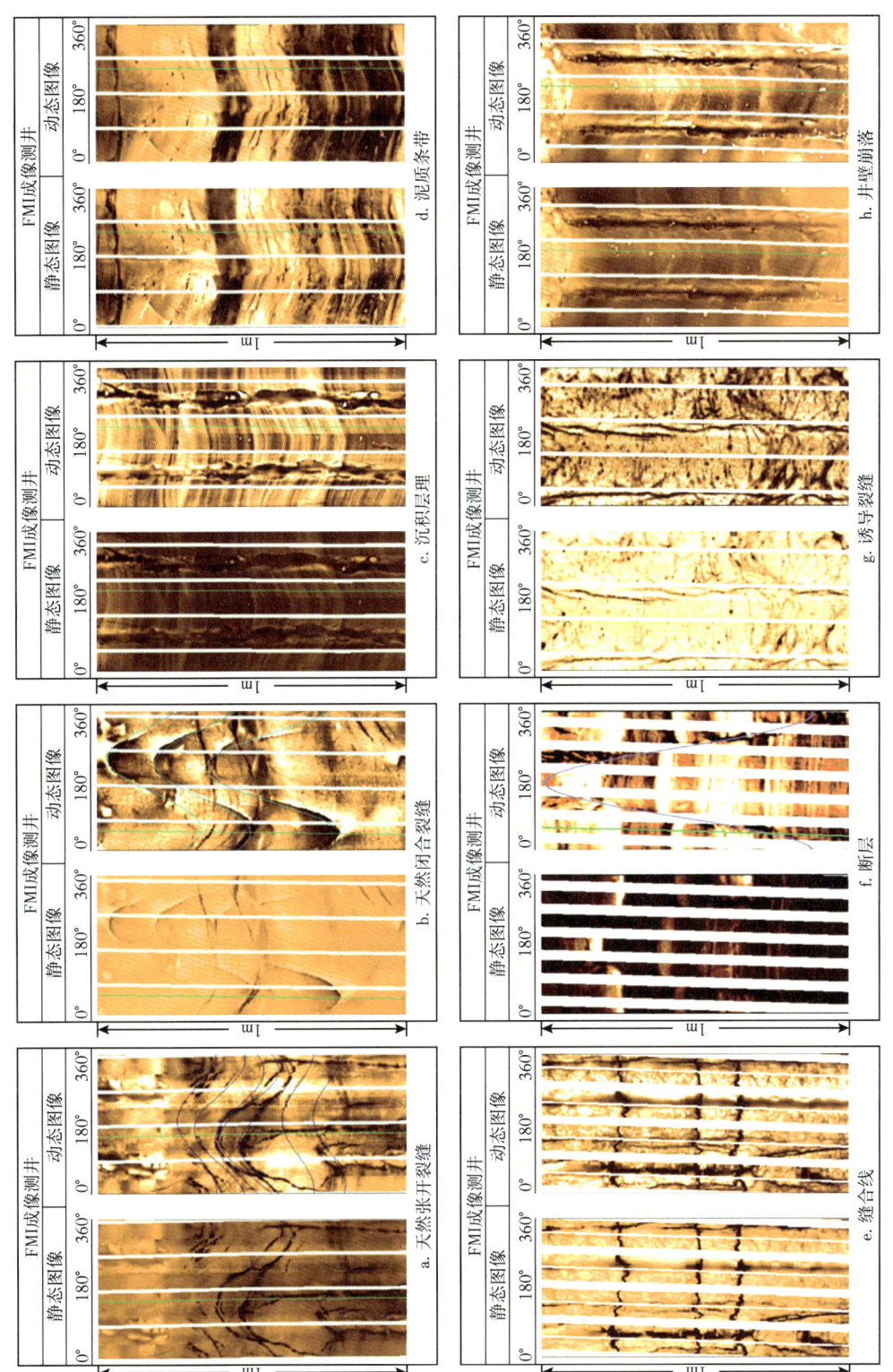

图6-4-14 不同地质体与裂缝特征对比图

(5)断层条带与裂缝的鉴别。断层面处总是有地层的错动,很容易与裂缝进行鉴别(图6-4-14f)。因此,断层与裂缝的区别在于标志层的错动,如图6-4-15中发育的三个小断层均明显可见标志层的错动。

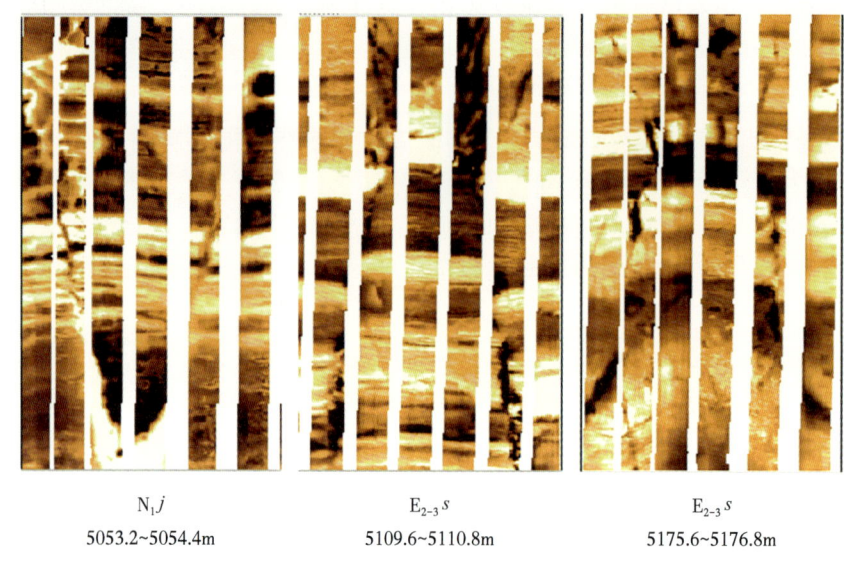

图6-4-15 迪那205H井断层成像测井识别特征

3. 天然裂缝与人工诱导裂缝的鉴别

前文已经详述了三种人工诱导裂缝(钻具诱导裂缝、地应力压裂缝以及应力释放缝)(图6-4-14g)以及井壁崩落(图6-4-14h)的识别特征,而成像测井上天然裂缝以其明显的正弦曲线特征以及与层理面的切割关系,可将天然裂缝与诱导裂缝进行较好地区分。

## 第五节 裂缝有效性测井评价及参数计算

一般情况,天然裂缝与油气储层的产能密切相关,因此裂缝的有效性分析是裂缝性储层测井评价的关键。通常构造运动、裂缝的充填程度、溶蚀作用以及现今地应力场与裂缝走向的关系等因素均能影响裂缝有效性。井下裂缝有效与否,决定于它的张开程度、径向延伸和连通情况,因此裂缝有效性的评价就是对这三个因素的描述与评价。此外,裂缝参数主要包括裂缝密度、裂缝长度、裂缝开度和裂缝孔隙度,通常利用成像测井可实现其精确定量计算,进而实现裂缝测井综合评价。

### 一、裂缝有效性控制因素

通常,构造运动、裂缝的充填程度、溶蚀作用以及现今地应力场与裂缝走向的关系等因素均能影响裂缝有效性。

1. 裂缝的充填情况

裂缝的充填与否是影响裂缝有效性的最主要因素,成像测井解释中对被方解石充填而呈亮色正弦曲线的裂缝,均被当作无效缝。主要就是早期形成的裂缝在漫长的地质历史时期必然伴随充填与溶蚀等改造作用，开启的裂缝一般将成为地下流体运移的输导通道，地下流体流动过程中温度、压力等条件的改变将导致大量成岩物质如$SiO_2$和$CaCO_3$发生过饱和沉淀，从而堵塞裂缝，另外沥青的充填作用也将导致裂缝闭合，使裂缝的有效性降低。因此矿物充填对裂缝起破坏作用，降低裂缝的有效性，而沿着裂缝发育的溶蚀扩大作用则对裂缝有效性起建设性作用。

2. 构造应力场

天然裂缝常为多期构造运动形成，古构造应力场特征控制着期内所形成裂缝的方位、组合及其相对发育强度。现今应力场则通过影响裂缝的开度影响其有效性。一般而言，伴随古构造应力场形成的裂缝后期易被堵塞充填而影响其有效性，那些未被充填的裂缝又受到现今应力场的制约，可能在挤压作用下闭合，此类裂缝对油气渗流有一定贡献，但裂缝有效性较差。

通常认为水平缝受上覆地层的压力作用张开度小，甚至是完全闭合的，对渗透性的改善作用非常有限，与储层产能关系不明显，而高角度斜交缝的地下张开度大，渗透性较好。如川西裂缝性致密碎屑岩气藏的天然气富集、高产主要与高角度有效裂缝密切相关。但事实上，并非所有的高角度裂缝都是有效缝，而仅当裂缝走向与现今最大主应力方向近于平行时才最有效。最终影响油气井产能高低的是地层中那些未被充填的且走向与现今地应力场一致的高角度缝、垂直缝或网状缝。

## 二、裂缝有效性测井评价

除了裂缝的识别与评价研究之外，裂缝的有效性分析也是裂缝性储层测井评价的关键，致密储层评价的关键在于裂缝有效性评价。裂缝有效性首先即指裂缝的开启性，只有在开启状态下的裂缝才是有效的，该类裂缝被称为有效裂缝。裂缝如果被矿物充填或者在地应力作用下闭合，导致流体无法在其中流动，则被视为无效裂缝。

裂缝有效性取决于裂缝的张开程度、连通状况和径向延伸情况。一般可通过裂缝在成像测井图上的形态特征判断裂缝的张开程度和连通状况，并结合双侧向电阻率或阵列侧向测井等评价裂缝的径向延伸情况：当裂缝径向延伸较小时，浅侧向电阻率读数降低，而深侧向电阻率读数无明显变化；而当裂缝径向延伸大时，深浅侧向电阻率读数均降低。此外，在成像测井裂缝识别的基础上，还可以依据多极子横波测井资料中快、慢横波的分裂来识别裂缝的有效性。通过探测深度更大的方位电阻率成像测井也可以评价裂缝的有效性，即在方位电阻率成像测井图上能显示出来的裂缝主要是有效裂缝。

井下裂缝有效与否取决于它的张开度、径向延伸、连通性和渗透性情况等，因此裂缝有效性的评价就是对这些因素的描述与评价。

1. 由裂缝的张开度来评价裂缝的有效性

对裂缝张开度的描述，常规测井主要利用双侧向曲线的差异和电阻率值，再根据图版或公式来求取张开度。但是该法受到的影响因素太多，如裂缝的产状、裂缝的组合、储层的含流体性质、钻井液的侵入特征等都将影响计算的结果，因而误差较大，用来评价其有效性的效果就很差。如用FMI和ARI等成像图，根据裂缝在井壁上的形态特征来评价裂缝的张开度就要准确得多。

1）充填缝和张开缝的判别

张开缝以黑色的高电导异常出现；而被方解石、石英等矿物充填的裂缝则表现为高电阻率异常出现，图像特征为亮白色（图6-5-1），很容易与有效张开裂缝区分。如果裂缝被泥质等低阻物质充填，其图像特征亦为暗色高导异常，不易与有效裂缝区分，但在阵列感应图像（ARI）、偶极横波成像（DSI）图上，低阻充填无效缝却无反映。

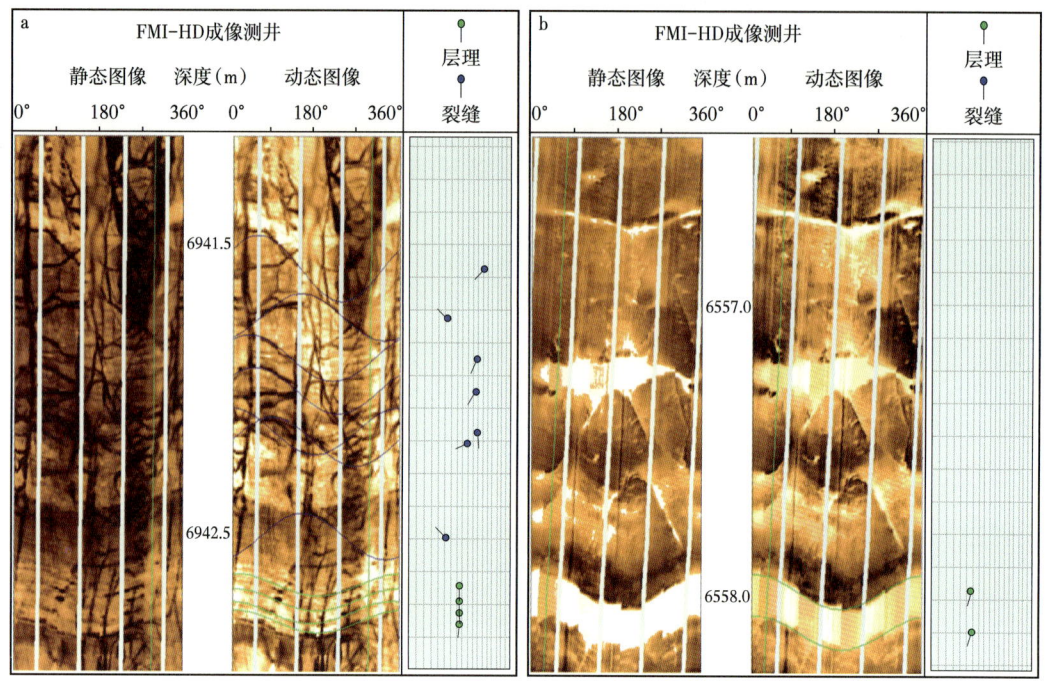

图6-5-1 张开裂缝和闭合裂缝的区别

2）有效张开缝的判别——完全被充填死的裂缝自然是无效裂缝，但张开缝也不全是有效缝，有两种无效的裂缝需要鉴别

（1）非渗透性的细微裂缝。这种裂缝被束缚水充填，不具有渗滤性。如石灰岩中的薄层构造、眼球状构造，其间就有很多这种微细裂缝，它们主要被束缚水充填，故电阻率很低，且有一定的孔隙度响应，自然伽马值又不高，因而常被常规测井资料误判为渗透层；但在FMI图像上则可清楚地看出这两种非均匀岩石构造的形态特征，从而予以排除。

（2）无效和有效人工诱导裂缝的判别。钻具形成的微细裂缝均为无效缝。出现在致密岩层中的重钻井液压裂缝是无效缝。但出现在渗透层中则可能与天然缝连通，则成为有效裂缝。

应力释放裂缝是井被钻开后才形成的裂缝，它们在地层被钻开前是闭合的，岩心中这种裂缝内无钻井液或钻井液滤液痕迹就是证明，因而它们是无效裂缝，对产能的贡献也非常有限，仅是短暂提高油气井产能。另外，由于应力释放裂缝基本上都发生在致密层段，因此也不可能对天然裂缝起连通作用。

2. 由裂缝的径向延伸特征来判断裂缝的有效性

高角度裂缝的径向延伸状况对其有效性的评价至关重要，但仅从FMI图像上无法获知径向延伸情况，这就得靠径向探测深度较大的双侧向及方位电阻率成像 ARI 测井来予以判别。但正如前面已经指出的，双侧向测井的影响因素较多，所以在应用双侧向测井资料之前必须首先通过 FMI 图像搞清楚裂缝的产状及组合特征，消除其对双侧向测井的影响，然后才可用深浅双侧向和高分辨率 ARI 曲线组合来判断裂缝的径向延伸特征。判别原理如下：

由于浅双侧向测井的径向探测深度为 30~50cm，而深双侧向和 ARI 的径向探测深度为 2~3m。因此对于径向延伸小于 0.5m 的无效高角度裂缝，ARI 图像和深浅双侧向都因主要反映基岩的高电阻率，故而是高电阻率特征，且电阻率差异也不大，其深浅双侧向比值小于 5，当裂缝径向延伸 0.5~2m 时，浅侧向就基本只受侵入带影响，而深侧向还将受到基岩电阻率较大的影响，故浅侧向电阻率明显降低，而深侧向电阻率仅略有降低，所以出现大幅度的正差异，其比值可达 5~11。对于径向延伸大于 2~3m 的有效高角度裂缝，以上三种参数都受到裂缝的影响，故 ARI 图像有明显的高电阻率异常，深浅电阻率也将降低，深浅双侧向正差异幅度减小，比值小于 5。

为了便于应用，现将裂缝径向延伸情况与深、浅双侧向电阻率及其比值范围的关系列于表 6-5-1。

表 6-5-1 裂缝径向延伸深度与电阻率的关系

| 裂缝的径向延伸情况 | 储渗意义 | 地层性质 | 电阻率（Ω·m） | | Rd/Rs 比值 |
| --- | --- | --- | --- | --- | --- |
| | | | 深侧向 Rd | 浅侧向 Rs | |
| 径向延伸小于 0.5m 的人工裂缝 | 无储渗意义 | 低孔石灰岩 | >8000 | >3000 | <5 |
| | | 具有效孔石灰岩 | >8000 | >1000 | |
| 径向延伸为 0.5~2.5m 的浅裂缝 | 无储渗意义 | 低孔石灰岩 | 2000~8000 | <3000 | 5~11 |
| | | 具有效孔石灰岩 | >1000 | <1000 | |
| 径向延伸大于 2.5m 的深裂缝 | 有一定的储渗意义 | 低孔石灰岩 | <2000 | <1000 | <5 |
| | | 具有效孔石灰岩 | <1000 | <500 | |

3. 由裂缝的连通性和渗滤性来判断裂缝的有效性

裂缝连通性评价的主要问题是区分天然裂缝和诱导裂缝。前已分析了诱导裂缝的三种主要类型及天然裂缝与诱导裂缝的区分。天然裂缝的有效性明显优于诱导裂缝，诱导裂缝通常较浅，位于井眼周围的塑性形变层或进入弹性层内，仅能在 FMI 图像上见到，而有效的天然裂缝则可以同时在 FMI、ARI 和 DSI 图像上进行识别（图 6-5-2）。闭合裂缝虽然能在 FMI 成像测井上观察得到，但其在方位电阻率图像上的特征已经不明显，在DSI 图像上已经没有任何响应（图 6-5-3）。诱导裂缝由于其沿着井壁延伸较短，因此也只是在 FMI 成像测井上探测得到，而其在探测深度较深的 ARI 以及 DSI 图像上均没有任何响应（图 6-5-4）。

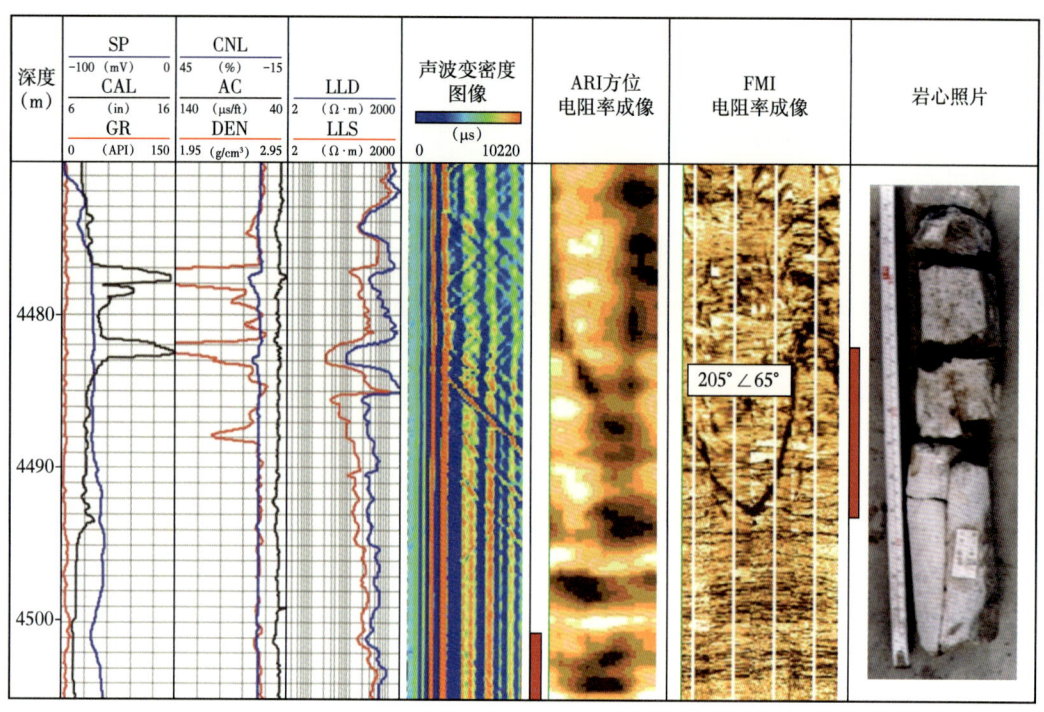

图 6-5-2　天然张开裂缝在 DSI 声波变密度图像、ARI 方位电阻率
成像以及 FMI 电阻率成像测井上的响应

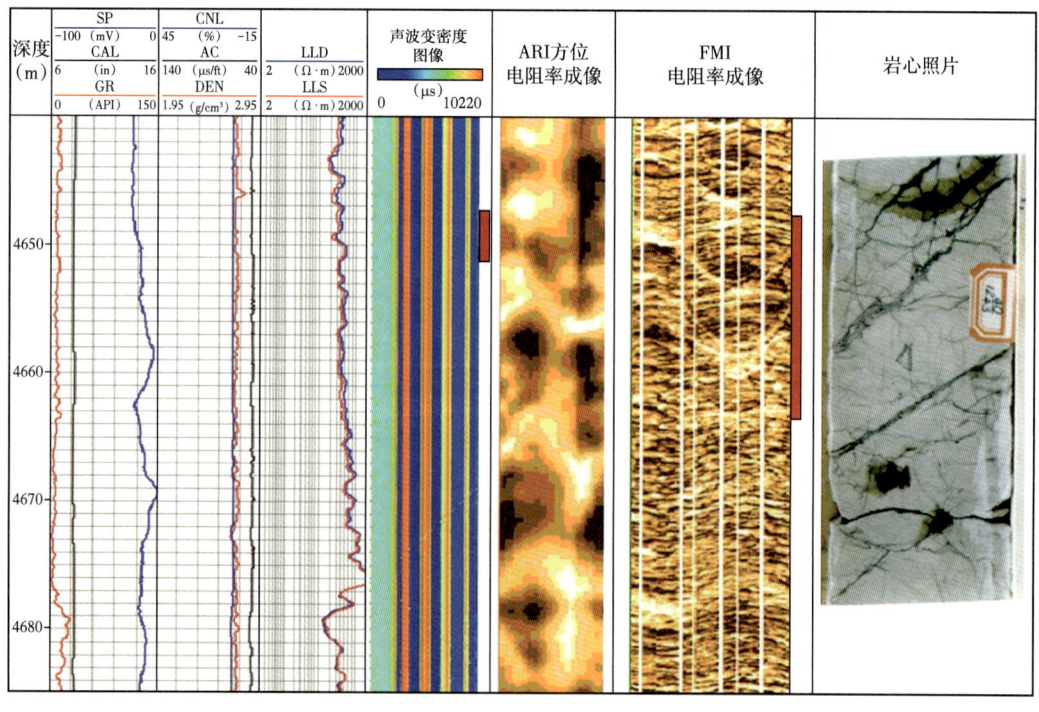

图 6-5-3　天然闭合裂缝在 DSI 声波变密度图像、ARI 方位电阻率
成像以及 FMI 电阻率成像测井上的响应

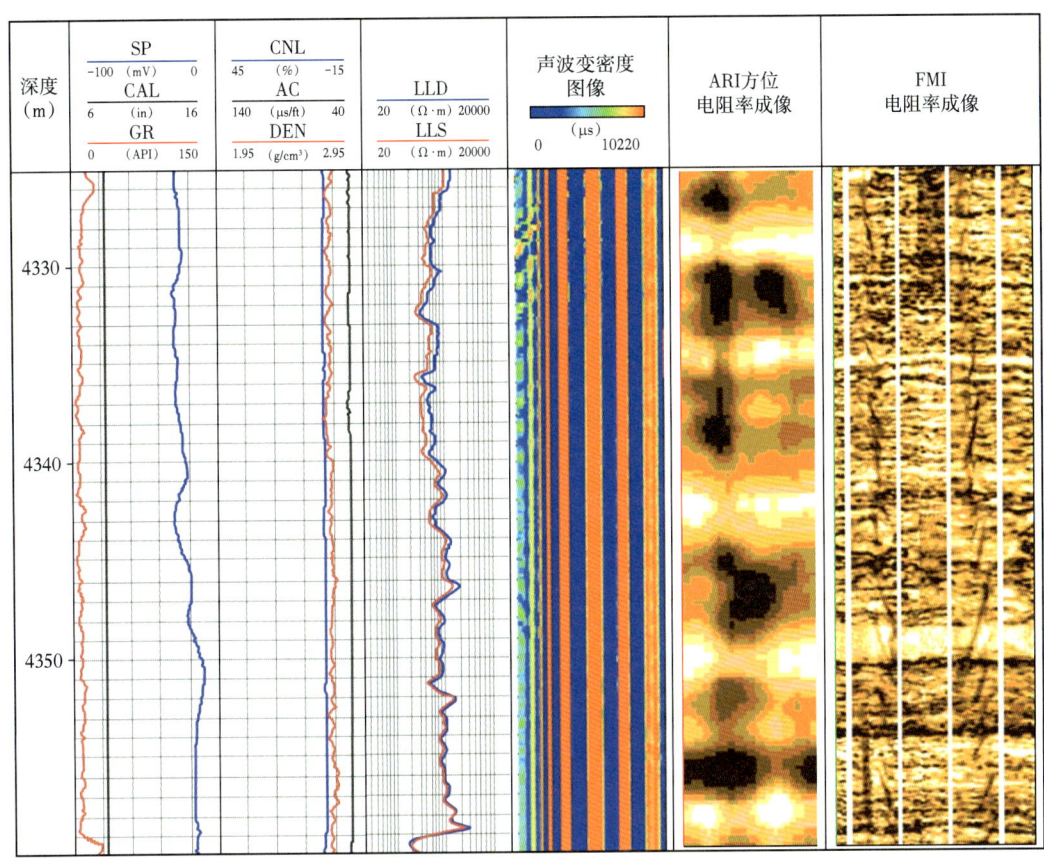

图 6-5-4　诱导裂缝在 DSI 声波变密度图像、ARI 方位电阻率成像以及 FMI 电阻率成像测井上的响应

裂缝的渗透性能综合反映裂缝的张开度、径向延伸程度和彼此的连通程度，因而是评价裂缝有效性最好的标志。可以用斯通莱波能量衰减状况来判断裂缝渗滤性的好坏。由于斯通莱波是一种管波，它在井筒中的传播类似于活塞的运动，造成井壁在径向上的膨胀和收缩，当有效裂缝与井壁连通时，将使井液沿着裂缝流进或流出，造成能量衰减，使其幅度降低；反之，在无效裂缝处，则不会发生能量的衰减。但应注意滤饼的影响，因滤饼会阻止流体在裂缝和井筒之间流动。

4. 由裂缝与现今地应力夹角特征来判断裂缝的有效性

在裂缝的走向与现今主应力方向基本一致或夹角很小（＜30°）的情况下，储层才更为有效。因为这些裂缝大多伴随现今构造运动产生，裂缝形成时间短、不易被充填，大多为开启状态，且这些与构造应力场最大主应力方向平行或近于平行的裂缝现今一般呈拉张状态，其开度大、连通性好、渗透率高，裂缝能最大程度地发挥其渗流通道作用，有效性最强；反之，那些与现今主应力方向垂直或以大角度斜交的裂缝大多为古构造运动所产生，经过漫长的地质历史时期，其中的部分裂缝已被矿物质充填，没有被充填的裂缝也在现今构造应力作用下闭合，裂缝总体呈挤压状态，通性差、开度小、渗透率低，裂缝有效性差；而与现今最大主压应力斜交的裂缝有效性介于上述两者。表 6-5-2 中的 3 口井，单井上拾取的裂缝条数分别为 19 条、21 条和 73 条，对应的裂缝走向与现今地应力场的夹角分别为接近 90° 到小于 30° 的范围。实际的试油资料表明，裂缝条数越多，且裂缝走向与现今地应力夹角越小，对应的井的产能越高（表 6-5-2）。

表 6-5-2 裂缝与现今地应力夹角及其与产能的关系

| 井号 | 博孜 21 | 博孜 22 | 大北 1101 |
|---|---|---|---|
| 最大水平主应力方向 | 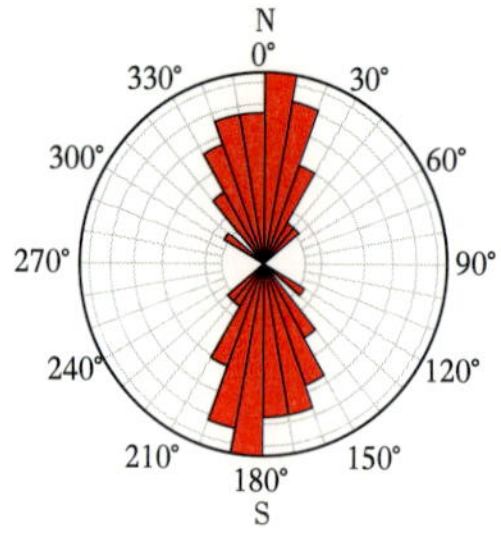 2°~182° | 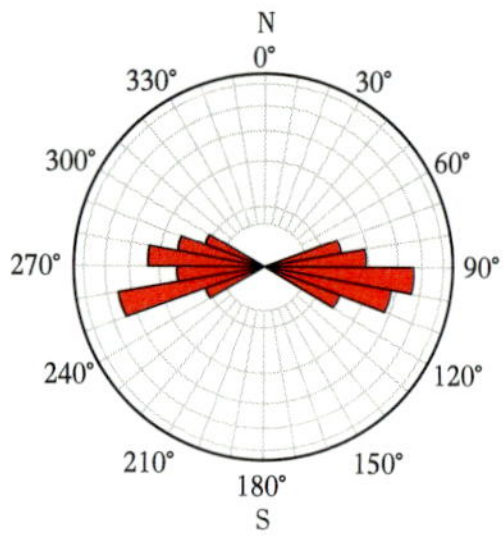 82°~262° | 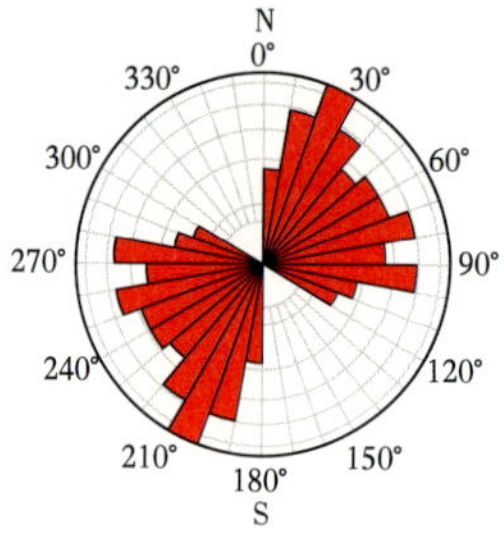 45°~225° |
| 裂缝走向 | 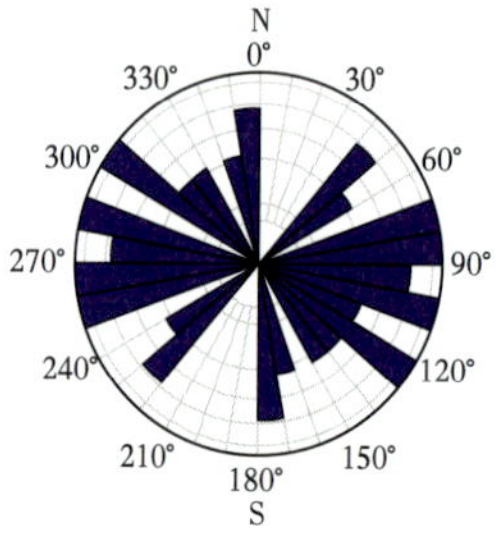 | 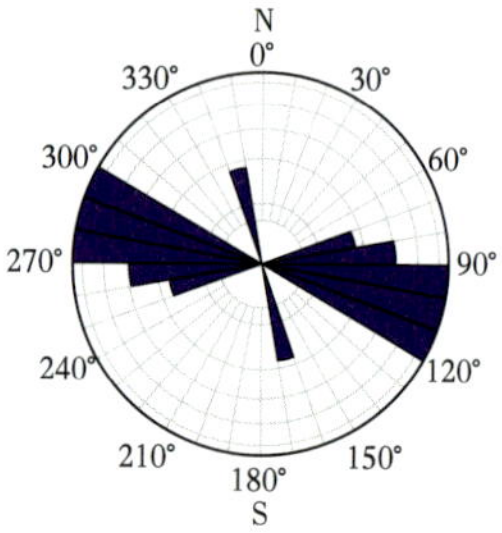 | 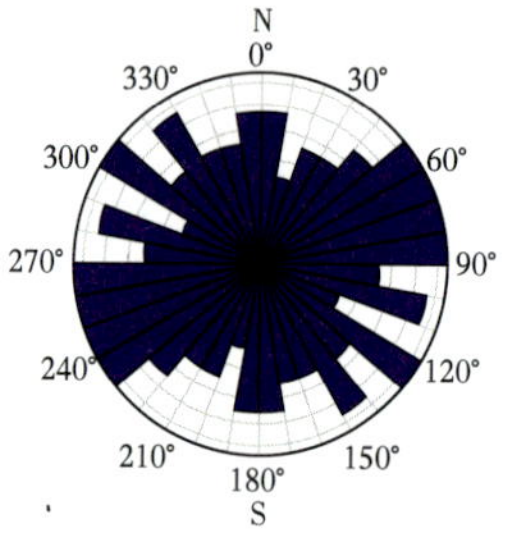 |
| 最大水平主应力与主裂缝走向夹角 $\theta$ | $\theta \approx 90°$ | $10° < \theta < 30°$ | $0° < \theta < 20°$ |
| 有效裂缝占比 | 62%（19 条） | 70%（21 条） | 90%（73 条） |
| 每米层段天然气日产能（m³） | 0 | 63 | 9396 |

## 三、裂缝参数计算

裂缝参数主要指裂缝张开度和裂缝孔隙度。它们可采用井壁微电阻率成像测井（FMI）计算或利用深浅双侧向电阻率进行估算。

1. 用 FMI 信息计算裂缝参数

FMI 井壁电阻率成像仪 8 个极板上装有共 192 个微电极，每个电极直径为 0.2in（5mm），电极间距 0.1in（2.5mm），它能反映井壁四周的微电阻率变化，对采集到的微电阻率数据经过一系列校正处理之后形成 FMI 电阻率图像。成像测井的高密度采样、高分辨率和井眼高覆盖率，使得井壁成像测井除了可以定性评价裂缝分布层位、发育程度和产状等裂缝几何信息外，还可以进一步利用图像处理的方法定量评价储层裂缝参数，如裂缝长度、裂缝宽度、裂缝平均宽度和裂缝视孔隙度等，其定义和计算公式如式（6-5-1）至式（6-5-4）。这些参数从不同角度定量揭示出裂缝的发育程度，准确评价这些参数对致密储层油气勘探开发至关重要。

成像测井可以直观地拾取裂缝面的形态（包括裂缝产状和充填状态），形成裂缝走向玫瑰花图，同时利用下述的公式还可以进一步计算裂缝孔隙度、裂缝密度等参数，形成单井连续的裂缝参数分布（图6-5-5）。

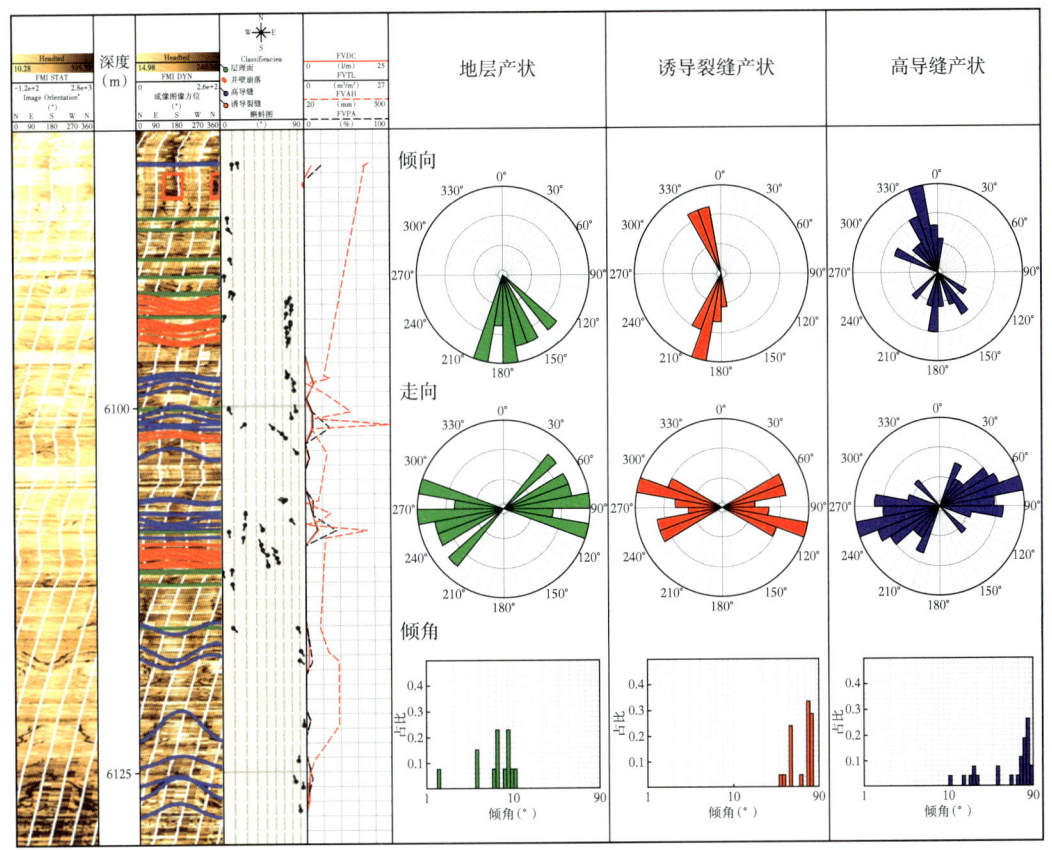

图6-5-5　裂缝迹线拾取及成像测井裂缝参数计算图

裂缝长度（FVTL）为每平方米井壁所见到的裂缝长度之和，单位为m/m²，其计算公式为：

$$FVTL = \frac{1}{2\pi RLC}\sum_{i=1}^{n}L_i \quad (6-5-1)$$

式中：$R$为井眼半径，m；$L$为统计的井段长度，m；$C$为电成像井眼覆盖率，FMI成像测井一般为80%；$L_i$为电成像图上第$i$条裂缝的长度，m。

裂缝密度（FVDC）为单位长度井壁上所见到的裂缝总条数，单位为条/m，此参数可经过人工直接统计，也可由图像计算而得：

$$FVDC = \frac{1}{L}\sum_{i=1}^{n}L_i \quad (6-5-2)$$

裂缝平均宽度（FVA）为单位井段（1m）中裂缝轨迹宽度的平均值，单位为mm；而平均水动力宽度（FVAH）为单位井段（1m）中各裂缝轨迹宽度的立方之和再开立方，是对裂缝水动效应的一种拟合，单位为 mm，其表达式为：

$$FVA = aAR_m^b R_{xo}^{1-b} \quad (6-5-3)$$

式中：$R_m$ 为钻井液电阻率，$\Omega \cdot m$；$R_{xo}$ 为侵入带电阻率，$\Omega \cdot m$；$a$、$b$ 均为与仪器有关的常数；$A$ 为由裂缝引起的电导异常面积，$m^2$。

裂缝视孔隙度（FVPA）为所见到的裂缝在 1m 井段上的视开口面积除以 1m 井段中图像的覆盖面积，单位为 $m^2/m^2$，其表达式为：

$$FVPA = \frac{1}{2\pi RLC} \sum_{i=1}^{n} L_i FVA_i \quad (6-5-4)$$

不过由于成像测井 Export Fracture Channels 模块计算的裂缝密度和孔隙度等参数易受窗长叠置的影响，同时测井采集环境也会影响裂缝的识别与有效性评价，因此，成像测井计算结果应与岩心等资料进行相互标定（图 6-5-6）。

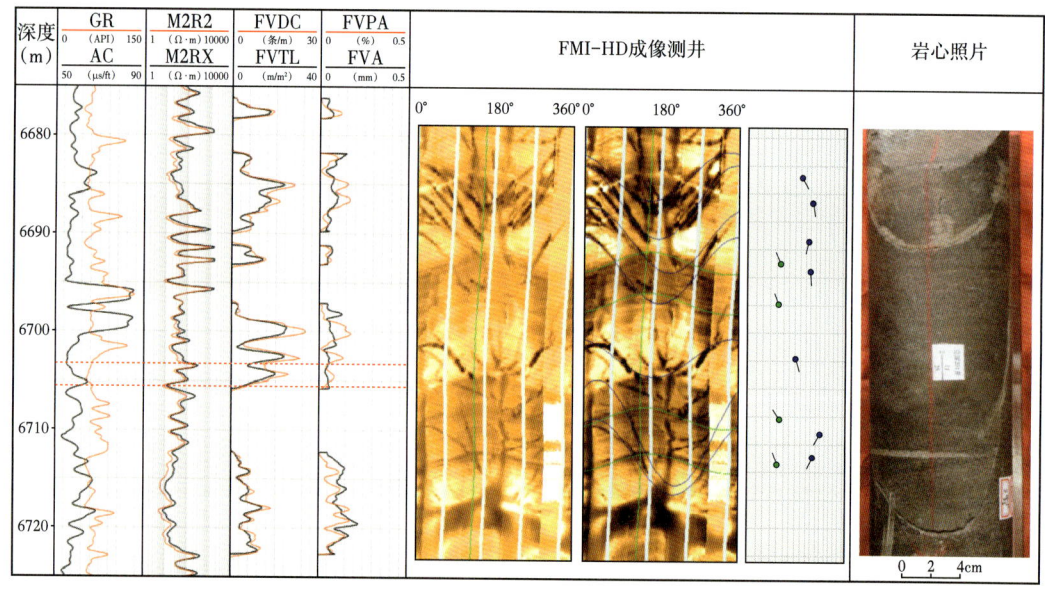

图 6-5-6　基于常规测井、成像测井和岩心相互刻度的裂缝拾取与裂缝参数定量解释

2. 用双侧向测井信息估算裂缝参数

在没有 FMI 测井信息时，可用双侧向测井信息（主要根据深浅双侧向的差异）估算裂缝张开度和裂缝孔隙度。由于双侧向信息受影响因素较多，其估算结果不如前一种方法准确。估算公式如下：

1）裂缝张开度

（1）高角度裂缝：

$$W = R_m (C_{lls} - C_{lld}) / (4 \times 10^7) \quad (6-5-5)$$

式中：$W$ 为裂缝张开度，$\mu m$；$R_m$ 为钻井液电阻率，$\Omega \cdot m$；$C_{lls}$ 为浅侧向电导率，S/m；$C_{lld}$ 为深侧向电导率，S/m。

（2）低角度裂缝：

$$W = R_m(C_{lld} - C_b)/(1.2 \times 10^6) \quad (6-5-6)$$

式中：$C_b$为基岩电导率，S/m。

2）裂缝孔隙度

根据双重介质结构模型（基岩孔隙与裂缝孔隙），可以导出估算裂缝孔隙度$\phi_f$的数学型。

气层：

$$\phi_f = [(C_{lls} - C_{lld})/C_{mf}]^{1/m} \quad (6-5-7)$$

油层：

$$\phi_f = [(C_{lls} - C_{lld})/(C_{mf} - C_w)]^{1/m} \quad (6-5-8)$$

式中：$\phi_f$为裂缝孔隙度，%；$C_{mf}$、$C_w$为钻井液滤液和地层水的电导率，S/m；$m$为裂缝地层的孔隙度指数，取值为1.1~1.8。

# 第六节 碳酸盐岩裂缝储层测井评价流程

针对基质孔渗性差的致密储层，其产油气能力主要取决于储层中裂缝发育的情况，裂缝不仅可以使孤立的孔洞得以连通，发育成有效的储集空间，并显著提高渗透率，改善油气储层品质，降低有效储层物性下限，同时裂缝对油气井的产能有直接的影响，是控制致密储层产能的关键因素。本节以致密碳酸盐岩裂缝储层为例，从裂缝储层的评价流程、储层参数计算以及裂缝储层评价指标等方面展开，概述岩溶改造型碳酸盐岩裂缝储层的评价方法、思路与流程等。

## 一、储层的评价流程

1. 鉴别岩性，去掉非储层段

1）碳酸盐岩层

复杂的古老碳酸盐岩往往经历了较长时间的成岩和构造改造，岩石往往变得很致密，碳酸盐岩本身电阻率就较高，且致密层内部无导电孔隙流体，因此致密层电阻率高于2000Ω·m，各种测井视孔隙度均小于1%，往往也不发育裂缝，裂缝识别测井或电磁波传播测井无裂缝显示，声波变密度测井条纹清晰，黑白反差强，纵横波声幅无衰减（在井径不扩大时），致密层天然放射性低值（一般小于10API）。

2）泥质层

高自然放射性，尤其以钍、钾量高为主要特征，低电阻率，时差增大，中子孔隙度明显增大，电磁波传播时间和幅度衰减率曲线同时出现高值异常。体积密度略有降低，但经常因含有黄铁矿而使密度值不但不降，反而大于石灰岩的密度值。

3）碳质层

自然放射性不高，中子孔隙度高，密度小，时差大，与储层特征十分类似，不同之处主要在于电阻率偏高。

4）膏岩盐层

膏岩盐层往往塑性较强，内部不容易发育裂缝，同时往往作为盖层存在，难以形成有效的储层段。

除去上述四种非储层段后,剩下的就是可疑储层或储层。

如塔里木盆地寒武系—奥陶系白云岩中,微晶白云岩为典型的致密层,电阻率值较高,成像测井静态图像为亮白色,内部基本不发育孔隙和裂缝,为无效储层(图6-6-1a)。

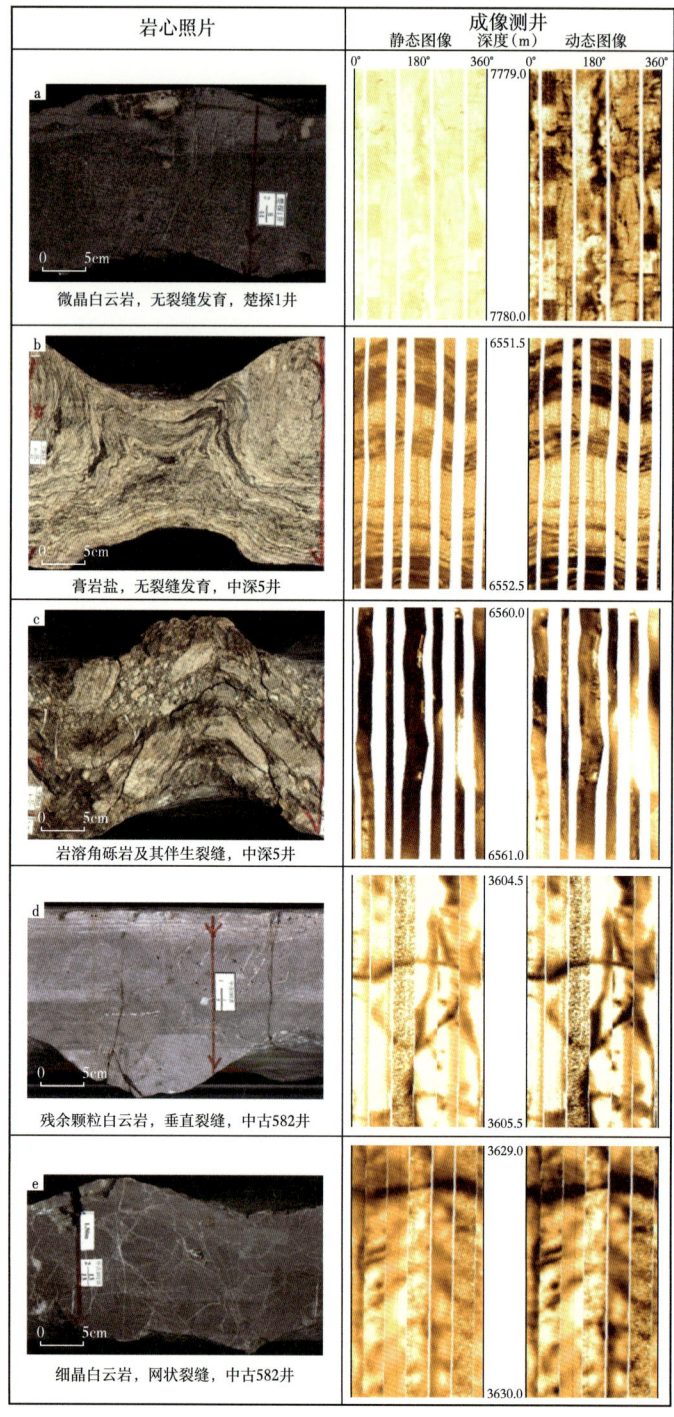

图6-6-1 不同岩性裂缝发育以及对应成像测井特征

膏岩盐层往往也难以形成有效储层，在成像测井上表现为明暗相间的条带，内部也基本不发育裂缝，难以形成有效储层（图6-6-1b）。

岩溶角砾岩段则在长期岩溶作用过程中，容易发育裂缝，因为往往能够形成优质的油气储集空间，形成有利储层（图6-6-1c）。

残余颗粒白云岩以及细晶白云岩则能够保存一部分原生孔隙，还可以形成部分晶间孔和晶间溶孔，同时还容易发育裂缝，因此往往可以形成有利的储层（图6-6-1d、e）。

2. 寻找相对低电阻率段

在碳酸盐岩剖面中，储层总是以相对低电阻率的特征出现，因此，首先应在剩下的可疑层段中划出相对低电阻率，然后再分析造成电阻率低的原因。除上述的泥质层外，有些碳酸盐岩中含有较多的黄铁矿，尤其是条带状的黄铁矿，将造成电阻率明显降低，故必须将其排除。

3. 寻找具有一定孔隙度的地层

在上述非泥质、非含黄铁矿的低电阻率层段中寻找具有一定孔隙度的地层，主要是找声波时差增大，体积密度降低的地层，中子孔隙度仅作参考，因为气层的中子孔隙度不会明显增高。至于选取孔隙度的下限值，应根据不同的地区、不同的层段所确定的有效孔隙度下限值为准，然后再分别折合成各种测井信息的视孔隙度下限值。

4. 寻找有效裂缝段

首先根据本章第四节所描述的各种裂缝的测井响应特征识别出裂缝段，进一步分析裂缝的产状和组合情况，然后再对这些层段的裂缝进行有效分析（图6-6-2）。

## 二、储层参数计算

主要包括以下储层参数的计算与评价：

（1）岩石骨架参数。

（2）泥质参数及泥质含量。

（3）地层流体参数。

（4）孔隙度，包括基岩块孔隙度$\phi_b$和裂缝孔隙度$\phi_f$。

（5）裂缝张开度，包括水平裂缝张开度和垂直裂缝张开度。

（6）渗透率参数。

（7）有效厚度。

## 三、储层综合评价主要指标

储层综合评价主要指标包括：

（1）岩性结构。

（2）裂缝类型。

（3）裂缝孔隙度。

（4）裂缝发育方向。

（5）裂缝发育程度。

裂缝发育过程是一个与裂缝孔隙度、裂缝张开度、裂缝发育累计厚度及裂缝的连通性等多个因素有关的综合指标。储层的油气产能除了与有效储层厚度、储层平均孔隙度有关外，很大程度上还取决于裂缝发育程度，特别是压裂酸化改造前的产能与裂缝发育程度关系更密切（图 6-6-2）。

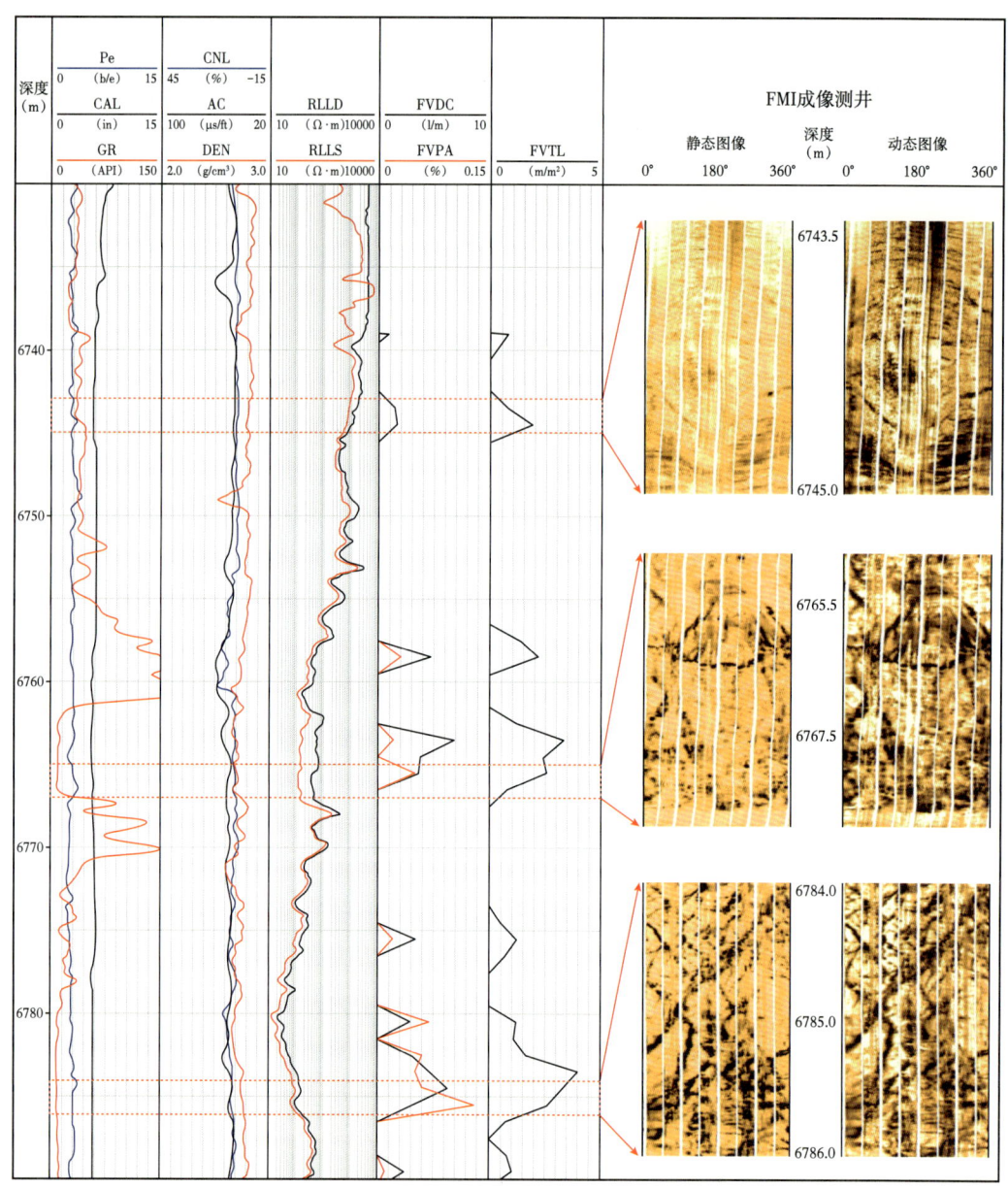

图 6-6-2　塔里木盆地塔中 1 井白云岩裂缝识别与评价

# 第七节　碳酸盐岩裂缝储层测井评价实例

断溶体是由受断控岩溶作用改造形成的一种特殊类型碳酸盐岩缝洞储集体，其经历了表层岩溶作用、构造崩塌作用、地球化学作用等过程，导致其空间结构复杂，具有很强的非均质性。不同于礁滩型、层状白云岩型、岩溶缝洞型和裂缝型等现有储层类型，断溶体与断裂带关系密切，其储集空间由多个大小不同的后期岩溶作用形成的缝洞组合体构成。本节以塔里木盆地塔河油田为例，从储集空间特征、断溶体形态断裂带发育规模等方面，概述断溶体储层的基本发育特征，厘清其主控因素。

## 一、岩性及储集空间类型

### 1. 岩性

塔里木盆地塔河油田奥陶系鹰山组为典型的断控型储层，其主要受大型的断裂带控制。断裂及岩溶作用形成的大规模洞穴及伴生的裂缝与溶蚀孔洞是鹰山组石灰岩主要的储集空间类型。断裂不仅可以作为岩溶作用的通道，还可能利于深部油气上涌形成大型的断溶体圈闭。塔河油田奥陶系鹰山组潜山岩溶区位于潜山风化壳之下，石灰岩储层长期遭受大气淡水的淋滤溶蚀，形成规模的溶蚀孔洞，甚至大型洞穴及伴生的裂缝。

断控型储层岩性主要为泥晶灰岩、砂屑泥晶灰岩、白云质灰岩和少量的白云岩，胶结物主要分为泥晶和亮晶两种（图6-7-1a、b）。泥晶灰岩由泥晶方解石构成，方解石粒

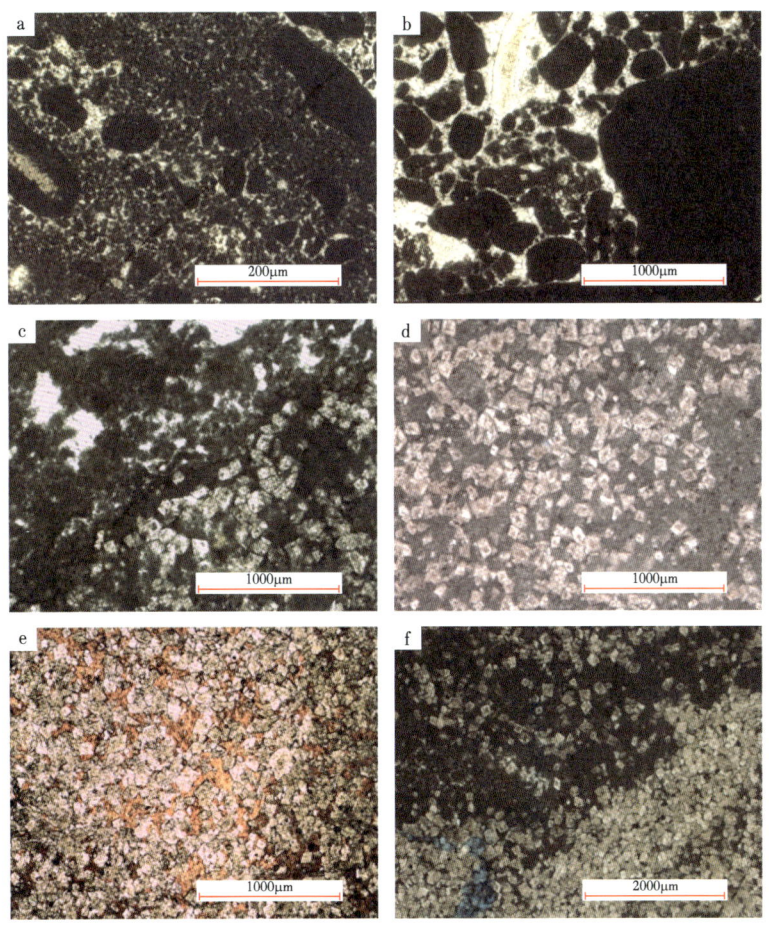

图6-7-1 塔河油田奥陶系鹰山组岩性类型（据Li et al., 2023）

a. 泥晶颗粒灰岩，TS3-3井，6578.09m，$O_{1-2}y$；b. 亮晶颗粒灰岩，TS3-3井，6593.87m，$O_{1-2}y$；c. 白云质灰岩，S88井，6154.89m，$O_{1-2}y$；d. 灰质粉晶白云岩，TS3井，6107.31m，$O_{1-2}y$；e. 粉晶白云岩，S88井，6102.17m，$O_{1-2}y$；f. 细晶白云岩，S88井，6160.35m，$O_{1-2}y$

径小于0.01mm，镜下表现为泥晶结构，部分岩石中含有砂屑级别的颗粒。白云质灰岩矿物成分主要为方解石和白云石（图6-7-1c），白云石占10%以上，晶粒多为自形—半自形（图6-7-1d、e、f），为经历了白云岩化的产物。白云岩中白云石含量占60%以上，晶粒一般介于0.01~0.2mm。随着白云岩化程度的增加，白云石晶粒逐渐变大。

2. 储集空间类型

断控型储层在镜下可见微裂缝（图6-7-2a）、粒内溶孔（图6-7-2b）和晶间孔（图6-7-2c）等储集空间类型，其中微裂缝开度小于0.1mm，粒内溶孔以白云石溶蚀

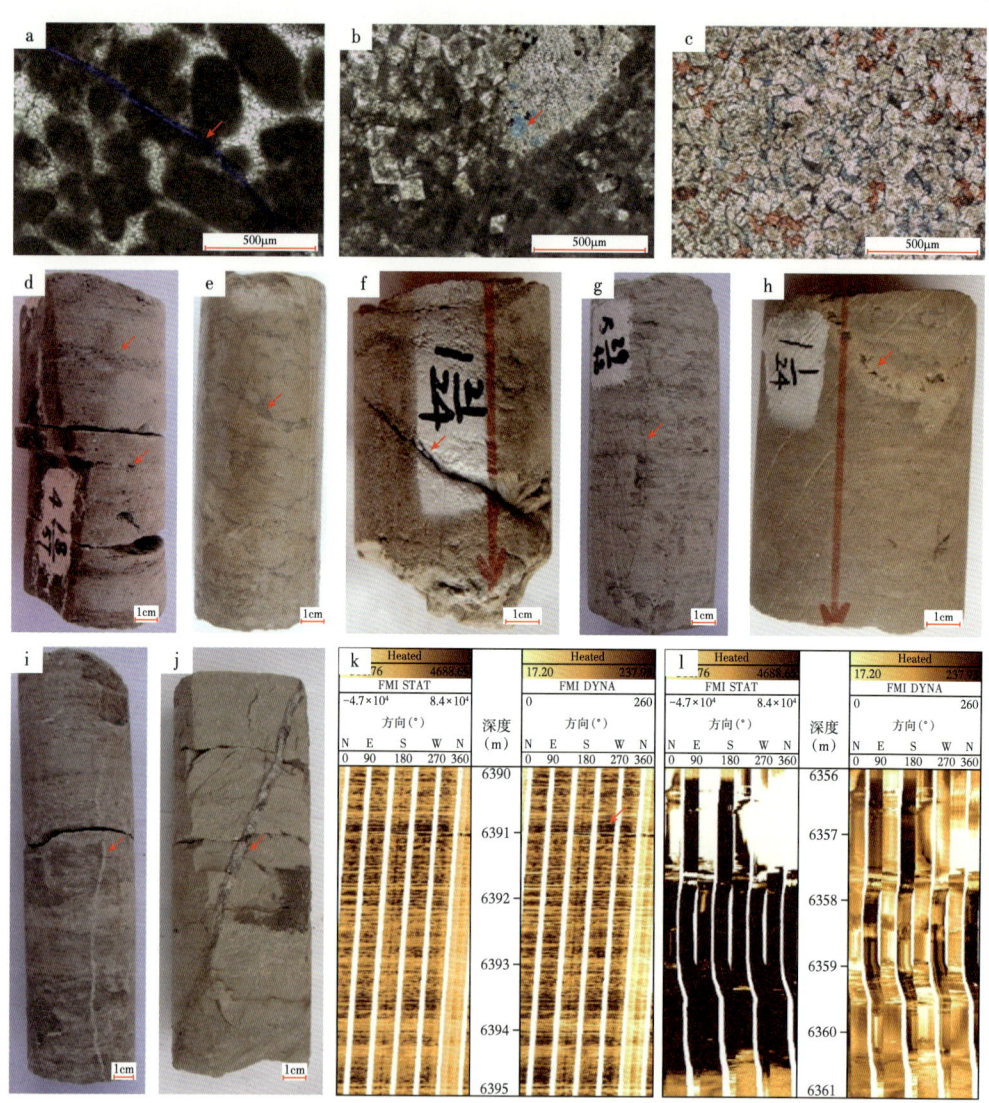

图6-7-2 塔河油田奥陶系鹰山组主要储集空间类型（据Li et al., 2023）

a. 微裂缝，S88井，6154.75m，$O_{1-2}y$；b. 粒内溶孔，S88井，6153.36m，$O_{1-2}y$；c. 晶间孔，S88井，6258.45m，$O_{1-2}y$；d. 溶蚀孔洞，AD11井，6705.94m，$O_{1-2}y$；e. 溶蚀孔洞被粉砂充填，TH12374CX井，6281.68m，$O_{1-2}y$；f. 斜交缝，TS4井，6134.58m，$O_{1-2}y$；g. 裂缝被有机质充填，AD11井，6875.6m，$O_{1-2}y$；h. 裂缝被钙质充填，后期遭受溶蚀形成溶蚀孔洞，TS4井，6133m，$O_{1-2}y$；i. 裂缝被钙质充填，AD11井，6877.22m，$O_{1-2}y$；j. 裂缝被钙质和沥青质充填，AD11井，6558.41m，$O_{1-2}y$；k. 成像测井中的溶蚀孔洞，TH12398井，6390~6395m，$O_{1-2}y$；l. 成像测井中的洞穴，TP11井，6356~6361m，$O_{1-2}y$

为主。岩心上可以观察到溶蚀孔洞，大多保持张开，属于有效的储集空间（图6-7-2d），部分被粉砂充填（图6-7-2e）。泥晶灰岩中构造裂缝同样是重要的油气储集空间及渗流通道（图6-7-2f），可促进大气淡水对储层的溶蚀改造，塔河油田以高角度裂缝为主，部分裂缝被有机质（图6-7-2g）、钙质（图6-7-2i）或沥青质充填（图6-7-2j）。溶蚀孔洞易沿着裂缝发育，构成裂缝—孔洞型储层（图6-7-2h）。溶蚀孔洞主要由小尺度到中尺度的溶蚀孔组成，形态以圆形和椭圆形为主，大多是沿着裂缝网络溶蚀扩大形成（图6-7-2k）。洞穴作为塔河油田主要的油气储集空间（图6-7-2l），可被砂泥质和砾石充填，此类储层通常不需要酸化压裂，便可获得工业油气流，具有较大的生产潜力。塔河油田多年生产实践表明，近95%的油气产量来自洞穴型储层，此类储层油气产出具有初产量高、产量稳定、稳产时间长的特点。

## 二、断溶体发育形态

1. "V"形断溶体

以部署在AD14北东向主干断裂上的TH12560X井为例，在钻至6822m垂深处发生漏失，累计漏失量为178m$^3$。结合地震剖面图可以看出，在TH12560X井串珠周围地震轴呈杂乱反射特征，其组合形态已用红色线勾勒出来，并绘制了相关的模式图。"V"形断溶体整体规模较大，成像上未见洞穴，可见断层破碎带，且经历流体溶蚀，断层破碎带空腔可作为油气的储集空间，该井的漏失也是由断层破碎带的空腔引起（图6-7-3a）。

2. "U"形断溶体

以部署在S66北东向主干断裂上的TS4井为例，在钻至6134.88~6166.85m处发生放空。结合地震剖面图可以看出，在TS4井串珠周围还发育强振幅的小串珠，其组合形态已用红色线勾勒出来，并绘制了相关的模式图。"U"形断溶体为两个串珠相连通构成，推测其成因是由于构造应力影响使两串珠之间的隔挡层发生破碎，再经历流体溶蚀等作用使两个串珠相连通，最终形成地震上的"U"形断溶体。成像测井未测到放空处，根据常规测井曲线特征可以看出放空处是受洞穴的影响，6134.88m之上发育洞顶缝，且经历了流体的溶蚀而发生溶蚀扩大现象，同时该井的诱导裂缝极其发育，也指示该井周围强烈的构造应力（图6-7-3b）。

3. 条带型断溶体

以部署在AD14北东向主干断裂上的TH12464井为例，该井未发生放空漏失。结合地震剖面图可以看出，在TH12464井钻遇串珠周围还发育一些小的串珠，构成条带型断溶体，规模小于其他三种断溶体类型，其组合形态已用红色线勾勒出来，并绘制了相关的模式图。成像上未见到洞穴，诱导裂缝与天然裂缝发育（图6-7-3c）。

4. 复合型断溶体

以部署在T708主干断裂上的TH102103井为例，该井钻遇复合型断溶体，在钻至5918.31~6094.54m垂深处发生漏失，累计漏失1188.5m$^3$。结合地震剖面图可以看出，在TH102103井钻遇串珠周围还发育一些小的串珠，其组合形态已用红色线条勾勒，并绘制了相关的模式图。复合型断溶体整体规模较大，成像上未见洞穴，裂缝发育，且发生溶蚀扩大现象，推测漏失是由裂缝引起，其主要以主干断裂作为油气的优势运移通道（图6-7-3d）。

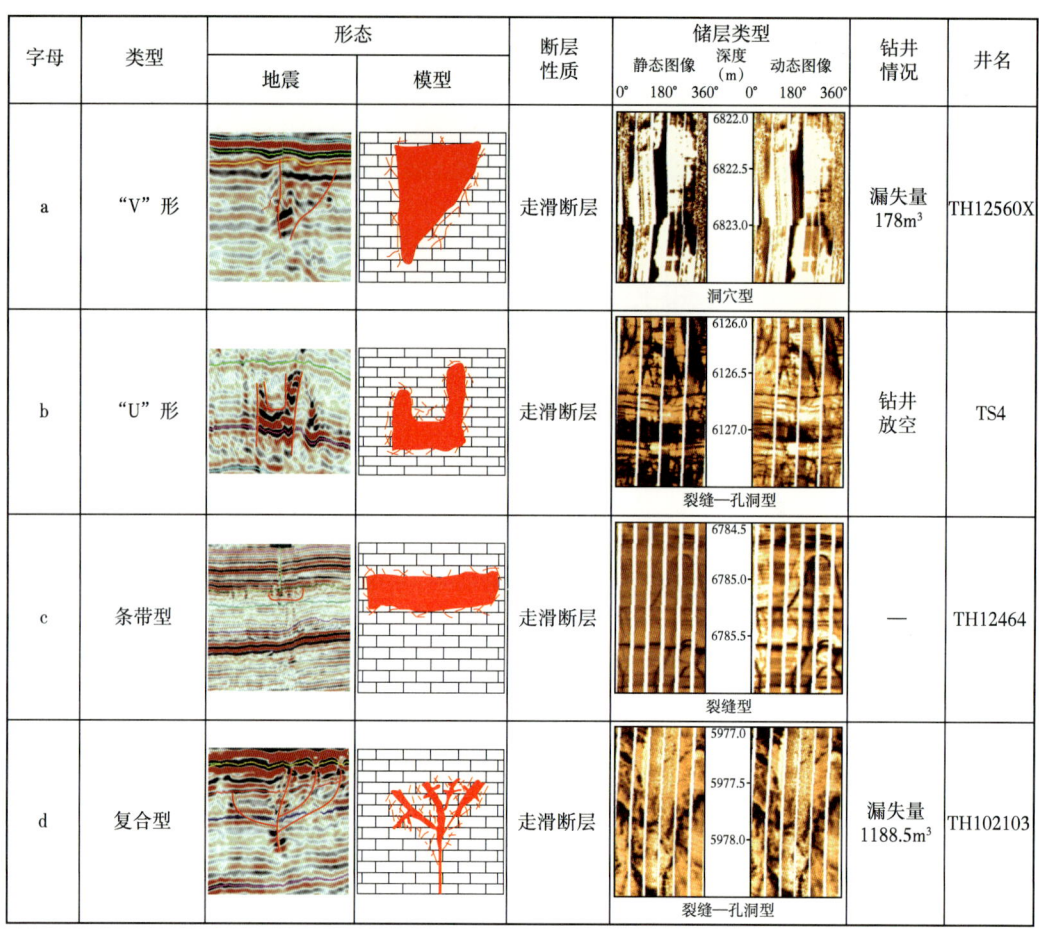

图 6-7-3 塔河油田奥陶系鹰山组断溶体发育特征（据 Li et al., 2023）

## 三、断溶体发育主控因素

1. 断裂规模

断裂及其伴生裂缝是岩溶作用的通道，可增加水系与碳酸盐岩的接触面积，扩大地表水及地下水对碳酸盐岩的溶蚀范围，增强溶蚀作用。较大规模断裂附近破碎带发育，有利于流体运移，岩溶储层也越发育，较小规模断裂发育不完整，垂向延伸长度较短，对流体的运移较为不利。塔河油田北部主干断裂与次级断裂发育。通过对塔河 101 口井（主干断裂上 49 口井，次级断裂上 52 口井）统计发现，主干断裂单井放空漏失率为 61.2%，次级断裂单井放空漏失率为 36.5%。根据现有的试油资料发现，主干断裂上钻井产量平均为 $2.07×10^4$t，次级断裂钻井产量平均为 $1.63×10^4$t（图 6-7-4），可见主干断裂上油气富集程度高，次级断裂上油气富集程度明显降低。因此，断裂规模会影响断溶体的发育，同时也会对储层规模产生一定的影响。

2. 与断裂的距离

除了断裂规模是影响断溶体发育的因素之一，通过控制储层储集空间的发育，与断裂的距离也会影响断溶体的发育。从北东向主干断裂上的 AD29-1 井的成像可以看到，

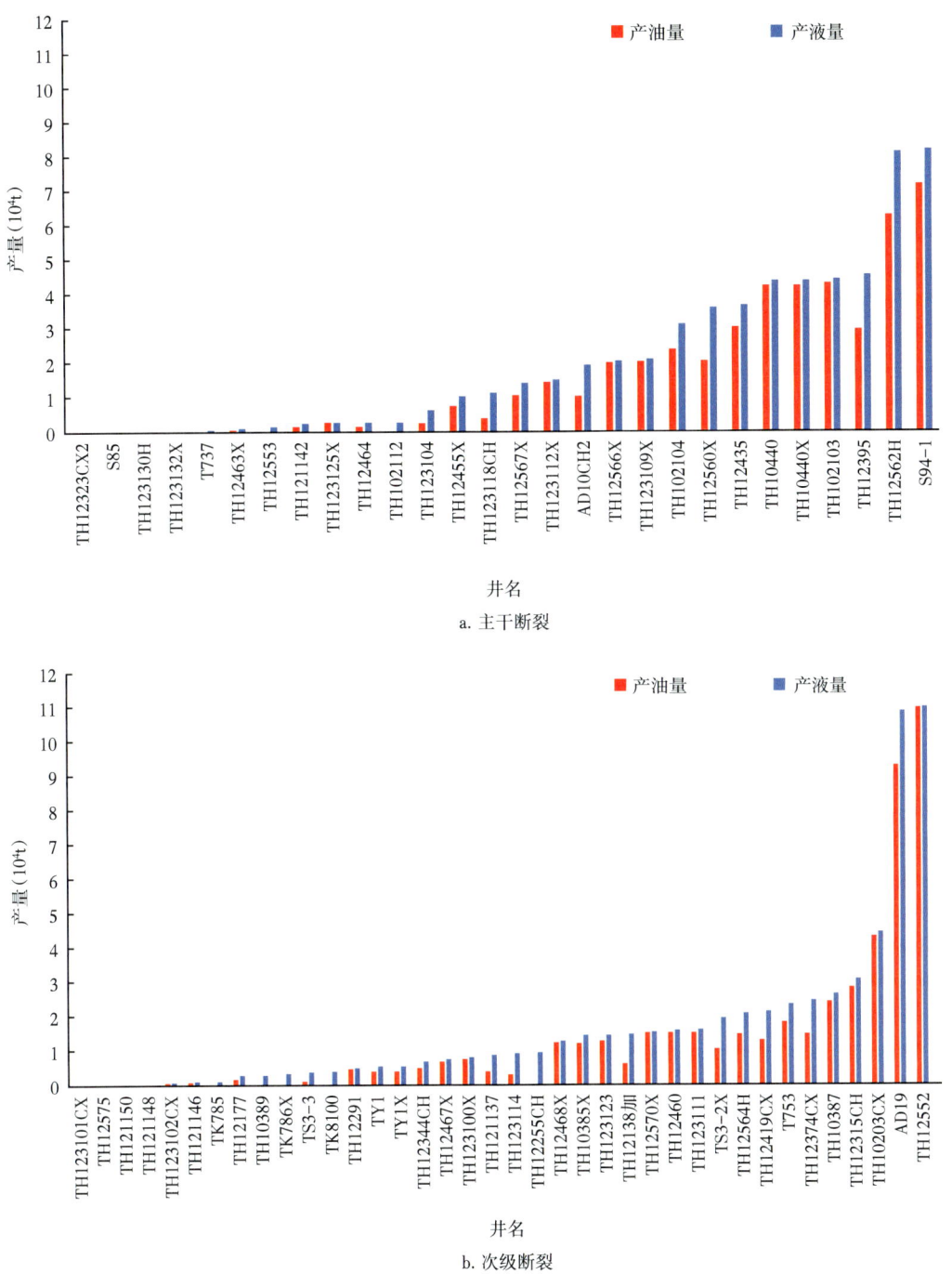

图 6-7-4 不同规模断裂产液量及产油量统计（据 Li et al., 2023）

储集空间以洞穴为主，断裂及其周围产生的裂缝是很好的渗流通道，便于流体对储层进行溶蚀改造，垮塌形成洞穴，并伴随洞顶缝的产生（图 6-7-5a）。随着与断裂的距离变远，例如 TH12464 井，成像上显示其主要储集空间为裂缝—孔洞，构造运动产生的裂缝也可以作为流体渗流的通道，使裂缝发生溶蚀扩大现象且伴随溶蚀孔洞的发育（图 6-7-5b）。而 TH12550 井，由于其远离断裂，应力未得到释放，几乎不发育裂缝，流体渗流能力减弱，储集空间主要为溶蚀孔洞（图 6-7-5c）。因此，随着与断裂的距离增加，储集空间由洞穴到裂缝孔洞，最后为溶蚀孔洞，同时断溶体的储集规模也逐渐变小。

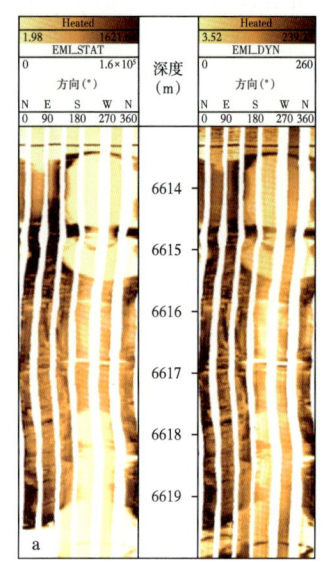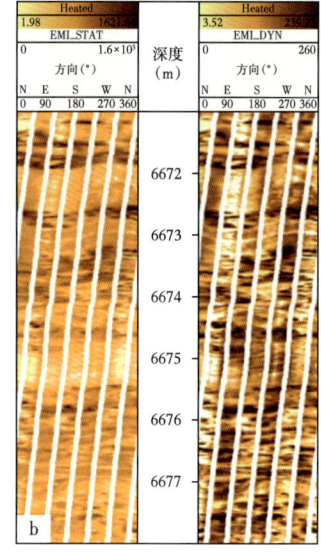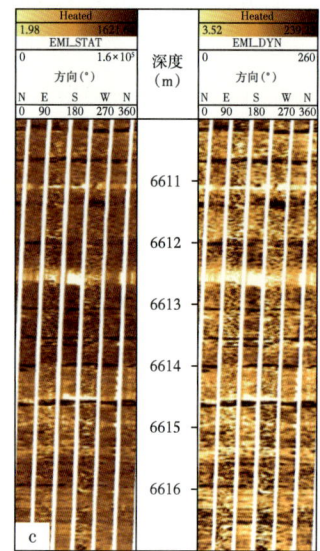

图 6-7-5 与断裂不同距离的储层发育特征（据 Li et al., 2023）

a. AD29-1 井，靠近断裂，洞穴型储层；b. TH12464 井，与断裂中等距离，裂缝—孔洞型储层；
c. TH12550 井，远离断裂，溶蚀孔洞型储层

3. 地应力

塔河地区主干断裂发育，具有早期压扭、后期张扭、分级分期继承性发育的特征（程洪等，2020）。通过统计北东、北西向断裂上单井的产液量及生产动态发现北东向断裂上的井普遍压力大，自喷期长，产液量高，北西向断裂上的井普遍产液量低，这与地应力对北东向、北西向断裂的影响不同有关（表 6-7-1）。通过拾取单井成像图像上的诱导裂缝确定最大水平主应力方向，结果表明该地区最大水平主应力方向主要为北东—南西方向（图 6-7-6）。这就导致最大水平主应力方向与北东向主干断裂方向平行，对其发育有促进作用，增加了地表水与地下水对碳酸盐岩的接触面积，同时也有利于断层破碎带的形成，为地表水系下渗创造了有利条件，促进了岩溶的发育，相反，最大水平主应力方向与北西向断裂垂直，对其发育有抑制作用。地应力对不同方向断裂的影响造成优质断溶体主要发育在北东向主干断裂上。

4. 大气淡水和地下水的改造

塔河地区地表水及地下水系发育，奥陶系碳酸盐岩长期暴露地表遭受强烈岩溶作用，水流沿其断层、裂缝强烈侵蚀与溶蚀，形成众多树枝状蛇曲形岩溶水系（漆立新和云露，2010）。通过统计发育在同一条断裂上不同位置的单井产量发现（表 6-7-2），水系对储层既有促进作用，又有破坏作用。由塔河主体区向塔河南部，地形整体为一个岩溶斜坡，以断裂为通道，水系下渗促进岩溶作用发生，使裂缝、孔隙等储集空间规模扩大，易垮塌形成洞穴，且伴随洞顶缝的发育。另外，水系携带的泥砂也会充填洞穴或裂缝等储集空间，降低储层规模，对储层起破坏作用（图 6-7-7）。由此可见，水系是把"双刃剑"，在扩大储层规模的同时也会破坏储集空间。

通过对塔河地区主控因素的研究，发现断裂规模、地应力、水系及与断裂的距离都会影响断溶体储集空间及位置的发育。大规模的断溶体储集空间以洞穴和断层破碎带为主，部分洞穴内存在垮塌角砾，地下暗河可以作为搬运载体，将其搬运至其他地方，使其具有一定的分选性、磨圆度。受地应力对不同方向断裂的影响，断溶体主要发育在北东向主干断裂上，北西向断裂上断溶体发育较少。不同方向断裂的发育差异也会影响流体对储集空间的溶蚀改造，未搬运沉积物的流体会对断裂和裂缝的周围地层进行溶蚀，使裂缝和洞穴等储集空间发生溶蚀扩大，并发育溶蚀孔。近地表的地层受大气淡水溶蚀强度大，储集空间得到充分改造，会形成良好的油气储集体。而携带泥砂的流体会使洞穴、裂缝等储集空间发生堵塞，使其规模减小。当然，流体大部分还是起着积极作用，沿着深大断裂进行溶蚀，从而导致发育不同形态的断溶体。因此，明确断溶体发育主控因素有助于寻找规模更大、更有效的油气储集空间。

表 6-7-1 北东向和北西向主干断裂生产方式和产液量统计（据 Li et al., 2023）

| 断裂 | 井名 | 生产方式 | 产液量（t） |
| --- | --- | --- | --- |
| 北东向主干断裂 | TH12570X | 自喷 | 15396 |
| | TH10385X | 自喷 | 14413 |
| | TH10387 | 电动泵 | 26506 |
| | TH12567X | 自喷 | 14209 |
| | TH12566X | 自喷 | 20525 |
| | TH12562H | 自喷 | 62656 |
| | TH12552 | 自喷 | 109916 |
| | TH123123 | 自喷 | 14385 |
| | TH12455X | 机械抽升 | 10427 |
| | TH12291 | 自喷 | 5025.9 |
| | TH121142 | 自喷 | 2557.1 |
| | TH10377X | 自喷 | 71546 |
| | TH102103 | 机械抽升 | 43200 |
| | TH102104 | 机械抽升 | 31300 |
| | TH12398 | 机械抽升 | 34794 |
| | TH12395 | 机械抽升 | 45400 |
| | TH10440X | 机械抽升 | 43787 |
| | TH12560X | | 36111 |
| | TH12553 | | 1581 |
| 北西向主干断裂 | TS3-3 | 机械抽升 | 3863 |
| | TH123125X | 自喷 | 2803.4 |
| | TH10137jia | | |
| | TH12449 | | 1661 |
| | TH12177 | 关井 | 2835 |

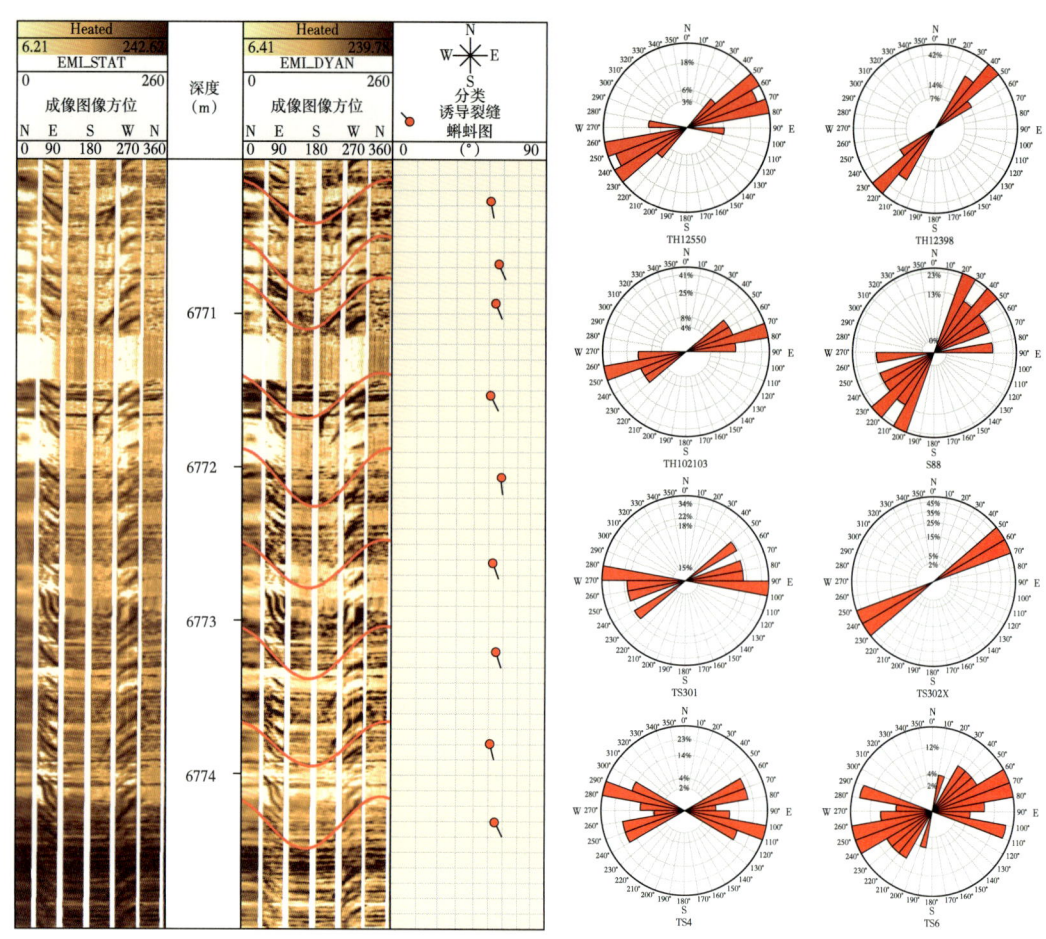

图 6-7-6 多井最大水平主应力方向统计（据 Li et al., 2023）

表 6-7-2 AD14 北东向主干断裂产液量和产油量统计（据 Li et al., 2023）

| 序号 | 井名 | 漏失量（m³） | 产液量（10⁴t） | 产油量（10⁴t） |
| --- | --- | --- | --- | --- |
| 1 | TH12464 | 288.47 | 0.29 | 0.15 |
| 2 | TH12423CX | 270.7 | | |
| 3 | TH12463X | | 0.11 | 0.07 |
| 4 | TH12435 | 1458 | 3.67 | 3.02 |
| 5 | TH12455X | | 1.04 | 0.75 |
| 6 | TH12567X | 1176 | 1.42 | 1.07 |
| 7 | TH12553 | | 0.16 | 0.02 |
| 8 | TH12566X | 314.96 | 2.05 | 2.02 |
| 9 | TH12560X | 178 | 3.61 | 2.05 |
| 10 | TH12562H | 400.45 | 8.14 | 6.27 |

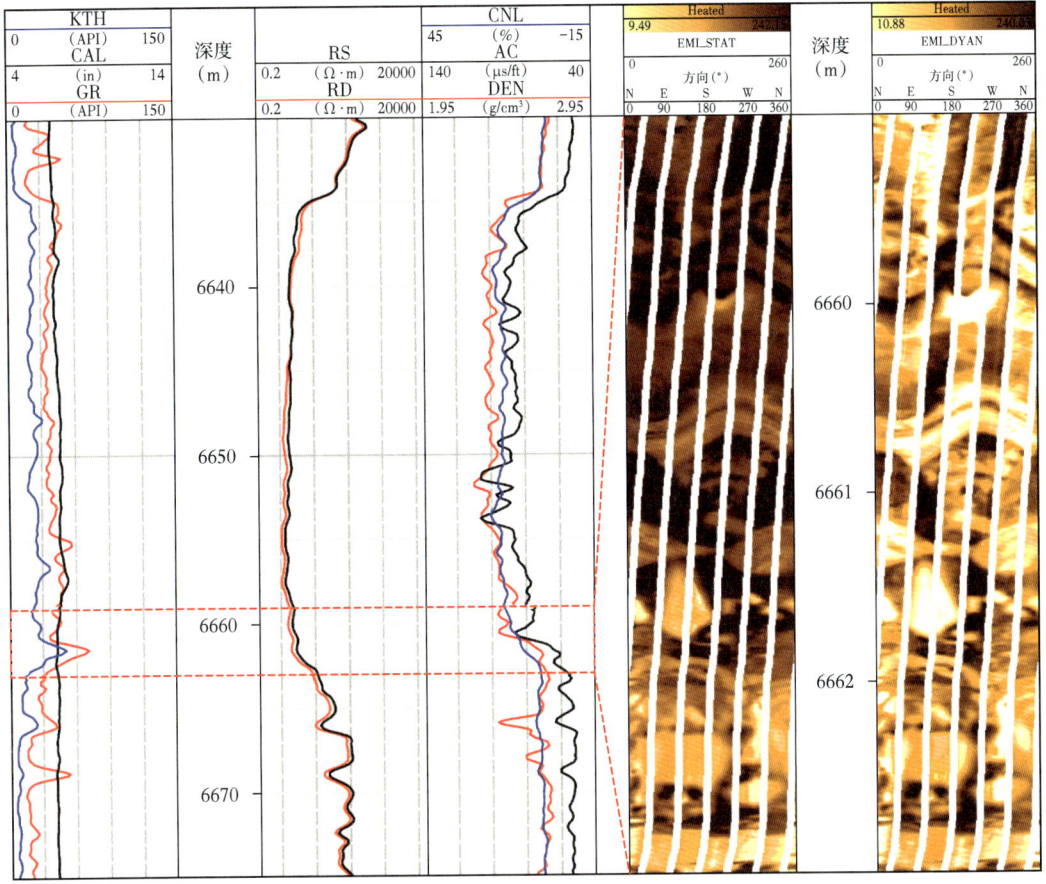

图 6-7-7　断层破碎带被泥质充填（据 Li et al., 2023）

# 第七章 烃源岩测井评价

存在成熟烃源岩是油气藏形成的重要条件。20世纪60—70年代，中国石油地质工作者认识到，油气的生成、成藏和分布与烃源岩有直接或间接的联系，即受烃源岩分布的控制，从而提出了"源控论"。"源控论"指出，烃源岩是生烃的物质基础，在勘探中首先要"定凹选带"，逼近油源区勘探。烃源岩特征可以通过取心等资料进行岩石热解实验获得，但岩心成本较高，因此岩心通常不是连续的，要实现烃源岩特征的连续评价，测井资料不可或缺。

## 第一节 烃源岩地质分类及评价指标

由烃源岩组成的地层则称为烃源岩层或源岩层。在一个沉积盆地发展过程中，在一定地质时期内，源岩层与非源岩层往往间互沉积，在一套地层内形成烃源岩层与非烃源岩层的互层。具有相同岩性—岩相特征的若干烃源岩层与其间非烃源岩层的组合称为烃源岩层系。在沉积盆地中，油气是从烃源岩层中生成并运移到具有多孔介质的储层中储集起来形成油气聚集的。烃源岩的研究既对探讨油气成因具有理论意义，同时也是指导油气勘探实践的重要根据之一。

本节在明确烃源岩的地质分类与评价指标基础上，详细介绍了利用测井资料识别烃源岩及烃源岩参数定量评价等内容。

### 一、烃源岩及地质分类

能够生成石油和天然气的岩石，称为生油气岩，也称生油气母岩或烃源岩。Tissot和Welte（1978）将烃源岩定义为："已经产生或可能产生石油的岩石"。Hunt（1979）则将烃源岩定义为："在天然条件下曾经产生和排出过烃类并已形成工业性油气聚集的细粒沉积"。柳广弟（2018）将能够生成油气并能排出油气的岩石称为烃源岩，能称之为烃源岩的岩石需要满足两个条件：(1)含有丰富的有机质；(2)已经发生生烃和排烃作用。另外，对只能提供天然气工业价值聚集的富含腐殖型有机质的岩石则称气源岩。烃源岩主要是低能带富含有机质的沉积岩，包括暗色泥质岩类和碳酸盐岩类沉积，气源岩除这两类外，还包括煤系源岩。

**1. 按烃源岩岩性分类**

按烃源岩岩性分类，可分为泥质岩类烃源岩、碳酸盐岩类烃源岩和煤系烃源岩。

（1）泥质岩类烃源岩。

泥质岩类烃源岩主要包括泥岩、页岩、黏土等，它们通常在一定深度的稳定水体中形成。这种环境安静乏氧，浮游生物和陆源有机胶体能够伴随黏土矿物的大量堆积、保存并向油气转化。因这些粒细的泥质岩类富含有机质及少量铁化合物，颜色多呈暗色。泥质岩类烃源岩是我国最主要的烃源岩类型，已探明油气的大部分储量来自这类烃源岩。其分布层位从中—新元古界至第四系，几乎遍布我国内陆和沿海海域的沉积盆地。

（2）碳酸盐岩类烃源岩。

碳酸盐岩类烃源岩以低能环境下形成的富含有机质的石灰岩、生物灰岩和泥灰岩为主，如沥青质灰岩、隐晶灰岩、豹斑灰岩、生物灰岩、泥质灰岩等，常含泥质成分，色暗。其分布范围从中—新元古界至三叠系，古近系—新近系也有小范围分布。海相碳酸盐岩主要分布于我国南方、华北以及塔里木等。

（3）煤系烃源岩。

煤系有机质主要为Ⅲ型干酪根（腐殖型干酪根），来自各种门类的植物遗体，以陆生高等植物为主，低等植物占次要地位，形成于还原—弱还原的沼泽或海陆交互相沉积环境。在热力条件下，煤化作用过程中生成以烃类气为主的天然气。煤系气源岩是大、中型气田形成的重要烃源岩，我国煤系烃源岩的层位分布主要是石炭系—二叠系、上三叠统—侏罗系和古近系—新近系。近几年来，吐哈盆地的勘探研究结果表明，煤系有机质不仅能成气，还可以构成液态烃的工业储集，这方面还有待于进一步的研究。

2. 按烃源岩的生排烃潜力分类

作为烃源岩，一方面它应在地质历史中生成和排出烃类流体，另一方面它所形成的烃类流体在数量上应能运聚成藏。依据这一点，又可将烃源岩划分为以下两类：

（1）有效烃源岩（effective source rock），是指已生成和排出大量烃类流体的岩石，它对油气成藏有贡献。

①活性有效生油岩（active effective source rock）。目前仍在生排烃的有效生油岩。

②惰性有效生油岩（inactive effective source rock）。由于抬升剥蚀或地温降低，目前已不再生烃。

（2）潜在烃源岩（potential source rock）：由于未成熟而尚未生成和排出烃类的岩石，但如果经历进一步埋藏或在实验室加温，则能大量生烃。

## 二、烃源岩评价指标

1. 岩相分析

烃源岩中的有机质向油气转化需要适宜的地质环境，这种环境受到岩相古地理条件的严格控制。

在海相环境中，一般认为浅海相及三角洲相是最有利油气生成的区域。浅海水深一般不超过200m，水体较宁静，温度适宜，生物繁盛。三角洲部位除原地的海相生物外，还有大量的陆源有机质被河流搬运而来，使沉积物中有机质含量很高，利于生油。海湾及潟湖相因其闭塞缺氧，也有利于有机质的保存。

大陆深水—半深水湖泊是陆相生油岩发育的区域。一方面，湖泊能够聚集周围河流带来的大量陆源有机质，增加了湖泊营养和有机质数量；另一方面，湖泊有一定深度的稳定水体，提供水生生物的繁殖发育条件。尤其在近海地带的深水湖盆是最有利的生油坳陷，因为近海区域地势低洼、沉降较快，是陆表水的汇集地带，容易长期积水而形成深水湖泊，保持安静的还原环境。这种地区气候温暖湿润，浮游生物及藻类繁盛，而且往往又是河流三角洲的发育地带，河水带来大量陆源有机质注入近海湖盆，有机质异常丰富，以Ⅰ型和Ⅲ型干酪根为主。而在浅水湖泊和沼泽区，水体动荡，大气中的氧易于进入水体，不利于有机质的保存；这里的生物以高等植物为主，有机质多为Ⅲ型干酪根，生油潜能差，一般成为生气的来源。

2. 有机质分析

烃源岩中的有机质是油气生成的物质基础。对烃源岩的地球化学分析一般从有机质丰度、有机质类型和有机质成熟度三方面进行，并作出定性和定量评价。

1）有机质丰度

有机质丰度是评价烃源岩优劣的一个重要方面，其主要指标为总有机碳、氯仿沥青"A"和总烃的百分含量。这些指标反映的是烃源岩排烃后残留的有机质丰度。残留有机质丰度基本能反映原始有机质的丰度。对于成熟度和排烃效率都比较高的生油岩，最好能进行原始有机质丰度的恢复。

（1）总有机碳（TOC）含量。

总有机碳含量是反映有机质丰度最主要的丰度指标。暗色泥岩的有机碳含量一般不超过15%，但作为烃源岩，确定其下限尤为重要，胡见义和黄第藩（1991）提出了中国陆相泥质生油岩的评价标准，并把有机碳的下限值定为0.4%（表7-1-1）。但对于咸湖环境形成的泥质生油岩，其有机碳含量下限应适当降低至更低。氯仿沥青"A"的含量也能反映岩石中有机质的丰度，其评价标准也列于表7-1-1。

表7-1-1 有机质丰度评价标准

| 参数 | 好生油岩 | 中等生油岩 | 超生油岩 | 非生油岩 |
| --- | --- | --- | --- | --- |
| 岩相 | 深湖—半深湖相 | 半深湖—深湖相 | 浅湖—滨湖相 | 河流相 |
| 干酪根类型 | 腐泥型 | 中间型 | 腐殖型 | 腐殖型 |
| H/C 原子比 | 1.3~1.7 | 1.0~1.3 | 0.5~1.0 | 0.5~1.0 |
| 有机碳含量（%） | 1.0~3.5 | 0.6~1.0 | 0.4~0.6 | < 0.4 |
| 氯仿沥青"A"含量（%） | > 0.12 | 0.06~0.12 | 0.01~0.06 | < 0.01 |
| 总烃含量（$10^{-6}$） | > 500 | 250~500 | 100~250 | < 100 |
| 总烃/有机碳（%） | > 6 | 3~6 | 1~3 | < 1 |

（2）生烃潜量（$S_1+S_2$）。

生烃潜量（generation potential，genetic potential），表明单位质量岩石的产烃潜力。该参数的计算方法是游离烃（$S_1$）和热解烃（$S_2$）含量的累计和，这两个参数可以通过岩石热解实验分析得到。岩石样品通过高温加热发生热解现象，可以将挥发性的烃类蒸发出来，同时使无法挥发的有机物质裂解为挥发性的物质，之后再通过热解仪器进行检测和分析其所有产物的含量，这种检测方法称之为岩石热解（Rock-Eval）分析实验。热解分析的具体实验原理为：首先将岩石样品置于热解分析仪的热解反应炉中，并以20℃/min的速率进行升温直至600℃，然后分别用氢火焰离子化检测器和热导检测器对岩样中有机质释放出的烃类和二氧化碳进行定量检测分析。不同阶段的温度对应热解排出的烃类,在热解谱图中也对应着不同的峰值(图 7-1-1):升温至 90℃ 时对应的峰值为气态轻烃含量($S_0$),是指岩石样品中小于 $C_7$ 的气态烃组分,通常为气体形态,值得注意的一点是,本次研究中由于岩石样品均为地表露头样品,轻烃物质已经逸散,因此在实验过程中并没有检测到 $S_0$;升温至 300℃ 时对应的峰值为游离烃含量($S_1$),通常是指已经存在于样品中的烃类物质;升温至 600℃ 时对应的峰值为裂解烃含量($S_2$),是 300℃ 以后受热过程中干酪根裂解出的烃含量,也可以认为是岩石中重烃组分、胶质及沥青质的裂解产物;$S_4$ 峰值为岩样热解阶段结束之后,将剩余岩样在空气或者氧气的条件下于 600℃ 燃烧得到的含量,相当于原始岩石样品中不能产出烃类的死碳(表 7-1-2)。除了各类峰值之外,在热解谱图中,$S_2$ 峰对应的温度也是烃源岩评价中常用的指标,它代表的含义为热解产烃速率最高时的温度。

表 7-1-2 岩石热解实验参数及其含义

| 参数 | 含义 | 单位 |
| --- | --- | --- |
| $S_0$ | 90℃ 时检测的单位质量岩石样品中的烃含量 | mg/g |
| $S_1$ | 300℃ 时检测的单位质量岩石样品中的烃含量 | mg/g |
| $S_2$ | 300~600℃ 时检测的单位质量岩石样品中的烃含量 | mg/g |
| $S_4$ | 单位质量岩石样品热解后的残余有机碳含量 | mg/g |
| $T_{max}$ | $S_2$ 峰的热解产烃速率最高时的温度 | ℃ |

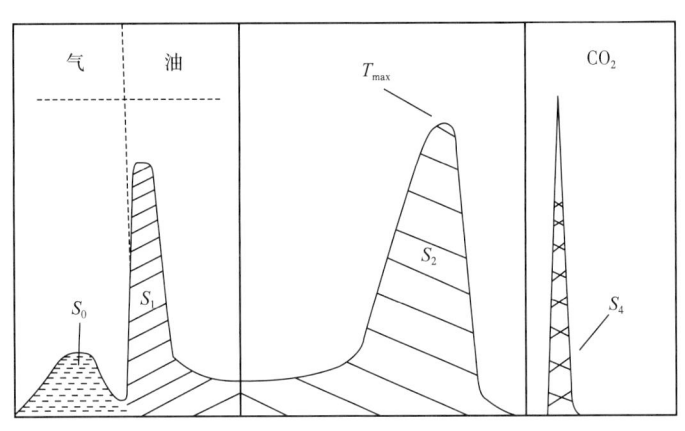

图 7-1-1 岩石热解分析仪热解谱图

(3)氯仿沥青"A"含量。

将利用有机溶剂(如氯仿等)从岩石样品中抽提出来的可溶有机物质称为氯仿沥青"A",该参数是反映烃源岩现今状态下可以溶解的有机质含量,通常用其值所占岩石质量的百分比来表示,也就是说氯仿沥青"A"只能反映岩石样品残余的可以溶解的有机质含量,而并不能表示其原始的可以溶解的有机质含量。常用的氯仿沥青"A"测定方法为索氏抽提法:将样品经过粉碎之后放入抽提器中,经过有机溶剂的不断溶解,根据最后得到的有机质的质量进行可溶有机质的计算,即氯仿沥青"A"含量。将抽提出来的可溶有机质进行族组分分析,首先用正己烷将沥青质沉淀洗出,然后通过硅胶—氧化铝层析柱,分别采用不同的试剂如石油醚、苯及苯乙醇1:1混合溶液一次将饱和烃、芳香烃、非烃物质析出,并称重求得各个组分的含量。虽然氯仿沥青"A"与总烃经常被用作烃源岩有机质丰度评价的指标,但它们均无法准确地反映烃源岩的生气能力,并不适用于高演化程度的烃源岩,且地表露头样品受风化作用影响,可溶有机质部分已经大量损失,因此这两个参数并不适用于本次研究。

2)有机质类型

(1)$T_{max}$—含氢指数($I_H$)图版法。

$T_{max}$—含氢指数图版法是根据岩石样品中的有机质丰度与物质化学组成之间的关系来判别有机质类型(图7-1-2),该图版是通过大量国内盆地的热解资料收集而提出的,这原始的化学组成和内部结构与原始的有机质会有所差别,因此在判断高成熟度的岩石有机质类型时,$T_{max}$—含氢指数图版法测量的结果准确性会降低。

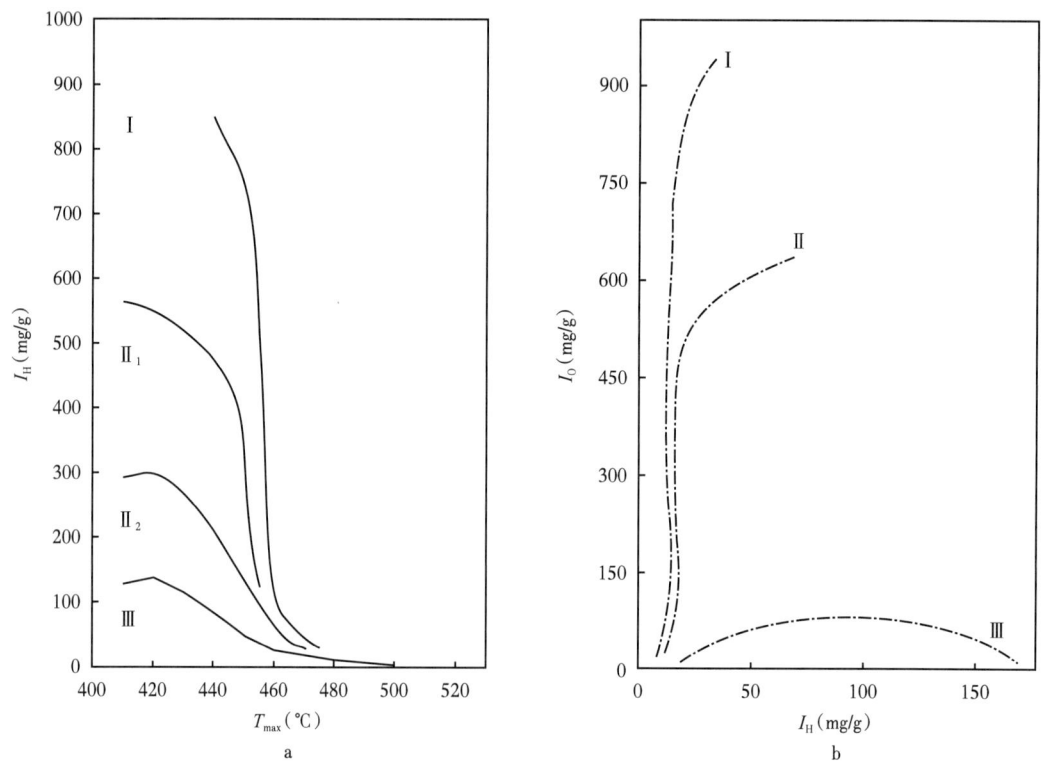

图 7-1-2 $T_{max}$—$I_H$ 法判别有机质类型图版(a)和 $I_O$—$I_H$ 法判别有机质类型图版(b)

(2)含氧指数($I_O$)—含氢指数($I_H$)判别法。

所有沉积有机质大致可分为腐泥型和腐殖型两大类。前者是指脂肪族有机质在乏氧条件下分解和聚合作用的产物,来自海洋或湖泊环境水下淤泥中的孢子及浮游类生物,它们可以形成石油、油页岩等;后者指泥炭形成的产物,来自有氧条件下沼泽环境的陆生植物,主要形成天然气,也可生成少量液态石油。

干酪根是沉积有机质的主体,因而干酪根的类型基本上反映出沉积有机质的类型,不同沉积环境中,不同有机质来源的干酪根,其生油气潜能差别很大,根据C、H、O

元素的分析，可将干酪根划分为三种主要类型。

Ⅰ型干酪根：原始氢含量高和氧含量低，生油潜力大。

Ⅱ型干酪根：原始氢含量较高，但低于Ⅰ型干酪根，生油潜力中等。

Ⅲ型干酪根：原始氢含量低和氧含量高，对生油不利。但如果埋藏到足够深度时，可成为有利的生气来源。

（3）干酪根显微组分类型判别法。

有机质类型的差异性体现在不同的生烃能力上，而干酪根作为生烃物质的基础，其物质类型将决定岩石样品的生油气潜力，因此将干酪根从岩石样品中分离出来是判别有机质类型的基础。

首先将取得的岩石样品进行破碎、研磨和筛选工作，再将处理之后的样品用无机酸（盐酸或氢氟酸）除去无机矿物的影响，然后用有机溶剂去除岩石样品中残余的可溶有机质，之后进行重液浮选法除去重矿物等其他物质，最后提取上部的剩余干酪根，并进行过滤、洗涤及烘干工作，完成干酪根的分离制备工作。分离后的干酪根可以用于显微组分测定实验，利用具有透射光及荧光功能的光学显微镜就可以判断各个显微组分的物理及化学性质，不同的组分采用不同的加权系数，类型指数（TI）就是通过数理统计得到的，具体公式为

$$TI = 100 \times a + 80 \times b + 50 \times c + (-75) \times d + (-100) \times e \tag{7-1-1}$$

式中：TI 为干酪根类型指数；$a$ 为腐泥组分的相对含量，%；$b$ 为树脂体的相对含量，%；$c$ 为孢粉体、生物角质体等物质的相对含量，%；$d$ 为镜质组的相对含量，%；$e$ 为惰质组的相对含量，%。

TI 指数大于 80，为Ⅰ型干酪根；TI 指数在 40~80 之间，为Ⅱ$_1$型干酪根；TI 指数在 0~40 之间，为Ⅱ$_2$型干酪根；TI 指数小于 0，为Ⅲ型干酪根。

最后依据建立的干酪根类型划分标准确定烃源岩的有机质类型（表 7-1-3），以 TI 值的大小来表征有机质类型是烃源岩评价的基础内容之一，可以对烃源岩的生烃潜力进行初步评价和探讨。

表 7-1-3  烃源岩有机质类型划分方案

| 有机质类型 | H/C | O/C | $I_H$（mg/g） | $I_O$（mg/g） | 类型指数 |
|---|---|---|---|---|---|
| Ⅰ型（腐泥型） | >1.5 | <0.1 | >600 | <50 | >80 |
| Ⅱ$_1$型（腐殖—腐泥型） | 1.2~1.5 | 0.1~0.2 | 350~600 | 50~150 | 40~80 |
| Ⅱ$_2$型（腐泥—腐殖型） | 0.8~1.2 | 0.2~0.3 | 100~350 | 150~400 | 0~40 |
| Ⅲ型（腐殖型） | <0.8 | >0.3 | <100 | >400 | <0 |

3）有机质成熟度

有机质丰度和类型是生成油气的物质基础，热演化程度是生成油气的关键条件，只有达到某一热演化阶段时有机质才能开始大量生烃。有机质的成熟度反映有机质在深埋

过程中的热演化程度,即何时大量生油,何时生油期结束等。在此过程中,随着原有化合物的分解或合成及新化合物的生成,有机质的许多物理化学性质都会发生相应变化,且该转化过程不可逆,因此可用有机质的某些物理属性或化学组分的变化来判断有机质热演化程度,常用的指标包括镜质组反射率($R_o$)、氯仿沥青"A"含量、岩石热解参数$T_{max}$、正烷烃分布特征和奇偶优势比以及甾烷、萜烷异构化比值。镜质体在热演化过程中发生链烷热解析出、芳香环稠合等一系列反应,且该反应不可逆。干酪根的热解过程与镜质体的演化过程具有很好的一致性,随着热演化程度增加,镜质组反射率增大、透射率减小。因此,镜质组反射率较为常用。这些指数所反映的成熟度特征与油气生成阶段的对应关系见表7-1-4。

表7-1-4 油气生成阶段及其成熟度特征

| 油气生成阶段 | 深度(km) | 温度(℃) | 成熟度 | 热变指数 | 镜质组反射率(%) | TTI |
|---|---|---|---|---|---|---|
| 生物化学生气阶段 | <1.5 | 10~60 | 未成熟 | 1 没有(黄色)<br>2 轻微(橘色) | | 树脂体凝析油 |
| 热催化生油阶段 | 1.5~4.0 | 60~180 | 成熟 | 2.5<br>3 中等 | 0.5<br>1.0 | 3 石油<br>5 |
| 热裂解生凝析气阶段 | 4.0~7.0 | 180~250 | 成熟 | 3.5<br>3.7 | 1.5<br>2.0 | 湿气<br>7 |
| 深度高温生气阶段 | 7.0~10.0 | 250~375 | 后期 | 4 强烈 | 2.5 | |

## 第二节 烃源岩测井评价方法

能用于测试分析的烃源岩样品有限(点),难以准确掌握单井连续剖面上烃源岩的分布情况,亟须利用地球物理测井方法获取烃源岩的展布信息。利用测井资料识别烃源岩层以及定量评价烃源岩有机质含量的理论基础在于烃源岩与非烃源岩的测井响应差别明显。

### 一、烃源岩测井响应

1. 基本原理

地层可分为非烃源岩层和烃源岩层两大类,其中烃源岩层又可分为成熟烃源岩层和非成熟烃源岩层。假设富含有机碳的岩石由三部分组成:岩石骨架、固体有机质和孔隙流体。非烃源岩仅由两部分组成:岩石骨架和孔隙流体(图7-2-1a)。在未成熟的烃源岩中,固体部分包括固体有机质和岩石骨架，地层水充填孔隙空间（$\phi_t=\phi_w$）（图7-2-1b）。当烃源岩成熟时，一部分有机质转化为液态烃，并且运移进孔隙中（$\phi_{og}$）替代了地层水。此时，总孔隙度（$\phi_t=\phi_w+\phi_{og}$）（图7-2-1c）。这种组成的岩石物理响应特征的差异是利用测井曲线求取TOC的基础。

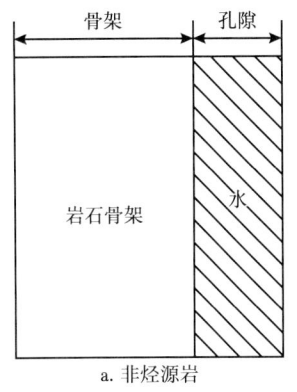 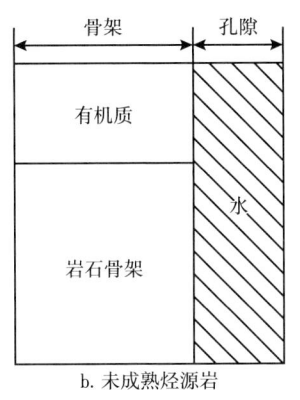 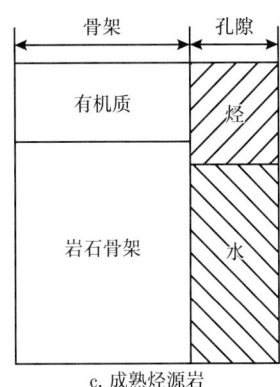

图7-2-1 烃源岩体积模型

在上述烃源岩体积模型中，同常规模型相比，增加了固体有机质（干酪根）部分，并将其作为岩石骨架的一部分设置。固体有机质具有低速度、低体积密度和高含氢量的物理化学性质（$\rho=1.0g/cm^3$，$\Delta t=60\sim170\mu s/ft$，通常最高值与任意压实状态下的富含有机质的页岩有关）。因此，固体有机质有高声波时差、低体积密度和高中子孔隙度的测井响应。这些测井响应使由中子、密度、声速测井计算的孔隙度产生增值，同时，不因孔隙度的增值降低电阻率值，即不因孔隙度的增值降低电阻率测井值。不仅如此，伴随有机质成熟度生烃，使生油岩中的含油饱和度上升，引起生油岩的电阻率增加。

由于烃源岩层含有固体有机质，这些有机质富含有机碳，而有机质具有密度低和吸附性强等特征。因此，烃源岩层在许多测井曲线上具有异常反应。在正常情况下，含碳量越高的烃源岩层，其测井曲线上的异常反应就越强。通过测定异常值的高低，就能反算出含碳量的大小。

2. 测井响应特征

对烃源岩有异常反应的测井曲线主要有：（1）自然伽马曲线。在该曲线上表现为高异常。这是因为富含碳的烃源岩层往往吸附有较多的放射性元素铀。（2）密度和声波时差曲线。富含碳的烃源岩层，其密度低于其他岩层，因而在密度曲线上表现为低异常，在声波时差曲线上表现为低（高时差）异常。（3）中子测井。富含碳的烃源岩层，往往具有较高的含氢指数，因而表现出的中子测井值也较高。（4）电阻率曲线。富含有机质的烃源岩往往具备高电阻特征，这往往是由于有机质不导电造成的。成熟的烃源岩层由于含有不易导电的液态烃类，因而在该曲线上表现为高异常，利用这一特征可识别烃源岩层成熟与否。（5）电成像测井。由于富含有机质的烃源岩具有高电阻特征，在电成像测井静态图上往往表现为亮白色，可见明显的明暗相间的纹层，指示其中的页理等特征，同时在动态图上偶可见暗色斑点（黄铁矿）（图7-2-2）。

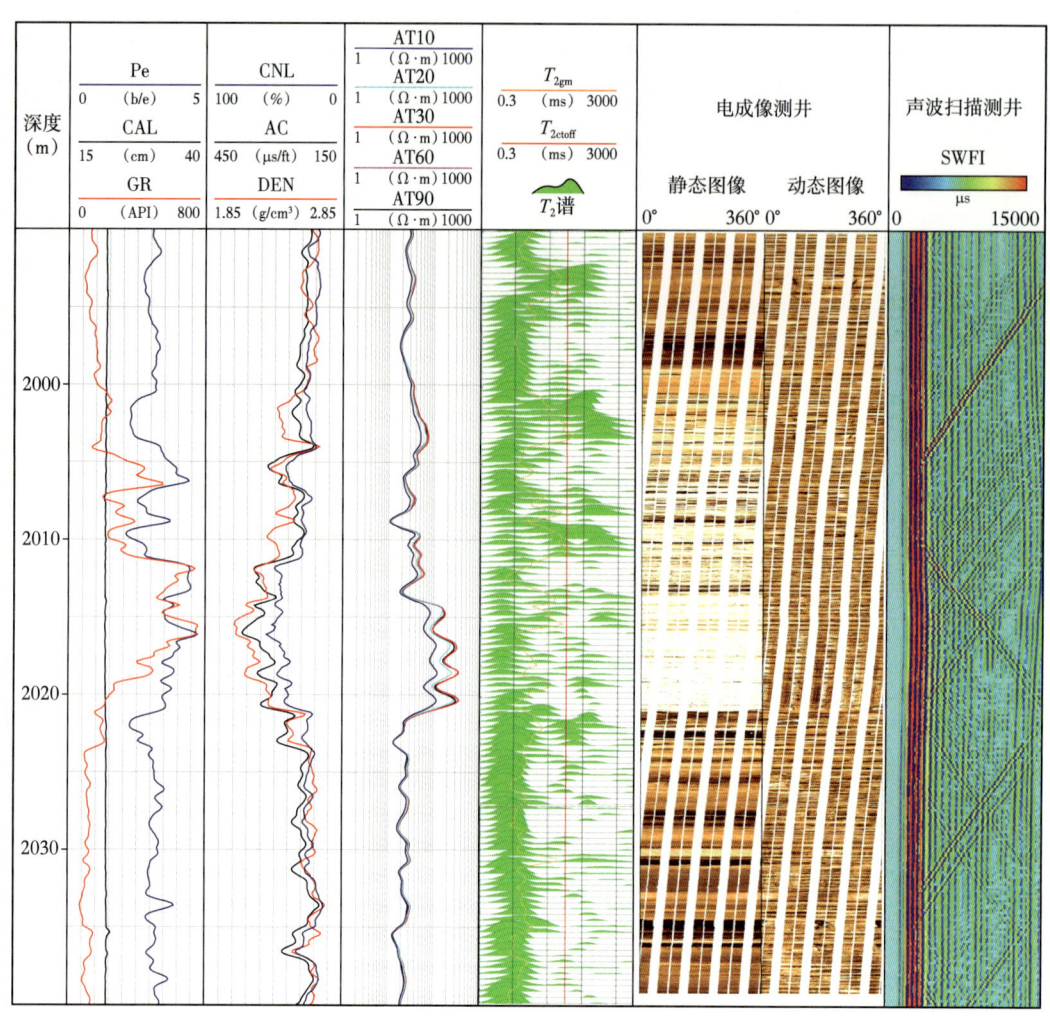

图 7-2-2 烃源岩测井响应特征

## 二、烃源岩测井识别

1. 烃源岩单一测井方法分析

1) 自然伽马测井

根据地球各圈层放射性物质丰度，沉积层基底和沉积层中不同岩性的放射性元素平均含量以及含油盆地中铀与生油物质（有机质）的关系，可认为油田放射性异常的主要物质来源是生油岩。众多研究表明，富含有机质的生油岩，常伴随着高的放射性元素。因此，生油岩常有高的自然伽马值（图 7-2-3）。

图 7-2-3 中，注意自然伽马射线读数，电阻率只是稍高于上覆页岩，但是密度和声波时差很低，下面的 Heather 组是粉砂质。

所以，可用异常高的自然伽马值来确定生油岩（Beers, 1945; Swanson, 1960）。Schmoker（1981）提出了阿巴拉契亚盆地页岩的自然伽马值与有机质丰度之间的关系如式（7-2-1）所示：

$$\phi_o = (r_B - r)/1.378A \tag{7-2-1}$$

式中：$\phi_o$ 为泥页岩的有机质含量（相对体积）；$r_B$ 为不含有机质的岩石的自然伽马，API；$r$ 为泥页岩的自然伽马，API；$A$ 为自然伽马（API）与地层密度（g/cm³）的关系曲线的斜率，$A$ 和 $r_B$ 大小随地区而定。

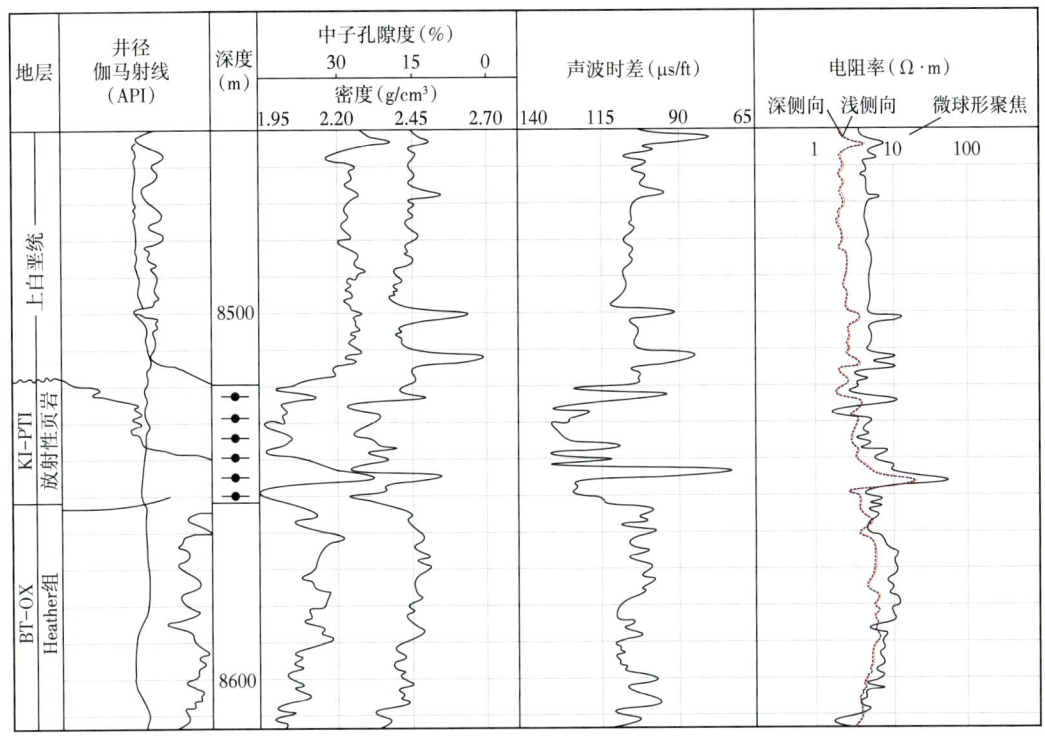

图 7-2-3 北海上侏罗统钦莫利阶生油页岩综合测井图

将通过公式计算得到的有机质含量与实验室直接分析的结果进行对比（这些样本的有机质含量为 0~20%），除部分页岩外，岩心分析与自然伽马测井计算的有机质百分含量之差平均为 0.44%，标准误差为 1.98%。这表明岩心分析与自然伽马测井在确定有机质含量方面有足够的精度。然而，利用自然伽马值确定总有机碳含量的模型比较复杂，建立一个通用的模型较困难。但事实上，91% 的铀含量变化都可用 TOC 和 $P_2O_5$ 浓度的变化来解释。

自然伽马测井的优点是受井眼的影响较小，以及在垂向上对非均质页岩可进行连续采样。但是，Schmoker（1981）注意到其研究地区的总自然伽马法明显降低了某些层段的有机质含量。因此，在大范围内用它来定量解释有机质时必须谨慎，它不是生油岩有机质含量的良好的定量指示器。

在一般沉积岩中，主要是固体骨架中黏土中的钾使页岩具有放射性，少量的钍也可以影响页岩骨架的放射性。具有一定含水孔隙度的不含有机质的页岩是一种特定的骨架，并且其单位质量的放射性是不变的。例如，如果含水孔隙度随深度的增加而下降，则放射性随岩石密度的增加而增加，那么最终记录的放射性数值是不变的。因此，沿着不同的不含有机质的泥岩层可以确定一条放射性基线。这就是自然伽马测井曲线可作为泥质砂岩中泥质含量指示曲线的原因。

在加利福尼亚页岩中，有机质产生的放射性是靠铀来产生的。的确，这样的有机质不是置换了固体颗粒，就是置换了部分原生水，或者置换了两者。质量相同的钾比铀的自然伽马放射性要高3600倍，富含有机质的页岩段总比相同层段中不含有机质页岩的放射性要强。如果产生的所有碳氢流体都圈闭在原来的生油岩中，其原始放射性含量不变。但是，铀往往包含在油中，一些流体可以从页岩中逸出。因此，成熟页岩的放射性略低于未成熟的富含有机质页岩的放射性。

在含铀的地层水中，铀的吸附是受pH、氧化还原电位（Eh）、$U^{4+}$和$U^{6+}$浓度、其他阳离子和阴离子的活度以及吸附物质的类型控制的。有机质对铀的吸附主要取决于有机质的类型、数量和成熟度及pH/Eh的状态。在碳质矿物呈层状或分散状存在且处于还原环境中时，铀很容易被吸附，这一过程包括：具有高价离子交换能力的吸附物质将地层水中的$U^{6+}$还原成$U^{4+}$，以及有机胶体或其化合物的形成。因此，地层中有机质的存在是铀聚集的重要因素。

海相富含有机质的页岩和石灰岩，浮游生物吸附铀离子，呈高放射性；而湖相烃源岩，淡水缺铀离子，不显示自然伽马测井异常。所以此法对划分海相烃源岩有效，但对湖相的效果差（图7-2-4）。湖湘烃源岩的自然伽马测井值不一定增高。

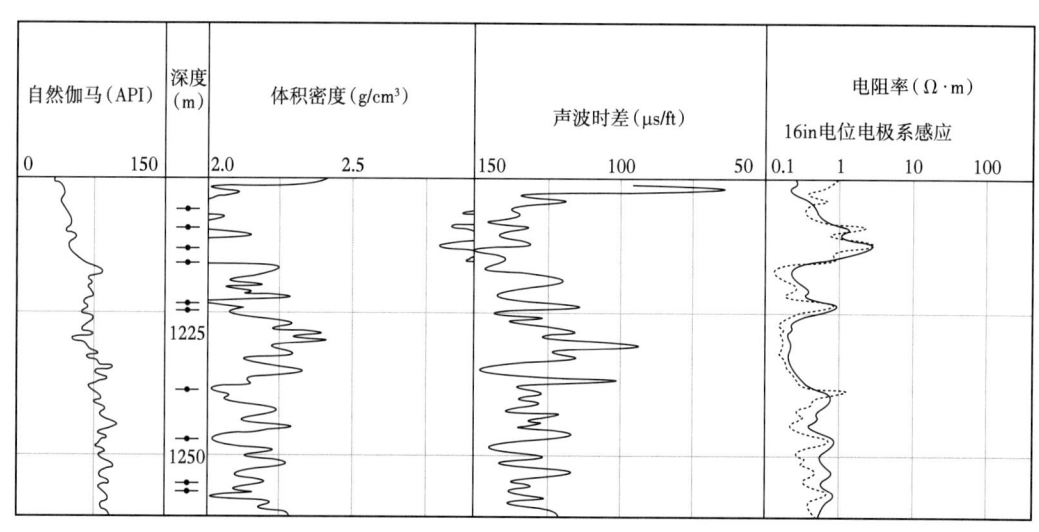

图7-2-4 加蓬下白垩统生油岩系综合测井图

2）自然伽马能谱测井

近几年来，自然伽马能谱测井的应用显著增加。由于铀和有机质之间有很好的经验关系（Swanson，1960）。Fertl和Walter（1988）建议用自然伽马能谱测井来有效地确定有机质丰度，并且认为比值法（钍/铀、钾/钍）考虑了岩性（即泥质含量的变化），并且对这种变化自动补偿，所以更可靠。但遗憾的是，它们之间也没有通用性，靠经验统计随地区变化较大。

3）密度测井

因为固体有机质的密度（$\rho_o=1.0 g/cm^3$）比周围岩石骨架密度（$\rho_m=2.3\sim 2.7 g/cm^3$）要低得多，因此烃源岩层一般具有较低的密度测井值（图7-2-5）。

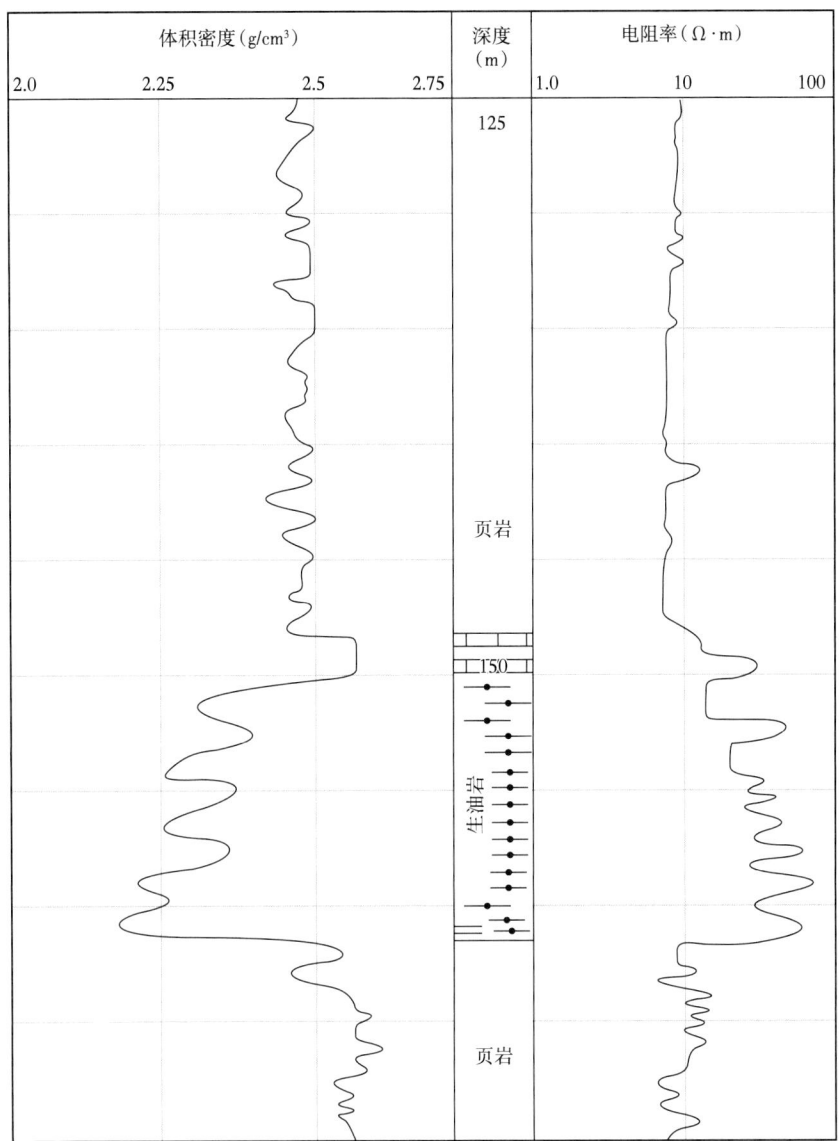

图 7-2-5 德国南部浅井贝里阿斯统 Podidonien 页岩密度和电阻率测井图
其中的页岩高电阻率尖峰对应石灰岩薄岩夹层

Schmoker（1979）建议用密度测井来估计有机碳含量。有机质体积分数 =（$\rho_o$-$\rho_s$）/（$\rho_{sh}$-$\rho_o$），并且指出补偿密度（FDC）探测器的垂向分辨率为 2ft（约 60cm）。泥岩密度在 2.25g/cm³ 以上时，密度测井曲线反映有机质的最低限度为 1%。但在有重矿物（黄铁矿）存在和井眼不规则时，密度测井就不可能是有机质的可靠的指示器（FDC 为贴井壁仪器，受井眼影响较大）。据推导：

$$\mathrm{TOC}=A\big/\left[1-\rho_k\left(\rho_m\rho_b/\rho_mV_w-V_w-\rho_m\right)/\left(\rho_b+\rho_mV_w-V_w-\rho_m\right)\right] \quad (7\text{-}2\text{-}2)$$

式中：$A$ 为 TOC 与干酪根（质量分数）之间的一个常数，通常取为 0.7、0.9；$\rho_b$、$\rho_m$、$\rho_k$ 分别为系统整体、骨架和干酪根的密度值，g/cm³；$V_w$ 为孔隙体积分数（即孔隙度）。

方程反映 TOC 与密度值双曲线关系，体积密度对 TOC 是很敏感的。TOC 增加 10%（质量分数），密度值将减少 $0.5 \text{g/cm}^3$。

斯伦贝谢测井公司也开发了这种解释技术。

黏土质烃源岩由岩石基质（m）、孔隙空间（i）、黄铁矿（p）及有机质（o）四部分组成，地层密度（$\rho$）可表述如下：

$$\rho = V_o \rho_o + V_p \rho_p + V_i \rho_i + (1 - V_o - V_p - V_i) \rho_m \quad (7\text{-}2\text{-}3)$$

由于页岩孔隙度低，孔隙与其中所含流体之密度差可以略去不计，将孔隙度视为岩石基质的不变特性（常数），因而可将 $\rho_m$ 重新定义为颗粒和孔隙—流体密度的体积质量平均值（$\rho_{mi}$），式（7-2-3）简化为

$$\rho = V_o \rho_o + V_p \rho_p + (1 - V_o - V_p) \rho_{mi} \quad (7\text{-}2\text{-}4)$$

根据美国能源部等研究的基础上，Schmoker（1979）提出黄铁矿与有机质呈线性增长关系：

$$V_p = 0.135 V_o + 0.0078 \quad (7\text{-}2\text{-}5)$$

黄铁矿密度大，为 $5.0 \text{g/cm}^3$，计算有机碳含量时应予以考虑，式（7-2-5）可简化为

$$V_p = (\rho - 0.9922 \rho_{mi} - 0.039) / (\rho_b - 1.135 \rho_{mi} + 0.675) \quad (7\text{-}2\text{-}6)$$

式中：$\rho_b$ 为系统整体密度值。

有机碳的质量百分含量（TOC）常用以标定有机质丰度，并与有机质体积（$V_o$）有关：

$$\text{TOC} = V_o (100 \rho_o) / R_p \quad (7\text{-}2\text{-}7)$$

式中：$R_p$ 为有机质质量分数与有机碳质量分数的比值，且：

$$\text{TOC} = [(100 \rho_o)(\rho - 0.9922 \rho_{mi} - 0.039)] / [(R_p)(\rho_o - 1.135 \rho_{mi} + 0.675)] \quad (7\text{-}2\text{-}8)$$

式（7-2-8）即为用密度测井计算有机碳含量的一般公式。该式中，$\rho_o$、$\rho_{mi}$、$R_p$ 均可由可得到的资料估计。

4）中子测井

烃源岩层通常页岩骨架和干酪根（或油气）的氢含量都很高，因此具有高中子测井值（图 7-2-6）。但岩石中的氢还存在于孔隙水或者油气中，可能会导致油气层（储层）和烃源岩层在中子测井中不会有明显的差异，同时井壁对中子测井的影响也很大。故中子一般不是油气良好的指示器。只有当孔隙中含气时，中子测井会由于挖掘效应，易于识别。

根据岩石物理体积模型，再假设骨架中不含氢，可以用含有氢成分的孔隙水和干酪根来计算出一个平均体积。将其作为中子视孔隙度的函数求解，得

$$\mathrm{TOC}=A/[1-\rho_\mathrm{m}-(1-1/\rho_\mathrm{m}-1/V_\mathrm{m})\rho_\mathrm{m}V_\mathrm{m}I_\mathrm{Hk}/(\phi_\mathrm{N}-V_\mathrm{m})]\qquad(7\text{-}2\text{-}9)$$

式中：$I_\mathrm{Hk}$ 为干酪根的含氢指数；$\rho_\mathrm{m}$ 以转换为加权百分数的方式进入方程。

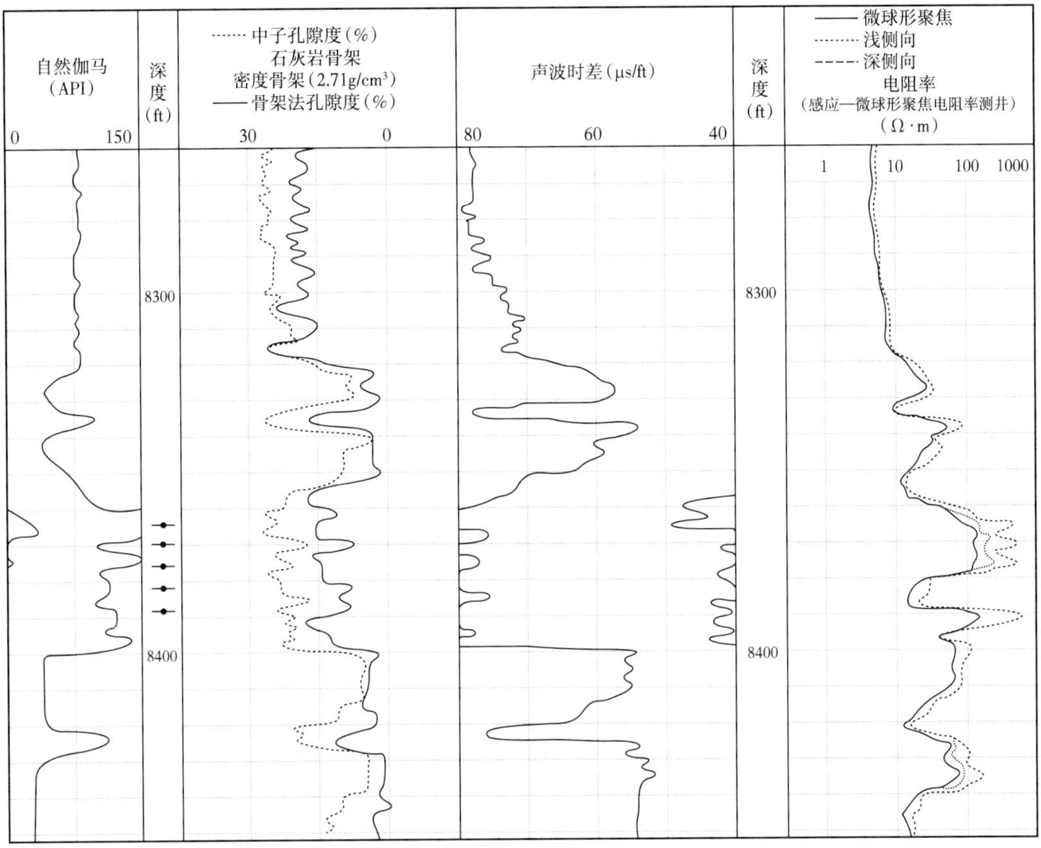

图 7-2-6 加拿大艾伯塔省上泥盆统 Duvernay 生油岩测井综合图

5）声波时差测井

声波时差测井可以弥补密度测井不可靠时的不足。由于有机物的低密度性，使声波时差相对升高对应着有机质含量较高的层。当密度曲线受井壁不规则或黄铁矿存在影响时，声波时差曲线可能比密度曲线更可靠。当声波速度相对减小，电阻率增加，表明为非渗透沉积岩中的富含有机质层。有机质的声速比任何一种沉积物的声速都低得多。声波在页岩中的传播速度大于 4km/s，在碳酸盐岩中约为 6km/s，在石油中为 1.2~1.25km/s，在干酪根中则不超过 1.5km/s。因此，沉积岩的声波时差在 150~200μs/m 之间，有机质的声波时差约为 600μs/m。骨架岩石与其中所含有机质的速度差（约为 4 倍）比密度（约为 2.5 倍）要大。因而声波时差测井与岩石有机质含量的相关性比密度测井大得多。实际上通常是将两种测井结合起来使用（图 7-2-2 至图 7-2-6）。

由于层速度受水 / 有机质比率、矿物成分、碳酸盐岩 / 黏土含量比值、粒间压力等因素影响，不能单独用声波时差测井来估算烃源岩层的有机质含量，但若与密度测井、岩心结合，声波时差测井仍然有效。

若孔隙度为 $\phi$ 的不含有机质的页岩段的时差值为

$$\Delta t_2 = \Delta t_{sh}(1-\phi_w) + \Delta t_w \phi_w \tag{7-2-10}$$

同样地，地层中富含有机质岩段的声波时差为

$$\Delta t_2 = \Delta t_{sh}(1-\phi_w-\phi_k-\phi_o-\phi_g) + \Delta t_w \phi_w + \Delta t_k \phi_k + \Delta t_o \phi_o + \Delta t_g \phi_g \tag{7-2-11}$$

式中：$\phi$ 为每一种流体成分的体积分数，其下脚 w、k、o、g 分别表示水、干酪根、油、气；$\Delta t_w$、$\Delta t_k$、$\Delta t_o$ 分别为水、干酪根、油的声波时差，在 160~200μs/ft 之间，彼此接近；$\Delta t_g$ 为气的声波时差，在 300~900μs/ft 之间，取决于气体压力。

当密度曲线受井壁不规则或黄铁矿存在影响时，声波时差（$\Delta t$）曲线可能比密度曲线更可靠，可弥补密度测井不可靠时的不足。有机质因为具有较低的声波传播速度，因此烃源岩表现较高的声波时差，沉积岩的声波时差在 150~200μs/m 之间，有机质的声波时差约为 600μs/m，且声波时差与 TOC 含量一般呈正相关关系（秦建强等，2018；王惠君等，2020）。

需要注意的是，声波时差受泥质含量、压实程度、含气性和裂缝的影响较大，气层和裂缝往往会导致声波时差测井出现周波跳跃现象，因此不能单独用声波时差测井来评价烃源岩（朱建伟等，2012；Lai et al., 2021）。

6）电阻率测井

电阻率测井在理论上可以用来评价烃源层。总体上，烃源岩层电阻率较高（图 7-2-5、图 7-2-6）。因为烃源层多呈页状，电性上呈各向异性。用球状电源测井时，会增加电阻率值。不含有机质页岩的电阻率取决于：（1）它们的骨架类型和特征；（2）充满孔隙的原生水的电阻率；（3）孔隙度的大小。即使前两种因素不变，页岩的电阻率变化并不遵循阿奇公式。因为岩石骨架是导电的。认为唯一的电阻率效应是含水孔隙度增加时，岩石电阻率降低。富含有机质岩段的电阻率比周围不含有机质页岩的电阻率高（有时达 10 倍以上）。这是因为不导电的干酪根和油气置换了部分导电的泥质骨架或部分原生水，甚至是置换了两者。Meissner（1976）认为电阻率测井是成熟度的指示，而不是 TOC 的指示。尽管他没有提出一种定量的方法确定有机质丰度，但是利用电阻率曲线确定成熟生油岩的位置，是值得借鉴的。

测定的电阻率还取决于温度。现代钻井技术条件下，地层温度界于 21~110℃（70~230℉）时，应将各层位电阻率校正到标准温度下（24℃ 或 75℉）的电阻率值为

$$R_T = R_{75} \times 82/(T+7) \text{ 或 } R_{75} = R_T \times (T+7)/82 \tag{7-2-12}$$

式中：$T$ 为研究深度的地层温度（℉），根据测井测出的井底温度计算梯度求得。

由于井效应、地层各向异性、工具（方法）性质（如研究深度、垂向分辨率）等的影响，也会产生矛盾。

7）脉冲中子能谱测井

连续的脉冲中子能谱测井在评价生油岩中有机碳含量时有局限性（Herron et al., 1988）。但这一方法的优点是对低含量的有机碳反应敏感，且不需要做岩石校正，但需要做无机碳校正。

8）新技术测井

电成像测井：由于富含有机质烃源岩高电阻的特征，在电成像测井静态图上往往表

现为亮白色，可见明显的明暗相间的纹层，指示其中的页理等特征（杨涛涛等，2013；蒋云箭等，2023），同时在动态图上偶可见暗色斑点（黄铁矿）（Lai et al., 2022）。核磁共振测井：烃源岩孔隙度较低，但由于其含有烃类流体，因此核磁共振 $T_2$ 明显呈现双峰、多峰状，同时存在一定的拖尾现象。阵列声波时差测井：除了纵横波时差的增大外，声波波形图可见弱"V"形干涉条纹，代表烃源岩层段低速对声波幅度的衰减。

2. 用交会图识别烃源岩

1）自然伽马—声波时差测井交会图

Dellenbach 等（1983）提出，利用声波时差和自然伽马曲线提出了一个参数 $I_x$，它与有机质丰度呈线性相关。生油岩的声波时差相对较长而自然伽马强度相对较高（图7-2-7）。这里，不含有机质的页岩具有放射性，但其放射性与孔隙度和骨架密度无关，其放射性接近于一个常数值，形成泥岩基线（$GR_1$）。在 GR—$\Delta t$ 图上每一富含有机质层段可由两个差异值表示：

（1）放射性 $d(GR)=GR_{log}-GR_1$。

（2）时差 $d(\Delta t)=\Delta t_{log}-\Delta t_1$。

由于这两个值中的每一个值都与页岩段的总有机质含量成比例。它们的乘积为

$$I_x = (GR_{log} - GR_1) \times (\Delta t_{log} - \Delta t_1) \tag{7-2-13}$$

式中：$GR_{log}$ 为 GR 曲线的数值；$\Delta t_{log}$ 为声波时差曲线的数值。

在整个岩层中，$I_x$ 应被认为是总有机质含量的相对量度，由相同深度的岩屑或岩心得到的干酪根，油气的测量数据相加得到有机质的总含量。利用有机质的重量来刻度 $I_x$ 是有可能的。伽马放射性对固体有机质是相当敏感的，而时差对油气十分敏感。所以，低 $d(GR)$ 高 $d(\Delta t)$ 的层段应含有一些气，而高 $d(GR)$ 低 $d(\Delta t)$ 应含有较多的固体有机质，中间则是两者的混合段。

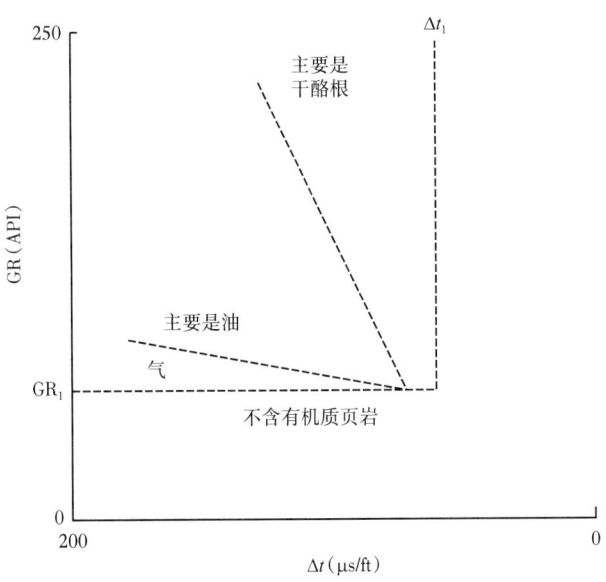

图7-2-7 GR—$\Delta t$ 交会图识别烃源岩

2）电阻率—自然伽马交会图

纯地层或略含泥质的地层落在图的下面。在某一自然伽马值（GR）之上的层段都是页岩层：富含有机质页岩或不含有机质页岩。当它们的放射性增高并偏离高电阻率常数时，可推断骨架中含有有机质；自然伽马值随电阻率增加而增加，则这些孔隙中肯定含有油气及干酪根（图7-2-8）。

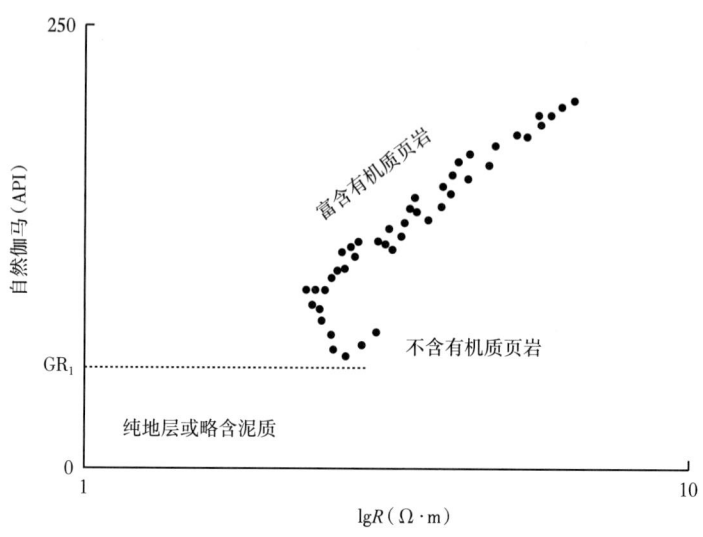

图 7-2-8　电阻率—自然伽马交会图识别烃源岩

3）电阻率—声波时差交会图

删去纯地层，保留下来的泥质或泥岩的自然伽马值都较高，可以确定三种类型的层段：

（1）当孔隙度增加时，不含有机质的泥岩和页岩层段电阻率减小。

（2）含干酪根页岩段，电阻率随孔隙度略有变化。

（3）含干酪根、油气的页岩段，电阻率随孔隙度增加（图7-2-9）。

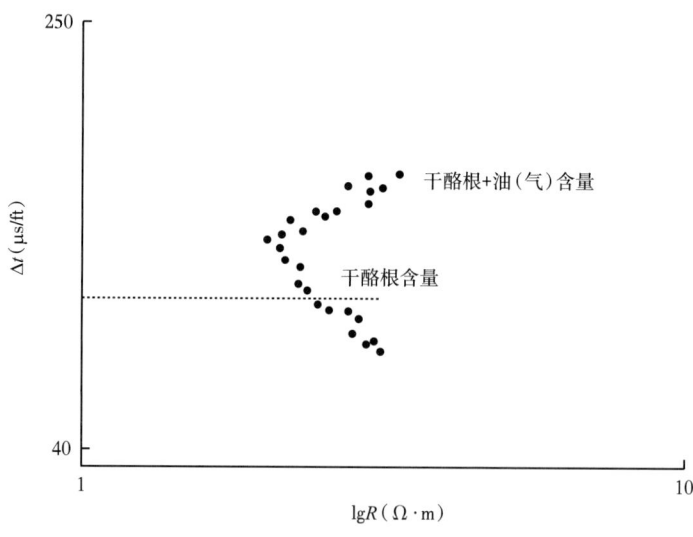

图 7-2-9　电阻率—声波时差交会图识别烃源岩

## 三、烃源岩参数测井评价

1. 有机质丰度测井定量计算方法

1）声波时差—电阻率曲线重叠法 $\Delta \lg R$ 法

根据大量文献资料发现（Amiri et al.，2011；陈科贵，2017），$\Delta \lg R$ 是 Exxon 公司和 Esso 公司于 1979 年研究出的一种利用测井曲线来预测泥页岩有机碳含量的方法，可以在测井成果图上反演出连续 TOC 含量分布特征值。通过前面的烃源岩测井特征综合分析，为 $\Delta \lg R$ 方法提供了可靠理论依据，即有机质含量越高，声波时差和电阻率测井曲线值越大，$\Delta \lg R$ 方法将在非烃源岩段的声波时差和电阻率两条测井曲线完全叠合一起，使得两条测井曲线在一定深度内"一致"时定义为基线；接着让两者坐标轴方向相反，其中电阻率用对数坐标，而声波时差用算术坐标来刻度，坐标轴刻度比例来确定电阻率每个数量级与对应等间隔的声波时差值。利用电阻率、声波时差曲线叠加建立的 $\Delta \lg R$ 模型计算公式为

$$\Delta \lg R = \lg \left( RT/RT_{基线} \right) + K \left( \Delta t - \Delta t_{基线} \right) \qquad (7\text{-}2\text{-}14)$$

式中：$\Delta \lg R$ 为电阻率和声波时差两条测井曲线叠合后的间距；$R$ 为实测的深探测电阻率，$\Omega \cdot m$；$\Delta t$ 为实测的补偿声波时差测井曲线，$\mu s/m$；$RT_{基线}$ 为基线标准上的深探测电阻率值，$\Omega \cdot m$；$\Delta t_{基线}$ 为基线标准上的补偿声波时差，$\mu s/m$；$K$ 为区域叠合系数。

一般情况下，烃源岩中的总有机碳（TOC）含量与 $\Delta \lg R$ 呈较好的线性关系，$\Delta \lg R$ 为烃源岩成熟度的函数，$\Delta \text{TOC}$ 为常规泥岩段上含有的一部分有机碳成分。前人学者经过大量的实验数据分析研究后，得到下列经验公式：

$$\text{TOC} = A \times \Delta \lg R + \Delta \text{TOC} \qquad (7\text{-}2\text{-}15)$$

式中：TOC 为测井曲线得到连续的总有机碳含量；$A$ 为拟合系数。

2）变基线 $\Delta \lg R$ 法

变基线 $\Delta \lg R$ 法的优势在于考虑了同一口井声波时差和电阻率曲线重叠时存在多个基线值，因此需要分段确定基线值，在此基础上分段计算 $\Delta \lg R$ 数值，然后再进行 TOC 含量测井计算（胡慧婷等，2011）。变基线 $\Delta \lg R$ 法在一定程度上能很好地提升 TOC 含量测井预测的精度。例如，与 $\Delta \lg R$ 法相比，变基线 $\Delta \lg R$ 法可略微提升古龙凹陷白垩系青山口组页岩 TOC 预测的精度（图 7-2-10），2508.5m 深度往上选取的 RT 基线为 $4.2\Omega \cdot m$，AC 为 $75\mu s/ft$；而 2508.5m 深度段往下 RT 基线选取为 $4.5\Omega \cdot m$，AC 为 $71\mu s/ft$，但问题在于分段确定基线的操作过程比较烦琐，且易受到人为因素影响（胡慧婷等，2011）。

3）自然伽马能谱测井法

自然伽马能谱测井是通过分析来自地层中产生的天然的伽马射线所形成的能谱，可以得出地层中不同的元素含量，其中包括铀（U）元素含量、钍（Th）元素含量以及钾（K）元素含量，同时也可以得到由于地层中不同伽马射线能量强度存在差异所形成的总的自然伽马值，以及去铀伽马值（KTH）。由于烃源岩主要由黏土矿物和有机质所构成，二者对放射性元素具有很强的吸附作用，因而利用自然伽马能谱测井可对烃源岩有机质丰度进行定量评价。由于在海相静水还原环境中页岩储层中通常具有较高的 U 元素含量，有机质对铀元素具有一定的富集作用，以往应用自然伽马能谱测井进行有机碳含量评价主要是依据铀元素含量或者去铀伽马含量对有机质进行评价（图 7-2-11）。

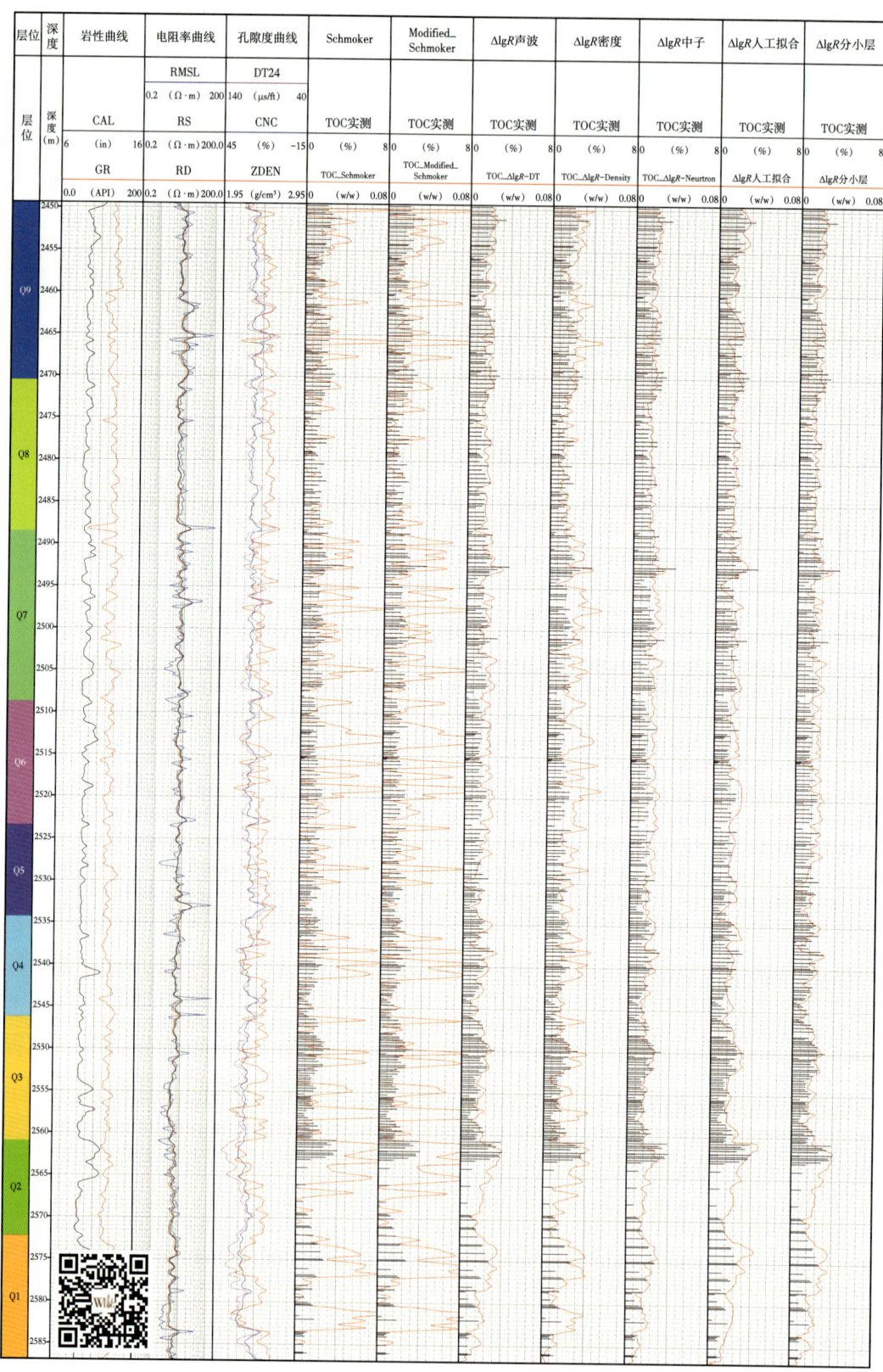

图 7-2-10 基于 $\Delta \lg R$ 法和变基线 $\Delta \lg R$ 法的古龙凹陷白垩系青山口组 TOC 含量测井计算

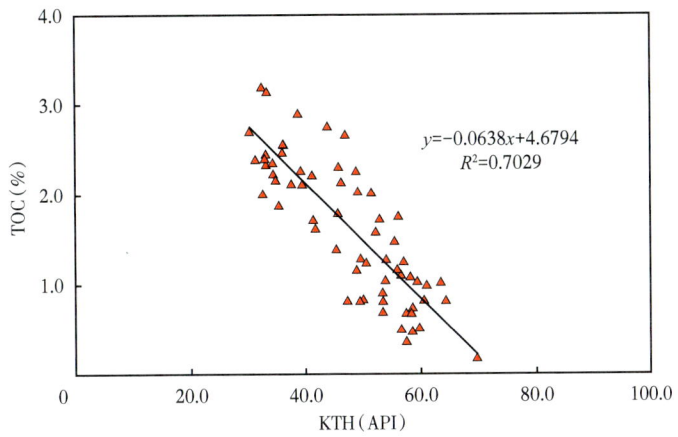

图 7-2-11 岩心测量 TOC 与去铀伽马（KTH）对应关系图（苏北盆地阜宁组阜二段）

4）单因素法

根据煤系烃源岩的测井特征，其响应均与烃源岩中有机质的含量有关。那么，对于能反映烃源岩性质的测井曲线均可进行有机碳含量预测计算。借鉴塔中地区奥陶系烃源岩评价方法，即利用铀曲线与岩心有机碳含量的相关性，建立有机碳含量 TOC 的计算公式（邓虎成等，2010）。单因素法具有明显的优缺点，它能快速有效地建立有机碳含量评价的模型，且在某些特定地区取得较好效果。但在实际情况中，单一曲线与有机碳含量相关性比较低，计算误差大。在研究区，分不同岩性对实测有机碳含量与铀曲线做回归相关性分析，得到相关系数达到 0.7 以上，说明两者之间存在较好的相关性。因此，建立的煤层有机碳含量模型为

$$\text{TOC} = -11.95U + 75.13, \quad R^2 = 0.75 \quad (7\text{-}2\text{-}16)$$

暗色泥岩和碳质泥岩有机碳含量模型为

$$\text{TOC} = 1.07U + 0.098, \quad R^2 = 0.71 \quad (7\text{-}2\text{-}17)$$

式中：$U$ 为自然伽马能谱曲线中的铀含量，mg/kg。

5）多元回归法

多位学者通过多种以敏感测井曲线为自变量的多元回归方法来建立总有机碳含量的定量模型。但是通过对侏罗系煤系烃源岩测井曲线特征综合分析，发现深探测电阻率、补偿密度、无铀伽马、声波时差及自然电位等曲线均与烃源岩中总有机碳含量存在一定的相关性。因此，根据研究区的实际情况来适当地优选出以上相对比较敏感的多条测井曲线，最后构建出应用性强的多元回归数学模型为

$$\text{TOC} = \lambda_\text{o} + \sum n_i = \lambda_i X_i \quad (7\text{-}2\text{-}18)$$

式中：$n_i$ 为模型的不同测井曲线值；$\lambda_\text{o}$ 为模型中多元回归系数；$\lambda_i$ 为测井信息用于反映有机碳含量的权重；$X_i$ 为对有机碳含量敏感的不同测井曲线。

根据岩心 TOC 含量与敏感测井曲线值就能够进行多元线性回归分析，并建立相应的有机碳含量计算模型。

6）litho scanner 测井计算 TOC

能谱测量对认识非常规油气藏至关重要。斯伦贝谢近期研发的 litho scanner 高分辨率能谱测井是在元素俘获测井 ECS 基础之上研发的，其所获得的地球化学数据的精度和准确性超过了之前的所有仪器。它的优势在于测量到的元素更多，包括对碳元素的精确测量，进而可以推导出总有机碳含量。

（1）仪器原理。

①中子源发出不同能量的快中子，快中子与井眼周围环境中的不同原子核发生非弹性碰撞并释放出伽马射线。这一过程损失了大部分能量，逐渐低于发生非弹性散射的阈值，于是中子进入以弹性碰撞为主的阶段，中子减速，能量逐渐减弱，直到中子与周围物质达到热平衡，热中子继续发生扩散，被周围的靶核俘获，释放特征伽马射线。

②谱到元素的处理：俘获伽马射线和非弹性数据可以由 litho scanner 仪器获取。根据为仪器建立的元素标准（通过位于休斯敦的斯伦贝谢环境影响校准设施的试验地层建立），数据通过能谱剥离转换为元素产额。

③元素相对含量到干重的处理：基于氧化物闭合模型（即假设干岩石由一系列的氧化物或化合物组成，且所有氧化物所占比例的总和必须为100%），利用相关软件对元素产额进行计算得到元素质量分数。

④元素干重到矿物组分的处理：利用矿物中不同元素的分子式组合，可反演得到地层中矿物组分。此外仪器还能够直接测量碳元素含量，并根据此计算出总有机碳含量。

（2）仪器优势。

①探测器：为克服早期能谱仪器存在的一些局限性和消除影响数据准确性及精度的因素，选用了大直径的掺铈溴化镧（$LaBr_3$：CE）伽马射线探测器。与碘化钠（NaI）和锗酸铋（BGO）晶体相比，这种闪烁探测器的响应时间快一个数量级，响应越快，则计数率越高，进而该仪器的精确度要高于其他仪器。此外，该闪烁探测器在0℃至150℃的条件下可保持相对稳定，即使温度高于150℃，光输出也不会大幅降低。

②脉冲中子发射器：使用热阴极技术可精确地区分非弹性和俘获反应。在175℃温度下，该脉冲中子发生器的产额达 $3×10^8$ n/s；如此高的产额可充分发挥闪烁探测器的快速计数能力，计数率达 $250×10^4$ 计数/s 以上。

③litho scanner 能同时准确测量非弹谱和俘获谱，且测量的元素种类较前增加至18种，计算矿物的数量可以达到7种（黏土矿物、石英、钾长石、斜长石、方解石、白云石、黄铁矿），黏土矿物还可进一步细分为伊利石和绿泥石等。

（3）TOC 计算。

litho scanner 仪器具有连续测量碳含量的能力，相比依靠较多岩样测量总有机碳的方法更加经济。同时针对 Schmoker 或 $\Delta \lg R$ 间接方法计算的总有机碳含量精度更高且不需要经过岩心进行标定。

仪器利用非弹性能谱测量得出的碳组分数据来定量测定总碳（total carbon，TC）含量。测量的地层中的碳元素包括无机碳（矿物中含有的碳）（total inorganic carbon，TIC）和有机碳（TOC）。无机碳的定量测量可通过对方解石（$CaCO_3$）和白云石 [$CaMg(CO_3)_2$] 中的钙镁元素测量完成。通过定量测定钙镁元素的质量分数即可计算出这两种岩石中的碳含量。然而，除了碳酸盐矿物以外，其他矿物也可能包含有一些钙镁元素。为解决该问题，进行了大量 litho scanner 岩石骨架测量。在油气勘探中，还可能遇到一些不太常见的含无机碳矿物，包括菱铁矿（$FeCO_3$）、菱锰矿（$MnCO_3$）等。litho scanner 仪器通过对重要元素浓度的测量，对这些含碳矿物的测量结果进行校正。

简单来说，一起可以独立测量和输出足够精度的地层碳元素含量，即地层的总碳含量（TC）减去岩石骨架矿物中的无机碳含量（TIC），即得出地层总有机碳含量：

$$TOC = TC - TIC \qquad (7\text{-}2\text{-}19)$$

litho scanner 测井不受岩性及扩径的影响，因而计算出的 TOC 与岩心实测的 TOC 具有较好的对应关系（图 7-2-12）。

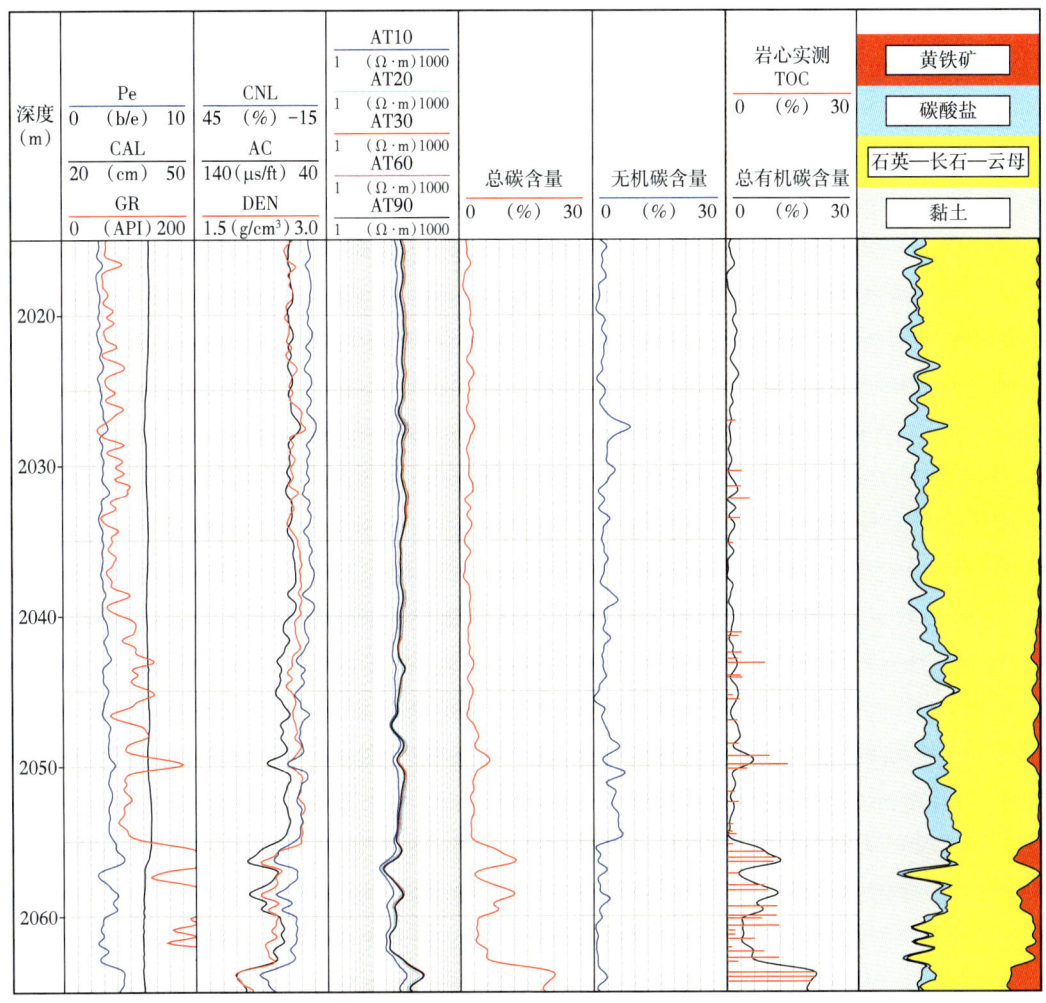

图 7-2-12 基于 litho scanner 测井的烃源岩 TOC 测井计算（鄂尔多斯盆地延长组）

### 2. 生烃潜量测井定量计算方法

有机质丰度是烃源岩生烃的基础，总有机碳含量、生烃潜量可有效地表征烃源岩中的总有机质丰度。除了与有机质丰度有关外，烃源岩的生烃潜量还与有机质成熟度、有机质类型及烃源岩分布等多种因素有着密切的联系。但是，对于特定区块、特定层位的烃源岩母质类型大致上是相同的，在地层埋深变化不大的情况下，烃源岩成熟度的变化较小，这为采用测井方法来评价特定区块、特定目的层的生排烃量奠定了理论基础。通过目的层段取心数据分析研究，发现煤层、碳质泥岩和暗色泥岩的生烃潜量都与有机碳含量有非常好的相关性。因此，分不同岩性的烃源岩来建立生烃潜量的计算模型具有较强的适用性。

煤层生烃潜量模型为

$$S_1+S_2=1.23\text{TOC}+11.13, \quad R^2=0.68 \quad (7\text{-}2\text{-}20)$$

暗色泥岩＋碳质泥岩生烃潜量模型为

$$S_1+S_2=1.84\text{TOC}-1.90, \quad R^2=0.69 \quad (7\text{-}2\text{-}21)$$

3. 氯仿沥青"A"测井定量计算方法

煤系烃源岩中生成的一部分油气储存于岩石的微细孔隙中，另一部分则被排出运移。氯仿沥青"A"含量定义为储存于烃源岩中且能被氯仿溶解的有机质与岩石质量分数，是生烃量评价的重要参数之一。本书主要是根据阿奇公式来计算烃源岩孔隙内烃类的饱和度，再结合岩石孔隙度和密度值来计算得到氯仿沥青"A"含量的理论值 $A_0$，然后利用岩心实验氯仿沥青"A"含量数据刻度 $A_0$，最终得到烃源岩中氯仿沥青"A"含量的计算公式为

$$A_0 = tS_g\rho_g\rho_b \quad (7\text{-}2\text{-}22)$$

$$A = 4.88 \times A_0 - 0.03, \quad R^2=0.7961 \quad (7\text{-}2\text{-}23)$$

式中：$A$、$A_0$ 分别为刻度后、理论氯仿沥青"A"含量，%；$t$ 为岩石总孔隙度，%；$S_g$ 为岩石含气饱和度，%；$\rho_g$ 为含油气密度，$g/cm^3$；$\rho_b$ 为岩石密度，$g/cm^3$。

4. 镜质组反射率 $R_o$ 测井定量计算方法

镜质组反射率大小与地层温度和地层压力均密切相关，并且有一些标准的测井响应特征。当镜质组反射率增高时，补偿密度增大、声波时差减小、电阻率增大等，反之亦然。因此，以实验室分析数据值对比同一个深度上的测井曲线值，来建立基于烃源岩埋深、补偿密度、声波时差、电阻率等多因素的线性或非线性方法模型。通过综合分析发现，研究区煤系烃源岩的镜质组反射率与埋藏深度、声波时差有较好的相关性，由此，通过多元回归拟合来建立镜质组反射率计算模型为

$$R_o = a \times \Delta t + b \times \text{DEP} - c \quad (7\text{-}2\text{-}24)$$

式中：DEP 为实际井中地层深度，m；$a$、$b$、$c$ 均为拟合模型中的多元回归系数。

5. 排烃率 RA 测井定量计算方法

大量研究资料表明，煤系烃源岩中只有一小部分有机质能够转变为油气被排替出去，大部分仍残留在母质烃源岩中。因为有效烃源岩是指那些能够生烃且排出一定程度烃类的煤层、碳质泥岩和暗色泥岩，所以通过测井曲线来评价烃源岩的排烃能力是非常重要的工作。上面章节中已经阐述了如何采用测井资料来估算煤系烃源岩中的残余氯仿

沥青"A"含量，据此可以定义已经被排出至烃源岩生烃母质外的烃量为总生烃量与残余氯仿沥青"A"含量之差，则排烃效率公式为

$$RA = AT - AAT \times 100\% \tag{7-2-25}$$

式中：RA 为烃源岩的排烃率，%；AT 为地层中氯仿沥青"A"总含量，%；$A$ 为刻度后氯仿沥青"A"含量，%。

### 6. 含油气饱和度

关于饱和度的计算，已经有许多经典的阐述，如阿奇公式等，这里不再赘述。研究表明，优质的已经成熟的油气烃源岩中，不仅含有丰富的残余有机物（干酪根），还含有大量的尚未运移出去的油气。这些残余的油气是测井评价生油岩的重要标志，它不仅反映生油气岩的有机质丰度，还反映了生油气岩的成熟度。因此，它是有机质丰度和成熟度的综合指标。

油气从生成开始，便在各种地质应力的作用下以不同的相态从油气烃源岩向外运移。但是，无论是早期运移，还是晚期运移；无论是以水溶相态运移，还是以游离相态运移，油、气、水从烃源岩中被部分挤出后，残留在烃源岩中的饱和度不变。排烃作用并不降低烃源岩的含油饱和度。不仅如此，随着埋藏深度的增加，压实排烃作用的进行，烃源岩的孔隙度和含水率进一步减少。因此，烃源岩孔隙中的含油饱和度随埋深的增加而增加。

烃源岩中的含油气饱和度不但随埋深的增加而增加，而且与有机质丰度成正比，并与有机质类型和成熟度有直接的关系。因此，油气烃源岩的含油饱和度，直接反映了油气烃源岩的生油潜力。关于含油气饱和度的计算，可以采用阿奇经验公式去求解：

$$S_{wt} = \sqrt[n]{abR_{wc} / \phi_t^m R_t} \tag{7-2-26}$$

式中：$S_{wt}$ 为生油气岩含水饱和度；$R_{wc}$ 为生油气岩中水电阻率；$\phi_t$ 为生油气岩总孔隙度；$R_t$ 为生油气岩电阻率；系数 $a$、$b$，指数 $m$、$n$ 可以通过岩电实验取得，对新区来说，可以采用经验值 $a=0.62$，$b=1$，$m=2.15$，$n=2$。

当取得生油气岩含水饱和度后，可以采用下式计算生油气岩含油气饱和度：

$$S_{og} = 1 - S_{wt} \tag{7-2-27}$$

### 7. 总孔隙度和有效孔隙度

生油气岩的总孔隙度反映了生油气岩的压实排烃状况。高孔隙度的生油气岩标志着压实程度低，排烃不充分，对油气聚集贡献小，称为无效的生油气岩；低孔隙度的生油气岩标志着烃源岩生成的油气已经随埋深压实产生了油气的初次运移，并对油气初次运移作出了贡献，称为有效的生油气岩。

当已知烃源岩的生油气门限深度时，根据各层生油气岩的总孔隙度和门限处的总孔隙度的差值，结合含油饱和度计算各层生油气岩的排烃量。这次排烃量是研究油气富聚规律的关键参数。生油气岩的有效孔隙度反映了生油气岩的次生孔隙和裂缝的发育状况，它反映了生油气岩自身排烃的物理条件，对研究油气的初次运移有参考价值。

8. 剩余烃含量

生油气岩的剩余烃含量,指的是残留于油气烃源岩孔隙中的油气含量。剩余烃类含量(VHC)的大小与生油气岩有机质的类型、丰度、成熟度和产烃率有关。

有机质丰度高,成熟度高,则 VHC 值大;反之,有机质丰度低或成熟度低,VHC 都表现为低值。因此,VHC 是反映生油气岩是否已经生成油气和生油气量大小的一个参量。VHC 是区别有效生油气岩和无效生油气岩的指标。

另外,当生油气岩尚未成熟时,VHC 的大小只是由有机质对孔隙度测井的响应引起的,与电阻率关系不大。这时,VHC 随有机质的变化仅有较小的变化。当生油气岩成熟后,VHC 的大小由孔隙中的油气和有机质对孔隙度测井和对电阻率测井的响应共同决定。这时,VHC 值将发生显著变化,成熟度越高,VHC 的幅度越大。暗色泥岩剖面中出现明显 VHC 值变化的深度,就是生油气岩成熟的门限深度:

$$VHC = \phi_t \times S_{og} \tag{7-2-28}$$

因为 $\phi_t$ 是单位岩石体积分数,所以 VHC 的单位是生油岩的体积分数。因此,当已知某个层位生油岩厚度和 VHC 后,便可以估算出该层位的单位面积的生油量。

# 第三节　人工智能在烃源岩评价中的应用

地球化学参数是评价烃源岩特征、指导油气勘探、寻找潜在油气资源的重要指标,包括碳同位素($\delta^{13}C_{carb}$)、总有机碳(TOC)含量等。其中 TOC 含量是评价烃源岩有机质丰度最直接的指标,即利用 TOC 含量下限可以确定烃源岩的有效性。为了得到准确的地球化学参数数据,一般需要对岩心进行实验,但这种方法的成本较高、时间跨度长,且无法在连续深度范围内进行取心实验。TOC 含量的评价方法主要分为传统地球物理方法和机器学习方法。传统物理模型主要使用单条或多条测井曲线进行计算,一般容易受到流体性质、岩石类型的影响,从而导致计算误差大。同时,随着机器学习的发展,各种算法结合常规测井曲线用以计算 TOC 含量的方法很多,且发展前景很好。本节以基于大数据和机器学习的页岩 TOC 计算为例,说明人工智能在烃源岩评价中的具体应用。

通过决策树进行特征选择,在数据预处理等相同条件的情况下,利用随机森林(RF)、支持向量回归(SVR)、XGBoost 三种机器学习算法建立了预测页岩 TOC 含量模型。对 5 个地层的实测数据 816 组数据分别按照训练样本 70%(571 组)、测试样本 30%(245 组)的比例进行划分。随机森林预测模型、支持向量回归预测模型与 XGBoost 预测模型对 TOC 含量的预测结果如图 7-3-1 所示。通过图中可以看出随机森林模型和 XGBoost 模型两者训练集的相关系数 $R^2$ 均达到 0.9 以上;相比之下,随机森林测试集的 $R^2$ 更高,达到了 0.87,预测效果好。XGBoost 测试集的相关系数 $R^2$ 为 0.8106,预测效果较好,两者相比,整体上随机森林模型预测效果优于 XGBoost 模型预测效果,其预测值与实测值偏离程度较小,相关性更强。相比于这两种模型,支持向量回归模型训练集的相关系数 $R^2$ 在 0.8~0.85 之间,测试集的 $R^2$ 只有 0.7719,对于 TOC 含量的预测效果相比于前两者较差,预测值与实测值偏离程度较大,相关性不强。

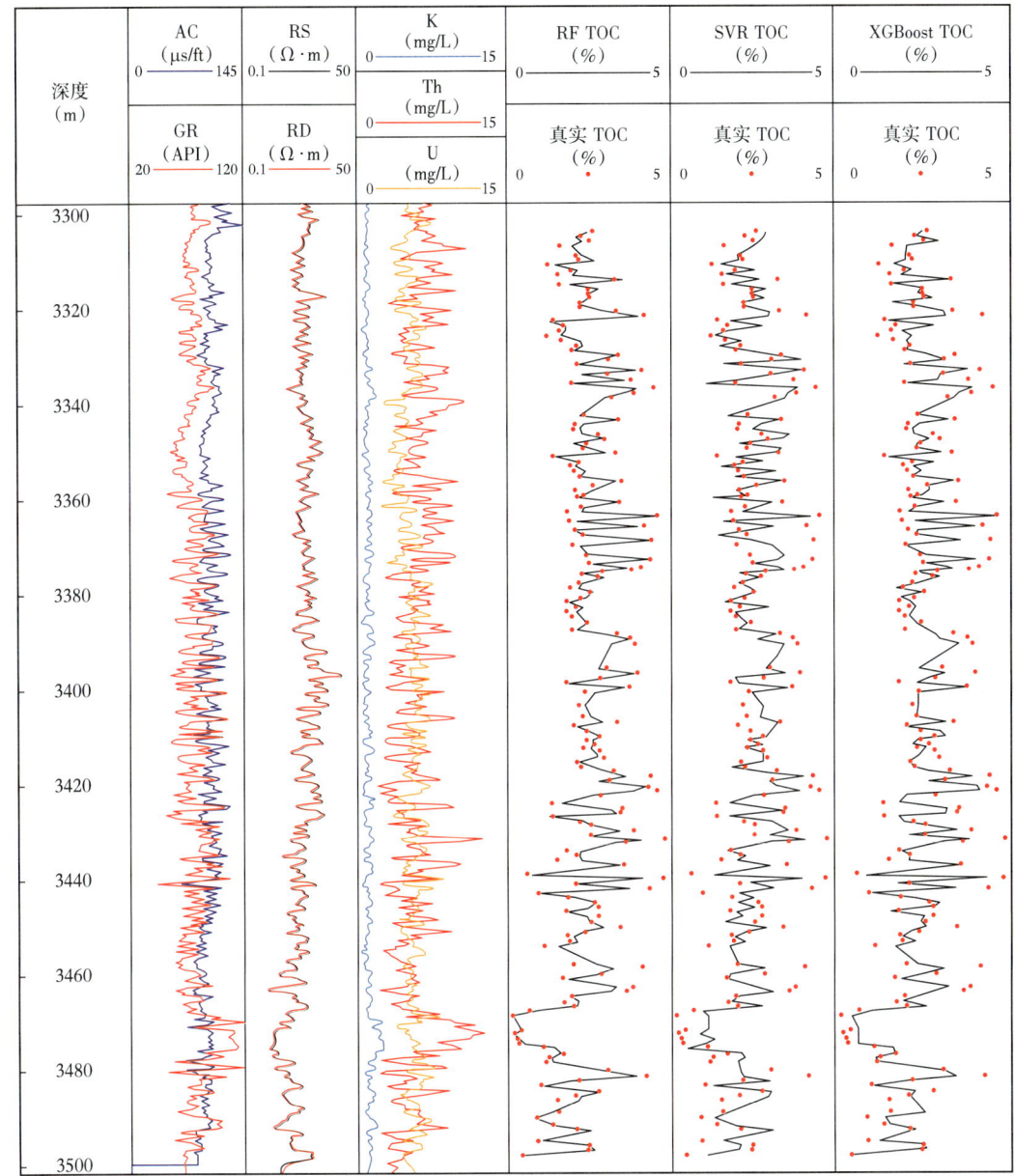

图 7-3-1 RF、SVR 和 XGBoost 三种模型计算 TOC 结果（据孙江涛等，2023）

在建立基于 RF、SVR 和 XGBoost 的预测模型后，首先对这些模型进行训练以提高其预测性能，然后对其进行测试以确认其可预测性。在本研究中，使用 816 个数据点对 RF、SVR 和 XGBoost 模型进行训练和测试，其中 70%（571 个数据）作为训练集，30%（245 个数据）作为测试集。

图 7-3-1 三种模型预测 TOC 结果，表 7-3-1 为三种模型的训练及测试误差对比。RF 模型对 TOC 含量的预测精度最高，均方误差（MSE）为 0.0516，平均绝对误差（MAE）为 0.1286，$R^2$ 值为 0.9337；其次是 XGBoost 模型，均方误差为 0.0563，平均绝对误差 0.1746，$R^2$ 值为 0.9101；SVR 模型预测精度最低，均方误差为 0.1077，平均绝对

误差 0.1546，$R^2$ 值为 0.8415。对于测试集，RF 模型的预测性能也最好，均方误差为 0.0681，平均绝对误差为 0.1756，$R^2$ 值为 0.8766；其次是 XGBoost 模型；最后 SVR 模型，其均方误差为 0.1139，平均绝对误差为 0.2203，$R^2$ 值为 0.7719。

表 7-3-1　三种模型训练及测试误差对比（据孙江涛等，2023）

| 评价指标 | 训练集 | | | 测试集 | | |
|---|---|---|---|---|---|---|
| | RF | SVR | XGBoost | RF | SVR | XGBoost |
| MSE | 0.0516 | 0.1077 | 0.0563 | 0.0681 | 0.1139 | 0.1071 |
| MAE | 0.1286 | 0.1546 | 01746 | 0.1756 | 0.2203 | 0.2267 |
| $R^2$ | 0.9337 | 0.8415 | 0.9101 | 0.8766 | 0.7719 | 0.8106 |

# 第八章 非常规油气测井评价

在同一含油气系统中，常规油气是生成之后排出烃源岩运移到圈闭中再聚集的油气资源，而非常规油气是生成之后未排出烃源岩而滞留在烃源层系，并且能开发利用的油气资源。非常规油气涉及面广，其概念的内涵与外延在国内外均存在较大的差异性，本书主要聚焦目前中国非常规油气勘探开发中的致密油、致密气、页岩油和页岩气，当前95%以上的储量和产量均来源于其中。一般地，盆地（坳陷或凹陷）局部构造高点或边缘发育常规岩性油藏和构造油藏及重油、沥青砂等非常规石油，盆地中心发育页岩油，盆地中心或斜坡发育致密油。

截至 2019 年底，我国致密油和页岩油累计探明地质储量为 $7.37×10^8t$，致密气为 $5.1×10^{12}m^3$，页岩气为 $1.06×10^{12}m^3$；2019 年，致密油和页岩油年产量为 $175×10^4t$，致密气产量大于 $300×10^8m^3$，页岩气则达到 $80×10^8m^3$（刘国强，2021）。与常规油气储层测井评价不同，非常规油气储层岩性复杂且致密，孔隙类型多样且孔隙结构复杂，非均质性和各向异性强，所采用的测井技术与常规油气亦存在着许多明显差异。

早在 20 世纪 60 年代，大庆油田率先提出了以常规油气储层"四性关系"（岩性、物性、含油性和电性）为依托的地层评价方法，长期以来，中国各大油气田一直把"四性关系"研究列为储层测井评价最基础、最重要的内容，在常规油气藏岩性识别、储层参数计算以及流体性质测井判别方面取得广泛应用。现今，致密油气、页岩油气等非常规油气在全球能源格局中扮演越来越重要的角色，但其具有储层致密、岩性复杂和流体类型多样等特点，且多呈薄互层宏观结构，非均质性和各向异性强，为源储一体或源储紧邻，且一般无自然产能，需要水平井钻井和压裂改造工艺等技术才能建产。相应地、非常规油气测井解释评价技术也由原来的"四性关系"亟须转向"七性关系"（岩性、物性、电性、含油性、脆性、烃源岩特性和地应力各向异性）评价，即在常规油气"四性关系"评价基础上，对非常规油气的烃源岩特性、脆性（可压裂性）和地应力各向异性（现今地应力方向和大小）研究提出了新的需求。同时在"七性关系"研究基础上，针对非常规油气储层，还需开展"三品质"（烃源岩品质评价、储层品质评价和工程品质）综合测井评价体系评价。

烃源岩品质评价主要解决地质认识问题，通过烃源岩品质研究可以回答有无储量的问题。储层品质则主要寻找"甜点"分布，解决非常规油气能否产出的问题。而工程品质评价则主要解决如何产出的问题，可为钻完井和工程改造提供技术支持（如有利层段优选、井眼轨迹设计、改造层段选取、压裂方案设计等）。"三品质"评价是非常规油气评价的重中之重，可以此为基础优选出非常规油气物性和工程"甜点"分布。

非常规油气测井评价是建立在明确非常规油气的基本地质特征基础上展开的。

# 第一节　致密油气、页岩油气基本地质特征

致密油气和页岩油气是一类储层特性独特的油气资源，其储层孔隙度低、渗透率小的特点决定了其与常规油气储存在显著差异。两者共同的地质特征在于储层的非常复杂性，对储层评价和模拟提出了更高的要求。致密和页岩油气作为新型油气资源，具有独特的地质特征，其开发与利用需要深入理解储层地质特性。因此，深入了解致密和页岩油气的地质特征对于有效开发和利用这些资源具有重要意义。

## 一、致密油和致密砂岩气基本地质特征

1. 致密油

贾承造等（2012）及邹才能等（2012b）认为致密油是聚集在覆压渗透率小于 0.1mD 的砂岩、石灰岩等岩层中的石油，是从页岩油的定义和概念中衍生而来的，但并不等同于页岩油。致密油通常是指未经过大规模的运移，以游离态或吸附态存在于烃源岩或与烃源岩紧邻的致密砂岩或致密碳酸盐岩等储集岩中的石油资源。

致密油储层在我国盆地广泛分布，总体分为：（1）深水重力流砂岩储层，如鄂尔多斯盆地延长组 7 段（长 $7_1$ 亚段和长 $7_2$ 亚段）储层；（2）湖相碳酸盐岩储层，如渤海湾盆地歧口凹陷沙河街组储层；（3）泥灰岩裂缝储层，如酒泉盆地青西凹陷下沟组储层。

致密储层的分类方案有多种，按源储叠置关系可分为源内型（源内成藏，自生自储）和源外型（源外成藏，多为近源储集）；按储层成因机制可分为原生沉积型储层和成岩改造型储层；按储层岩性可分为碳酸盐岩储层和碎屑岩储层；按储集空间类型可分为孔隙型储层、裂缝—孔隙型储层和孔隙—裂缝型储层。致密油作为重要的非常规油气资源，将是我国未来重要的石油接替油气资源。致密油储层的"甜点"是指具有相对较好背景的优质有效储层，即储集体紧邻优质烃源岩、孔渗性高、保存条件好、构造稳定、埋藏适中等。

致密油具有如下地质特点：

（1）构造背景相对均一。致密油储层多大面积含油，一般分布于凹陷或斜坡部位，构造简单。

（2）沉积体系复杂多变。鄂尔多斯盆地长 $7_1$ 和长 $7_2$ 致密油以深湖重力流沉积体系为主，四川盆地侏罗系大安寨组为典型湖湘沉积，包含介壳滩、滨浅湖等沉积微相。

（3）埋藏深度相差较大。一般埋深为 1500~4000m。其中，鄂尔多斯盆地合水地区的延长组埋深较浅，在 2000m 左右；渤海湾盆地束鹿地区沙三段致密储层则具有较大埋深，达到了 3500~4000m。

（4）孔隙度和渗透率低。孔隙度和渗透率是储层储渗性能描述的基本物性参数。致密油储层的孔隙度小于 10%，渗透率低于 0.1mD；微纳米级孔喉系统是储层孔隙结构的突出特征。

（5）孔隙类型多样，大小不一。致密油储层的储集空间基本类型为原生粒间孔、粒间和粒内溶孔，部分黏土矿物微孔隙，以及白云石等晶间孔。

（6）含油饱和度差别较大。源内致密油的含油饱和度普遍偏高，如长 $7_3$ 亚段。相比之下，源外致密油储层含油饱和度就普遍偏低，典型的源外致密油如松辽盆地扶余油田，其含油饱和度一般低于 50%。油气以初次运移或短距离二次运移为主，源—储压差是主要动力。

（7）流体性质及流动性。致密油以轻质油为主，且流动性好，如鄂尔多斯盆地延长组 7 段原油密度小于 $0.83g/cm^3$。

（8）不同盆地致密油储层岩石脆性的不同导致了可压裂性的不同。脆性指数和水平两向主应力之差是控制裂缝走向的关键因素之一，脆性指数越大，更容易形成网状裂缝。致密油储层脆性矿物含量一般较多，发育天然裂缝，对水平井分段压裂十分有利。

2. 致密砂岩气

致密砂岩气是最先实现规模开采的非常规油气资源，目前已进入稳步发展期。致密砂岩气藏是指储集于低孔隙度（<10%）和低渗透率（<0.1mD）砂岩中的非常规天然气资源。通常其含气饱和度低（<60%），含水饱和度高（>40%），依靠常规技术难以开采，但在一定经济和技术措施下可获得工业天然气产能。致密油气是地质特征最接近常规油气的一种非常规油气，也是非常规天然气中最重要的一种类型，作为一种非常规天然气资源，致密砂岩气以其巨大的资源潜力及可观的规模储量，已成为我国天然气增储上产的重要领域，在现今常规天然气储量不断递减的能源格局中扮演着越来越重要的角色。根据致密砂岩气成藏机理、资源潜力和储层特征可将其划分出不同的类型，有时致密砂岩气藏甚至也被称为深盆气、盆地中心气、连续气和根源气等。姜振学等（2006）根据成藏期与储层致密的先后顺序和圈闭类型，将致密砂岩气藏分为"先致密后成藏型"和"先成藏后致密型"两类。戴金星等（2012）根据致密砂岩气储层特征、储量大小及所处区域构造位置高低，将其划分为"连续型"致密砂岩气藏和"圈闭型"致密砂岩气藏。李建忠等（2012）根据其在盆地中所处构造部位，结合成藏机理、演化规律，将致密砂岩气藏分为斜坡型、背斜构造型和深部凹陷型三类。马新华等（2012）根据致密砂岩气藏的开发地质特征，将致密砂岩气划分为三种主要类型：（1）透镜体多层叠置致密砂岩气，以鄂尔多斯盆地苏里格气田为代表；（2）多层状致密砂岩气，砂层横向分布稳定，以川中地区须家河组气藏、松辽盆地长岭气田登娄库组气藏为代表；（3）块状致密砂岩气，以塔里木盆地库车坳陷迪西 1 井区为代表。

致密砂岩气在国内外各大盆地均广泛分布，如塔里木盆地库车坳陷北部单斜带侏罗系阿合组、四川盆地川中地区须 2 段（广安气田、合川气田和新场气田等）、鄂尔多斯盆地上古生界石盒子组（苏里格气田、大牛地气田）和松辽盆地南部登娄库组等。截至 2011 年，苏里格气田已经建成年生产能力达到 $160×10^8m^3$，成为中国储量和产能规模最大的天然气田（马新华等，2012）。

致密砂岩气藏往往具有以下典型的地质特征。

（1）构造背景复杂。致密砂岩气藏可位于前陆盆地前缘隆起或挤压型盆地褶皱构造高部位，如库车坳陷侏罗系阿合组背斜构造型致密气藏；致密砂岩气藏也可分布于前陆盆地前缘斜坡或古克拉通盆地构造掀斜斜坡，如鄂尔多斯盆地上古生界气藏与四川盆地须家河组气藏是该类致密砂岩气藏的典型代表。

（2）沉积体系以辫状河三角洲为主。四川盆地川中地区须家河组，鄂尔多斯盆地上古生界石盒子组以及库车坳陷侏罗系阿合组致密砂岩均为辫状河三角洲沉积体系。

（3）岩性致密，物性差。岩性致密和物性差是致密砂岩气的第一识别特征，物性上表现为低孔隙度（＜10%）和低渗透率（地面孔隙渗透率小于0.1mD）。

（4）普遍含气、"甜点"富气。致密砂岩气藏均具有大面积、低丰度普遍含气，"甜点"富气的特征。

（5）源储一体或近源。致密砂岩气藏储量很大，储量丰度相对较低，储源一体或近源，如川中须2段与下伏须1段烃源岩直接毗邻。

（6）气水关系复杂。由于致密砂岩气藏浮力作用有限，往往气水分布倒置或无统一气水界面，其分布往往不受构造控制，在盆地斜坡地带、背斜构造以及深部坳陷区域均可发育。

（7）异常超压发育。致密砂岩气藏往往具有异常超压地层压力，压力系数甚至可以达到1.8甚至更高，当然也有负异常地层压力，如川中地区侏罗系沙溪庙组致密砂岩气藏。

（8）成岩演化程度高。该类气藏储层还具有埋藏深度大（＞3000m），往往经历了较强的成岩作用改造（多处于中成岩演化阶段A期），压实强度较高，且发育不同类型的胶结物，包括硅质、碳酸盐以及不同类型的黏土矿物（图8-1-1）。

（9）孔隙结构复杂和非均质性强。受不同强度的成岩改造影响，致密砂岩储层孔隙类型多样，尺度大小不一，同时微裂缝发育，总体孔隙结构复杂，非均质较强（图8-1-1）。

## 二、页岩油气基本地质特征

页岩是由粒径小于0.0039mm的细粒碎屑、黏土和有机质等组成，具有页状或薄片状层理且易碎裂的一类沉积岩。页岩油是赋存于大套富有机质页岩层系中的石油，可划分为狭义和广义两大类。狭义页岩油指滞留在页岩层中尚未排出、相对原位存储的石油（实际上也有微小尺度的从有机质纹层到相邻储集纹层的渗滤），如渤海湾盆地沧东凹陷孔店组。广义页岩油泛指以游离态和吸附态蕴藏在富有机质页岩层系（包含页岩层系中的致密碳酸盐岩和碎屑岩夹层）中的石油资源，致密碳酸盐岩和碎屑岩夹层原则上单层厚度小于3.0m，累计厚度占比小于40%，石油可发生短距离运移，如吉木萨尔凹陷芦草沟组最早定为致密油，现在变成广义页岩油（金之钧等，2019）。近年来，随着页岩油勘探在理论和工程上的突破，页岩油在全球各个盆地获得广泛突破，如美国和加拿大交界处威利斯顿（Williston）盆地的巴肯（Bakken）页岩、渤海湾盆地沧东凹陷孔店组孔二段、鄂尔多斯盆地延长组$7_3$亚段细粒沉积岩、准噶尔盆地吉木萨尔凹陷二叠系芦草沟组、苏北盆地古新统阜宁组阜二段等。松辽盆地作为世界陆相超大盆地，蕴藏着丰富的油气资源，其中的青山口组沉积时期所处的深湖—半深湖相沉积环境，沉积了厚度达320m的巨厚暗色泥页岩。

页岩气是聚集于富有机质页岩地层的天然气。页岩既是烃源岩，也是储层，储集空间主要为粒间孔、粒内孔和有机质孔，发育纳米级孔隙系统。页岩气的形成与富集为自生自储、以游离气和吸附气为主、原位饱和富集于以页岩为主的储集岩系的微—纳米级孔隙—裂缝与矿物颗粒表面。页岩气发现很早，1859年美国第1口天然气生产井就是页岩气井，但其长期被视为裂缝型气藏，1981年被誉为页岩气之父的乔治·米歇尔采用

图 8-1-1 库车坳陷克深气田巴什基奇克组储层主要储集空间类型（据赖锦等，2014）

a. 可见大量的粒间孔隙，同时也可见长石溶蚀形成的粒内孔隙，克深 2-1-5 井，6714.35m；b. 粒间孔隙常见，长石内部也可见局部溶蚀形成的粒内孔隙，克深 2-2-8 井，6723.86m；c. 长石粒内孔隙常见，白云石交代碎屑颗粒，克深 2-1-5 井，6713.38m；d. 长石完全溶蚀形成铸模孔，另外还含有一定的粒间孔隙，岩屑可见粒内孔隙，克深 2-1-5 井，6739.26m；e. 粒间孔部分被自生石英和伊蒙混层充填，伊蒙混层内发育晶间孔，克深 208 井，6600.24m；f. 粒间孔隙大部分为自生石英和伊利石充填，自生黏土矿物内部可见晶间孔，克深 2-1-5 井，6723.44m；g. 见一条溶蚀缝，呈不规则状，宽窄不等（0.05~0.1mm），克深 1 井，6983m；h. 见少量溶蚀孔隙和两条微裂缝，孔缝相连，溶蚀缝宽窄不均（0.02~0.05mm），克深 1 井，7012m

大型水力压裂技术实现了Barnett页岩气商业开发。但其发展一直很缓慢，直到2001年页岩气产量才达到$103×10^8m^3$（邹才能等，2013a）。目前，国内外页岩气取得突破性进展。2000年以来，美国实现了Barnett、Marcellus等一批页岩气的规模开发，2015年产量达到$4250×10^8m^3$（贾承造，2017）。国内页岩气勘探开发也取得广泛突破，在南方古生界寒武系—志留系、四川盆地三叠系—侏罗系、鄂尔多斯盆地三叠系等层系发现页岩气，包括全球最古老的上奥陶统五峰组—下志留统龙马溪组页岩气（距今448—438Ma），其热演化程度高（$R_o$为2.0%~3.5%）、地层超压（压力系数为1.3~2.1）、储量规模巨大（万亿立方米级）（邹才能等，2013a）。

与页岩油相比，页岩气中有机质热演化成熟度明显增高，如四川盆地下侏罗统自流井组大安寨段陆相页岩油处于热演化的成熟阶段，而四川盆地及周缘五峰组—龙马溪组页岩处于热演化的高成熟阶段，四川盆地及周缘筇竹寺组页岩处于热演化的过成熟—变质阶段。

与致密油气相比，页岩油气地质特征主要表现如下：

（1）岩性为细粒沉积岩，如页岩、泥岩等。细粒沉积岩即指由细粒沉积物（粒度小于0.0625mm）构成的沉积岩，在全球范围内分布广泛，约占沉积岩的2/3。泥页岩属于粒径小于0.0039mm的细粒沉积产物，主要形成于水动力条件微弱的沉积环境，而富有机质泥页岩则需要更苛刻的缺氧、还原环境，如海相深水、浅水陆棚、海湾、潟湖及陆相深湖—半深湖等，主要由细粒碎屑、黏土和有机质组成，一般以Ⅰ型、Ⅱ型有机质为主。一般分布于盆地斜坡—凹陷部位，构造稳定，保存条件好。同时，细粒沉积岩多呈纹层状、薄互层结构，各向异性强。受沉积环境控制，致密油气储层单层厚度相对较大，而页岩油气储层的单层厚度则要小得多，常具有毫米级薄互层状的宏观结构。

（2）源储共生，源内滞留或短距离运移。页岩既作为烃源岩，同时又扮演储层，源储一体或源储共生，油气基本在源内滞留，或仅发生短距离运移（广义页岩油）。由于烃源岩层既是烃源岩也是储层，又可称为"烃源岩油气"。而致密油和致密气往往是源储接触型，指与烃源岩层系共生的各类致密储层中聚集的油气，是近源油气但烃源岩外聚集。致密油气属于"近源成藏"，而页岩油气属"原位成藏"。

（3）以纳米级孔喉为主。页岩储层比任何致密油气储层都还要致密，页岩主要储集空间包括纳米级粒间孔、粒间溶孔、颗粒溶孔、有机质孔等。邹才能等（2012a）利用高分辨率场发射扫描电子显微镜、纳米CT等仪器在中国页岩油、页岩气、致密油、致密气储层中发现了广泛发育的孔喉直径小于1000nm的纳米级孔喉，并首次观察到其中赋存的石油（图8-1-2）。其中，页岩气储层孔喉直径为5~200nm，页岩油储层孔喉直径为30~400nm，致密灰岩油储层孔喉直径为40~500nm，致密砂岩油储层孔喉直径为50~900nm。

（4）有机质孔发育。页岩储层的特殊性在于富含有机质且发育大量有机质孔。常规油气储层孔隙以无机矿物颗粒为支撑格架的无机孔为主。与致密油气不同，有机质孔是页岩油气储层重要的储集空间，有机质内部发育大量有机质孔，有机质孔孔喉一般为100~200nm，比表面积大，结构复杂，有机质孔随着烃源岩热演化过程而产生，有机质高演化阶段产生的有机质孔，一定程度上弥补了成熟过程中无机孔的损失。

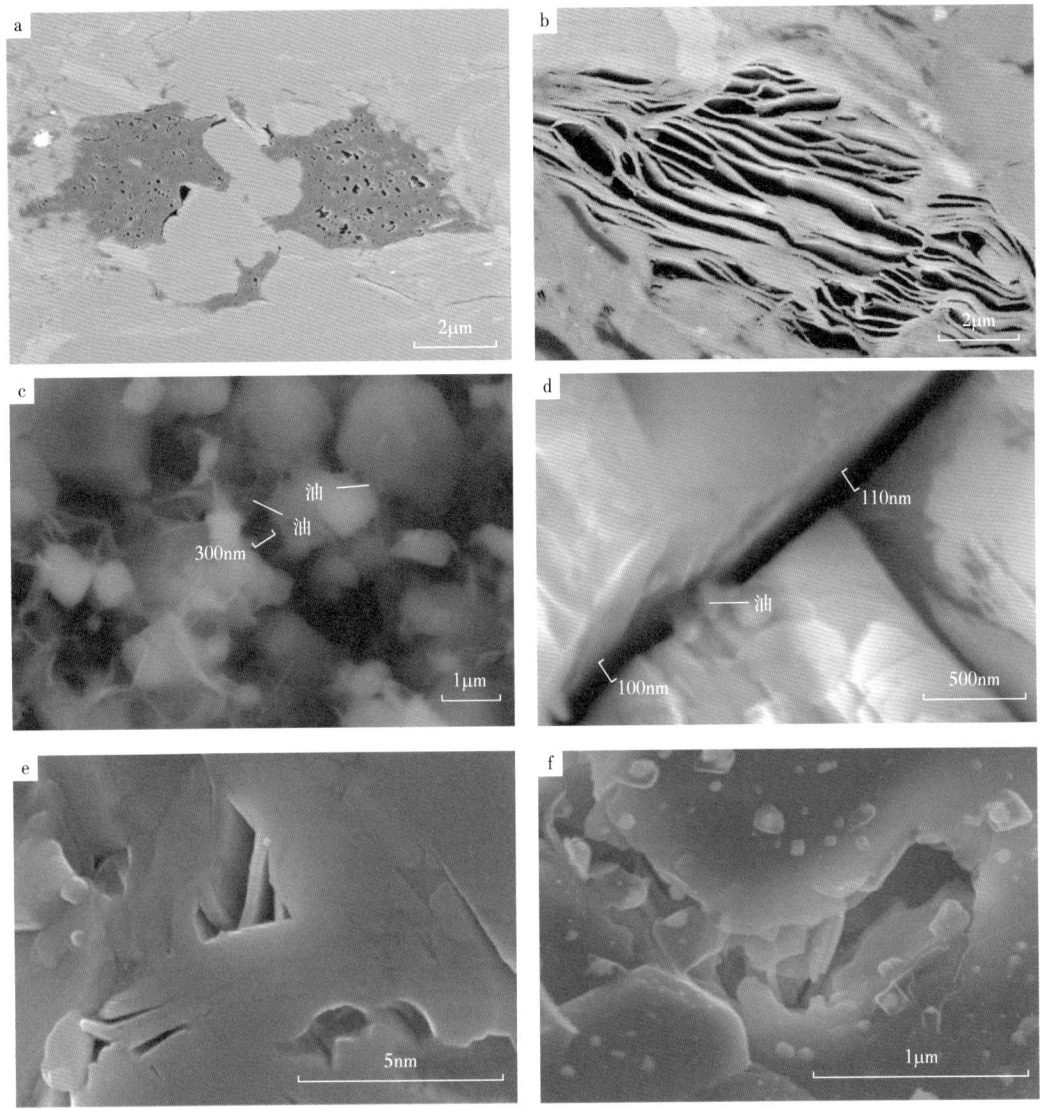

图 8-1-2 页岩油气、致密油气储层纳米级孔喉典型微观照片（据邹才能等，2012a）

a. 四川盆地，威 201 井，志留系页岩有机质内孔，孔喉直径 100~200nm；b. 鄂尔多斯盆地，张 2 井，上三叠统延长组 7 段，页岩片状绿泥石基质孔，孔喉直径 40~300nm；c. 鄂尔多斯盆地，宁 57 井，上三叠统延长组致密砂岩纳米级孔喉中含油；d. 四川盆地，公 22 井，侏罗系，致密砂岩纳米级缝内含油；e. 四川盆地，合川 1 井，上三叠统须家河组，致密砂岩黏土晶间孔，孔喉直径 25~200nm；f. 鄂尔多斯盆地，苏 315 井，上古生界下石盒子组盒 8 段，致密砂岩石英粒间孔，孔喉直径 50~250nm

（5）油气运移以扩散作用、分子作用等为主，非浮力聚集，大面积连续分布，局部发育"甜点区"。页岩油气为非浮力聚集，持续充注，不受水动力效应的明显影响，不受构造圈闭或岩性圈闭控制，无统一油气水界面，无统一压力系统。

（6）油气大面积连续分布，圈闭界限不明显。页岩油气在盆地中心、斜坡大面积分布，无明显圈闭（构造、岩性圈闭），而致密砂岩油气则有所不同。页岩油气往往大面积在源储共生层系纳米级孔喉系统等储集空间中，呈连续型聚集，局部发育"甜点"区、带。

（7）单井无自然工业产能。需要压裂才能投产，需采用人工改造、水平井钻井和体积压裂等针对性的开采技术提高产能。如页岩气需要天然裂缝或压裂激发，才能产出经济性天然气，且主要依靠水平井多级压裂、微地震等技术开采。

### 三、典型页岩油代表

本书以典型的页岩油为代表，建立相关的测井评价技术体系，主要以准噶尔盆地玛湖凹陷风城组为研究对象，开展页岩油"三品质"测井综合评价研究。

玛湖凹陷位于准噶尔盆地西北缘，属于中央坳陷北端的次级构造单元。玛湖凹陷紧邻哈拉阿拉特山，西北部陡坡带受乌夏断裂带及克百断裂带控制，西南部与中拐凸起相接，东部缓坡带毗邻达巴松凸起、夏盐凸起、三个泉凸起、英西凹陷和石英滩凸起（图8-1-3）。平面上玛湖凹陷近椭圆形展布，走向为北东—南西向，东西长约50km，南北长约120km，面积约5000km$^2$，为盆地内重要的生烃凹陷。

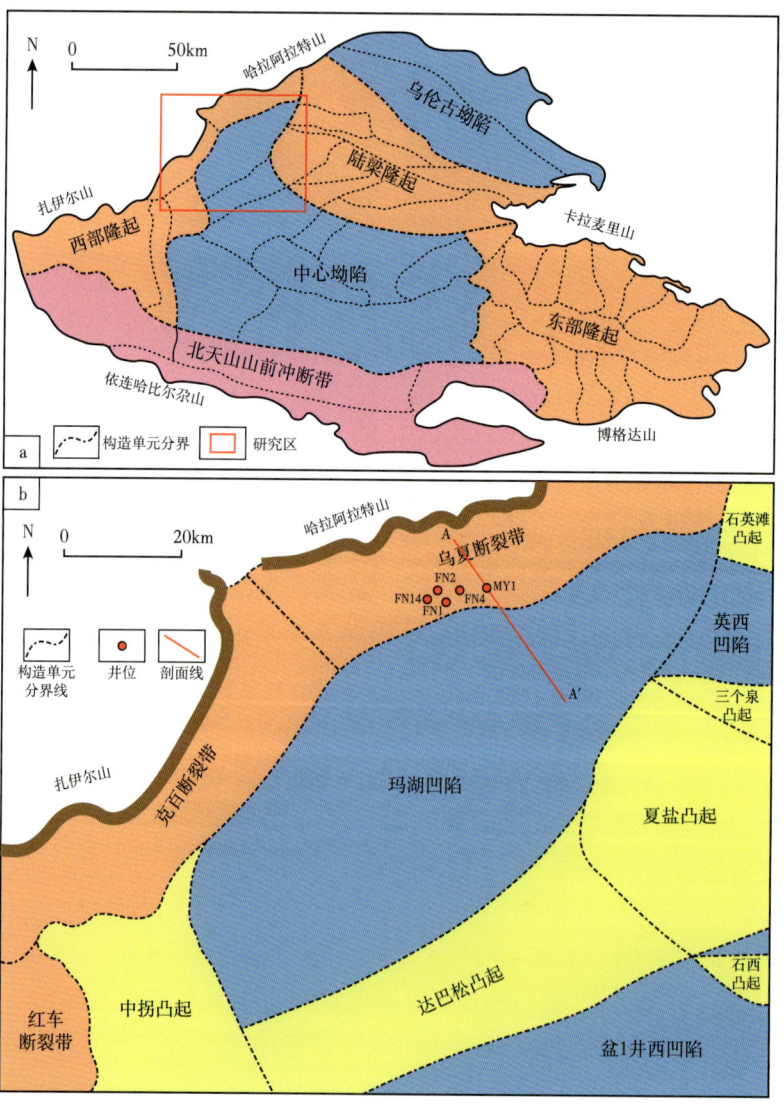

图 8-1-3 准噶尔盆地玛湖凹陷位置示意图

玛湖凹陷是在前石炭系褶皱基底上，受多期周缘冲断活动控制而形成的石炭纪—第四纪凹陷，共经历海西、印支、燕山和喜马拉雅4期构造运动。二叠纪构造运动频繁，乌夏断裂带与克百断裂带的转换带附近应力变化复杂，大型边界断裂广泛分布，裂缝极其发育。二叠系地层发育齐全，自老到新、自下而上依次发育佳木河组（$P_1j$）、风城组（$P_1f$）、夏子街组（$P_2x$）、下乌尔禾组（$P_2w$）和上乌尔禾组（$P_3w$）。

玛湖凹陷风城组沉积向凹陷内倾斜，为西北厚、东南薄的不对称箕状凹陷。风城组地层总厚度为200~600m，分为风城组一段（$P_1f_1$）、二段（$P_1f_2$）和三段（$P_1f_3$）。受古气候变化和火山活动影响，风城组形成了一套富含碱性矿物的咸化湖盆沉积体系。风一段沉积早期，火山活动剧烈，陆源物质供给较少，发育凝灰岩等火山碎屑岩；随湖平面升高及火山活动减弱，风一段顶部发育白云质页岩、泥岩。风二段沉积时期，气候变干旱，湖盆萎缩，盐度增大，水体分层，呈现白云质页岩与长英质页岩交替出现的特征；在热液作用下，深大断裂附近发育碱性矿物。风三段沉积时期，气候变湿润，盐度减小，陆源碎屑供给增多，发育泥质粉砂岩、白云质页岩等。

# 第二节　致密油气、页岩油气测井评价思路

非常规致密、页岩油气具有储层致密、岩性复杂和流体类型多样等特点，且多呈薄互层宏观结构，非均质性和各向异性强，需以丛式井与水平井及大型压裂改造方式实现规模有效开发，这些地质、油气藏和工程等特点决定着其勘探开发过程中对测井技术有着诸多异于常规油气的特有技术需求。例如古龙页岩不但黏土含量高，岩电关系复杂，而且纹层及页理发育、各向异性强，如何利用测井资料，精确评价有利含油层段，认识"甜点"空间分布，并评价资源潜力，是页岩油取得勘探开发重大突破的关键，也是对测井技术极限的挑战。

非常规油气测井评价过程主要目的有三个：一是发现非常规油气层，指明储层品质较高的致密油气分布区，认识规模储量，优选资源"甜点区"，即解决有无地质储量的问题；二是寻找油气"甜点区"，预测有利区块展布，明确开发区域，寻找地质"甜点区"，即解决油气能否采出的问题；三是支持钻井、完井和体积压裂等工程技术的有效实施，即选取工程"甜点区"，即解决油气如何产出的问题。基于这些目的，非常规油气储层的评价主要是对"七性关系"的评价，即对岩性、含油性、物性、电性、烃源岩特性、脆性和地应力各向异性的评价。在此基础上，对烃源岩品质、储层品质和工程品质"三品质"进行评价。

因此，非常规油气勘探过程注重资源、地质和工程"甜点"识别。"甜点"又可分为"甜点区"和"甜点段"。"甜点区"是指在平面上有利页岩层系分布范围内，经人工改造可形成工业价值的相对高产富集区；页岩层系油气"甜点段"是指剖面上油气相对富集或潜力相对较大的页岩层系内部，经人工改造可形成工业价值的高产层段。

## 一、非常规油气测井技术的应用

近年来，随着全球各个盆地的页岩油勘探开发均取得了成效，这为陆相页岩油勘探

开发起到了很好的启示作用。测井技术作为重要的技术手段在页岩油理论研究与实践中发挥了不可替代的作用。通过地质与地球物理测井资料实现页岩油岩相、孔隙结构、裂缝、储层参数、脆性、地层压力和源储配置关系等精细评价与表征。然而总体而言，非常规油气的快速兴起使得现今测井评价技术正面临不适应勘探开发对象的艰难时期。在非常规油气的高效勘探和有效开发过程中，测井技术能够发挥诸多的关键性技术作用，其中测井评价技术的作用归纳起来则主要体现在以下三个方面。

1. 储量参数计算

与常规油气相类似，在非常规油气储量计算中，由于岩心分析的数据是离散的，因此要求测井至少应提供孔隙度、饱和度、有效厚度和油气层分布面积等储量参数。

2. 优选油气"甜点段"和分布区

通过有效孔隙度、饱和度等描述储层静态特征的关键参数表征储层品质，以脆性指数、地应力分布和孔隙压力等描述储层岩石力学特性的关键参数表征工程品质，以总有机碳含量、有效厚度描述烃源岩生排烃能力的关键参数表征烃源岩品质。针对具体类型的非常规油气，建立融合此三类品质的油气"甜点"优选方法与标准。在此基础上，差中找优地筛选出油气"甜点"，明确其最有利的分布层段和分布区域。

3. 对钻井和压裂的技术支持

通过前期测井资料指导后期水平井钻井钻进方向等，同时可明确储层横向连通性、水平地应力方位和天然裂缝方位，指导水平段井眼轨迹设计；此外，可优选地质导向的敏感测井参数，指导导向工具的针对性应用，提高油气层钻遇率。

## 二、测井技术面临的挑战与探索

致密油气、页岩油气评价提出的"七性关系"和"三品质"评价使测井评价技术面临多重挑战和全新探索。

国内外非常规油气勘探实践表明，油气成藏的关键要素是"甜点"的发育程度，"甜点"越发育，含油气性越好。但非常规油气"甜点"在纵向上具有较强的非均质性，从单井上进行识别和评价至关重要。目前，制约非常规勘探的重点和难点主要有：（1）如何耦合各项岩石物理参数（孔隙度、渗透率、饱和度、脆性指数、TOC、地应力大小等）有效地建立"甜点"综合性定量评价技术；（2）如何单井定性识别和定量评价页岩油"甜点"分布，在纵向上描述"甜点"分布非均质性；（3）如何将影响"甜点"的各类地质、工程要素与地震信息建立联系，通过地震进行精细平面预测。

# 第三节　"七性关系"测井评价

20世纪60年代，大庆油田基于电测井序列，针对常规油气储层率先提出了"四性关系"为依托的地层评价方法。如今得益于非常规油气地质理论以及压裂改造工艺等技术的进步，致密油气、页岩油气逐渐成为勘探开发的重要目标。勘探目标的转变以及技术需求的提高对测井评价技术提出了新的要求，即由原来的"四性关系"研究逐渐转向

"七性关系"研究，因此亟须提取相关测井属性和信息，提供测井识别精度和扩展测井评价广度。

## 一、"七性关系"研究

### 1. 岩性特征

玛湖凹陷风城组沉积背景和国内大多数陆相湖盆相似，矿物成分具有极强的混源混积特征（图 8-3-1）。玛湖凹陷样品的 XRD 结果显示，组成页岩储层的矿物主要包含黏土矿物、陆源碎屑矿物（斜长石、钾长石和石英）、内源化学成因矿物（方解石、白云石）和少量黄铁矿。与鄂尔多斯盆地长 $7_3$ 亚段和古龙凹陷青山口组青一段不同，玛湖凹陷风城组黏土矿物平均含量低（<10%），长英质和碳酸盐矿物是组成混积页岩的主要成分，同时同一种矿物在不同样品中含量差异大，显示出极强的成分非均质性。从各矿物平均含量统计结果来看，长英质矿物含量最高，其次为碳酸盐矿物，黏土和黄铁矿含量占比最低。石英含量为 0~49.5%（平均含量为 27.0%），斜长石含量为 0~43.6%（平均含量为 13.6%），钾长石含量为 2.1%~43.0%（平均含量为 8.7%）；其次为碳酸盐矿物，其中

图 8-3-1 玛湖凹陷风城组页岩岩性薄片特征

a. 长英质泥页岩，玛页 1 井，4632.59m，单偏光；b. 长英质泥页岩，玛页 1 井，4786.63m，正交光；c. 云质泥页岩，玛页 1 井，4789.56m，正交光；d. 灰质泥页岩，玛页 1 井，4737.7，正交光；e. 黏土质泥页岩，玛页 1 井，4708.51m，单偏光；f. 混合型泥页岩，玛页 1 井，4731.09m，正交光；g. 混合型泥页岩，玛页 1 井，4625.79m，正交光；h. 硅硼钠石颗粒，玛页 1 井，4729.97m，正交光；i. 硅硼钠石条带，玛页 1 井，4721.91m，正交光

白云石含量远大于方解石，白云石含量为0~50.4%（平均含量为28.9%），方解石含量为0~47.0%（平均含量为9.0%）；黏土矿物含量为0~32.1%（平均含量为8.3%），远低于淡水湖盆深湖—半深湖相的黏土矿物平均含量，黄铁矿含量为0~14.6%（平均含量为4.5%），是所有矿物含量中最低的。从单个样品来看，长英质与碳酸盐矿物含量存在此消彼长的关系，反映了当陆源碎屑物质供应充足时以机械沉积作用为主，当陆源碎屑物质供应不足时以化学沉淀作用为主的沉积过程。总的来说，玛湖凹陷风城组页岩储层矿物成分类型多样，具有极强的非均质性，给岩相识别与划分带来了巨大的挑战和困难。

通过岩心薄片观察以及全岩XRD分析实验能够准确得到地层各深度点上岩石矿物类型及其相对含量，但是由于取心井段以及岩心XRD分析实验的数量有限且成本较高，无法实现对单井矿物成分的连续识别，因此需要建立具备极好连续性的测井解释结果与离散实验数据点之间的关系，从而实现单井上纵向岩性划分。在砂岩等常规储层以及碳酸盐岩等常规储层中，研究人员能够通过常规测井资料完成对不同类型岩石物理特性的表征，进而建立其与各类岩性中矿物含量的对应关系，通过交会图法、最优化模型法等多种方式完成岩性划分以及识别划分。但是页岩储层中混积现象明显，纵向上变化极快，传统的常规测井资料以及解释方法精度无法满足研究需要，因此litho scanner岩性扫描测井等新技术在页岩油储层岩性识别方面的应用就显得举足轻重。

斯伦贝谢公司于2012年推出litho scanner岩性扫描测井技术。该技术采用更高性能的脉冲中子发射器（PNG）搭配掺铈溴化镧（$LaBr_3$：Ce）探测器。对比上一代元素俘获测井技术（ECS），litho scanner不仅提高了原有硅、钙、铁、硫、钛、氯、氢、钡等元素的探测精度以及准确度，更增加了对碳、铝、钾、锰、钠、铜、镍、氧八种元素的探测。基于中子非弹性散射以及俘获过程探测分析，litho scanner将所得到的元素非弹性散射谱以及俘获标准谱与剥谱分离以及氧闭合模型等方法相结合，实现元素产额、元素干重、岩石骨架信息等岩性解释要素的获取，从而能够完成页岩等矿物含量极为复杂的储层岩性划分工作（图8-3-2）。

由于玛页1井风城组页岩层段中矿物类型以及相对含量分布均表现出复杂多变的特征，无法直接建立元素产额、干重与矿物成分之间的对应映射关系。因此，引入自然伽马测井（GR）、深电阻率测井（RT）、密度测井（DEN）、声波时差测井（AC）四条常规测井曲线，并结合碳元素、钠元素、硅元素、镁元素等十二种主要元素干重，建立如下最优化模型。该模型能够实现对页岩油储层中发育的各类矿物成分的纵向连续识别，进而完成储层的岩性划分（图8-3-3）。

2. 物性特征

页岩储层储集空间类型多，从成因来说，页岩孔隙类型分为有机孔隙和无机孔隙。无机孔隙包括黏土孔隙、粉砂质等碎屑粒间及粒内孔隙、微裂缝孔隙。有机孔隙发育于成熟—高成熟有机质中，是有机质热演化生烃膨胀作用的结果。非常规油气储层总体孔隙度较低，孔喉连通性较差，渗透率也较低。根据岩心实测结果来看，风城组页岩段物性差，孔隙度和渗透率低。孔隙度为0.19%~9.50%，平均值为2.83%；而渗透率为0.0005~232.36mD，平均值为4.21mD，仅有6块样品渗透率大于1mD，去除裂缝成因的三个异常高值点，渗透率平均值仅为0.19mD。从孔隙度和渗透率交会图中可以发现

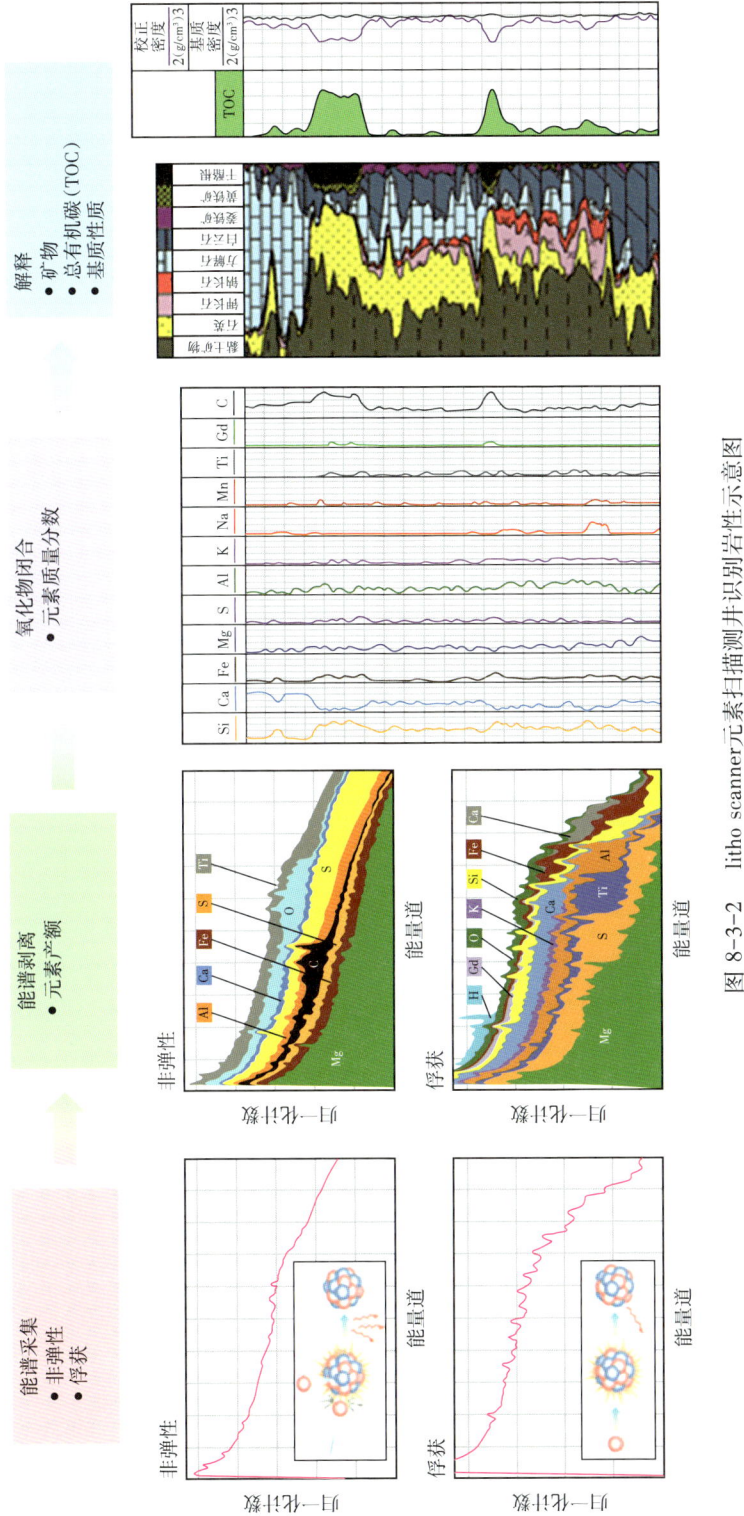

图 8-3-2　litho scanner 元素扫描测井识别岩性示意图

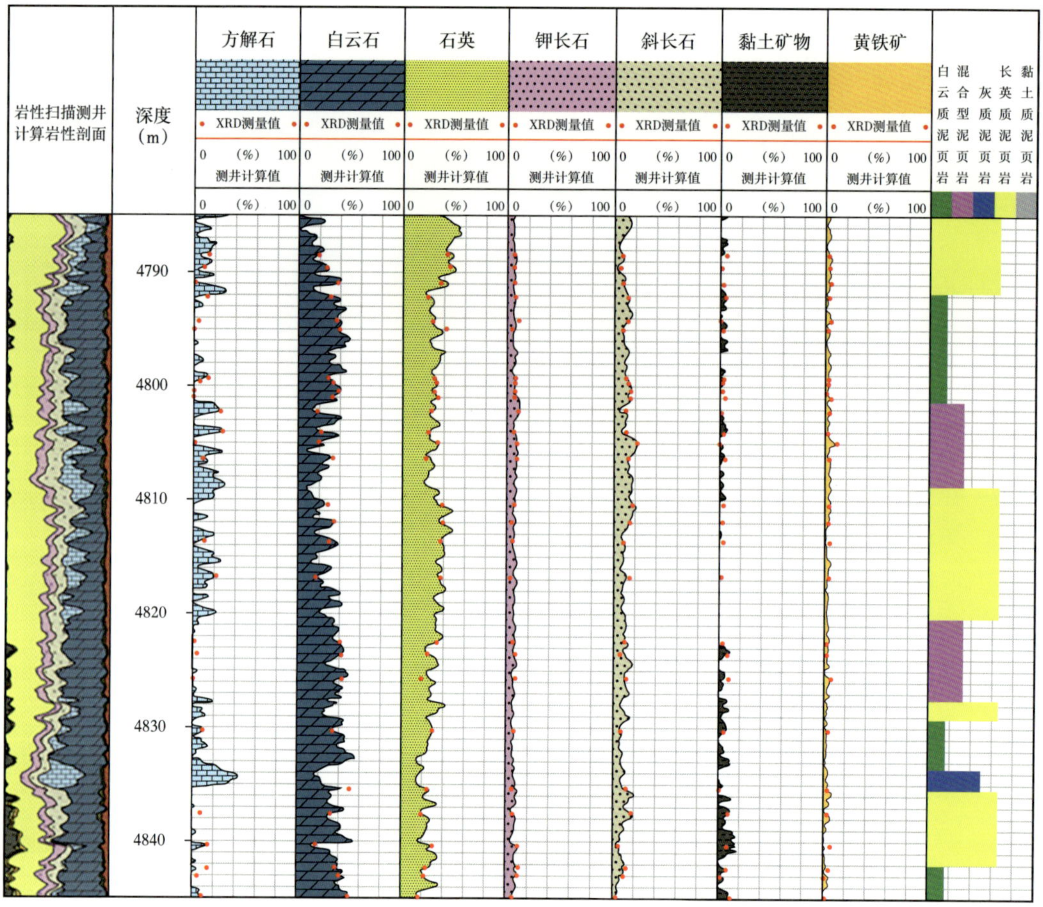

图 8-3-3 玛页 1 井风城组页岩某段岩性识别测井识别结果

（图 8-3-4），总体上虽然渗透率随着孔隙度的增大而增大，但渗透率与孔隙度相关性很差，相关系数 $R^2$ 只有 0.36，说明储层具有极强的非均质性。低孔隙度部分却会出现高渗透率点，表明页岩储层因微裂缝发育极大地改善了储层的渗透率，使得实验中测量出渗透率高异常值（图 8-3-4）。

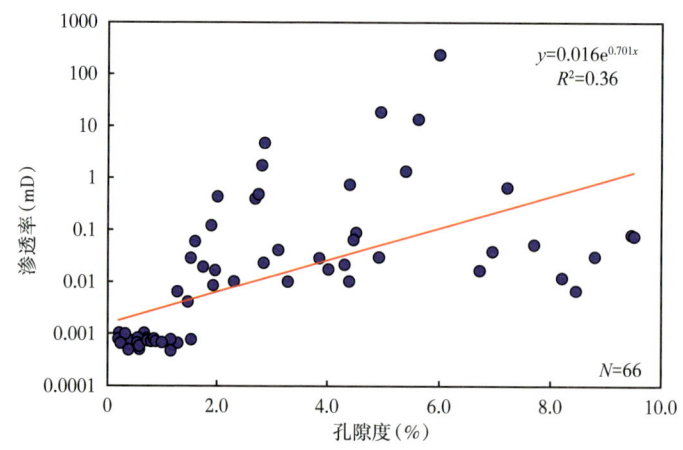

图 8-3-4 玛湖凹陷风城组页岩孔渗关系

非常规油气储层物性的测井评价可通过常规测井曲线以及核磁共振测井来完成。研究表明，岩心分析孔隙度与三孔隙度曲线具有一定的规律。因此，可以应用密度、中子孔隙度和声波时差曲线建立总孔隙度和有效孔隙度的回归模型，如针对古龙页岩油的回归公式为（李宁等，2020）：

$$\phi_{总} = 32.31 + 0.021\Delta t - 13.49\rho + 0.289\phi_{CNL} \quad (8\text{-}3\text{-}1)$$

$$\phi_{有效} = 41.28 + 0.027\Delta t - 17.2681\rho + 0.134\phi_{CNL} \quad (8\text{-}3\text{-}2)$$

式中：$\phi_{总}$、$\phi_{有效}$分别为总孔隙度、有效孔隙度，%；$\Delta t$为声波时差，μs/m；$\rho$为岩性密度，g/cm³；$\phi_{CNL}$为补偿中子孔隙度，%。

当然，由于页岩等非常规储层薄层发育，非均质性强，相邻样品的孔隙度值变化大，常规测井计算储层孔隙度误差比较大。因此，往往要引入核磁共振测井等新技术测井资料实现非常规油气孔隙度测井计算。在准确岩心归位基础上，可将核磁共振$T_2$谱以及核磁共振测井获取的核磁共振参数实现孔隙度分量测井计算。

核磁共振资料是孔隙度计算的一种重要手段。通常情况下，在缺少离心实验分析资料刻度的条件下，可以3ms为截止值计算有效孔隙度，以10ms为截止值计算可动孔隙度。但该方法处理的结果与岩心分析对比往往存在一定误差。实际上，需要通过岩心核磁共振实验的标定，确定总孔隙度和有效孔隙度的起算时间，从而利用核磁共振$T_2$谱来计算总孔隙度和有效孔隙度等参数。

核磁共振测井总孔隙度的提取相对简单，由于核磁测量的范围是0.3~3000ms，因此总孔隙度是全部时间范围内信号分量的叠加，与截止值无关。通过对连续的原始数据反演就会得到如图8-3-6左下位置所示的连续$T_2$谱，通过式（8-3-3）对每一个单独的$T_2$谱计算，就会得到连续的总孔隙度数据：

$$\text{PHIT} = \int_{0.3}^{3000} S(T_2) dT_2 \quad (8\text{-}3\text{-}3)$$

式中：PHIT为总孔隙度，%；$S(T_2)$为$T_2$分布函数。

与总孔隙度相对应的参数是可动孔隙度，它是指储层中流体不仅可以赋存并且在其中可以流动部分占岩石样品的体积。确定可动孔隙度是页岩储层质量和区分孔隙结构类型纵向连续表征的重要环节。在核磁共振实验或核磁共振测井中，除了可以提供总孔隙度，还可以提供可动孔隙度。但实验和测井计算方面略有区别，核磁共振实验是先饱和水测量后再离心测量，也就是说测量两次核磁共振信号得到确定可动流体与束缚流体分界的$T_2$截止值。而核磁共振测井模型则是直接将总孔隙通过截止值划分为束缚流体孔隙和可动流体孔隙两部分（图8-3-5），大于截止值的部分代表可动流体，小于截止值的部分则对应束缚流体，因此利用核磁共振测井计算可动孔隙度过程中$T_2$截止值的选取至关重要。

确定截止值后就可以计算可动流体孔隙度［式（8-3-4）］和束缚流体孔隙度［式（8-3-5）］，从而为利用Timur公式计算渗透率提供参数基础。

$$\text{FFV} = \int_{T_{2\text{cutoff}}}^{3000} S(T_2) dT_2 \quad (8\text{-}3\text{-}4)$$

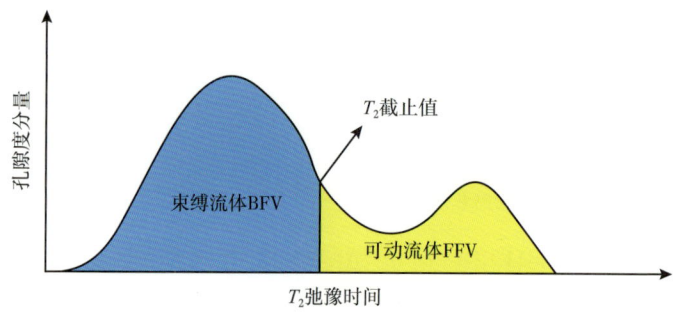

图 8-3-5　核磁共振测井束缚流体与可动流体分布

$$BFV = \int_{0.3}^{T_{2cutoff}} S(T_2) dT_2 \qquad (8-3-5)$$

式中：FFV 为可动流体孔隙度，%；BFV 为束缚流体孔隙度，%；$T_{2cutoff}$ 为截止值，ms。

由于核磁共振测井仪的测量范围为 0.3~3000ms，因此式（8-3-4）和式（8-3-5）中的积分区间界限为 0.3 和 3000。

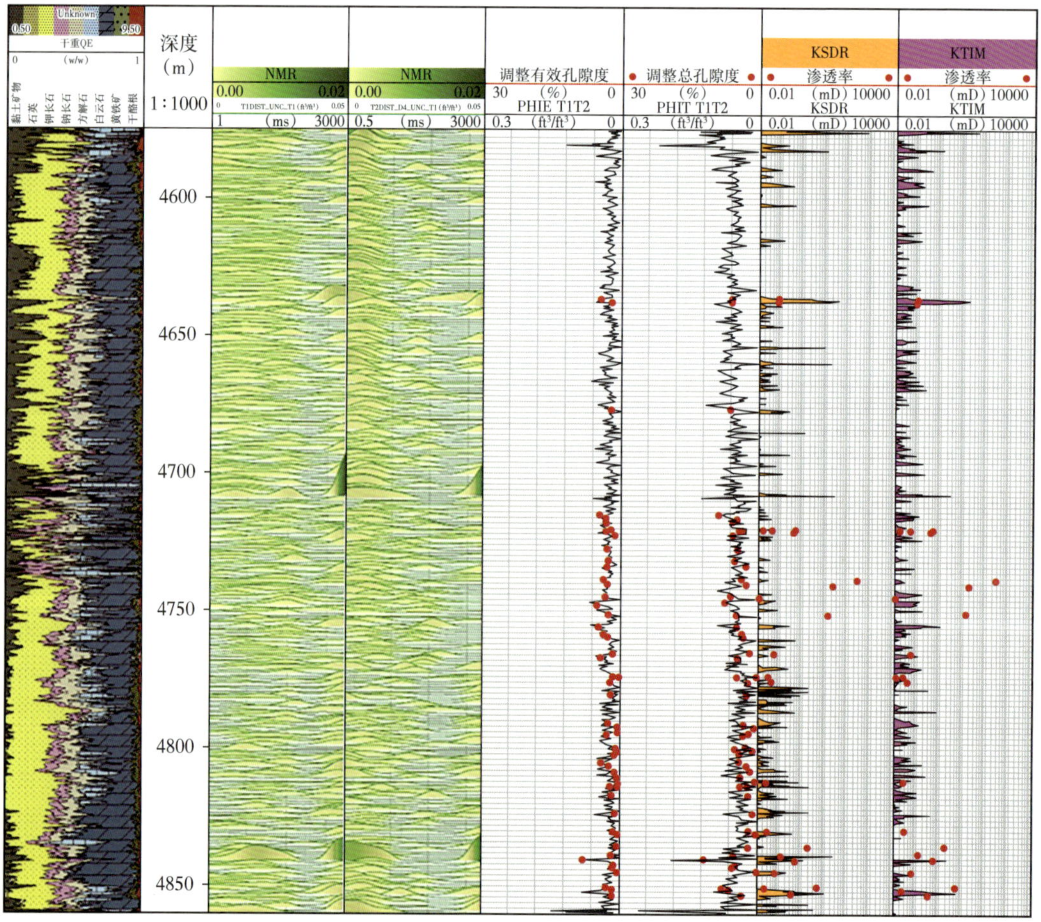

图 8-3-6　玛湖凹陷风城组页岩核磁共振计算物性参数结果

渗透率是反映储层渗流能力的重要参数，在常规储层中一般先计算孔隙度，然后通过孔隙度与渗透率交会图拟合地区经验公式的方法求得。但是页岩储层储集空间类型多样，还发育微裂缝，具有极其复杂的孔隙结构，通过孔隙度与渗透率交会图的方式难以求得经验公式。如前所述，可动流体孔隙度与束缚流体孔隙度已经通过确定 $T_2$ 截止值的方法求出，因此定量计算可以直接套用 Timur 公式：

$$K_{\text{Timur}} = a \cdot 10^4 \cdot \text{PHIT}^b \cdot \left( \frac{\text{FFV}}{\text{BFV}} \right)^c \qquad (8\text{-}3\text{-}6)$$

式中：$K_{\text{Timur}}$ 为渗透率，mD；PHIT 为总孔隙度，%；FFV 为可动流体孔隙度，%；BFV 为束缚流体孔隙度，%；$a$ 为前置系数，取值为 1；$b$ 为孔隙度指数，取值为 3.3；$c$ 为孔隙结构指数，取值为 1.8。

3. 含油气性

通过岩心观察，可根据风城组页岩层段各矿物组成成分之间的空间分布以及组合方式，依照层状沉积构造的宽厚度将其划分为三类：纹层状沉积构造、薄层状沉积构造、块状沉积构造（图 8-3-7）。从岩心上可以观察到，薄层状沉积构造以石英、长石类矿物或碳酸盐类矿物条带叠置发育为主，条带厚度为 1~5cm，同时可见其中发育滑塌构造以及微断裂等，指示在其沉积期间陆源碎屑物源供给较为充足且构造运动频繁。薄层状沉积构造的地层以矿物粒间孔、粒内孔以及微裂缝、层理缝等形成主要储集空间，在荧光下能够见到大量的淡黄色油浸现象，表明其具备极好的含油性特征。在纹层状沉积构造中，厚度小于 1cm 的石英、长石类矿物、碳酸盐类矿物以及黏土矿物纹层在纵向上密集

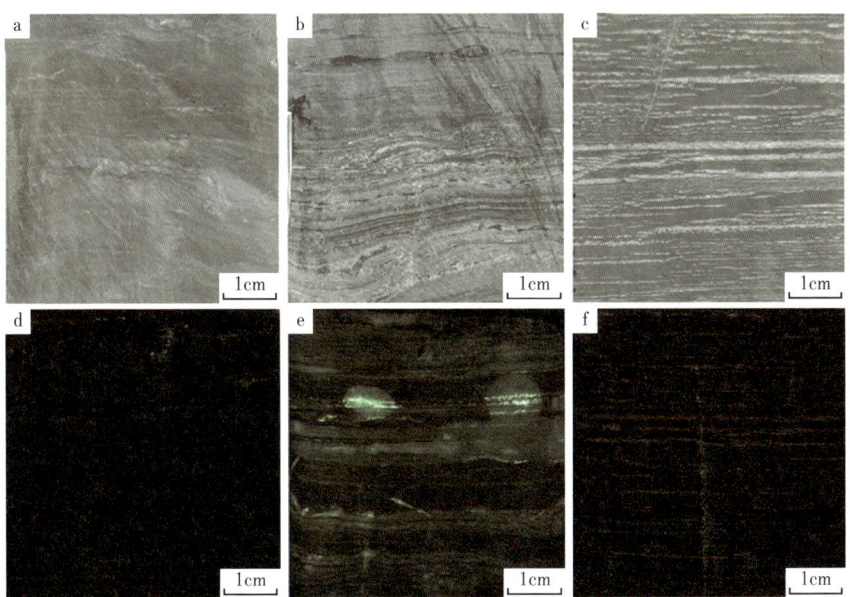

图 8-3-7　玛湖凹陷风城组页岩沉积构造类型及含油性特征（玛页 1 井）

a. 块状沉积构造，4664.74~4664.80m；b. 薄层状沉积构造，4782.62~4782.70m；c. 纹层状沉积构造 4780.16~4780.22m；d. 块状沉积构造荧光显示，4664.74~4664.80m；e. 薄层状沉积构造荧光显示，4782.62~4782.70m；f. 纹层状沉积构造荧光显示，4780.16~4780.22m

分布，标志在其沉积过程中蒸发作用强弱变化显著。但可见纹层状沉积构造的延伸性较差，常出现断裂现象，同样体现出该地区风城组沉积期间微地震发生频率较高。同时组成纹层状沉积构造地层的石英、长石类矿物、碳酸盐类矿物纹层物性相对较弱，在荧光下能见到少量的油迹显示，对比薄层状沉积构造地层呈现整体含油性变弱趋势。厚层状沉积构造地层在岩心上可见矿物成分变化缓慢，岩性较为单一，单层厚度均大于5cm，最厚处甚至超过10cm，且没有明显的构造特征，显示其间沉积环境平稳，没有受到构造运动以及湖平面波动的影响。由于该地区风城组页岩层段的厚层状沉积构造中黏土矿物含量较多，岩性致密，储层物性、非均质性较差，因此含油性最差，在荧光下几乎看不到任何含油性显示。

4. 电性、测井响应

玛湖凹陷风城组页岩在常规测井曲线上普遍具有"三高一低一负"的特征，即高电阻率、高声波时差、高中子孔隙度、低密度、自然电位负异常。此外，优质的页岩油"甜点"发育层段在成像测井图像及核磁共振测井 $T_2$ 谱也具有一定的响应特征。

图 8-3-8 中 4590.00~4600.00m 为玛页1井风城组典型的优质页岩储层"甜点"发育层段，是全井段电阻率最大的单层，一般大于 $200\Omega\cdot m$，同时核磁共振测井大多显示为双峰不偏或双峰右偏，说明Ⅰ类储层具有优质的孔隙结构和相对大的可动空间，电

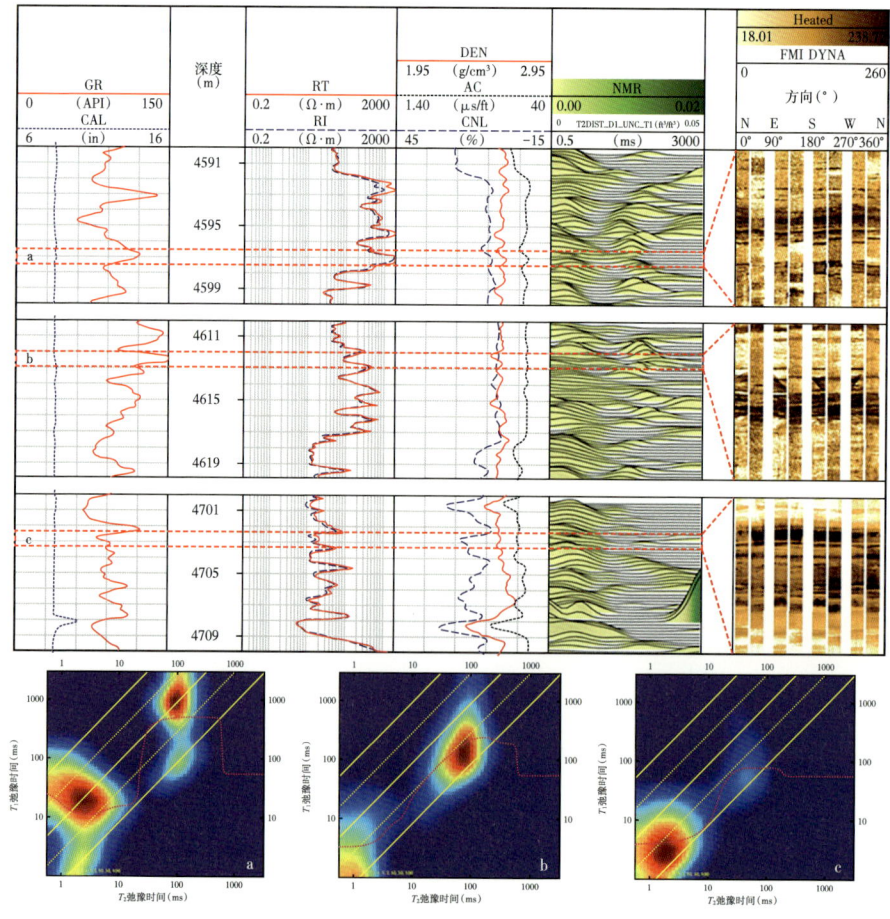

图 8-3-8　玛湖凹陷风城组典型页岩储层测井响应特征

成像动态图像可以观察到高导缝，$T_1$-$T_2$交会图则显示 a 段储层流体类型主要为少部分的束缚水和可动水，而沥青质和可动油含量高，说明无论从储集空间还是含油能力来说，这种响应特征下的储层都是最好的，同时 4599.00m 处的射孔平均每米 6 次累计产液为全井最高的 21.07m³。4610.00~4620.00m 处为典型的中等页岩储层类型，此段具有相对中等的电阻率，其平均值比Ⅰ类储层略小，核磁共振 $T_2$ 谱表现为双峰不偏或双峰左偏，其中右偏峰的数量比Ⅰ类储层少，说明其孔隙结构和可动孔隙度中等，成像上可以观察到不完整的暗色正弦线，表明为高导缝，同时 $T_1$-$T_2$ 交会图显示其流体以束缚水含量比Ⅰ类储层略多，可动流体为可动油及可动水的混合物，表明Ⅱ类储层孔隙空间和Ⅰ类储层相差不大，但含水率略高，4599.00m 处的射孔平均每米 6 次累计产液为 8.97m³。4700.00~4710.00m 是全井段电阻率最低的层段，只有几十欧姆·米，核磁共振 $T_2$ 谱几乎全部为单峰左偏，大于 21ms 的可动部分体积极小，同时成像测井虽然识别出两条高角度裂缝，但具有亮色边，极有可能是方解石或白云石矿物充填的结果，$T_1$-$T_2$ 交会图中能量团也集中分布在左下角的束缚水区，同时 4710.00m 位置处 6 次试产仅有一次产液并且产量极低（只有 1.17m³）。

5. 烃源岩特性

评价烃源岩特性通常依赖地球化学分析测试方法，获得其中有机质类型、有机质丰度和成熟度等参数，其中的有机质丰度常用总有机碳（TOC）含量来表征。但受到分析样品数量和成本的限制，单井纵向上连续评价 TOC 的工作通常难以开展。因此，利用纵向分辨率高、连续性好的测井资料势在必行。Schmoker（1981）与 Schmoker 和 Heste（1983）利用对烃源岩有机碳响应比较灵敏的自然伽马、密度和声波时差等曲线建立了烃源岩定性识别方法。Passey 等（1990）提出了基于声波时差和电阻率曲线相叠合的 $\Delta \lg R$ 方法进行 TOC 测井计算（Passey Q R et al., 1990）。此后，国内外学者在此基础上提出了基于不同电测响应具有不同适应性的 TOC 测井评价模型，并取得了广泛应用。

实际操作过程中将声波时差（线性刻度）和电阻率测井曲线（对数刻度）叠合时通常每 50μs/ft（164μs/m）声波时差对应一个对数电阻率刻度（如电阻率从 1Ω·m 到 10Ω·m），在非烃源岩段两条曲线将重叠（基线处），而在二者分异处，即为烃源岩段，且分异幅度越大，一般指示有机质含量越高。当然实际操作过程中还需利用自然伽马曲线等识别剔除蒸发岩、火成岩、致密层段或井壁垮塌严重层段。考虑到 $\Delta \lg R$ 方法要找基线，可能存在误差，而研究表明自然伽马能谱测井能分别得到地层中铀元素、钍元素以及钾元素含量，因此也可利用自然伽马能谱测井可对烃源岩有机质丰度进行定量评价。

针对玛湖凹陷风城组页岩有机碳丰度相对较低的特征，在研究过程中利用 Schmoker 法、改进的 Schmoker 法、$\Delta \lg R$ 法（密度、中子、声波时差）以及 litho scanner 法计算 TOC，计算结果与实际测量点偏差较大，拟合效果不好。因此本节引入 BP 神经网络法预测 TOC 含量。其具体流程为：利用元素测井解谱获得的铝、钙、铁等 11 种元素的质量分数以及密度、中子、声波时差等 18 条测井曲线，通过 1 个隐藏层及 36 个神经单元进行超过 3 万次的数据训练和学习，直到误差曲线趋于平稳结束，输出不同类型的烃源岩参数 TOC、$S_1$、$S_2$ 及氯仿沥青"A"含量。结果显示，BP 神经网络模型适用性良好，相关系数高，利用该方法计算烃源岩参数可靠（图 8-3-9、图 8-3-10）。

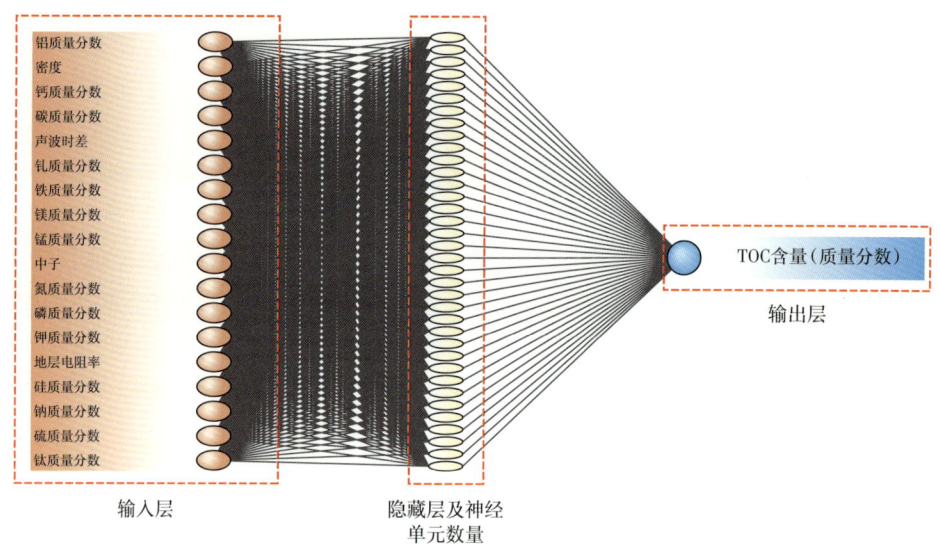

图 8-3-9　BP 神经网络法预测 TOC 含量示意图

6. 脆性

页岩油储层致密，非均质性较强，要采取压裂改造等才能获得工业油流。因此，岩石脆性评价对优选压裂增产层段至关重要。针对非常规油气储层而言，岩石脆性一般定义如下：其发生破裂前的瞬态形变难易程度，间接反映的是储层经压裂改造后所形成裂缝的复杂程度，一般可通过脆性指数来定量表征。通常，脆性高的层段可压裂性好，在压裂作业中能够形成复杂的网状裂缝，有利于油气开发。脆性指数的计算方法可分为 3 种：一是基于岩石力学参数的泊—杨法（泊松比—杨氏模量法）[式（8-3-7）~式（8-3-9）]；二是基于脆性矿物（石英、长石、碳酸盐等）含量计算矿物成分比值法［式（8-3-10）、式（8-3-11）]；三是地区经验公式法。通常，脆性矿物含量增加，将导致岩石力学参数中的泊松比减小而杨氏模量增大。因此，矿物组分法和泊松比—杨氏模量法二者具有内在关联性，矿物组分是岩石力学特征的物质基础与内因，岩石力学参数则是脆性的外在表现形式。

杨氏模量是描述固体材料抵抗形变能力的物理量。根据胡克定律，在物体的弹性限度内应力与应变成正比，应力与应变的比值被称为材料的杨氏模量，其大小表征材料的刚性。杨氏模量越大越不容易发生形变。泊松比是材料横向应变与纵向应变的比，也称为横向变形系数。它是反映材料横向变形的弹性常数。就泊松比而言，其值越低，岩石脆性越强，并且当杨氏模量值增加时，岩石脆性也将增加。

一般来说，石英等脆性矿物含量变化，也将引起相应的岩石力学参数变化（泊松比减小而杨氏模量增大）。矿物组分是其岩石力学性质的物质基础与内因，声学性质（纵横波时差）则是岩石力学性质的外在表现形式。

$$\mathrm{BI}_E = \frac{E - E_{\min}}{E_{\max} - E_{\min}} \qquad (8\text{-}3\text{-}7)$$

$$\mathrm{BI}_\nu = \frac{\nu - \nu_{\max}}{\nu_{\min} - \nu_{\max}} \qquad (8\text{-}3\text{-}8)$$

$$BI = \frac{BI_E + BI_v}{2} \times 100\% \quad (8-3-9)$$

$$BI = (Qz+Car+Fels)/(Qz+Car+Fels+Clay) \times 100\% \quad (8-3-10)$$

$$BI = (Qz+Car)/(Qz+Car+Fels+Clay) \times 100\% \quad (8-3-11)$$

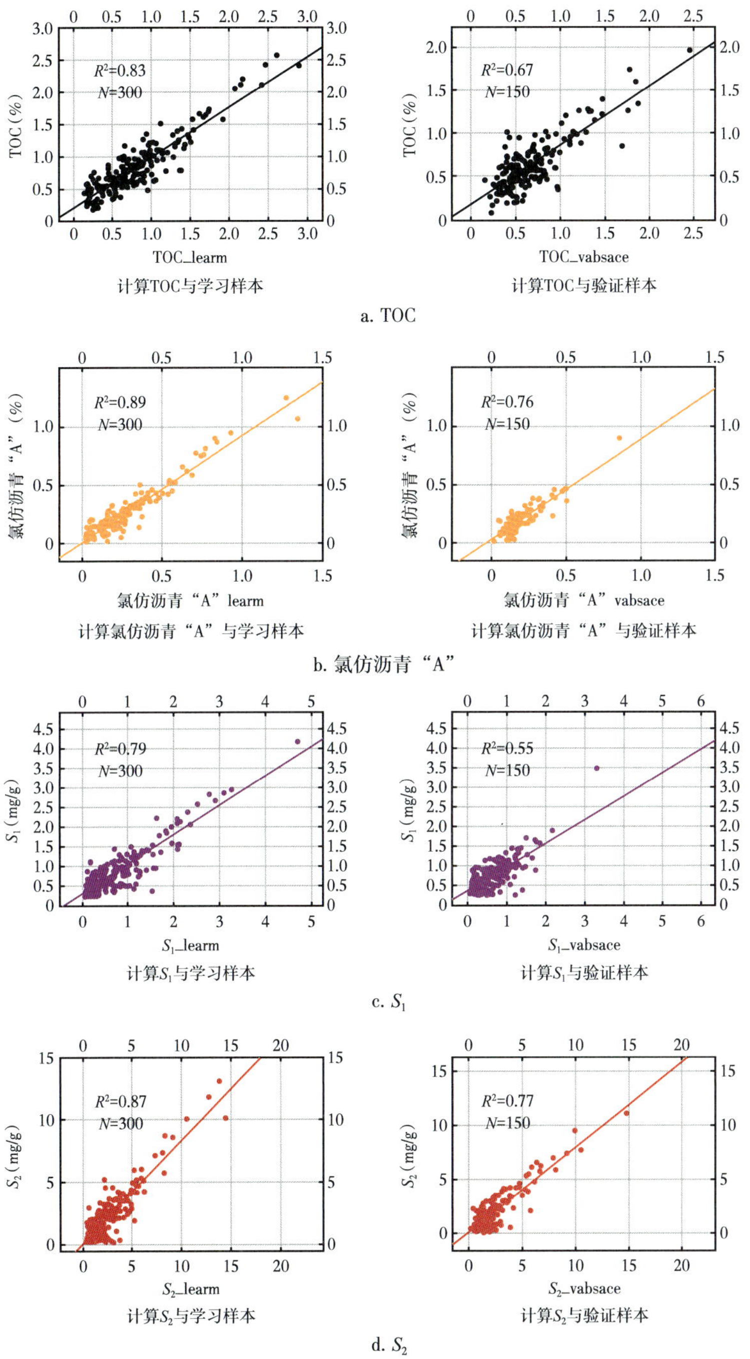

图 8-3-10 TOC 等地球化学参数测井计算与检验结果

式中：BI 为脆性指数，%；Qz 为石英含量；Car 为碳酸盐含量；Fels 为长石含量；Clay 为黏土总量；$E$ 为岩石的杨氏模量，GPa；$v$ 为岩石泊松比；下标的 min 和 max 分别代表该参数在某个地层段内的最大值和最小值；$BI_E$ 和 $BI_v$ 分别为通过杨氏模量和泊松比所计算的脆性指数。

如图 8-3-11 所示，相较于泊—杨法，矿物组分法在纵向上的变化更加频繁，更加能够契合玛页 1 井风城组页岩矿物成分复杂、非均质性强的沉积特征，更好地反映出页

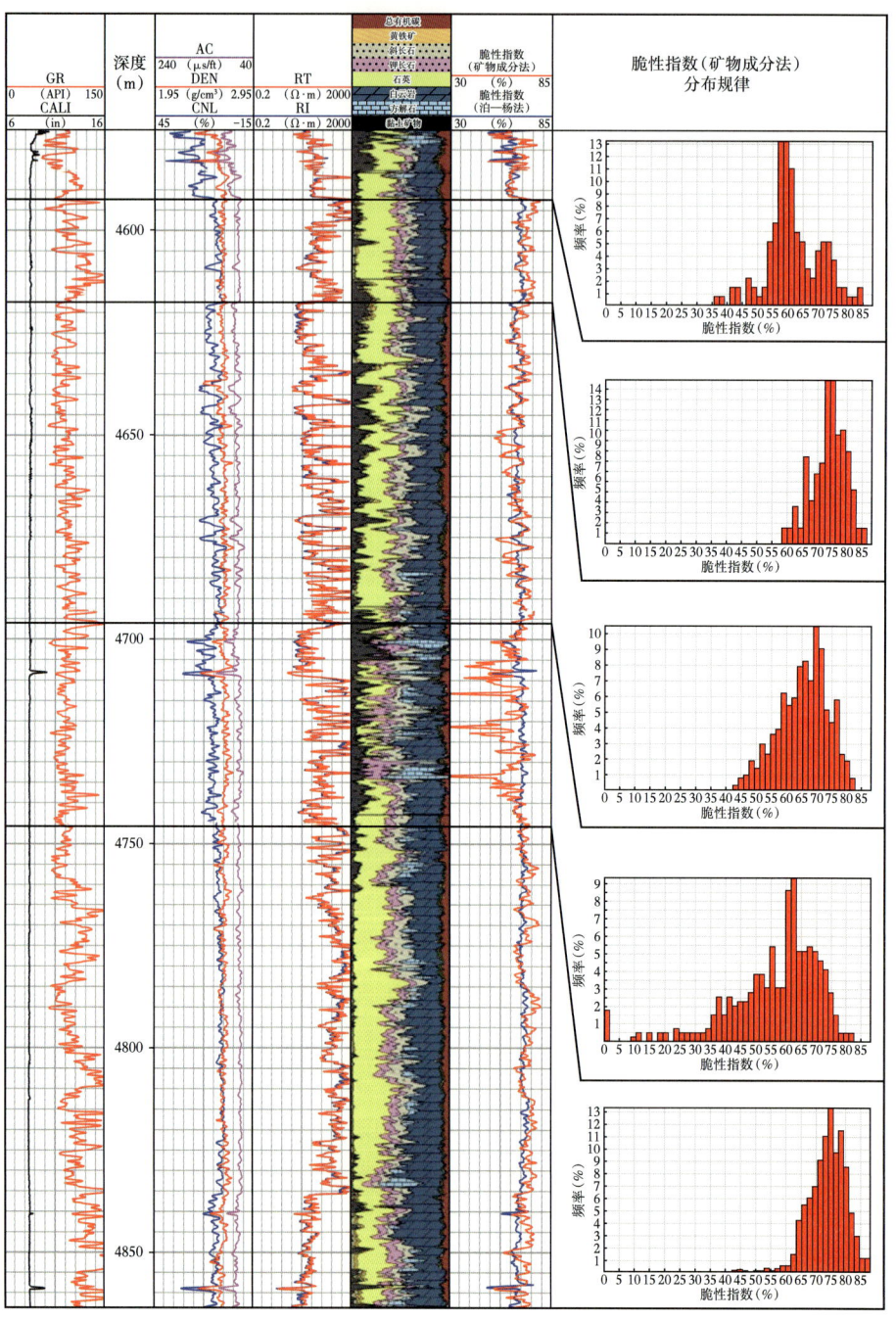

图 8-3-11 玛页 1 井风城组页岩储层脆性指数计算结果及分布规律

岩油储层的可改造能力变化。另外，由矿物成分法计算得到的脆性指数呈现出与玛页1井沉积环境旋回变化具有明显对应关系的特征，能够更加适用于风城组页岩的可压裂性评价（图8-3-11）。因此在针对玛页1井的脆性评价中，本书所采用的方法主要是矿物成分法。玛页1井风城组页岩油储层的脆性指数自下而上随矿物成分变化可以划分为五个层段。其中4745~4864m内水体大致为微咸水到咸水环境，白云石等碳酸盐矿物与陆源碎屑矿物交互发育，黏土矿物含量低，总体脆性指数较高，集中在75%~80%范围内；4698~4745m内水体咸度增大，为高盐度环境，大量发育方解石矿物，偶见硅硼钠石等碱性矿物，黏土矿物含量明显增多，脆性指数以60%~65%为主，数值变化范围极大，随黏土矿物升高而明显下降；4618~4698m内水体盐度降低，陆源碎屑矿物含量上升，黏土矿物以及方解石的含量降低，脆性指数以70%~75%为主；4592~4618m深度内古环境变为咸水环境，矿物成分以陆源碎屑矿物为主，大量发育碳酸盐矿物，脆性指数以75%~80%为主，而且分布极为集中；4575~4592m深度内水体深度增大，黏土矿物含量上升，陆源碎屑矿物明显减少，脆性指数以55%~60%为主。

7. 地应力各向异性

地应力是深度、岩性、孔隙压力、结构和构造的综合反映。各向异性是岩石的固有属性，通常可以通过正交偶极测井提取地层各向异性参数，并结合成像测井进行最大水平地应力方向判别、裂缝评价、水力压裂和射孔方案设计。其中，地应力各项评价在非常规油气井网布置、钻完井设计、压裂改造、井壁稳定性分析中起着举足轻重的作用。地应力方向可通过成像测井拾取诱导裂缝和井壁崩落方位进行判别，二者分别指示现今最大和最小水平主应力方向。此外，在三轴应力（垂向应力、最大水平应力、最小水平应力）不均衡的各向异性地层中，横波传播时将分裂成快慢横波（横波分裂），且横波在最大水平主应力方向上传播速度最快。因此，通过阵列声波时差测井提取快横波方位也可以进行地应力方位判别。

斯伦贝谢（Schlumberger）公司的偶极声波DSI和贝克休斯（Baker Hughes）的多极子声波XMAC均可用于横波方位的提取。同时，可提供或计算：(1)纵横波速度；(2)岩石力学参数；(3)岩石破裂压力、地层压力、最大和最小水平主应力。

## 二、单井"铁柱子"建立

当前，针对非常规油气储层，以大量高精度岩石物理实验为依托，刻度常规、成像和核磁共振等多尺度测井资料，建立全井段取心、多序列测井的"铁柱子"井，才能实现非常规油气储层"七性关系"综合评价。如准噶尔盆地吉木萨尔凹陷芦草沟组页岩油吉174井（匡立春等，2015）、鄂尔多斯盆地延长组7段页岩油的城96井（冉冶等，2016）以及准噶尔盆地玛湖凹陷风城组页岩玛页1井（Wang S et al., 2020）等。

"铁柱子"井的岩石物理含义即建立一口取心和分析化验资料较全，同时测井采集序列配套的标杆井，建立测井信息与地质信息的桥梁，明确"甜点段"在测井信息上的响应特征，后续的新井解释都可在"铁柱子"井指导下进行。"铁柱子"井的建立可为非常规致密、页岩油气测井评价搭建了测井和地质研究的桥梁，并可指导其他单井"七性关系"研究和"三品质"评价工作。本节通过综合研究，即可建立集全从岩性、物性、含油性、电性到脆性、烃源岩特性和地应力各向异性的玛页1井"铁柱子"（图8-3-12）。

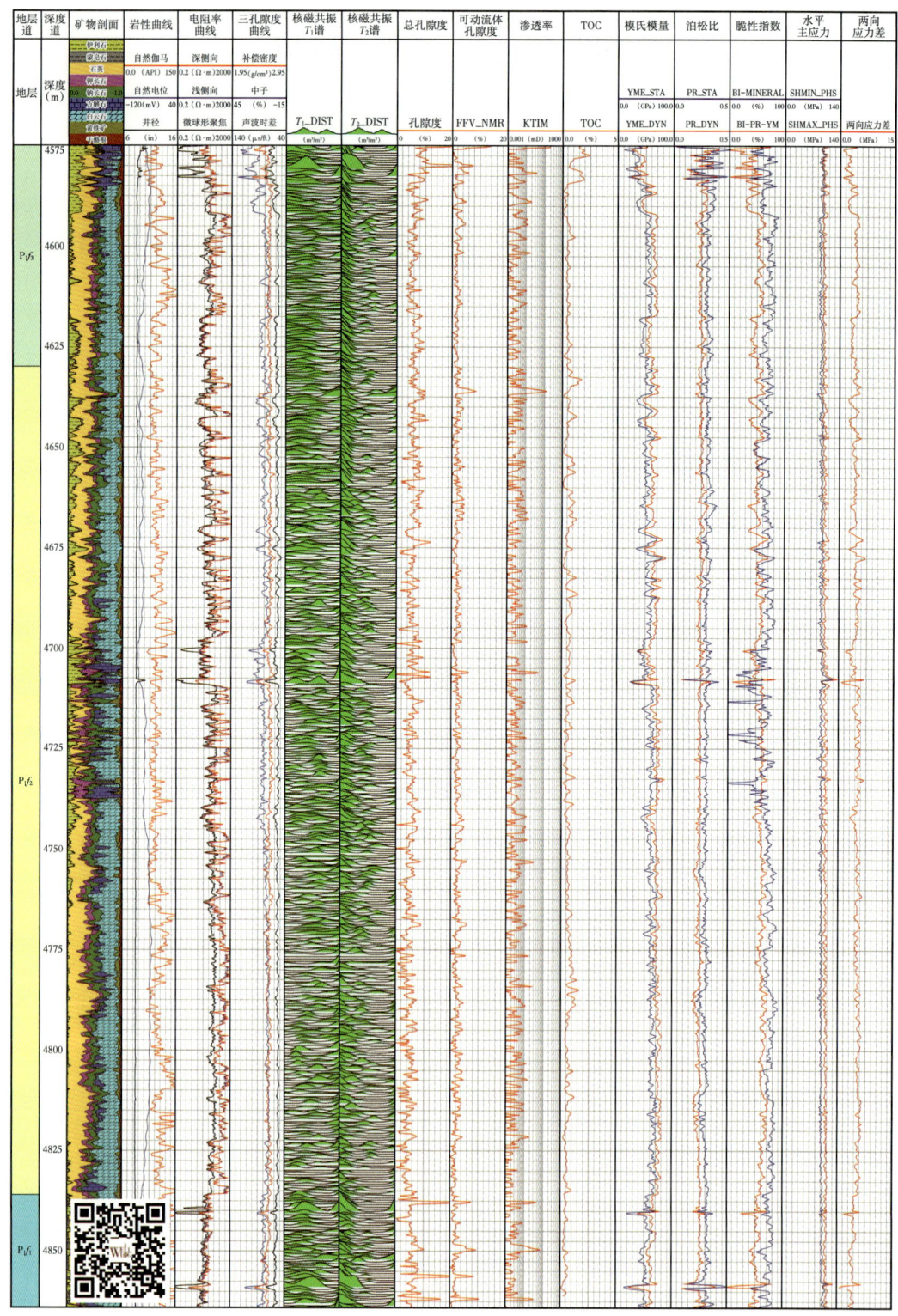

图 8-3-12 玛湖凹陷玛页 1 井风城组"铁柱子"七性关系综合图

# 第四节 "三品质"评价

针对非常规油气的"三品质"评价包括烃源岩品质评价、储层品质评价和工程品质评价。"三品质"评价是非常规油气评价的重中之重，可以此为依据优选出致密油气"甜点"分布。地质"甜点"关注储集物性、天然裂缝、地层能量（压力系数、气油比）、局部构造等综合评价；"工程甜点"关注岩石可压性、地应力各向异性等综合评价。研究认为，海相页岩气富集高产"经济甜点区"需具备地质上"含气性优"、工程上"可压性优"、效益上"经济性优"，即"又甜、又脆、又好"三优特征。

## 一、烃源岩品质

烃源岩品质评价主要依托"七性关系"研究中的烃源岩特性。烃源岩品质决定了油气的富集程度，成熟、优质且具有一定厚度的烃源岩是页岩油形成的物质基础。因此，需要准确计算烃源岩品质参数，确定烃源岩有效性及厚度。烃源岩品质评价主要包括总有机碳（TOC）含量、镜质组反射率（$R_o$）、热解参数（$S_1$）三个参数。有机碳含量越高，储层烃源岩品质越好，越有利于形成地质"甜点区"。有机质成熟度越高，储层烃源岩品质越好，越有利于形成地质"甜点区"。热解参数 $S_1$ 是非常规油气资源评价的关键参数，为岩石中已经生成尚残留在岩石中的烃类。$S_1$ 含量能够直接反映页岩油的富集程度。通常可以通过岩心归位有机碳质量分数与 $S_1$ 相关关系进行拟合，从而再进一步进行定量计算。

基于玛湖凹陷风城组烃源岩特性研究结果，根据 TOC、氯仿沥青"A"及 $S_1+S_2$ 三个指标可以将烃源岩分为三类（Ⅰ类、Ⅱ类、Ⅲ类），将 TOC 与其他两项参数做交会图，可以将三类烃源岩区分开来（据 SY/T 5735—2019《烃源岩地球化学评价方法》）。据此建立玛湖凹陷风城组页岩的源岩品质分类方案（表 8-4-1），通过 TOC、氯仿沥青"A"及 $S_1+S_2$ 三个地球化学参数指标，将烃源岩分为三类（Ⅰ类、Ⅱ类、Ⅲ类）。

表 8-4-1 玛湖凹陷风城组源岩品质分类方案

| 烃源岩类型 | TOC（%） | 氯仿沥青"A"（%） | $S_1+S_2$（mg/g） | 生油岩类型 |
|---|---|---|---|---|
| Ⅰ类 | ＞0.8 | ＞0.3 | ＞4 | 好 |
| Ⅱ类 | 0.4~0.8 | 0.15~0.3 | 2~4 | 中等 |
| Ⅲ类 | ＜0.4 | ＜0.15 | ＜2 | 差 |

## 二、储层品质

储层品质评价岩性、物性和含油性。本节选取页岩储层孔隙结构特征作为研究区阜二段页岩储层有效性的主要影响参数，进而对页岩储层有效性进行研究。基于岩心、薄片、扫描电镜分析资料，根据地层电阻率，含水饱和度，$T_1$、$T_2$ 峰值分布三个参数相结合，建立玛湖凹陷风城组储层品质分类方案（表 8-4-2）。

表 8-4-2　玛湖凹陷风城组储层品质分类方案

| 参数 | Ⅰ类"甜点" | Ⅱ类"甜点" | Ⅲ类"甜点" |
|---|---|---|---|
| 地层电阻率（Ω·m） | 200＜RT＜3000 | 40＜RT＜200 | RT＜40 |
| 含水饱和度（%） | $S_w$＜50 | 50＜$S_w$＜70 | $S_w$＞70 |
| $T_1$、$T_2$峰值分布（ms） | $T_1$＞100、$T_2$＞100 | 10＜$T_1$＜100、10＜$T_2$＜100 | $T_1$＜10、$T_2$＜10 |

玛湖凹陷重点井的连井剖面反映的风城组页岩储层"甜点"纵横向展布特征表明，Ⅰ类储层"甜点"分布具有极强的非均质性，纵向上在$P_1f_3^{3-3}$、$P_1f_2^{2-3}$层段均广泛发育，横向上有五个"甜点"层贯穿全区；同时，Ⅰ类储层"甜点"分布整体表现为由造山带向湖盆、由凹陷边缘向凹陷中心富集的特征，由浅层向深层逐渐增厚增多的趋势（图8-4-1）。

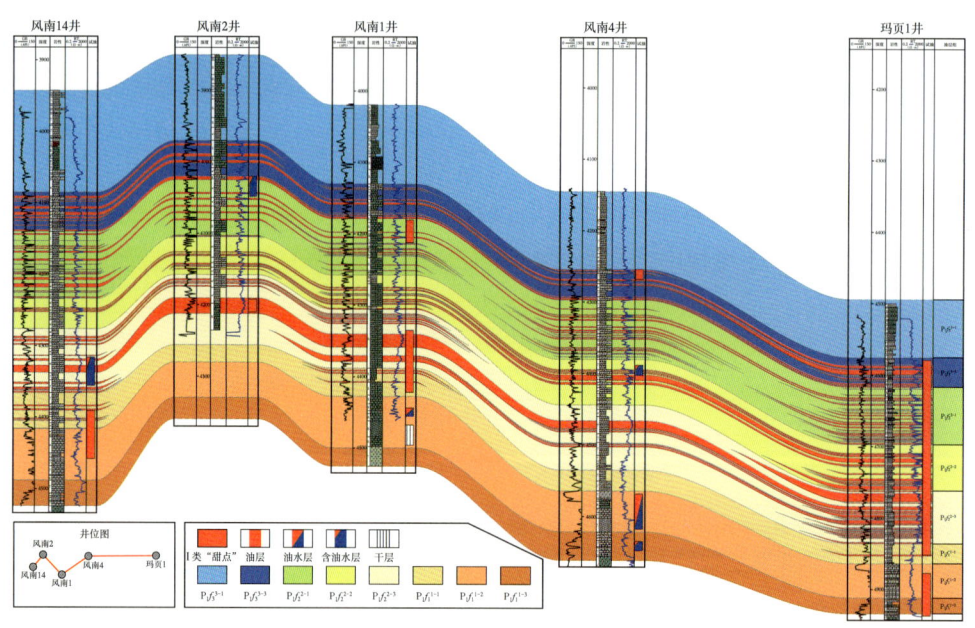

图 8-4-1　玛湖凹陷风南 14—风南 2—风南 1—风南 4—玛页 1 井风城组Ⅰ类储层"甜点"连井剖面图

## 三、工程品质

工程品质评价主要指"脆性"和"地应力各向异性"的评价。工程品质评价最终的目的是评价储层的脆性、可压裂性。工程"甜点区"位于地应力较低、脆性较强层段。

此外，地应力大小也是决定压裂方案设计以及压裂层段优选的重要因素，水平方向上两个应力的差异（$\sigma_{Hmax}-\sigma_{hmin}$）在工程上影响着储层改造时裂缝的形态，两个方向上应力差异越小越易于形成复杂缝网，这对页岩油开采非常有利。相反，差异越大，形成的往往为单组裂缝。

综合脆性指数、两向应力差、杨氏模量、剪切模量等参数，将风城组页岩工程品质划分为Ⅰ类"甜点"、Ⅱ类"甜点"、Ⅲ类"甜点"。其中Ⅰ类"甜点"的脆性指数大于75%，Ⅲ类"甜点"的脆性指数小于65%。

# 第五节 "甜点"测井评价

在油气勘探开发过程中，发现油气相对富集的含油区及含油气层段，在当前经济、技术条件下具有较好的开发效益，称为"甜点"。非常规油气"三品质"评价是寻找地质"甜点"（用于揭示资源、储层潜力）和工程"甜点"（用于评价储层的可压裂性）的依据。在实际的"甜点"优选与评价工作中，首先需要基于三品质评价建立地质与工程"甜点"优选的标准。在此基础上，通过"三品质"综合评价实现非常规油气"甜点"的测井识别与优选。

## 一、"甜点"评价标准

基于玛湖凹陷风城组页岩油"七性关系"综合研究结果，分别开展烃源岩品质、储层品质和工程品质"三品质"测井综合评价，进而建立玛湖凹陷风城组页岩油"三品质"（Ⅰ类、Ⅱ类、Ⅲ类）测井定量划分标准（表8-5-1）。

表8-5-1 玛湖凹陷风城组页岩油"三品质"测井划分标准

| 三品质 | 划分依据 | Ⅰ类"甜点" | Ⅱ类"甜点" | Ⅲ类"甜点" |
|---|---|---|---|---|
| 烃源岩品质 | TOC（%） | TOC > 0.8 | 0.4 < TOC < 0.8 | TOC < 0.5 |
| | 氯仿沥青"A"（%） | A > 0.3 | 0.15 < A < 0.3 | A < 0.15 |
| | $S_1+S_2$（mg/g） | $S_1+S_2 > 4$ | $2 < S_1+S_2 < 4$ | $S_1+S_2 < 2$ |
| 储层品质 | 地层电阻率（Ω·m） | 200 < RT < 3000 | 40 < RT < 200 | RT < 40 |
| | 含水饱和度 $S_w$（%） | $S_w < 50$ | $50 < S_w < 70$ | $S_w > 70$ |
| | $T_1$、$T_2$峰值（ms） | $T_1 > 100$<br>$T_2 > 100$ | $10 < T_1 < 100$<br>$10 < T_2 < 100$ | $T_1 < 10$<br>$T_2 < 10$ |
| 工程品质 | 脆性指数BI | BI > 75% | 65% < BI < 75% | BI < 65% |
| | 两向应力差 $\Delta S$（MPa） | $\Delta S > 9.5$ | $7 < \Delta S < 9.5$ | $\Delta S < 7$ |

通过前面"七性关系"和"三品质"综合研究，可优选表征非常规油气"甜点"的综合参数，如孔隙度、饱和度、TOC、脆性、岩石力学参数、地应力大小等建立"甜点"的分类标准，实现非常规油气"甜点"的测井识别与评价。

## 二、单井"三品质"评价和"甜点"优选

页岩油有利区既是资源"甜点区"、物性"甜点区"，又是工程"甜点区"。对单井页岩油"甜点"评价而言，"甜点"的识别尤为重要。在"七性关系"铁柱子井建立的基础上，对于研究区其他单井，可有效通过铁柱子的研究基础实现其"三品质"测井评价以及可依托"三品质"特征实现其"甜点"发育区带优选。

烃源岩品质可通过$\Delta \lg R$法、自然伽马能谱统计回归法及BP神经网络法评价TOC，从而寻找优质烃源岩，确定资源"甜点"区带。储层品质评价核心为宏观物性参数和微观孔隙结构，可依托常规孔隙度测井和核磁共振测井$T_2$谱来确定物性"甜点"。工程品质定量评价，基于阵列声波时差测井以及矿物组分比值法（元素俘获测井）计算岩石脆性指数，并依托成像和阵列声波时差测井实现应力各向异性特征（包括现今最大水平主应力方向）的评价，确定工程"甜点"，为压裂设计优化提供技术支持。通过"三品质"测井评价及耦合关系研究，最终对玛页1井提出五个综合"甜点"（除靶窗段外）。其综合"甜点"与试油结果基本吻合，说明建立页岩油"三品质"测井综合评价方法及体系切实可行（图8-5-1）。

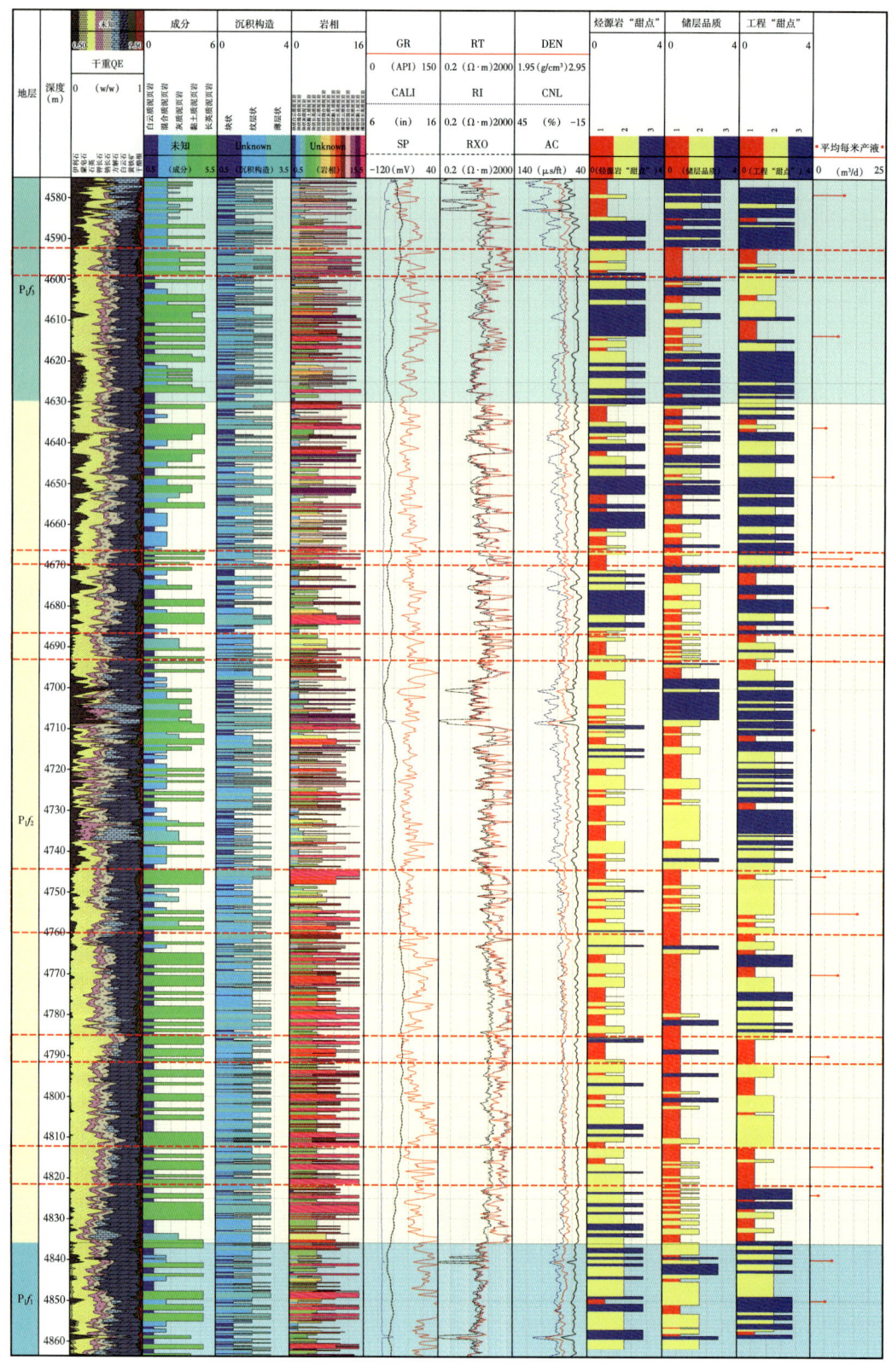

图 8-5-1 玛湖凹陷玛页 1 井页岩油"三品质"测井综合评价

# 参 考 文 献

安丰全,于萃群,林梁,1994. 地层倾角数字处理程序在大庆地区的应用[J]. 大庆石油学院学报,18(3): 5-7.

陈科贵,2017. 地层倾角测井原理与应用[M]. 北京:石油工业出版社.

程洪,汪彦,鲁新便,2020. 塔河地区深层碳酸盐岩断溶体圈闭类型及特征[J]. 石油学报,41(3):301-309.

楚泽涵,刘泽容,王孝陵,1982. 用声波测井资料研究地质问题[J]. 测井技术,4:47-56.

戴金星,倪云燕,吴小奇,2012. 中国致密砂岩气及在勘探开发上的重要意义[J]. 石油勘探与开发,39(3):257-264.

戴俊生,冯建伟,李明,等,2011. 砂泥岩间互地层裂缝延伸规律探讨[J]. 地学前缘,18(2):277-285.

邓虎成,周文,张娟,等,2010. 塔中地区奥陶系烃源岩测井定量识别及评价[J]. 物探化探计算技术,32(4):380-385+337.

邸德家,陶果,张同义,等,2015. 电缆地层测试评价井旁裂缝的有限元数值模拟方法[J]. 地球物理学报,58(1):298-306.

韩登林,李忠,寿建峰,2011. 背斜构造不同部位储集层物性差异——以库车坳陷克拉2气田为例[J]. 石油勘探与开发,38(3):282-286.

何小胡,李俊良,李国军,等,2011. 成像测井沉积学研究在南海西部油田的应用[J]. 测井技术,35(4):363-371.

贺振华,胡光岷,黄德济,2005. 致密储层裂缝发育带的地震识别及相应策略[J]. 石油地球物理勘探,40(2):190-197.

胡慧婷,卢双舫,刘超,等,2011. 测井资料计算源岩有机碳含量模型对比及分析[J]. 沉积学报,29(6):1199-1205.

胡见义,黄第藩,1991. 中国陆相石油地质理论基础[M]. 北京:石油工业出版社.

黄荣樽,白家祉,周煜辉,等,1993. 斜直井井壁张性裂纹的位置及走向与井眼压力的关系[J]. 石油钻采工艺,15(5):7-11.

黄荣樽,陈勉,邓金根,等,1995. 泥页岩井壁稳定力学与化学的耦合研究[J]. 钻井液与完井液,12(3):56-61.

贾承造,2017. 论非常规油气对经典石油天然气地质学理论的突破及意义[J]. 石油勘探与开发,44(1):1-11.

贾承造,邹才能,李建忠,等,2012. 中国致密油评价标准、主要类型、基本特征及资源前景[J]. 石油学报,33(3):343-350.

姜振学,林世国,庞雄奇,等,2006. 两种类型致密砂岩气藏对比[J]. 石油实验地质(3):210-214+219.

蒋云箭,刘惠民,柴春艳,等,2023. 济阳坳陷页岩油测井评价[J]. 油气地质与采收率,30(1):21-34.

金之钧,白振瑞,高波,等,2019. 中国迎来页岩油气革命了吗?[J]. 石油与天然气地质,40(3):451-458.

匡立春,侯连华,杨智,等,2021a. 陆相页岩油储层评价关键参数及方法[J]. 石油学报,42(1):1-14.

匡立春,刘合,任义丽,等,2021b. 人工智能在石油勘探开发领域的应用现状与发展趋势[J]. 石油勘探与开发, 48（1）: 1-11.

匡立春, 孙中春, 毛志强, 等, 2015. 核磁共振测井技术在准噶尔盆地油气勘探开发中的应用[M]. 北京: 石油工业出版社.

赖锦, 包萌, 刘士琛, 等, 2021a. 塔里木盆地深层、超深层白云岩优质储集层测井预测[J]. 古地理学报, 23（6）: 1225-1242.

赖锦, 刘秉昌, 冯庆付, 等, 2020. 鄂尔多斯盆地靖边气田马家沟组五段白云岩沉积微相测井识别与评价[J]. 地质学报, 94（5）: 1551-1567.

赖锦, 王贵文, 庞小娇, 等, 2021b. 测井地质学前世、今生与未来——写在《测井地质学·第二版》出版之时[J]. 地质论评, 67（6）: 1804-1828.

赖锦, 王贵文, 信毅, 等, 2014. 库车坳陷巴什基奇克组致密砂岩气储层成岩相分析[J]. 天然气地球科学, 25（7）: 1019-1032.

李国欣, 赵太平, 石玉江, 等, 2018. 鄂尔多斯盆地马家沟组碳酸盐岩储层成岩相测井识别评价[J]. 石油学报, 39（10）: 1141-1154.

李佳阳, 夏宁, 秦启荣, 2007. 成像测井评价致密碎屑岩储层的裂缝与含气性[J]. 测井技术, 31（1）: 17-20.

李建良, 徐炳高, 张筠, 2006. 裂缝信息的测井识别与高分辨率地震反演[J]. 测井技术（3）: 213-216.

李建忠, 郭彬程, 郑民, 等, 2012. 中国致密砂岩气主要类型、地质特征与资源潜力[J]. 天然气地球科学, 23（4）: 607-615.

李军, 王贵文, 欧阳健, 2001. 利用测井信息定量研究库车坳陷山前地区地应力[J]. 石油勘探与开发, 28（5）: 93-97.

李宁, 徐彬森, 武宏亮, 等, 2021. 人工智能在测井地层评价中的应用现状及前景[J]. 石油学报, 2021, 42（4）: 508-522.

李宁, 闫伟林, 武宏亮, 等, 2020. 松辽盆地古龙页岩油测井评价技术现状、问题及对策[J]. 大庆石油地质与开发, 39（3）: 117-128.

李庆谋, 杨峰, 郝天珧, 等, 1996. 测井地质学新进展[J]. 地球物理学进展（2）: 66-77+79+79-80.

刘传平, 郑建东, 杨景强, 2006. 徐深气田深层火山岩测井岩性识别方法[J]. 石油学报（S1）: 62-65.

刘国强, 2021. 非常规油气勘探测井评价技术的挑战与对策[J]. 石油勘探与开发, 48（5）: 891-902.

柳广弟, 2018. 石油地质学（第五版）[M]. 北京: 石油工业出版社.

陆凤根, 1988a. 测井沉积学方法和应用概述[J]. 测井技术（3）: 15-29, 84.

陆凤根, 1988b. 测井沉积学基础[J]. 测井技术（2）: 5-13, 84.

马新华, 贾爱林, 谭健, 等, 2012. 中国致密砂岩气开发工程技术与实践[J]. 石油勘探与开发, 39（5）: 572-579.

马正, 1982. 应用自然电位测井曲线解释沉积环境[J]. 石油与天然气地质（1）: 25-40.

马正, 1987. 油气田地下地质学[R]. 武汉地质学院内部资料.

马正, 1994. 油气测井地质学[M]. 武汉: 中国地质大学出版社.

欧阳健, 王运位, 胡淑芬, 1983. 复杂岩性最优化测井数字处理方法[J]. 石油与天然气地质（1）: 76-88, 136.

漆立新, 云露, 2010. 塔河油田奥陶系碳酸盐岩岩溶发育特征与主控因素[J]. 石油与天然气地质, 31（1）: 1-12.

秦启荣，苏培东，2006. 构造裂缝类型划分与预测 [J]. 天然气工业（10）：33-36+172.

冉冶，王贵文，赖锦，等，2016. 利用测井交会图法定量表征致密油储层成岩相 [J]. 沉积学报，34（4）：694-706.

申本科，胡永乐，田昌炳，等，2005. 陆相砂砾岩油藏裂缝发育特征分析——以克拉玛依油田八区乌尔禾组油藏为例 [J]. 石油勘探与开发，32（3）：41-44.

孙鲁平，首皓，赵晓龙，等，2009. 基于微电阻率扫描成像测井的沉积微相识别 [J]. 测井技术，33（4）：379-383.

童亨茂，2006. 成像测井资料在构造裂缝预测和评价中的应用 [J]. 天然气工业，26（9）：58-62.

王贵文，郭荣坤，2000. 测井地质学 [M]. 北京：石油工业出版社.

王珺，杨长春，许大华，等，2005. 微电阻率扫描成像测井方法应用及发展前景 [J]. 地球物理学进展，20（2）：357-364.

王珂，戴俊生，2012. 地应力与断层封闭性之间的定量关系 [J]. 石油学报，33（1）：74-81.

王珊，曹颖辉，杜德道，等，2018. 塔里木盆地柯坪—巴楚地区肖尔布拉克组储层特征与主控因素 [J]. 天然气地球科学，29（6）：784-795.

吴怀春，王成善，张世红，等，2011. "地时"（Earthtime）研究计划："深时"（Deep Time）记录的定年精度与时间分辨率 [J]. 现代地质，25（3）：419-428.

吴胜和，欧阳健，魏涛，等，1995. 轮南地区奥陶系裂缝型储层的地质分析 [J]. 石油学报（1）：17-23.

吴时国，宋建勇，余朝华，等，2006. 山东济阳坳陷桩海地区井旁构造应力场分析 [J]. 现代地质（3）：436-440.

吴煜宇，张为民，田昌炳，等，2013. 成像测井资料在礁滩型碳酸盐岩储集层岩性和沉积相识别中的应用——以伊拉克鲁迈拉油田为例 [J]. 地球物理学进展，28（3）：1497-1506.

吴元燕，吴胜和，蔡正旗，2005. 油矿地质学. 第三版 [M]. 北京：石油工业出版社.

肖义越，1984. 测井相的人工智能识别 [J]. 地质科学（2）：223-233.

徐炳高，李阳兵，葛祥，等，2010. 川西须家河组致密碎屑岩裂缝分布规律与影响因素分析 [J]. 测井技术，34（5）：437-441.

徐敬领，王贵文，刘洛夫，2009. 利用小波深频分析方法研究沉积储层旋回 [J]. 中国石油大学学报，33（5）：1-5.

许风光，陈明，高伟义，2012. 利用测井资料分析计算东海平湖油气田地应力 [J]. 断块油气田，19（3）：401-405.

杨虎，刘颖彪，2008. 复杂地质构造条件下地应力模型与图版解释法 [J]. 新疆石油地质，29（4）：510-512.

杨涛涛，范国章，吕福亮，等，2013. 烃源岩测井响应特征及识别评价方法 [J]. 天然气地球科学，24（2）：414-422.

尹寿鹏，王贵文，1999. 测井沉积学研究综述 [J]. 地球科学进展，14（5）：440-445.

印兴耀，马妮，马正乾，等，2018. 地应力预测技术的研究现状与进展 [J]. 石油物探，57（4）：488-504.

于洲，孙六一，吴兴宁，等，2012. 鄂尔多斯盆地靖西地区马家沟组中组合储层特征及主控因素 [J]. 海相油气地质，17（4）：49-56.

曾联波，李跃纲，张贵斌，等，2007a. 川西南部上三叠统须二段低渗透砂岩储层裂缝分布的控制因素 [J]. 中国地质，34（4）：622-627.

曾联波, 李忠兴, 史成恩, 等, 2007b. 鄂尔多斯盆地上三叠统延长组特低渗透砂岩储层裂缝特征及成因 [J]. 地质学报, 81 (2): 174-180.

曾联波, 漆家福, 王成刚, 等, 2008. 构造应力对裂缝形成与流体流动的影响 [J]. 地学前缘, 15 (3): 292-298.

曾联波, 王正国, 肖淑容, 等, 2009. 中国西部盆地挤压逆冲构造带低角度裂缝的成因及意义 [J]. 石油学报, 30 (1): 56-60.

张吉昌, 邢玉忠, 郑丽辉, 2005. 利用人工智能技术进行裂缝识别研究 [J]. 测井技术 (1): 52-54, 90.

张向东, 1996. 利用FMI成象测井资料解释地层沉积特征的典型实例 [J]. 测井技术 (3): 219-225.

张晓涛, 2016. 鄂尔多斯盆地马家沟组碳酸盐岩台地测井沉积相识别研究 [D]. 北京: 中国石油大学 (北京).

张筠, 朱小红, 李阳兵, 等, 2010. 川西深层致密碎屑岩储层测井评价 [J]. 天然气工业, 30 (1): 31-36.

赵军, 蒲万丽, 王贵文, 等, 2005a. 测井信息在前陆挤压区地应力分析中的应用 [J]. 地质力学学报 (1): 53-59.

赵军, 王森, 祁兴中, 等, 2010. 轮西地区奥陶系地应力方向及裂缝展布规律分析 [J]. 岩性油气藏, 22 (3): 95-99.

赵军龙, 孙鹏, 蔡振东, 等, 2015. 鄂尔多斯盆地Z区长8超低渗透率储层地应力特征研究 [J]. 测井技术, 2015, 39 (1): 72-77.

赵良孝, 张树东, 贺洪举, 1999. 成像测井技术的解释方法和应用领域 [R]. 成都: 四川石油管理局.

赵元良, 葛盛权, 韩闯, 等, 2019. 新一代油基钻井液电成像测井在库车坳陷低孔砂岩储集层评价中的应用 [J]. 测井技术, 43 (5): 514-518.

周成当, 1993. 人工神经网络: 测井解释新的希望——神经网络系列研究报告之一 [J]. 测井技术, 17 (1): 30-35.

周文, 戴建文, 2008. 四川盆地西部坳陷须家河组储层裂缝特征及分布评价 [J]. 石油实验地质, 30 (1): 20-25.

朱筱敏, 2000. 层序地层学 [M]. 东营: 中国石油大学出版社.

朱筱敏, 2020. 沉积岩石学. 第五版 [M]. 北京: 石油工业出版社.

邹才能, 陶士振, 侯连华, 等, 2013a. 非常规油气地质 (第二版) [M]. 北京: 地质出版社.

邹才能, 杨智, 陶士振, 等, 2012a. 纳米油气与源储共生型油气聚集 [J]. 石油勘探与开发, 39 (13): 13-26.

邹才能, 朱如凯, 吴松涛, 等, 2012b. 常规与非常规油气聚集类型、特征、机理及展望——以中国致密油和致密气为例 [J]. 石油学报, 33 (2): 173-187.

邹有缘, 1982. 第四系测井地层学初探 [J]. 地质论评, 28 (5): 412-420.

Ramsay J G, 1987. 现代构造地质学方法: 第2卷: 褶皱与断裂 [M]. 徐树桐, 译. 北京: 地质出版社.

Allen J R L, 1964. Studies in fluviatile sedimentation: Six cyclothems from the Lower Old Red Sandstone, Anglo—Welsh Basin[J]. Sedimentology, 3: 163-198.

Ameen M S, MacPherson K, Al-Marhoon M I, et al., 2012. Diverse fracture properties and their impact on performance in conventional and tight-gas reservoirs, Saudi Arabia: The Unayzah, South Haradh case study[J]. AAPG bulletin, 96 (3): 459-492.

Amiri Bakhtiar H, Telmadarreie A, Shayesteh M, et al., 2011. Estimating total organic carbon content and source rock evaluation, applying $\Delta$logR and neural network methods: Ahwaz and Marun oilfields, SW of Iran[J]. Petroleum Science and Technology, 29(16): 1691-1704.

Anderson R A, Ingram D S, Zanier A M, 1973.Determining fracture pressure gradients from well logs[J]. Journal of Petroleum Technology, 25(11): 1259-1268.

Andreas P, Franz B, 1996.Detection of nonstationaries in ceological time series: Wavelet transform of chaotic and cyclic sequences[J].Computer Geoscience, 22(10): 1097-1108.

Beers R F, 1945.Radioactivity and organic content of some Paleozoic shales[J].AAPG Bulletin, 29(1): 1-22.

Biot M A, 1954.Theory of stress-strain relations in anisotropic viscoelasticity and relaxation phenomena[J]. Journal of Applied Physics, 525: 1385-1391.

Broecker Wallace S, 1975. Climatic Change: Are We on the Brink of a Pronounced Global Warming?U]. American Association for the Advancement of Science; American Association for theAdvancement of Science (AAAS).

Cross T A, 1994.Stratigraphy architecture, correlation concepts, volumetric partitioning, facies differentiation, and reservoir compartmentalization from the perspective of high resolution sequence stratigraphy[C]// Genetic Stratigraphy Research Group, Colorado School of Mines, annual report: 28-4.

Dellenbach J, Espitalie J, Lebreton F, 1983.Source rock logging[C]//Transactions of the 8$^{th}$ European SPWLA Symposium.

Donselaar M E, Schmidt J M, 2005.Integration of outcrop and borehole image logs for high-resolution facies interpretation: Example from a fluvial fan in the Ebro Basin, Spain[J].Sedimentology, 52: 1021-1042.

Eaton B A, 1969.Fracture gradient prediction and its application in oilfield operations[J].Journal of Petroleum Technology, 246: 1353-1360.

Engelder T, 1993.Stress Regimes in the Lithosphere[M]. New Jersey: princeton University Press.

Fairhurst C, 1964.Measurement of in-situ stresses: With particular reference to hydraulic fracturing[J].Rock Mech, 2(1): 29-147.

Fertl, Walter H, 1988.Total organic carbon content determined from welllogs[J].Formation Evaluation: 407-419.

Galloway W E, 1989.Genetic stratigraphic sequences in basin analysis I: Architecture and genesis of flooding-surface bounded depositional units[J].AAPG Bulletin, 73(2): 125-142.

Galloway W E, 1998.Siliciclastic slope and base-of-slope depositional systems: Component facies, stratigraphic architecture, and classification[J].AAPG Bulletin, 82(4): 287-288.

Haq B U, Hardenbol J, Vail P R, 1987.Chronology of fluctuating sea-levels since the Triassic[J].Science, 235: 1153-1165.

Heim A, 1912.Some Consideration of deformation and strength of rocks[C]//Schweiz, Bauztg, vol.50.

Herron S L, Letendre I, Dufour M, 1988.Source Rock Evaluation Using Geochemical Information from Wireline Logs and Cores [J].AAPG Bulletin, 72(8): 1007.

Hunt J M, 1979.Petroleum Geochemistry and Geology[M].San Francisco: Freeman and Company.

Ju Wei, Shen Jian, Qin Yong, et al., 2017. In-situ stress state in the Linxing region, eastern Ordos Basin, China: Implications for unconventional gas exploration and production[J]. Marine and Petroleum

Geology, 86: 66-78.

Kaiser E J, 1959.A study of acoustic phenomena in tensile test [D].Munchen: Technisce Hochschule.

Keeton G, Pranter M, Cole R D, et al., 2015.Stratigraphic architecture of fluvial deposits from borehole images, spectral-gamma-ray response, and outcrop analogs, Piceance Basin, Colorado[J].AAPG Bulletin, 99 (10): 1929-1956.

Lai J, Chen K J, Xin Y, et al., 2021.Fracture characterization and detection in the deep Cambrian dolostones in the Tarim Basin, China: Insights from borehole image and sonic logs[J].Journal of Petroleum Science and Engineering, 196: 107659.

Lai J, Li D, Wang G W, et al., 2019a.Earth stress and reservoir quality evaluation in high and steep structure: The Lower Cretaceous in the Kuqa Depression, Tarim Basin, China[J].Marine and Petroleum Geology, 101: 43-54.

Lai J, Pang X J, Xiao Q Y, et al., 2019b. Prediction of reservoir quality in carbonates via porosity spectrum from image logs[J].Journal of Petroleum Science and Engineering, 173, 197-208.

Lai J, Wang G W, Fan Q X, et al., 2022c. Geophysical well log evaluation in the era of unconventional hydrocarbon resources: A review on current status and prospects[J].Surveys in Geophysics, 43: 913-957.

Lai J, Wang G W, Wang S, et al., 2018.A review on the applications of image logs in structural analysis and sedimentary characterization[J].Marine and Petroleum Geology, 95: 139-166.

Laskar, Jacques, et al., 2004. "A long-term numerical solution for the insolation quantities of the Earth." Astronomy & Astrophysics 428.1: 261-285.

Li H, Wang G, Li Y, et al., 2023. Fault-karst systems in the deep Ordovician carbonate reservoirs in the Yingshan Formation of Tahe Oilfield Tarim Basin, China[J].Geoenergy Science and Engineering, 231: 212338.

Mandelbrot B B, l982.The Fractal Geometry of Nature[M].San Franeiseo: W.H.Freeman.

Matthews W R, Kelly J, 1967.How to predict formation pressure and fracture gradient [J].Oil and Gas Journal, 65: 92-106.

Meissner F F, 1976.Abnormal electric resistivity and fluid pressure in Bakken Formation, Williston Basin, and its relation to petroleum generation, migration, and accumulation[J].AAPG Bulletin, 60: 1403-1404.

Mitchum R M, Vail P R, 1977. Seismic stratigraphy and global changes of sea level. Part 7: Seismic stratigraphic interpretation procedure[M]. Seismic stratigraphy: Applications to hydrocarbon exploration: AAPG Memoir, 26, 135-143.

Narr W, Currie J B, 1982.Origin of fracture porosity—Example from Altamont Field, Utah [J].The American Association of Petroleum Geologists Bulletin, 65 (9): 1231-1247.

Nikolaevskiy V N, Economides M J, 2000.The near-well state of stress and induced rock damage[J].The Society of Petroleum Engineers International Symposium on Formation Damage Control: 1-10.

Passey Q, Creaney S, Kulla J, et al., 1990.A practical model for organic richness from porosity and resistivity logs[J].AAPG Bulletin, 74: 1777-1794.

Pirson S J, 1970.Geologic Well-Log Analysis[J].Gulf Publishing Company, Houton, Texas, 370p.

Price N J, 1966.Fault and Joint Development in Brittle and Semi-brittle Rock[M].Pergamon Press, p.176.

Qiu X, Liu C, Mao G, et al., 2014. Late Triassic tuff intervals in the Ordos basin, Central China: Their depositional, petrographic, geochemical characteristics and regional implications[J]. Journal of Asian Earth Sciences, 80: 148-160.

Schlumberger J W. 1981.Dipmeter interpretation.Volume 1- Fundamentals.Schlumberger, New York.

Schmoker J W, 1979.Determination of organic content of Appalachian Devonian shales from formation-density logs: Geologic notes[J].AAPG Bulletin, 63: 1504-1509.

Schmoker J W, 1981.Determination of organic-matter content of Appalachian Devonian shales from gamma ray logs[J].AAPG Bulletin, 65: 1285-1298.

Serra O, Sodeke T, Souhaite P, et al., 1979.Schlumberger Well Evaluation Conference, Algeria, Services Techniques Schlumberger, Paris[C].

Swanson V E, 1960.Oil yield and uranium content of black shales[R].Washington D C: United States Geological Survey.

Tingay M R P, Hillis R R, Morley C K, et al., 2009.Present-day stress and neotectonics of Brunei: Implications for petroleum exploration and production[J].AAPG Bulletin, 93: 75-100.

Tissot B P, Welte D H, 1978.Petroleum Formation and Occurrence[M].Berlin: Springer-Vevlag.

Vail P R, 1987. Seismic stratigraphy interpretation using sequence stratigraphy: Part 1: Seismic stratigraphy interpretation procedure[J]. AAPG Special Volumes, 27: 1-10.

Vail P R, Audemard F, Bowman S A, 1991.The stratigraphic signatures of tectonics, eustasy and sedimentology: cycles and events in stratigraphy[J].AAPG Bulletin, 11（3）: 617-659.

Vail P R, Mitchum J R M, Thompson III S, 1977.Seismic Stratigraphy and Global Changes of Sea Level: Part 4. Global Cycles of Relative Changes of Sea level: Section 2.Application of seismic reflection configuration to stratigraphic interpretation[C].

Van W J C, Mitchum R M, Campion K M, et al., 1990. Siliciclastic sequence stratigraphy in well logs, cores, and outcrops: Concepts for high-resolution correlation of time and facies[J]. AAPG Methods in Exploration Series, 7: 1-78.

Wang G W, Lai J, Liu B C, et al., 2020.Fluid property discrimination in dolostone reservoirs using well logs[J].Acta Geologica Sinica（English Edition）, 94（3）: 831-846.

Wang S, Wang G W, Lai J, et al., 2020.Logging identification and evaluation of vertical zonation of buried hill in Cambrian dolomite reservoir: A study of Yingmai-Yaha buried hill structural belt, northern Tarim basin[J].Journal of Petroleum Science and Engineering, 195: 107758.

Xu C, 2007.Interpreting shoreline sands using borehole images—A case study of the Cretaceous Ferron sands in Utah[J].AAPG Bulletin, 91: 1319-1338.

Zhu R K, Cui J W, Deng S H, et al., 2019. High-precision dating and geological significance of Chang 7 Tuff Zircon of the Triassic Yanchang Formation, Ordos Basin in central China[J]. Acta Geologica Sinica（English Edition）, 93（6）: 1823-1834.

Zoback M, Barton C, Brudy M, et al., 2003.Determination of stress orientation and magnitude in deep wells[J].International Journal of Rock Mechanics and Mining Sciences, 40: 1049-1076.

# 《地球物理测井学》

# 编辑出版组

**总策划：** 雷　平　庞奇伟

**组　　长：** 庞奇伟

**副组长：** 李　中　金平阳　潘玉全

**责任编辑：** 葛智军　林庆咸　沈瞳瞳　刘俊妍　钟思源
　　　　　　张　贺　王长会　王鹤楠　王　瑞　陈子丹
　　　　　　孙　宇　邹杨格　王金凤　何丽萍　冉毅凤
　　　　　　常泽军　张旭东　吴英敏　马晓萱　张　瑞
　　　　　　崔　悦　白云雪　饶　远　陈　荅